职业教育课程思政+校企合作“十五五”规划教材

工程地质与水文地质

（第2版）

主　编　邢　芳　郑红亮
副主编　范巧娟　薛　捷　朱邦华　李　壮

本书立体化资源

黄河水利出版社
·郑州·

内容提要

本教材为职业教育“十五五”规划教材，主要内容包括绪论、矿物与岩石、地质构造、自然地质作用、水文地质分析、岩体稳定的工程地质分析、不同工程类型的地质问题、工程地质与水文地质勘察。

本教材可作为地质、土木工程、水利水电工程、道路桥梁、水文与水资源工程、农业水利工程、工程管理等相关专业的教学用书，也可供从事上述相关工作的工程技术人员参考使用。

图书在版编目(CIP)数据

工程地质与水文地质 / 邢芳, 郑红亮主编. -- 2 版.
郑州 : 黄河水利出版社, 2024. 10. -- ISBN 978-7-5509-3949-3

Ⅰ. P64

中国国家版本馆 CIP 数据核字第 20246YR837 号

策划编辑：陶金志　电话：0371-66025273　E-mail：838739632@qq.com

责任编辑　郭　琼　　　责任校对　王单飞
封面设计　黄瑞宁　　　责任监制　常红昕
出版发行　黄河水利出版社
　　地址：河南省郑州市顺河路 49 号　邮政编码：450003
　　网址：www.yrcp.com　E-mail：hhslcbs@126.com
　　发行部电话：0371-66020550
承印单位　河南承创印务有限公司
开　　本　787 mm×1 092 mm　1/16
印　　张　18.25
字　　数　433 千字
版次印次　2024 年 10 月第 2 版　　2024 年 10 月第 1 次印刷

定　　价　58.00 元

前　言

习近平总书记在党的二十大报告中强调,教育是国之大计、党之大计,要坚持教育优先发展,建设教育强国,坚持为党育人,为国育才,全面提高人才自主培养质量。《关于深化新时代学校思想政治理论课改革创新的若干意见》指出,要“五育并举”。党的二十大报告指出,统筹职业教育、高等教育、继续教育协同创新,推进职普融通、产教融合、科教融汇,优化职业教育类型定位,要落实立德树人根本任务,服务人的全面发展,也要把深化现代职业教育体系建设改革的重大部署落实到位。教育部部长怀进鹏强调,面对科技、产业和教育范式变革,要深入贯彻党的二十大和习近平总书记关于职业教育的重要指示批示精神,牢牢把握职业教育的重要使命和历史机遇,为经济社会持续繁荣发展提供强大的人才支撑。

本教材强调以应用为目的;与工程实践紧密结合,通过大量工程案例,用理论解决实际问题,图片丰富,增加学生的感性认识;新的数字化教学资源使学生的知识面得以拓展;思政案例丰富,为学习者营造一个良好的精神氛围,提高学习者思想道德水平,增强学习者政治思想觉悟,培养学习者的职业精神和道德修养,达到培养学生习得工程地质工作者所需基本能力的思政目标。各院校可根据专业需要和教学计划学时安排教学内容。

本教材由河南水利与环境职业学院教师及中铁十二局集团第七工程有限公司郑红亮共同编写,编写分工如下:李壮编写绪论、项目二;郑红亮编写项目三;范巧娟编写项目一;邢芳编写项目四;朱邦华编写项目五和项目六;薛捷编写项目七。本教材由邢芳和郑红亮共同担任主编,负责全书统稿;由范巧娟、薛捷、朱邦华、李壮担任副主编;中国建筑材料工业地质勘查中心广西总队地质环境调查院副院长黄宇、西安中交公路岩土工程有限责任公司片区经理孙钊参与编写。在全书编写过程中,长安大学地质工程与测绘学院副院长邓亚虹教授、郑州大学土木工程学院时刚教授、自然资源部活动构造与地质安全重点实验室主任李滨研究员、华北水利水电大学地球科学与工程学院副院长张昕副教授、自然资源部活动构造与地质安全重点实验室秘书长高杨副研究员、河南省水务规划设计有限公司勘测院院长邓世顺高级工程师等多位专家提供了有效的指导,在书中核心知识部分提出了宝贵意见。

在此,谨向本教材引用文献的作者和为本教材付出辛勤劳动的教师以及对本教材的编写给出重要指导和建议的各位专家表示衷心的感谢!对黄河水利出版社为本教材顺利出版给予的大力支持表示感谢!

鉴于编者水平有限,教材中不当之处恳请读者批评指正。

编　者

2024 年 9 月

目 录

绪 论

工程地质与水文地质是研究人类工程活动与地质环境之间的相互关系，以便总结其规律，更好地利用、改造和保护地质环境，实现和谐发展、可持续发展的一门学科。

随着工农业的高速发展，工程建设具有领域广、规模大、速度快、质量和安全要求高、难度大等特点，工程地质与水文地质的重要性尤为突出。

一、工程地质和水文地质与地质学的关系及其在国民经济中的作用与任务

（一）工程地质学和水文地质学与地质学之间的关系

地质学是研究地球的一门学科，以地壳或岩石圈为研究对象，以探究地球的物质组成、内部构造及演变历史等相互关系为研究目标，包括地壳的物质组成、地壳的构造、地壳发生的各种地质作用、地壳的发展历史，以及地质学在有关领域中的应用。随着生产的需要和科学的发展，地质学已发展成为具有许多独立分支的学科，工程地质学与水文地质学都是其中较为重要的分支学科。工程地质学是调查、研究、预测、解决与兴建各类工程建筑有关的地质问题的学科。水文地质学是研究地下水在与岩石圈、水圈、大气圈、生物圈及人类活动相互作用下，地下水的水量和水质随空间及时间变化的规律，以及合理利用地下水或防治其危害的学科。

（二）工程地质与水文地质在国民经济中的作用及任务

工业与民用建筑、道路桥梁、铁路工程、水利工程、港口工程、地下工程、海洋工程等各种工程建设都在地球表层的地壳之上或内部开展，地壳表层的岩体和土体常作为建筑物的地基或环境介质，地质作用对工程建筑的安全和正常使用存在重大影响，在工程兴建和使用过程中，必然会遇到各种各样的工程地质问题，可能因地质条件不良而提高工程造价或提高地质作用，继而影响工程建筑的安全和正常使用。例如：2019 年 12 月，广州市在建轨道交通工程施工过程中遭遇复杂地质条件，导致上方路面发生塌陷，一辆清污车和一辆电动车坠落，3 人死亡；2020 年 9 月，受到灰岩质围岩溶蚀裂隙的直接影响，广西壮族自治区某项目隧道左洞发生一起坍塌事故，坍塌路段长达 24 m，导致 9 人死亡；川藏铁路雅安—林芝段被称为最具挑战性的铁路工程，其横穿青藏高原东部地形急变带，板块碰撞和构造活动强烈，各类地质灾害频发，复杂的地形地貌和地质构造活动导致铁路工程的规划与施工面临巨大的挑战。

工程地质工作的任务是查明建筑地区的工程地质条件，指出可能出现的工程地质问题，并提出解决这些问题的建议，为工程设计、施工和正常运用提供可靠的地质资料，以保证建筑物修建得经济合理和安全可靠。所谓工程地质条件，是指包括地形地貌、地层岩性、地质构造、物理地质现象、水文地质条件和天然建筑材料等与工程建筑有关的地质条件。

水文地质工作的任务是研究地下水的形成、分布、埋藏、物理性质和化学成分以及地

下水循环转化等规律,并运用这些规律解决合理开发利用地下水资源和消除地下水的危害等实际问题。

淡水是支撑城市供水及生活供水的关键,是人类建设文明活动的重要资源,其重要性不亚于石油。地下水是人类生活和生产中不可缺少的宝贵资源。因为地下水一般水质好、水量比较稳定,所以是城镇、工矿企业供水和农田灌溉的重要水源;矿水具有医疗价值;地下热水可用于采暖和发电等。但是地下水也常给生产和建设带来一定的困难与危害,如地下水影响着岩石的物理力学性质,可引起斜坡的平滑和地基岩体失稳破坏;地下水位过高,开挖基坑可能造成大量涌水和流砂;地下水位的变化可能导致原有建筑承载结构失效,进而导致工程建筑破坏;渗流作用会破坏岩体结构完整性等。总之,水文地质工作不仅要配合工程地质工作,为其提供有关的水文地质条件资料,而且在城市供水及农田灌溉、除涝、治碱等工作中起着先行作用。

二、本课程的主要内容及教学要求

(一)主要内容

(1)矿物与岩石:介绍地球的概况和地质作用的概念、常见造岩矿物及其特点,重点介绍三大类岩石(岩浆岩、沉积岩、变质岩)的特征和鉴定方法。学生通过试验课学会用肉眼鉴定矿物和岩石,并能识别常见的矿物和岩石。简单介绍岩石的工程地质与水文地质性质。

(2)地质构造:介绍岩层产状要素、地质年代表、各种典型的地质构造形态(如褶皱、裂隙、断层)、地震和活断层,重点是使学生学会阅读与分析地质图的方法。

(3)自然地质作用:介绍各种物理地质作用的概念及其对工程建设的影响,重点介绍风化作用、河流的地质作用、河谷类型及其地貌特征、岩溶的形成条件及发育规律、斜坡稳定性的影响因素及不稳定斜坡的防治、第四纪沉积物的工程地质特征及对工程建设的影响。

(4)水文地质分析:介绍为合理开发利用地下水资源和防治地下水对人类及建筑物的危害而必备的水文地质基础知识。主要介绍自然界水循环和水量分布,地下水的形成、埋藏、分布规律,地下水基本类型及其特征和地下水资源评价方法。此外,还简要介绍地下水水质评价的原则和规程(工业用水、饮用水、灌溉水对混凝土的侵蚀性)。

(5)岩体稳定的工程地质分析:主要介绍岩体结构的特征、类型,软弱结构面和软弱夹层特征,地基变形特点及软弱地基处理方法,岩质边坡稳定性工程地质分析。

(6)不同工程类型的地质问题:主要介绍城市建设工程、道桥、隧道与地下建筑、水利工程等建筑工程主要的工程地质与水文地质问题。

(7)工程地质与水文地质勘察:主要介绍工程地质与水文地质勘察的目的与任务、勘察阶段的划分、勘察的基本方法和手段、工程地质勘察报告的基本编写要求。

(二)教学要求

本课程的各部分内容是相互联系的,教学过程中应由浅入深、循序渐进,并要理论联系实际,尽量采用多媒体教学,加强工程实例分析,只有这样才能达到预期目的。本课程又是一门实践性很强的应用性学科,为了巩固和验证课堂所学的知识,提高学生实际动手能力,除保证必要的课堂理论教学外,室内外的地质实习直观教学是学习本课程的重要教学环节。

三、课程发展历程及趋势

著名地质学家黄汲清曾说,地质学自20世纪以来“是有显著甚至于惊人的进步的”。胡适亦曾撰文高度评价中国地质学的发展:“中国学科学的人,只有地质学者,在中国的科学史上可算得已经有了有价值的贡献”。跟西方国家相比,我国将地质学正式作为一门独立的学科几乎晚了一个世纪之久,但在不足百年的发展历程中,我国地质学顺利完成了引进、发展过程,并结合我国实情实现了本土化,积攒了足够的能力以立于国际舞台,取得了国际公认的成绩。

在我国地质学科发展初期,教科书发挥了极大的作用。西方地质学在引进的过程中,教科书收录学科较为成熟的理论知识,在知识普及与科学传播方面具有重要作用,使得我国地质理论知识从无到有高速进步。然而,教科书中的内容是有限的,案例的适用性更是局限的,为了让地质学持续有效发展,深度剖析我国地质发展历程是必要的,但与探索未来不同,未来是具有完全可塑性的,面对不可行的情况可随时调转矛头,反演地质发展历程要求我们有足够完善的工具来获得地质历史发展的明确证据,即使面临巨大的困难,也要想办法冲破壁垒,因此地质科学技术的发展是重中之重,不断地探索新方法是地质科学蓬勃发展的动力。地质勘探方法的发展实现了完全的转变,不再像初期一样完全依赖人力爬山涉水,高科技手段的应用极大降低了人员伤亡的风险,且探索的区域不再局限于人力能够达到的范围,无人机遥感和卫星遥感(光学遥感、InSAR、LiDAR 等)实现了高效率的地质勘探,为更加详细勘探目标提供了有效的基础数据,如通过高精度光学遥感+InSAR 的“普查”、机载 LiDAR+无人机航拍的“详查”、地面调查核实+监测的“核查”共同组成的“天-空-地”一体化体系在贵州、四川、江西等省份都进行了实践,具有良好的应用前景。就地质分析过程的测定技术而言,质谱技术创造了前所未有的辉煌。无论是元素测定,还是有机化合物分析,质谱方法都是占绝对优势的,在同位素地质和地质年代学方法中质谱技术的地位日益显著,如有机分析有助于石油勘探,特别是有助于鉴定具有生油远景的油页岩,而经源岩中有机组成的细节研究,与鉴别油气生成的数量和性质也有着内在的联系。

焦守涛等认为量子科学和大数据科学是将来能够推动地质学跨越式发展的两大利器。在科技高速发展过程中,量子科学和大数据科学逐渐成为科学界的两大前缘,要想推动地质科学的进步,拥抱量子科学和大数据科学是有必要的,目前现代科学时代已经和大数据时代相融合,在未来甚至会进入量子时代和不确定思维时代,仍然固守徘徊在经典力学时代必然无法摆脱没落的命运。

项目一　矿物与岩石

【项目概述】

矿物和岩石是地壳的重要组成部分,是构成各种地质构造和地貌的物质基础。矿物和岩石不仅对指导找矿勘探、开发地下资源、工程建筑设计和施工及交通运输等具有极其重要的研究价值,还可以在环境保护及文化历史价值的传承上发挥重要作用。本项目主要从地球概况出发,介绍矿物、岩浆岩、沉积岩和变质岩,通过技能训练将理论与实践紧密结合,以进一步提高学习者的技能水平。

【学习目标】

(1)知识目标:①了解地球的形状和大小、圈层构造;②熟悉地质作用特征,内、外力地质作用之间的相互关系及地球表面形态;③掌握矿物的概念及其主要物理性质,并熟记几种常见矿物的特征;④掌握三大类岩石的成因、产状、物质组成、结构和构造特征;⑤熟悉三大岩石分类、命名、鉴定方法及工程地质特征。

(2)技能目标:①学会根据矿物的形态和物理性质等特征,用肉眼鉴定常见矿物及掌握描述矿物的方法;②能通过标本根据三大类岩石特征用肉眼做出区别,并掌握对常见岩石进行综合肉眼鉴定的方法。

(3)思政目标:①树立人与自然和谐共生的地质哲学理念;②规范实训操作,培养学生严谨求实的科学作风;③分小组开展实训,提高动手实践能力和团结协作能力。

任务一　了解地球概况

一、地球的形状和大小

地球是一个球状体,在测量学上以平均海平面为基准,并将其扩展到陆地而构成一个封闭球形体,此球面称为大地水准面。一般以赤道半径 a 与两极半径 b 及扁率所决定的椭圆绕地轴旋转构成的旋转椭球体代表地球的形状和大小。其基本参数见表1-1。

表1-1　地球的基本参数

平均赤道半径/km	6 378.14	子午线周长/km	39 940.67
平均两极半径/km	6 356.76	表面积/km^2	510 064 471.9
平均半径/km	6 371.00	体积/km^3	$1.083\ 2\times10^{12}$
扁率	0.003 352 819	质量/kg	5.965×10^{24}
赤道周长/km	40 075.04	平均密度/(g/cm^3)	5.508

地球的真实形状是北极比旋转椭球体凸出约18.9 m,南极凹进约26 m,中纬度在北半球稍凹进,而在南半球稍凸出(不到10 m)。据此推论:地球极近似于旋转椭球体,它具

有弹塑性，其内部物质分布不均匀。

二、地球的外部圈层

地球不是一个均质体，而是具有明显的圈层结构的。地球圈层分为地球外部圈层和地球内部圈层两大部分（见图 1-1 和图 1-2）。地球外圈包括大气圈、水圈和生物圈。

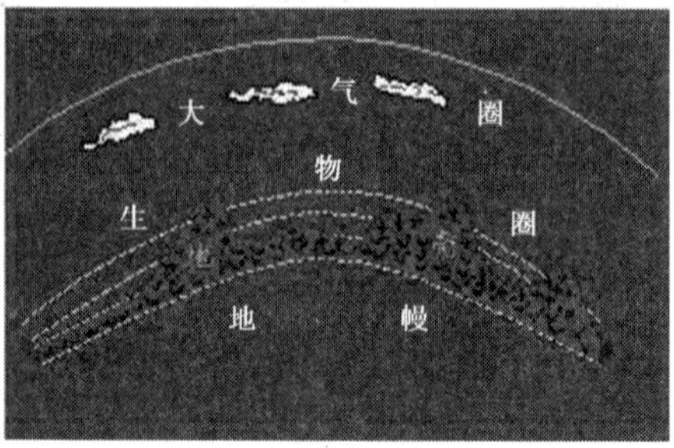

图 1-1　地球的外部圈层示意图

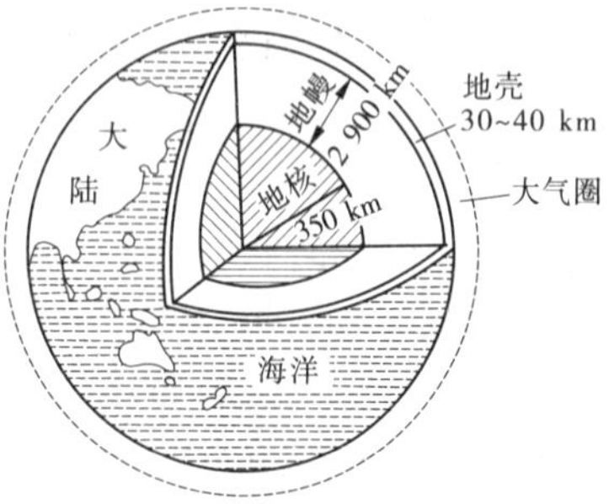

图 1-2　地球的内部圈层示意图

（1）大气圈。环绕地球最外面的一个圈层由大气组成，称为大气圈。大气圈没有确切的上界，在赤道上方 40 000 km 高空仍有大气存在的痕迹，地表以下深度一般不超过 4 km，即水、土壤和某些岩石中也会有少量空气。大气是人类和生物赖以生存的物质条件。大气圈的厚度大约在 1 000 km 以上，由于地心引力作用，几乎全部的气体集中在离地面 100 km 的高度范围内，其中 75%的大气又集中在地面至 10 km 高度的对流层范围内，越接近地面，大气的密度越大。大气密度与距地面的高度成反比，而大气的温度、压力也随高度的增加而降低。根据大气在垂直方向上的温度、成分、密度、电离等物理性质和运动状况，可把大气圈分为 5 层：对流层（自地面到 8~18 km 高空）、平流层（从对流层顶至离地面 50~55 km 高空）、中间层（从平流层顶至离地面 80~85 km 高空）、热层或暖层（从中间层顶至离地面 800 km 高空）、外层或逸散层（800 km 以上高空）。与人类和地质作用关系最为密切的是对流层，其次为平流层。风霜雨雪、云雾冰雹等变化多端的大气现象都发生在对流层内。低层大气（0~25 km 高空）主要由氮（质量百分比为 75. 523%）、氧（质量百分比为 23. 142%）、氩（质量百分比为 1. 280%）、二氧化碳（质量百分比为 0. 050%）以及少量的臭氧、氢、氖、氦、氪和氙等组成。

（2）水圈。地球表面约 75%的面积被海洋、江河、湖泊、沼泽、冰川等水体占据，地面以下的土壤和岩石中或多或少地充填着地下水，它们构成一个连续但不很规则的圈层，称为水圈。按天然水所处的环境不同，水圈的水可分为海洋水（咸水）、陆地水（绝大部分为淡水）、大气水（存在于大气圈中的气态水）3 种类型。海洋水约占水圈总体积的 97. 2%，陆地水约占水圈总体积的 2. 799%，大气水约占水圈总体积的 0. 001%。由于水分的不断循环，加上不同地形的影响，便在大陆上形成了河流、湖泊、地下水、沼泽及冰川等不同特征的水体，这些水体在运动过程中不断改造地表，并且塑造出各种各样的地表形态。同时，水圈是地球区别于其他行星的重要特征之一，孕育了生命，为生物的生存、演变提供了必不可少的条件。因此，水圈是外动力地质作用主要动力的来源。

(3)生物圈。生物圈是地球上生物(包括植物、动物和微生物)生存和活动的范围。现存的生物生活在岩石圈的上层部分、大气圈的下层部分和水圈的全部,构成了地球上一个独特的圈层。构成生物圈的生物种类繁多,现今地球上已被发现、鉴定、定名的就达200万种,其中动物150万种、植物50万种。生物活动是改造大自然和推动地壳发展演变的重要因素。许多生物直接或间接地对岩石起着破坏作用,并导致了地表形态的改变;另外,生物活动还引起地表物质的迁移和聚集,为某些岩石和矿产的形成提供了条件。

上述3种圈层是相互依存和联系的,与人类活动特别是工程建筑密切相关。

三、地球的内部圈层结构

根据火山喷发和物理勘探中的地震波传播速度的突变,将地球内部圈层分为地壳、地幔和地核(见图1-3)。在地下平均8 km(大洋区)、33 km(大陆区)、670 km、2 898 km及5 160 km的深度,地球的物质成分、物质状态有明显的变化,形成4个大的结构面。33 km处的界面简称为莫霍面(M),2 898 km处的界面称为古登堡面。

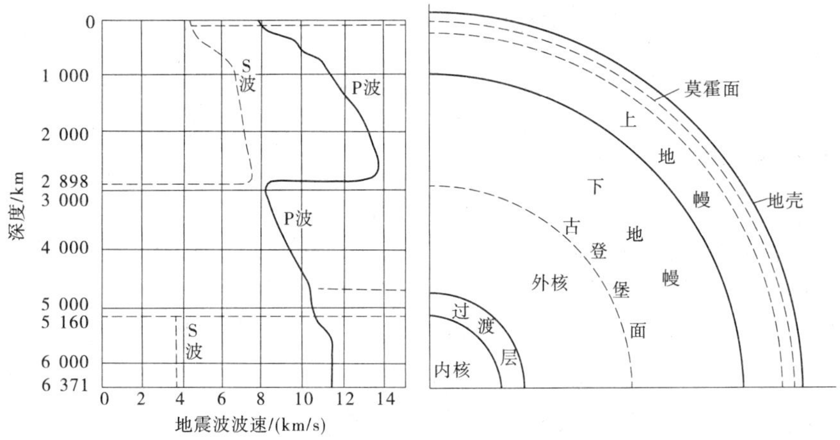

图1-3 地球的圈层构造及地震波传播速度

(一)地壳

从地表至莫霍面的固体外壳称为地壳,它主要由各种岩石组成。地壳的厚度很不均匀,各地有很大差异。地壳分为大陆型和大洋型两种类型。大陆型地壳分布在大陆及其边缘地区,其厚度较大,平均厚度为33 km,愈向高山区,其厚度愈大,如我国青藏高原地区,厚度可达70 km以上。大洋型地壳厚度较小,平均厚度只有6 km,如大西洋和印度洋厚度为10~15 km,而太平洋中央部分厚度为5 km;最薄处为西太平洋的马里亚纳海沟(深11 034 m),该处地壳厚仅为1.6 km。

地震波变化表明,地壳内存在着一个次一级的不连续面,称为康拉德面,它将地壳分为两层:上层为硅铝层(不连续),下层为硅镁层。

(1)硅铝层(花岗岩层)。硅铝层是地壳上部分布不连续的一层,平均厚度约为10 km,化学成分以硅、铝为主,因此称为硅铝层。硅铝层密度较小,平均约为2.7 g/cm^3。地震波在硅铝层的传播速度与花岗岩近似,其物质成分类似花岗岩,因此又称为花岗岩层。

该层厚度各地不一,山区有时厚达 40 km,海陆交界处变薄,海洋地区则显著变薄,在太平洋中部此层甚至缺失(见图 1-4)。

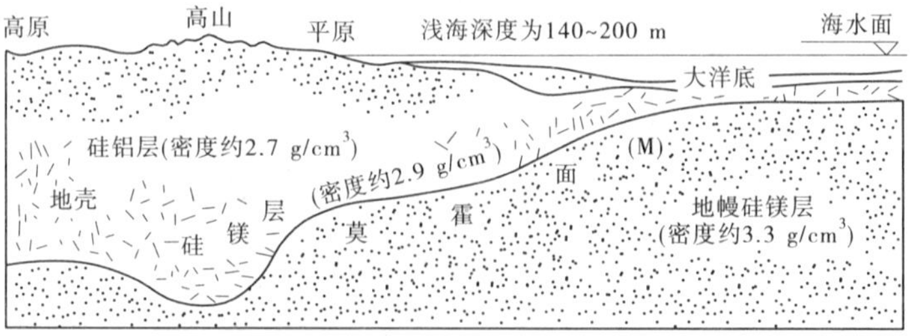

图 1-4　地壳结构示意图

(2)硅镁层(玄武岩层)。硅镁层主要化学成分除硅、铝外,铁、镁相对增多,故称为硅镁层。硅镁层密度较大,平均约为 2.9 g/cm³。因硅镁层化学成分、地震波传播速度均与玄武岩相似,因此又称为玄武岩层。硅镁层是地壳下分布连续的一层,在大陆及平原区厚度可达 30 km,海洋区仅厚 5~8 km。

人类的一切工程活动都是在地壳的最表层,连最深的科学钻孔也只能钻到地下 12 km 深处。

(二)地幔

地幔介于地核和地壳之间,又称为中间层,可分为上、下两层,其上部与地壳的分界面为莫霍洛维奇(Mohorovicic)面(又称为莫霍面),其下部与地核的分界面为古登堡(Gutenberg)面。地幔厚约为 2 900 km,其体积约占地球总体积的 82%,其质量占地球总质量的 67.6%,密度从 3.32 g/cm³ 递增到 5.66 g/cm³,平均密度为 4.5 g/cm³,温度一般为 1 200~2 000 ℃,压力随深度增加而增加,界面上压力约为 140 GPa,主要由铬、铁、镍、二氧化硅等物质组成。根据次级界面,地幔可分为上地幔和下地幔。上地幔从莫霍面至地下 1 000 km,平均密度为 3.5 g/cm³,成分主要为含铁镁质较多的超基性岩。在上地幔的上部 100~350 km 存在一个由柔性物质组成的圈层,称为软流圈(地震波的低速带),此软流圈之上的固态岩石圈层称为岩石圈。下地幔在地下 1 000 km 至古登堡面之间,平均密度增大为 5.1 g/cm³,成分仍为含铁镁质的超基性岩,与上地幔相同,但铁质的含量增加。由于处于超高压下,形成了一些晶体结构更紧密的高密度矿物。

(三)地核

地球最内部的核心部分称为地核。地核位于古登堡面以下,包括内核、过渡层和外核三部分,半径约为 3 470 km,其体积约占地球总体积的 16.2%,质量约占地球总质量的 32%。据推测,地核密度为 9.71~17.9 g/cm³,温度为 2 000~3 000 ℃,压力可达 300~360 GPa,主要由含铁、镍量很高,成分很复杂的物质组成。外核物态为液态,其成分除铁、镍外可能还有碳、硅和硫;内核物态为固态,其成分为铁、镍。

地壳是由各种化学元素组成的,根据地球化学分析,在地壳中已发现 90 多种元素,但各种元素含量差异很大,其含量以 9 种元素为主。国际上把各种元素在地壳中的平均含量称为克拉克值(见表 1-2)。

表1-2　地壳主要化学元素平均含量

元素	克拉克值/%	元素	克拉克值/%
O	46.95	Na	2.78
Si	27.88	K	2.58
Al	8.13	Mg	2.06
Fe	5.17	Ti	0.62
Ca	3.65	H	0.14

四、地质作用

地球形成至今已有46亿年,在这漫长的演变历史中,地球一直处于不停的运动、变化和发展中。例如:有些时候一些地方遭受挤压褶皱形成高山,而另一些地方就会凹陷形成海洋;高山不断遭受剥蚀被夷为平地,沧海又不断被泥土充填变成桑田;坚硬岩石破碎成为松软泥沙,而松软泥沙不断沉积形成新的岩石。这种自然动力引起地壳物质组成、内部结构及表面形态变化和发展的自然作用,称为地质作用,由地质作用所引起的各种自然现象称为地质现象。

根据地质作用的速度可以把地质作用分为灾变和渐变两类,前者是短暂而迅速的突变或灾难性的地质作用,如火山、地震和海啸、山崩或雪崩、山洪和泥石流等;后者是极缓慢而安静的地质作用,常不易被人们觉察,如湖泊沉积作用、地表的沉陷、海岸的变迁,但长期地质作用往往造成更为惊人的后果,如高山被夷平、大海被填淤等。据观察,堆积1 m厚的黄土需要1 000年,而兰州附近的黄土厚约200 m,则需要20万年堆积而成。

(一)地质作用类型

地质作用按其动力能量的主要来源和作用部位的不同,可分为内力地质作用和外力地质作用两大类(见图1-5)。

1. 内力地质作用

内力地质作用是指主要由地球转动能、重力能和放射性元素蜕变的热能等所引起的地质作用,它一般起源和发生于地球内部,但常常可以影响到地球的表层,对地球演化起着主导作用。它通过构造运动、岩浆作用、变质作用等不断地改造地壳,并使地表产生大陆、海洋、山脉、平原等巨型地形起伏。

1)构造运动

地球自转速度的改变等,使得组成地壳的物质不断运动,并改变它的相对位置和内部构造的过程,称为构造运动,又称为地壳运动。它是内力地质作用的一种重要形式,也是改变地壳面貌的主导作用。按构造运动的作用方向,可分为水平运动和垂直运动。

(1)水平运动。

水平运动是地壳演变过程中表现得较为强烈的一种运动形式。一般认为,水平运动是形成地壳表层各种地质构造形态的主要原因。地球是一个旋转着的椭球体,当其旋转时,产生巨大的离心力,它和地球的重力都对地壳起作用,它们相互抵消后,还产生一种指向赤道的水平方向的挤压力。当地球自转角速度发生变化时,产生一种与变化方向相反的力,称为惯性力。这些力都对地壳施加影响,使地壳发生水平运动。水平运动使地壳岩层受到挤压、拖曳、旋扭等，从而使地壳岩层发生强烈的褶皱和断裂（见图 1-6），形成裂谷、盆地及褶皱山系。图 1-7 所示为“大陆漂移说”非洲大陆和美洲大陆分离示意图。根据板块构造理论，美洲大陆和非洲大陆在 2 亿年前为一个大陆，后来由于地壳的水平运动，该大陆沿着一条南北方向的海底深沟发生破裂，一部分沿着地表向西移动，形成现在的美洲大陆，另一部分成为现在的非洲大陆，两块大陆中间成了广阔的大西洋。研究资料表明，目前沿着非洲的东非裂谷，一个新的地壳的巨大变化正在发展中，裂谷北端的两个地块——阿拉伯和非洲已在分离，以每年 2 cm 的速度背向位移裂开。又如我国的横断山脉、喜马拉雅山脉、天山等褶皱山系也是由于地壳的水平运动形成的。

- 地质作用
  - 内力地质作用
    - 构造运动
      - 水平运动
      - 垂直运动（升降运动）
    - 岩浆作用
      - 喷出作用
      - 侵入作用
    - 变质作用
      - 动力变质作用
      - 接触变质作用
      - 区域变质作用
      - 混合岩化作用
    - 地震作用
      - 构造地震
      - 火山地震
      - 陷落地震
  - 外力地质作用
    - 风化作用
      - 物理风化作用
      - 化学风化作用
    - 剥蚀作用
      - 风的吹蚀作用
      - 河流的侵蚀作用
      - 地下水的潜蚀作用
      - 湖泊、海洋的剥蚀作用
      - 冰川的剥蚀作用
    - 搬运作用
      - 风的搬运作用
      - 河流的搬运作用
      - 地下水的搬运作用
      - 湖泊、海洋的搬运作用
      - 冰川的搬运作用
    - 沉积作用
      - 风的沉积作用
      - 河流的沉积作用
      - 地下水的沉积作用
      - 湖泊、海洋的沉积作用
      - 冰川的沉积作用
    - 固结成岩作用
      - 胶结作用
      - 压实作用
      - 结晶作用
    - 负荷地质作用

图 1-5　地质作用分类

（2）垂直运动。

垂直运动是地壳演化过程中表现得较为缓慢的一种运动形式。地壳历经几度海陆变

(a)岩层的原始状态　(b)岩层弯曲产生褶皱构造　(c)褶皱进一步发展成断裂构造

图 1-6　褶皱构造与断裂构造形成示意图

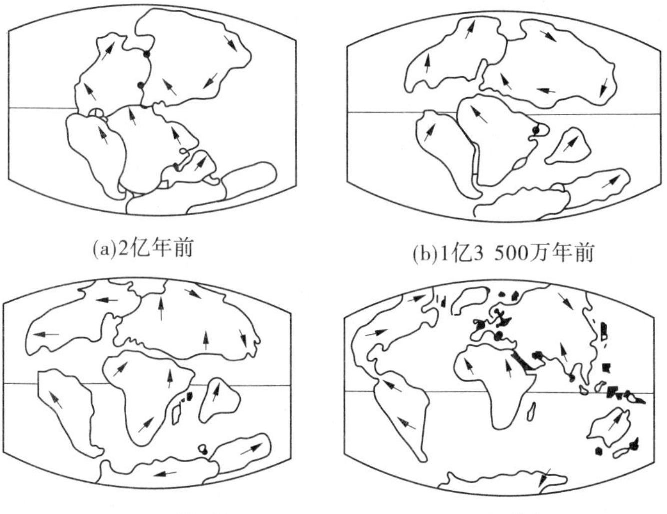

(a)2亿年前　(b)1亿3 500万年前

(c)6 500万年前　(d)现在

图 1-7　“大陆漂移说”非洲大陆和美洲大陆分离示意图

迁,使某些地区上升形成山岳、高原,另一些地区下降形成湖、海、盆地,所谓“沧海桑田”,即是古人对地壳垂直运动的直观表述。图 1-8 所示为意大利塞拉比斯神庙的石柱,从底向上的 3.6 m 石柱表面光滑无痕;再向上 2.7 m 则被虫蛀出许多梨状小孔,有海水浸没的痕迹;再向上的石柱仍完好如初,这是地壳垂直运动的有力证据。又例如:芬兰南部海岸以每年 1~4 mm 的速度上升;丹麦西岸则以每年 1 mm 的速度下降;我国西沙群岛的珊瑚礁,现已高出海面 15 m,本来珊瑚礁是在海水下 80 m 内生长的,这说明西沙群岛近期是处于缓慢上升状态的。喜马拉雅山上有大量新生代早期的海洋生物化石存在,反映了五六千万年前,这里曾是汪洋大海,由此可见垂直运动幅度之大。喜马拉雅山的珠穆朗玛峰,近 100 万年来,升高了约 3 000 m,珠穆朗玛峰至今仍以平均每年 10 mm 的速度继续上升,这都是人们感觉不到的。也就是说,缓慢的地质变化过程,如果经历漫长的时间,也能引起地壳发生显著的变化。

目前,我国地势西部总体相对上升,而东部相对下降。在同一地质时期内,地壳在某一地区表现为上升隆起,而在相邻地区则表现为下降沉陷。隆起区与沉降区相间分布,此起彼伏、相互更替。

构造运动在空间、时间上的发展是不均衡的。在同一地质时期,不同地区构造运动的方式和强度不同。有的地区运动强度大,称为活动区;有的地区运动强度小,称为稳定区。

图 1-8　意大利塞拉比斯神庙的石柱

在同一地区,不同地质时期构造运动的方式和强度亦不同。有时表现为状态比较稳定的长期缓慢运动,有时表现为状态比较活跃的急速剧烈运动,某一时期以水平运动为主,另一时期则以垂直运动为主,且水平运动的方向和垂直运动的方向也会发生更替。但在漫长的地质历史中,构造运动有一定的规律性,总是由长期缓慢运动转化为急速剧烈运动,使地壳发展历史显示一定的阶段性。

构造运动不断地改变地壳的原始状态,当地壳岩层受到强烈挤压、拉张、扭转等应力作用时,形成一系列褶皱带和断裂带,并在地壳表面造成大规模的隆起区和沉降区,形成大陆、高原、山岭、海洋、平原、盆地等高低起伏的构造地貌,并促使地表不断发生海陆变迁的演变和全球气候的变化。在内力地质作用中,构造运动是诱发地震作用、影响岩浆作用和变质作用的重要条件,也影响外动力地质作用的强度和变化。因此,构造运动是地壳发展演变的主导因素,是最主要的内力地质作用。

2)岩浆作用

岩浆作用是指岩浆在上升至地表或近地表过程中伴随的各种复杂变化过程,包括侵入作用和喷出作用(见图 1-9)。

图 1-9　岩浆喷出至地表

3)变质作用

变质作用是指地壳中的先成岩石由于构造运动和岩浆活动等造成的物理、化学条件的变化,原来岩石的成分、结构、构造等发生一系列改变而形成新岩石的地质过程(见图 1-10)。

4)地震作用

地震作用是指由地震引起的岩石圈物质成分、结构和地表形态变化的地质作用(见图 1-11)。

图1-10　变质作用

图1-11　地震作用

岩浆作用、变质作用、地震作用在后文会详细介绍。

2. 外力地质作用

外力地质作用是由地球外部能量引起地壳形态发生变化的地质作用,主要有太阳辐射能及太阳和月球的引力等。外力地质作用对地球进一步加工塑造,削高补低,使地面趋于平坦。外力地质作用可分为以下几种:

(1)风化作用:指岩石在太阳热能、大气、水分和生物等各种外力作用下不断发生物理和化学变化的过程。

(2)剥蚀作用:指流水、风、冰川等在运动过程中对地表岩石产生的破坏并将它们搬离原地的作用。

(3)搬运作用:指经过流水、风、冰川等剥蚀作用的产物被上述介质搬运到他处的过程。

(4)沉积作用:指上述搬运介质动能减少或物理和化学条件发生改变以及在生物的作用下被搬运的物质在新的场所堆积下来的作用。

(5)固结成岩作用:指由松散状态的沉积物转变成为固结的沉积岩的过程。

(6)负荷地质作用:指松散堆积物、岩块等由于自身的重量并在其他动力地质作用触发下崩塌或沿斜坡滑动的过程。

综上所述,内力地质作用的能量来源于地球自转产生的动能和放射性元素蜕变产生的热能;表现形式有地壳运动、岩浆活动、变质作用和地震等;内力地质作用的结果是塑造山岭与凹地,是地形变化的主导因素。

外力地质作用的能量来源是太阳辐射能、重力位能及天体引力;表现形式有风化、剥蚀、搬运、沉积和固结成岩作用等;外力地质作用的结果是削平高山,填平凹地。

自地壳形成以来,内力地质作用和外力地质作用在时间和空间两方面都是一个连续的过程。虽然它们时强时弱,有时以某个作用为主导,但始终相互依存、彼此推进。由于地壳表层是内、外地质作用共同活动的场所,因而自然界中的各种地质体无不留有内、外地质作用的痕迹。

(二)地球表面特征

地质作用使地球表面高低起伏不平,形成大陆与海洋、高山与平原等各种构造地貌,人类活动基本上都在地球表面,地球表面是人类赖以生存的环境。

1. 地球表面的总体特征

地球表面积约为 5.1 亿 km^2,基本分为陆地和海洋两部分。陆地面积约为 1.49 亿 km^2,占地球表面积的 29.2%;海洋面积约为 3.61 亿 km^2,占地球表面积的 70.8%;陆地与海洋面积之比约为 1:2.4。陆地多集中于北半球,占全球陆地总面积的 67.5%,而南半球的陆地面积仅占陆地总面积的 32.5%。陆地的平均海拔为 825 m,最高处喜马拉雅山脉的珠穆朗玛峰海拔为 8 848.86 m。海洋的平均深度(以海平面计)约为 3 800 m,最深处是西太平洋马里亚纳海沟,深度为 10 935 m。

2. 陆地地形

陆地表面形态极为复杂,按高程和起伏状况分为山地、高原、丘陵、平原和盆地、洼地、裂谷等。

1)山地

陆地上海拔在 500 m 以上且由山顶、山坡和山麓组成的隆起高地称为山或山地,山地是高山、低山的总称。按山地的外貌特征、海拔、相对高度和坡度,并结合我国的具体情况,山地又分为高山、中山和低山 3 类。

(1)高山。海拔为 3 500~5 000 m、相对高度大于 1 000 m、山坡平均坡度大于 25°的山地称为高山。高山的大部山脊或山顶位于雪线以上,山上终年冰雪覆盖,冰川和寒冻风化作用成为塑造地貌形态的主要外力。

(2)中山。海拔为 1 000~3 500 m、相对高度为 500~1 000 m、山坡平均坡度为 10°~25°的山地称为中山。中山的外貌特征多种多样,有的显得和缓,有的显得陡峭,还有的由于冰川作用而具有尖锐的角峰和锯齿形山脊等。

(3)低山。海拔为 500~1 000 m、相对高度为 200~500 m、山坡平均坡度一般为 5°~10°的山地称为低山。有些切割较深的低山,坡度较大(常大于 10°)。

2)高原

陆地表面海拔在 600 m 以上、相对高度在 200 m 以上、面积较大、顶面平坦或略有起伏,且耸立于周围地面之上的广阔高地称为高原。规模较大的高原顶部常形成丘陵与盆地相间的复杂地形。世界上最大的高原是巴西高原,其面积达 500 多万 km^2。我国的青藏高原平均海拔超过 4 000 m,是世界上最高的高原。我国的内蒙古高原、云贵高原以及华北、西北地区的黄土高原等规模也都十分可观。

3)丘陵

丘陵是一种起伏不大、海拔一般不超过 500 m、相对高度在 200 m 以下的低矮山丘。丘陵多半由山地、高原经长期外力侵蚀作用而成。丘陵个体低矮、顶部浑圆、坡度平缓、分布零乱、无明显的延伸规律等,这些都是它的主要特征,如我国东南沿海的丘陵。

在公路工程中,丘陵可进一步划分为重丘和微丘,其中相对高度大于 100 m 的为重丘,相对高度小于 100 m 的为微丘。

4)平原

陆地表面宽广平坦或切割微弱、略有起伏,并与高地毗连或为高地围限的平地称为平原。世界上最大的平原是亚马孙(Amazon)平原,其面积达 5.6×10^6 km^2。平原按海拔分为低平原(海拔低于 200 m)和高平原(海拔高于 200 m)两种,如华北大平原为低平原,河套平原、银川平原和成都平原都是高平原。

5)盆地

陆地上中间低平或略有起伏、四周被高地或高原所围限的盆状地形称为盆地,如非洲的刚果盆地。盆地的海拔和相对高度一般较大,如我国的四川盆地中部的平均高程为 500 m,青海柴达木盆地的平均高程为 2 700 m。盆地规模大小不一,但依其成因分为构造盆地和侵蚀盆地两种。构造盆地常常是地下水富集的场所,蕴藏着丰富的地下水资源;侵蚀盆地中的河谷盆地即山区中河谷的开阔地段或河流交汇处的开阔地段,往往是修建水库的理想库址。

6)洼地

陆地上高程在海平面以下的低洼地区称为洼地。如我国新疆艾丁湖,最低处海拔为 −15 431 m,称为克鲁沁洼地。

7)裂谷

大陆上呈线状分布的大规模谷地称为裂谷。如东非大裂谷长约 6 500 km。

3. 海底地形

海洋地形半数为表面平坦且无明显起伏的大洋盆地。海底的山脉称为海岭;而海底长条形的洼地称为海沟,一般深度大于 6 km,可谓地球表面最低洼地区,如菲律宾海沟深度为 10 546 m。与陆地连接的浅海平台称为大陆架,大陆架外缘的斜坡称为大陆坡。

【思政案例】 世界地球日

码 1-1 世界地球日

来源:中华人民共和国自然资源部

任务二　认识矿物

人类工程活动都是在地壳表层进行的,而组成地壳的主要物质成分是岩石。岩石是在各种不同地质作用下由一种或多种矿物有规律地组合而成的矿物集合体。目前,自然界中已发现的矿物有 3 300 多种,但是常见的只有五六十种,构成岩石主要矿物只不过二三十种,其中又以长石、石英、辉石、角闪石、橄榄石、黑云母、方解石、白云石最为重要,通常把岩石中常见的主要矿物称为造岩矿物。造岩矿物显著影响岩石性质,对鉴定岩石类型起重要作用。因此,认识和学会鉴定这些造岩矿物是学好岩石的基础。

一、矿物的概念

矿物是指地壳中的化学元素在地质作用下形成的具有一定化学成分和物理性质的单质或化合物。它是各种地质作用下天然的产物,是岩石的基本组成部分,与人工制备的产物有区别。对那些虽由人工合成,而各方面特性均与天然产出的矿物相同或密切相似的产物,如人造金刚石、人造水晶、人造云母等,称为人工合成矿物或人造矿物。此外,地球上还有少量来自其他天体的天然单质或化合物,称为宇宙矿物。自然界中只有少数矿物是以自然元素形式出现的,如金刚石(C)、金(Au)、银(Ag)、硫黄(S)等;绝大多数矿物是由两种或两种以上元素组成的化合物,如岩盐(NaCl)、石英(SiO_2)、方解石($CaCO_3$)、石膏($CaSO_4 \cdot 2H_2O$)等。

矿物通常以固态存在于地壳中,只有极少数呈液态(如汞)和气体(如天然气)。固体矿物按其内部构造不同可分为晶质体和非晶质体两种。前者是指内部质点(原子、离子、分子)按一定规则排列,形成稳定的结晶格架,往往具有规则的几何外形,如溶液中生长的岩盐晶体就是由钠离子和氯离子按立方体结晶格子构造排列而形成的立方体(见图 1-12),而石英构造为六棱柱或双锥体(见图 1-13)。常见矿物晶体的形态如图 1-14 所示。但是,矿物在岩石中结晶时,受到许多条件和因素的控制,晶体常呈不规则几何形状。地壳中的矿物绝大部分是晶质体。非晶质体内部质点的排列是杂乱无章没有规律的,因此不具有规则的几何外形,如蛋白石、玉髓($SiO_2 \cdot nH_2O$)、褐铁矿($Fe_2O_3 \cdot nH_2O$)等。

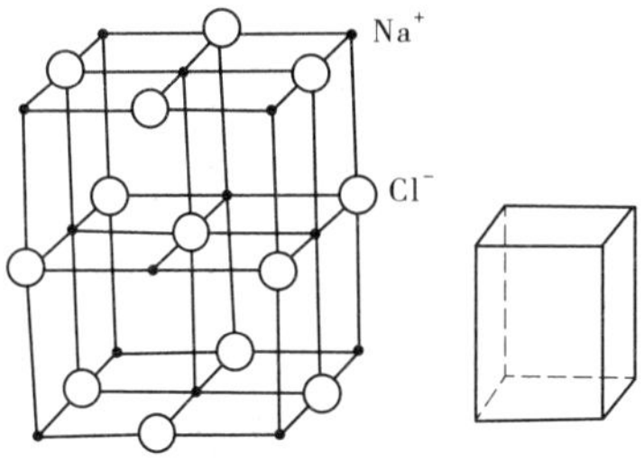

图 1-12　岩盐的内部构造及晶体

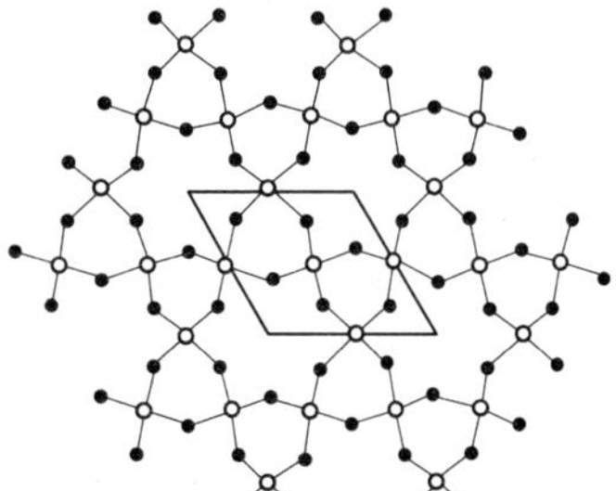

图 1-13　石英晶体

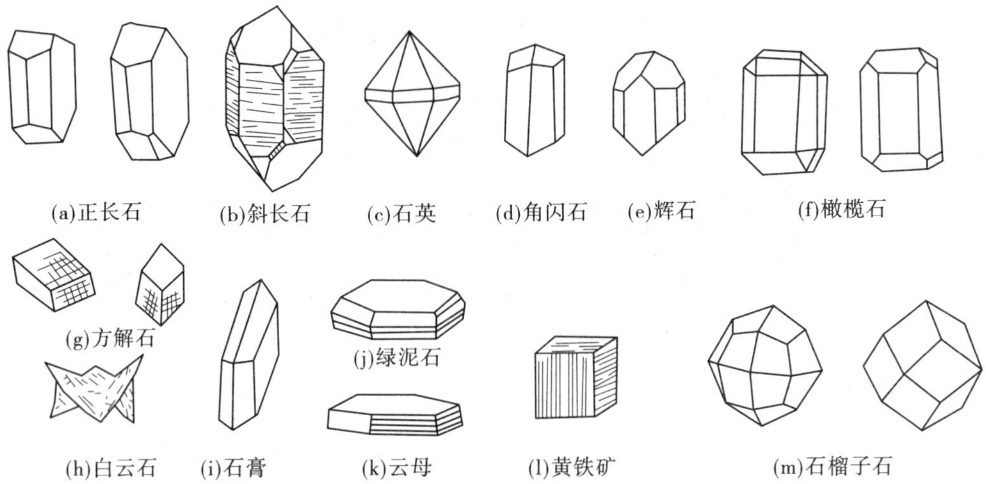

图 1-14　常见矿物晶体的形态

自然界的矿物按其成因可分为以下三大类型：

(1)原生矿物,在成岩或成矿的时期内,从岩浆熔融体中经冷凝结晶过程形成的矿物,如石英、长石、云母等。

(2)次生矿物,原生矿物遭受化学风化作用而形成的新矿物,高岭石、伊利石(水云母)、蒙脱石三大黏土矿物就是次生矿物,如高岭石由正长石经过水解作用后生成。

(3)变质矿物,在变质作用过程中形成的矿物,如区域变质的结晶岩中的蓝晶石和十字石等,是鉴定变质岩的一个重要特征。

二、矿物的形态与物理性质

矿物的形态是指矿物的外观,是研究矿物时首先得到的感性认识;矿物的物理性质包括光学性质、力学性质、其他性质等,主要由矿物的化学成分和内部构造决定。矿物的形态和物理性质是鉴别矿物的主要依据。在实际工作中,一般用肉眼观察并借助简单的工具(如硬度计、毛瓷板、放大镜和小钢刀等)和试剂鉴定矿物。

码 1-2　微课：矿物的性质

(一)形态

矿物的形态(形状)包括矿物的单体和集合体形态。

所谓单体,是指矿物的单个晶体。大多数造岩矿物是结晶质,少数造岩矿物为非晶质。在结晶质矿物中,还可以根据肉眼能否分辨而分为显晶质和隐晶质两类。

所谓集合体,是指同种矿物多个单体聚集在一起形成的整体。矿物的集合体的形态取决于单体的形态和它们的集合方式。集合体按矿物结晶粒度大小进行分类,肉眼可分辨其颗粒的叫作显晶质矿物集合体,肉眼不能辨认的则叫作隐晶质或非晶质矿物集合体。

(二)矿物的光学性质

矿物在可见光照射下所表现的物理特征,称为矿物的光学性质,主要包括颜色、条痕、光泽和透明度。

1. 颜色

颜色是矿物最直观的一种性质，指矿物对可见光中不同光波选择吸收和反射后映入人眼的现象，最常见的有自色和他色两种类型。

自色，矿物本身所固有的颜色，是指由于矿物本身的化学成分中含有带色的元素而呈现的颜色。具有自色的矿物，颜色大体上固定不变，因此自色是一种重要鉴定特征，例如：赤铁矿呈樱红色，磁铁矿呈黑色，孔雀石呈翠绿色等。他色是指当矿物中含有杂质时所出现的其他颜色。例如：纯净石英为无色透明，但含碳的微粒时呈烟灰色（烟水晶），含锰时呈紫色（紫水晶），含氧化铁则是玫瑰色（玫瑰水晶）等。

矿物的颜色一般利用标准色谱（红、橙、黄、绿、青、蓝、紫）来描述；如果矿物不是单一颜色，例如黄绿色、褐红色，后者为主颜色。观察矿物颜色必须观察其新鲜面的颜色，以免因假色而引起错觉。

2. 条痕

条痕是矿物粉末的颜色，通常将矿物在无釉瓷板上刻画后进行观察。由于矿物的粉末可以消除一些杂质和物理方面的影响，即消除假色、减弱他色、保存自色，所以矿物的条痕较固定，在鉴定矿物时比颜色更可靠，对某些金属矿物具有重要的鉴定意义。如赤铁矿，整块的颜色可呈红、黑、钢灰等色，但其条痕只是樱红色；黄铁矿的颜色呈黄铜色，条痕为黑绿色；金的条痕为金黄色。

3. 光泽

光泽指矿物表面对光的反射能力。反射力强，光泽就强；反之，光泽则弱。根据反光程度可分为金属光泽（如金、银、铜、辉锑矿等）、半金属光泽（如赤铁矿、磁铁矿等）和非金属光泽3种。造岩矿物一般呈非金属光泽。非金属光泽又可分为下列几种类型：

（1）玻璃光泽，指矿物表面反射较弱，如同玻璃表面所呈现的光泽，如石英、长石等。据统计，70%以上的矿物具有玻璃光泽。

（2）油脂光泽，矿物表面好像涂上一层油脂而显示出的光泽，如石英断口上所呈现的光泽。

（3）珍珠光泽，如同蚌壳内珍珠表层所呈现的光泽，如云母等常具有这种光泽。

（4）丝绢光泽，是一种较弱的非金属光泽，为纤维集合体矿物所呈现像丝绢一样的光泽，如纤维石膏、石棉等。

此外，非金属光泽还有金刚光泽（闪锌矿）、树脂光泽（角闪石）、脂肪光泽（滑石）、蜡状光泽（叶蜡石）和无光泽（石髓）。

4. 透明度

透明度指矿物的透光程度。一般规定以0.001 mm厚的矿物薄片透过光的程度作为标准，将透明度分为3级：透明的（如水晶、冰洲石）、半透明的（如石膏、闪锌矿）和不透明的（如磁铁矿、黄铁矿）矿物。

矿物的厚度和所含杂质对透明度的影响很大，在实际工作中常常根据透明度与颜色、条痕、光泽之间的关系来判断矿物的透明度（见表1-3）。

表 1-3　矿物条痕、光泽和透明度相互关系

颜色	无色或白色	浅(彩)色	深色	金属色
条痕	无色或白色	无色或浅色	浅色或彩色	深色或金属色
光泽	玻璃或金刚	半金属		金属
透明度	透明	半透明		不透明

(三)矿物的力学性质

1. 硬度

硬度指矿物抵抗外力刻画、压入或研磨的能力。德国矿物学家莫斯取自然界常见的 10 种矿物作为标准,将硬度由软至硬分为 1~10 度 10 个等级,此即莫氏硬度(见表 1-4)。测定某矿物的硬度,只需将待定矿物同硬度计中的标准矿物相互刻画,进行比较。如需要鉴定的矿物能被方解石所刻伤而自己又能刻伤石膏,说明它的硬度大于石膏而小于方解石,在 2~3,即可定为 2.5。

表 1-4　莫氏硬度等级

相对硬度等级	1	2	3	4	5	6	7	8	9	10
标准矿物	滑石	石膏	方解石	萤石	磷灰石	长石	石英	黄玉	刚玉	金刚石

注:为记忆这 10 种矿物,可用顺口溜方法,即只记矿物的第一个汉字:“滑石方萤磷,长石黄刚金”。

野外工作中,常用随身携带的物品简便地确定矿物的相对硬度,这些物品相应的硬度等级分别为:软铅笔 1 度,指甲 2~2.5 度,小刀、铁钉 3~4 度,玻璃 5~5.5 度,钢刀刃 6~7 度。

2. 解理和断口

矿物晶体在外力作用下沿一定方向裂开成光滑平面的性质称为解理。由此产生的光滑平面称为解理面。矿物在外力作用下沿不定方向破裂而形成的凹凸不平破裂面称为断口。

解理可根据解理面方向的数目分为一组解理(如云母)、两组解理(如长石)、三组解理(如方解石、石墨)和多组解理[见图 1-15(a)、(b)]。根据解理面发育的完善程度,解理可分为极完全解理(如云母)、完全解理(如方解石、萤石)、中等解理(如正长石、角闪石)和不完全解理(如磷灰石)。

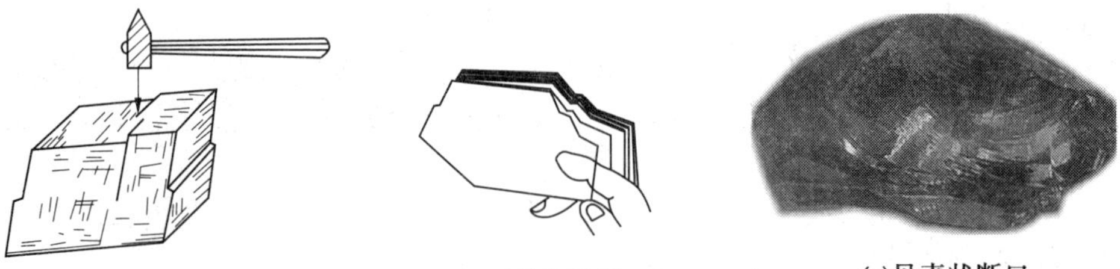

(a)方解石的解理　　(b)云母的解理　　(c)贝壳状断口

图 1-15　矿物的解理与断口

断口的形态常具有一定的特征，如贝壳状[见图 1-15(c)]、锯齿状(铜)、平坦状(蛇纹石)、土状(铝土矿)、粒状(大理石)等。

(四)其他性质

除上述主要物理性质外，一些矿物还具有弹性(如云母)、滑感(如滑石)、咸味(如岩盐)、臭味(如硫黄)等物理性质，以及与冷稀盐酸发生化学反应而产生气泡(CO_2)(如方解石、白云石)等现象，矿物的这些独特的性质对鉴别某些矿物有重要意义。

三、常见造岩矿物的特征

正确识别和鉴定矿物对岩石命名、研究岩石的性质是非常重要的。要准确地鉴别矿物，需要在专门的实验室用光学和化学的分析方法，但对于施工员而言，最基本的要求是肉眼鉴定。常见造岩矿物的肉眼鉴定特征见表 1-5。

码 1-3　微课：矿物鉴定

表 1-5　主要造岩矿物鉴定特征

序号	矿物	硬度	形状	颜色	条痕	光泽	解理与断口	相对密度	其他特征
1	滑石 $Mg_3Si_4O_{10}(OH)_2$	1	薄片状、鳞片状、致密块状	白色、灰色、淡黄色、淡绿色	白色	油脂光泽、解理面呈珍珠光泽	一组完全或极完全解理	2.7~2.8	极软，手摸之有滑感；薄片可挠曲而无弹性
2	高岭石 $Al_4Si_4O_{10}(OH)_8$	1~1.5	块状、土状	白色，含杂质后呈黄色、浅褐色	白色	无光泽	土状断口	2.5~2.6	有滑感；干时易吸水，湿时具可塑性、黏着性
3	蒙脱石 $Al_4Si_8O_{20}(OH)_4$	1	块状、土状	白色，有时为浅红色、浅绿色	白色	无光泽	土状断口	2	吸水性强，吸水后体积能膨胀增大数倍
4	石膏 $CaSO_4 \cdot 2H_2O$	2	板状、条状或纤维状、粒状	白色，含杂质后呈黄褐色、红色	白色	玻璃光泽或丝绢光泽	一组完全解理	2.2~2.4	有的透明，可溶于盐酸和略溶于水
5	绿泥石 $(Mg,Fe)_5Al(AlSi_3O_{10})(OH)_8$	2.5	片状集合体或块状	绿色至深绿色	绿色	珍珠光泽或玻璃光泽	一组极完全解理	2.6~2.9	薄片可挠曲但无弹性
6	黑云母 $K(Mg,Fe)_2(OH)_2 \cdot AlSi_3O_{10}$	2.5~3	片状、鳞片状集合体	黑色、深褐色	白色	珍珠光泽或玻璃光泽	一组极完全解理	2.7~3.1	薄片透明且有弹性

续表 1-5

序号	矿物	硬度	形状	颜色	条痕	光泽	解理与断口	相对密度	其他特征
7	白云母 $KAl_2(OH)_8 \cdot AlSi_3O_{10}$	2.5~3	片状、鳞片状集合体	无色、银白色、淡黄色	白色	珍珠光泽或玻璃光泽	一组极完全解理	2.7~3.1	薄片透明且有弹性
8	方解石 $CaCO_3$	3	一般为棱柱体,集合体有粒状、块状、晶簇	白色、无色,含杂质后可具多种颜色	白色	玻璃光泽	三组完全解理	2.6~2.8	遇冷稀盐酸剧烈起泡
9	白云石 $(Mg,Ca)[CO_3]_3$	3.5~4	菱面体,集合体为粒状	灰白色,有时为淡黄色、淡红色	白色	玻璃光泽	三组完全解理	2.8~3.0	晶体只与热盐酸反应,粉末可与冷稀盐酸反应
10	褐铁矿 $Fe_2O_3 \cdot nH_2O$	5~5.5	土状、块状、钟乳状、球状	黄褐色、黑褐色	黄褐色	半金属光泽	无解理	3.4~4	为含铁矿物的风化产物,呈铁锈状,易染手
11	角闪石 $(Ca_2,Na)(Mg,\cdots,Fe,Al)[(Si,Al)_2O_8]$	5~6	长柱状、针状或纤维状集合体	褐色、绿色至黑色	灰白色	玻璃光泽	两组中等解理	3.1~3.6	晶体横截面为六角菱形
12	普通辉石 $(Na,Ca)(Mg,Fe,Al)[(Si,Al)_2O_8]$	5~6	短柱状、粒状集合体	绿色、褐色、黑色	白色	玻璃光泽	两组中等解理	3.2~3.5	晶体横截面为正八边形
13	赤铁矿 Fe_2O_3	5.5~7.5	多为块状,有的为鲕状、肾状、片状	赤红色、铁黑色、钢灰色	砖红色	半金属光泽	无解理	4.8~5.3	土状者硬度较低,可染手
14	正长石 $KAlSi_3O_8$	6	短柱状、板状、粒状、块状集合体	多为肉红色,有时为黄色	白色	玻璃光泽	两组完全解理	2.5~2.6	有时呈双晶,易风化成高岭土
15	斜长石 $(Na,Ca)AlSi_3O_8$	6	柱状、板状、粒状	灰白色、深灰色	白色	玻璃光泽	两组完全解理	2.6~2.8	性脆,解理面可见红、蓝、绿等各色条纹
16	黄铁矿 FeS_2	6~6.5	正立方体,五角十二面体、粒状、块状集合体	浅黄铜色	绿黑色	金属光泽	参差状断口	4.9~5.2	晶面上常有三组正交条纹,在火成岩中可呈细小的星点状存在

续表 1-5

序号	矿物	硬度	形状	颜色	条痕	光泽	解理与断口	相对密度	其他特征
17	橄榄石 $(Mg,Fe)_2SiO_4$	6.5~7	粒状集合体	橄榄绿色、淡黄绿色	无	玻璃光泽	贝壳状断口	3.2~3.5	性脆
18	石榴子石 $Fe_2Al_2(SiO_4)_3$	6.5~7.5	菱形十二面体、二十四面体或粒状	红色、褐色、棕色、黑色等	无	玻璃光泽、断口油脂光泽	参差状或贝壳状断口	3.5~4.3	多见于变质岩中
19	石英 SiO_2	7	块状、粒状、六方棱柱状、晶簇状	无色，含杂质后可有各种颜色	无	玻璃光泽、油脂光泽	贝壳状断口	2.65	质坚性脆，抗风化能力强；透明晶体称为水晶

四、对工程建筑影响较大的几种矿物特征

在实际工作中，对工程建筑影响较大的几种矿物的特征，在评价岩石性质时，有着特别重要的意义。如黑云母比白云母容易风化，风化后失去弹性而呈松散状态，降低了岩石的强度。当岩石含云母多且呈定向排列时，则沿此方向易产生滑动，直接影响水工建筑物的稳定。绿泥石的特性与云母类似，薄片状具有挠性，抗滑性能很低。石膏与硬石膏皆能溶于水，当石膏呈夹层状于岩层之间、形成软弱夹层时，在流水的作用下，可被溶解带走，岩石强度显著降低，透水性大大增强；硬石膏遇水作用后变为石膏，体积将膨胀60%。因此，含有石膏和硬石膏夹层的岩石要避免作为水工建筑物的地基。黄铁矿易风化而析出硫酸，对钢筋和混凝土具有侵蚀作用，因此含黄铁矿较多的岩石不宜作建筑物的地基和建筑材料。黏土矿物（包括高岭石、蒙脱石和水云母等）硬度小、吸水性强，吸水后体积膨胀，易软化，具可塑性，上述性质中的吸水性以蒙脱石吸水后体积膨胀为最大。因此，黏土矿物具有高压缩性，易于引起建筑物较大的沉降，吸水后其强度大大降低，因而由黏土质岩石构成的斜坡和地基在水的作用下容易失稳破坏。

【思政案例】　在找矿行动中贯彻“成矿预测三原则”

码 1-4　在找矿行动中贯彻“成矿预测三原则”

来源：中华人民共和国自然资源部

任务三　认识岩浆岩

自然界的矿物多种多样,但很少单独存在,它们常常彼此结合或共生为复杂的集合岩体——岩石。岩石是由一种或多种矿物在地质作用下形成的具有一定结构和构造的自然集合体,如大理岩主要由方解石组成,花岗岩由石英、长石、云母等多种矿物组成。

岩石是地壳的基本组成物质,是建造各种工程结构物的地基、环境和天然建筑材料,因此学习和认识岩石的特征和特性,以便分析岩石在各种自然条件下的变化,进而对岩石的工程地质性质进行评价,对工程设计、施工和地质勘测等都十分重要。岩石的特征主要是指岩石的成因、产状、成分、结构、构造等性质。

自然界岩石的种类很多,根据成因可分为三大类,即岩浆岩、沉积岩和变质岩。岩浆岩是地壳的主体岩石类型和组成物质,占地壳总体积的 95%左右。其形成和演化的各种地质作用及其产物,决定了地壳的基本结构、地球化学作用和地质环境特征。

一、岩浆岩的基本概念

火山爆发是自然界一种蔚为壮观的岩浆活动景象,也是极为严重的一种自然灾害。火山是岩浆流出地表而形成的有特殊结构和形态的地质体,一般由火山锥、火山口、火山喉管和火山颈等部分组成(见图 1-16)。

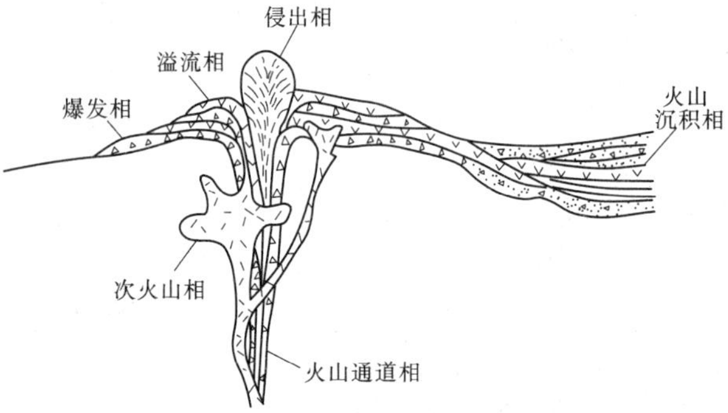

图 1-16　火山的组成

码 1-5　微课：岩浆岩

岩浆是指位于地壳深部和上地幔中,以硅酸盐为主,并和一部分金属硫化物、氧化物、水蒸气及其他挥发性物质(H_2O、F、Cl、CO_2 等)组成的高温、高压熔融体。地壳深处的岩浆沿地壳薄弱地带上升侵入地壳或喷出地表后冷凝而形成的岩石称为岩浆岩,也称为火成岩。

岩浆具有流动性,存在于地下深处具有很高的温度(800~1 300 ℃)和很大的压力(几百兆帕以上)。当地壳运动时,岩浆就会沿地壳薄弱大断裂带和压力较低的部位侵入上升,当岩浆上升喷出地表冷凝所形成的岩石,称为喷出岩;当岩浆侵入到地表以下周围岩层中冷凝形成的岩石,称为侵入岩。侵入岩按形成部位深浅,分为深成岩(一般距地表 3 km 以上)和浅成岩(一般在地表以下 3 km 以内)。

二、岩浆岩的化学成分和矿物成分

(一)岩浆岩的化学成分

岩浆岩的化学成分几乎包括地壳中所有的元素,但其含量却差别很大,其中以 O、Si、Al、Fe、Ca、Na、K、Mg、H 等 9 种元素为主,这些元素一般都是以氧化物的形式存在的。若以氧化物计,则 SiO_2、Al_2O_3、Fe_2O_3、FeO、CaO、MgO、Na_2O、K_2O、H_2O 等占岩浆岩化学元素总量的 99%以上,其中以二氧化硅(SiO_2)含量最大,约占 59.14%;其次是三氧化二铝(Al_2O_3)含量,占 15.34%。SiO_2 的含量在不同的岩浆岩中有多有少,很有规律。由酸性岩到超基性岩,不但 SiO_2 含量不同,其他成分的含量也有相应的变化,随着 SiO_2 含量的减少,氧化亚铁(FeO)、三氧化二铁(Fe_2O_3)、氧化镁(MgO)和氧化钙(CaO)等逐渐增加,而氧化钠(Na_2O)和氧化钾(K_2O)等则逐渐减少(见图 1-17 和表 1-6)。因此,根据 SiO_2 含量的多少,可将岩浆岩分为酸性岩、中性岩、基性岩和超基性岩类四大类。

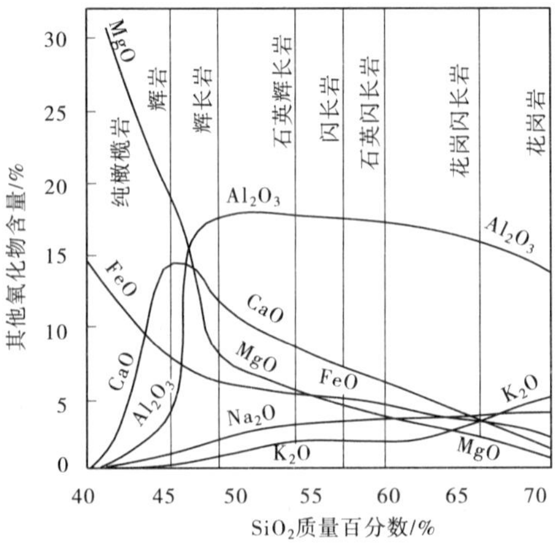

图 1-17　岩浆岩化学成分关系

表 1-6　岩浆岩的化学分类

岩石类别	SiO_2 含量/%	FeO、Fe_2O_3、MgO、CaO	Na_2O、K_2O
酸性岩	>65	少	多
中性岩	52~65	↓	↓
基性岩	45~52		
超基性岩	<45	多	少

(二)岩浆岩的矿物成分

岩浆岩的矿物组成是岩浆岩分类和鉴别的主要根据,对了解岩石成因、形成条件、化学成分和物理性质等都有重要意义。组成岩浆岩的矿物有 30 多种,常见的矿物只有 10 余种,其中主要以硅酸盐类矿物为主,按含量由多到少分别是长石、石英、橄榄石和辉石、角闪石、云母(黑云母和白云母)、磷灰石、钛铁矿和磁铁矿等矿物。但是对具体岩石来讲,这些矿物并不是同时存在的,而通常仅由 2~3 种主要矿物组成,例如:花岗岩的主要矿物成分是石英、正长石和黑云母,辉长岩的主要矿物成分是基性斜长石和辉石。

1. 岩浆岩中矿物按化学成分或颜色分类

岩浆岩中矿物按化学成分或颜色可分为硅铝矿物和铁镁矿物两类。

(1)硅铝矿物:是指矿物中 SiO_2 和 Al_2O_3 的含量较多,不含 FeO 和 MgO,而由 K^+、Na^+、Ca^{2+}与 SiO_2 和 Al_2O_3 组成的铝硅酸盐矿物。如正长石、斜长石和石英,它们在肉眼下观察多呈白色、肉红色或灰白色,因此又称为浅色矿物。

(2)铁镁矿物:是指富含 Fe^{2+}、Mg^{2+} 的硅酸盐矿物。如橄榄石、辉石、角闪石、黑云母等,因为在肉眼观察时颜色较深,多呈黑色、棕色、墨绿色等,因此常称为暗色矿物。

岩浆岩中暗色矿物和浅色矿物的相对含量可作为鉴定岩浆岩和岩浆岩分类的重要标志之一。岩浆岩中暗色矿物的百分含量,通常称为色率。根据色率可以大致判断岩浆岩的类别(见表 1-7)。这两类矿物占岩浆岩矿物平均总含量的 99%,所以称为岩浆岩的造岩矿物。

表 1-7　岩浆岩的颜色和比重变化

岩石类别	主要矿物	颜色	相对密度
酸性岩	石英、斜长石、正长石	浅	小
中性岩	斜长石、角闪石	↓	↓
基性岩	斜长石、辉石		
超基性岩	橄榄石、辉石	深	大

2. 按照矿物在岩浆岩中含量的多少和在岩浆岩分类上所起的作用分类

按照矿物在岩浆岩中含量的多少和在岩浆岩分类上所起的作用,可以分为主要矿物、次要矿物和副矿物 3 类。

(1)主要矿物:是指某种岩石中含量较多(体积百分含量大于 10%)的矿物,而这类矿物是岩石分类的依据。岩浆岩中最主要的造岩矿物只有 10 余种,它们是石英类、斜长石类、正长石类、云母类、角闪石类、辉石类、橄榄石类和副长石类(霞石、白榴子石等)等,其中长石类占 59%,石英类占 12%。

(2)次要矿物:是指某种岩石中含量较少(体积百分含量为 1%~10%)的矿物,而这类矿物是岩石进一步分类的依据。例如:花岗岩中含少量角闪石者,称为角闪花岗岩。主要矿物和次要矿物是因不同岩石而定的,如角闪石在花岗岩中是次要矿物,但在闪长岩中则是主要矿物。

(3)副矿物:是指某种岩石中含量最少(体积百分含量小于 1%)的矿物,肉眼不易看见,处于从属地位,一般对岩石分类不起作用。常见的副矿物有磁铁矿、磷灰石等。

三、岩浆岩的产状

岩浆岩体以一定形态产出。其产状是指岩体的大小、形状及其与周围岩石的接触关系和分布特点。按照岩浆活动和冷凝成岩的情况,岩浆岩体可具有各种复杂的产状,大致有以下几种(见图 1-18)。

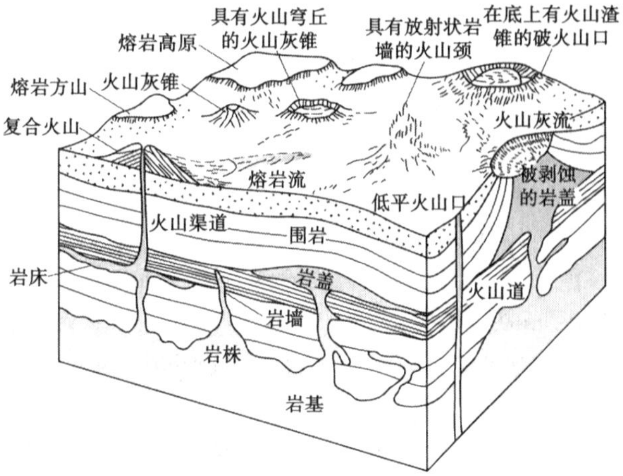

图 1-18　岩浆岩的产状

(一)深成侵入岩体的产状——岩基和岩株

(1)岩基:是一种规模宏大的深成侵入岩体,下部直接与岩浆相连,分布面积一般大于 60 km^2,多由花岗岩或花岗闪长岩构成,岩性均匀稳定,是良好的建筑物地基。如三峡坝址区就选定在面积约 200 km^2 的花岗岩—闪长岩岩基的南部。

(2)岩株:是一种形体较岩基小的岩体,出露面积一般小于 60 km^2,常是岩基边缘的分枝或是独立的侵入体,平面形状多呈浑圆形,其下与岩基相连,岩性均一,也是良好的地基。

(二)浅成侵入岩体的产状——岩脉、岩墙、岩床、岩盘

(1)岩脉和岩墙:岩浆沿着围岩裂隙侵入并切断岩层所形成的厚度较小的狭长形岩体称为岩脉;与围岩层理或片理斜交,厚度较大且近于直立的岩脉称为岩墙。

(2)岩床和岩盘:由流动性较大的岩浆沿着围岩的层面侵入而形成的板状侵入岩体称为岩床,其表面无明显凸凹,厚度为数米至数百米不等,岩床多以基性岩为主;若岩浆顺岩层侵入,使岩层隆起而成蘑菇状的岩体,称为岩盘(又称为岩盖),分布范围可达数平方千米,多由酸性、中性岩石组成。

(三)喷出岩体的产状——熔岩盖、熔岩流、火山锥

喷出岩的产状受岩浆性质、火山喷发方式和古地理环境等条件控制。常见的有熔岩盖(熔岩被)、熔岩流、火山锥等。

(1)熔岩盖(熔岩被):是指覆盖广大地区的熔岩体,面积达几百平方千米到数十万平方千米,厚度表现出大面积的稳定性。我国南方二叠纪峨嵋山玄武岩,河北省张家口北部汉诺坝玄武岩,东南沿海地区中性、酸性熔岩等都是大熔岩盖。熔岩盖多属裂隙喷发形成。

(2)熔岩流:是沿沟谷及低洼处流动形成的窄长带状的熔岩体。它有时与熔岩盖过渡,多属裂隙式或中心式喷发形成。

(3)火山锥:由熔岩及火山碎屑物组成的锥形岩体,多由中心式喷发造成,包括火山口及其周围的岩体。火山锥本身的构造复杂,由岩性和外观的不同,可划分为许多类型,常见的有盾形和立锥形两种。如著名的日本富士山就是锥形火山。

火山口、火山锥体往往是在两组断裂的交会处,它们分布排列的方式无不受到断裂的控制,著名的中国五大连池火山群就是生动的实例。

四、岩浆岩的结构与构造

在研究岩浆岩时,除要鉴定其矿物成分外,还必须了解这些矿物是以什么样的方式组合构成岩石的。岩浆在不同的地质环境(如在地表或地下不同深度)冷凝时,由于物理化学条件(如温度、压力)的不同和物质成分的变化而形成不同岩浆岩。岩浆岩的结构和构造反映了岩石形成环境与物质成分变化的规律性,是区分、鉴定岩浆岩的重要标志,也是岩石分类和定名的重要依据之一,它还直接影响岩石强度的高低。

(一)岩浆岩的结构

结构是指岩石中矿物的结晶程度、晶粒大小、晶体形状及其之间的组合关系。结构决定了岩石内部的连接情况,直接影响岩石的物理力学性质。

1. 根据矿物结晶程度分类

根据矿物的结晶程度,岩石可分为如下几类(见图 1-19)。

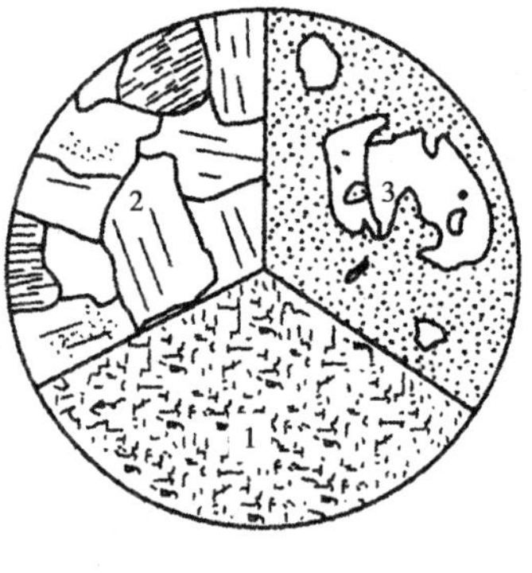

1—非晶质(玻璃质)结构;2—全晶质结构;3—半晶质结构。

图 1-19　根据矿物结晶程度划分的 3 种结构

(1)全晶质结构:是指岩石全部由结晶矿物组成的结构。全晶质结构是岩浆在温度、压力缓慢降低,结晶条件充分情况下形成的。这种结构是侵入岩所有的,尤其在深成侵入岩中最常见,如花岗岩。

(2)半晶质结构:是指岩石中矿物既有结晶矿物又有玻璃质的结构。半晶质结构主要是浅成岩具有的结构,有时在喷出岩中也能见到,如喷出岩中流纹岩。

(3)非晶质结构:是指岩石全部由非晶质矿物组成的结构,又称为玻璃质结构。非晶质结构是在岩浆喷出地表迅速冷凝来不及结晶的情况下形成的,为喷出岩特有的结构,如黑曜岩。

2. 根据矿物的晶粒大小分类

根据矿物的晶粒大小,岩石可分为如下几类。

(1)显晶质结构:是指岩石全部由结晶较大的矿物组成的结构。显晶质结构用肉眼或放大镜即可辨认,这种结构是在温度和压力较高、岩浆温度缓慢下降的条件下形成的,常见于深成岩中,如花岗岩。

(2)隐晶质结构:是指岩石全部由结晶微小的矿物组成的结构。隐晶质结构用肉眼和放大镜均看不见晶粒,只有在显微镜下才可识别。肉眼观察时,岩石表面呈致密状,微粗糙,有时与玻璃质难以区别。但是具有隐晶质结构的岩石没有玻璃光泽及贝壳状断口,脆性程度低,有韧性,常具有瓷状断口,常见于浅成岩和喷出岩中。

(3)玻璃质结构:是指岩石全部由非晶质矿物组成的均匀、致密似玻璃的结构。

3. 根据矿物颗粒的相对大小分类

根据矿物颗粒的相对大小,岩石可分为如下几类(见图1-20)。

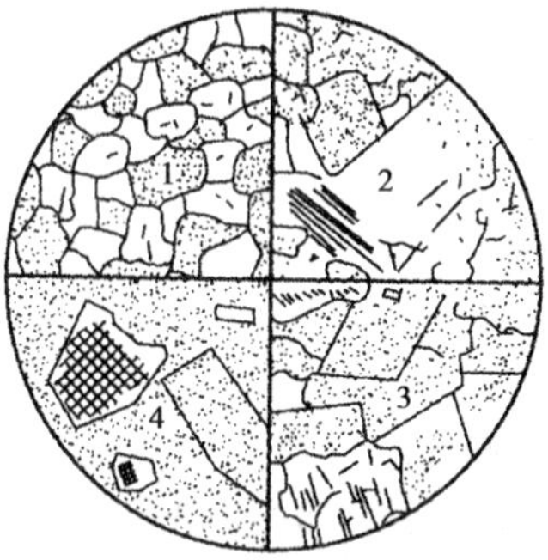

1—等粒结构;2—不等粒结构;3—似斑状结构;4—斑状结构。

图1-20　根据矿物颗粒的相对大小划分的结构类型

1)等粒结构

等粒结构是指岩石中的矿物全部是显晶质粒状,同种主要矿物结晶颗粒大小大致相等的结构。等粒结构是深成岩特有的结构。按矿物结晶颗粒大小,等粒结构可进一步划分为粗粒结构(矿物结晶颗粒平均直径大于5 mm)、中粒结构(矿物结晶颗粒平均直径为5~2 mm)、细粒结构(矿物结晶颗粒平均直径为2~0.2 mm)和微粒结构(矿物结晶颗粒平均直径小于0.2 mm)4类,颗粒直径大于10 mm者,可称为巨晶、伟晶结构。

应当注意,岩石中矿物颗粒大小均一的情况比较少见,这里指的矿物颗粒的绝对大小,是指岩石中主要矿物的粒径基本相近时的平均值。在标本上进行粒度测量时,需要选择同一种主要矿物来测量,通常以长石作标准。

2)不等粒结构

不等粒结构是指岩石中同种主要矿物结晶颗粒大小不等、相差很大的结构。不等粒结构中较大的晶体矿物叫斑晶,细粒的微小晶粒或隐晶质、玻璃质叫基质(石基)。斑晶是在地下深处,高温、高压条件下先形成,结晶程度好、颗粒较大的晶粒,随着携带着斑晶的岩浆上升至浅处或喷出地表,温度、压力急骤降低,使未凝固的岩浆迅速冷凝,因而这部分矿物结晶程度不好,形成较小的晶粒、隐晶质或来不及结晶的玻璃质。

不等粒结构按其颗粒相对大小又可分为斑状结构和似斑状结构两类。斑状结构是基质为肉眼或放大镜不能分辨的隐晶质或玻璃质的结构,斑状结构是浅成岩或喷出岩的重要特征。似斑状结构是基质为颗粒较小、显晶质的结构。似斑状结构多见于深成岩体的边缘或浅成岩中,它不同于斑状结构,现列表区别(见表1-8)。

表 1-8　结构面的基本类型

特征	类型	
	斑状结构	似斑状结构
基质	隐晶质或玻璃质,少数情况下可为微粒结构	显晶质,粒度可为细粒、中粒,甚至粗粒
斑晶	常是高温矿物,如高温石英、透长石	低温稳定矿物
成因	斑晶早生成,基质晚形成,常见于浅成岩和喷出岩中	斑晶和基质差不多同时形成,常见于浅成侵入岩和部分深成侵入岩中

一般侵入岩多为全晶质等粒结构。喷出岩多为隐晶质致密结构或玻璃质结构,有时为斑状结构。

(二)岩浆岩的构造

构造是指岩石中不同矿物集合体的排列、充填和空间分布的特点,它反映岩石的外貌特征,构造特征主要取决于岩浆冷凝时的环境。岩浆岩常见的构造有以下几种:

(1)块状构造,岩石中矿物颗粒均匀分布,无定向排列,不呈层次,呈致密块状,称为块状构造。块状构造在岩浆岩中最为常见。

(2)带状构造,由岩石各组成部分的成分和粒度的差异,相间排列呈带状分布。带状构造主要发育在基性岩、超基性岩中。如辉长岩中的较多暗色矿物辉石和橄榄石与浅色矿物斜长石交替排列呈带状分布(见图 1-21)。

(3)流纹状构造,是酸性熔岩中最常见的构造。因岩浆边流动边冷凝,而在岩石中形成不同颜色矿物和拉长的气孔,且呈定向排列的构造(见图 1-22)。它是在熔浆流动过程中形成的,不仅流纹岩具有这种典型的流纹状构造,粗面岩、安山岩中也有。在浅成侵入体、潜火山体边缘相有时也可见到。

图 1-21　**带状构造**

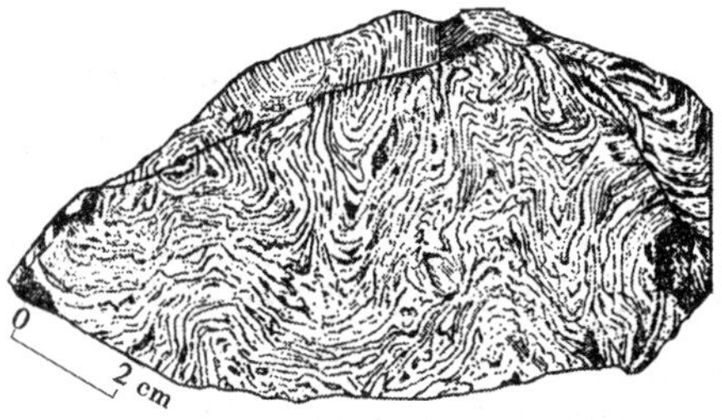

图 1-22　**流纹状构造**

(4)气孔和杏仁状构造,指当熔浆喷溢到地面时,由于温度和压力骤然降低,其中所含挥发成分达到过饱和,它们从岩浆中分离出来,形成大量气泡,这些气泡一部分逸散于大气中，一部分则由于岩浆迅速冷却凝固而保留在岩石中形成空洞，这就是气孔状构造(见图1-23)。

(5)枕状构造，是海底溢出的基性熔岩流中常见的构造，状似枕头，大小不等，互相堆积，每一个枕体，一般顶面上凸，底面较平，外部为玻璃质壳，向内逐渐为显晶质，二者之间还可有同心层状分布的气孔或杏仁体。枕状熔岩常由沉积物充填，其中还可以找到海相化石。枕状构造发育于熔岩层的顶面上，据此可了解熔岩层的顶、底面(见图1-24)。

图1-23　气孔状构造

图1-24　枕状构造

五、岩浆岩的分类和常见的岩浆岩

(一)岩浆岩的分类

自然界的岩浆岩是多种多样的，它们之间在矿物成分、结构、构造、产状及生成条件等方面都存在着差异。为了认识岩浆岩之间的内在联系和变化规律，反映岩石的成因等以便于应用，就必须对岩浆岩进行分类。岩浆岩分类的主要依据是：以岩石的化学成分和矿物组成为基础，结合岩石的结构、构造和产状等特征进行综合分类。

根据岩石中的化学成分(主要是 SiO_2 的含量多少)，大致可分为酸性岩(SiO_2 含量>65%)、中性岩(SiO_2 含量为52%～65%)、基性岩(SiO_2 含量为45%～52%)及超基性岩(SiO_2 含量<45%)4类。每一类岩石所含的矿物成分是不同的。按照矿物在岩石中含量的多少，可分为主要矿物和次要矿物。主要矿物是指某种岩石中含量较多的矿物，它们是岩石分类的依据；次要矿物在岩石中含量较少。

码1-6　微课：岩浆岩鉴定

如果岩石中的化学成分和矿物成分基本相同，但其产状不同，则岩石的结构、构造也不同。所以，对上述每一类岩石综合考虑其产状和结构、构造等因素，又可划分为深成岩、浅成岩和喷出岩。根据上述分类原则，可制成常见岩浆岩分类及肉眼鉴定表(见表1-9)。

表 1-9 常见岩浆岩分类及肉眼鉴定表

<table>
<tr><td colspan="5">岩石类型</td><td>酸性岩</td><td colspan="2">中性岩</td><td>基性岩</td><td>超基性岩</td></tr>
<tr><td colspan="5" rowspan="2">SiO_2 含量/%</td><td>>65</td><td colspan="2">52~65</td><td>45~52</td><td><45</td></tr>
<tr><td colspan="3">以 Si、Al 为主</td><td colspan="2">以 Fe、Mg 为主</td></tr>
<tr><td colspan="5">颜色</td><td>肉红、灰白</td><td>灰红、肉红</td><td>灰、灰绿</td><td>灰黑、黑绿</td><td>黑、绿黑</td></tr>
<tr><td colspan="3" rowspan="2">矿物成分</td><td colspan="2">主要矿物</td><td>石英、正长石</td><td>正长石</td><td>角闪石、斜长石</td><td>辉石、斜长石</td><td>橄榄石、辉石</td></tr>
<tr><td colspan="2">次要矿物</td><td>黑云母、角闪石</td><td>角闪石、黑云母</td><td>辉石、黑云母</td><td>角闪石、橄榄石</td><td>角闪石</td></tr>
<tr><td colspan="2">成因</td><td>产状</td><td>结构</td><td>构造</td><td colspan="5">岩石名称</td></tr>
<tr><td rowspan="2">侵入岩</td><td>深成岩</td><td>岩基、岩株</td><td>全晶质、等粒</td><td>块状、带状</td><td>花岗岩</td><td>正长岩</td><td>闪长岩</td><td>辉长岩</td><td>橄榄岩、辉岩</td></tr>
<tr><td>浅成岩</td><td>岩脉、岩墙、岩盘、岩床</td><td>半晶质、等粒、似斑状、斑状</td><td>块状、气孔状</td><td>花岗斑岩</td><td>正长斑岩</td><td>闪长玢岩</td><td>辉绿岩</td><td>橄玢岩(少见)</td></tr>
<tr><td colspan="2" rowspan="2">喷出岩</td><td>熔岩流、火山锥</td><td>隐晶质、玻璃质、斑状</td><td>块状、气孔状、杏仁状、流纹状、枕状</td><td>流纹岩</td><td>粗面岩</td><td>安山岩</td><td>玄武岩</td><td>苦橄岩</td></tr>
<tr><td>喷出堆积</td><td>玻璃质、碎屑状</td><td>块状、气孔状</td><td colspan="4">浮岩、黑曜岩、火山凝灰岩、火山碎屑岩</td><td>少见</td></tr>
</table>

注:斑岩和玢岩都是具有斑状结构的浅成侵入岩或部分喷出岩,长石类斑晶以斜长石为主时称玢岩,以正长石为主时称斑岩。

表 1-9 中的纵向表示矿物成分相同而结构不同的岩石,横向表示矿物成分不同而成因、结构、构造相似的岩石。自左至右如由花岗岩到橄榄岩,岩石中浅色矿物由多到少,深色矿物由少到多,岩石颜色由浅色转变到深色。岩石在横向上从左至右,由酸性、中性变为超基性,在酸性岩中,二氧化硅呈过饱和状态,部分单独析出,即为石英,且含量较多。在中性岩中,二氧化硅呈饱和状态,在岩石中没有或仅有少量石英出现。在基性岩和超基性岩中,二氧化硅为不饱和状态,岩石中无石英出现。

(二)常见的岩浆岩

1. 酸性岩类(花岗岩—流纹岩类)

1)花岗岩

花岗岩为酸性深成岩,常为肉红色或灰白色,全晶质细粒、中粒或粗粒结构,块状构造。花岗岩含有大量石英(体积约占 30%),正长石多于斜长石,暗色矿物以黑云母为主,并有少量的角闪石(总计不超过10%)。花岗岩分布广泛,抗压强度大,岩块抗压强度可达120~200 MPa,质地均匀坚实,颜色美观,是优质天然建筑材料。产状常呈巨大的岩基或岩株,是良好的建筑物地基。但花岗岩易风化,风化深度可达50~100 m。

2)花岗斑岩

花岗斑岩成分与花岗岩相同,为酸性浅成岩,斑状结构,斑晶由钾长石、石英组成,基质多由细小的长石、石英及其他矿物构成,块状构造。斑晶以石英为主时称为石英斑岩。

3)流纹岩

流纹岩是酸性喷出岩,呈岩流状产出,颜色一般较浅,大多是灰、灰白、浅红、紫红等颜色。流纹岩常具有流纹状构造,斑状结构,斑晶多由长石、石英等矿物组成,基质多由隐晶质和玻璃质的矿物组成。流纹岩坚硬,抗压强度略低于花岗岩,可作为良好的建筑材料,但作为建筑物地基时需要注意下伏岩层和接触带的性质。

2. 中性岩类(正长岩—粗面岩类)

1)正长岩

正长岩多为肉红色、浅灰色,全晶质等粒结构或似斑状结构,块状构造,主要矿物为正长石,其次为黑云母、角闪石等,有时含少量的斜长石和辉石,一般石英含量极少。其物理力学性质与花岗岩相似,常与花岗岩共生,但不如花岗岩坚硬,且易风化,常呈岩株产出。

2)粗面岩

粗面岩呈肉红、浅灰等颜色,斑状结构,斑晶为正长石,一般石英含量极少,基质很细,为隐晶质,块状构造,表面具有细小孔隙,表面粗糙。若岩石中有石英斑晶,可称为石英粗面岩。

3)闪长岩

闪长岩是中性深成岩体,呈灰色或浅绿灰色,主要矿物成分为斜长石、角闪石,次要矿物为辉石、云母等,暗色矿物在岩石中占35%。闪长岩含石英时称为石英闪长岩,呈全晶质等粒状结构,块状构造,分布广泛,多为小型侵入体产出。其结构致密,强度高且具有较高韧性和抗风化能力,岩块抗压强度可达130~200 MPa,可作为各种建筑物的地基和建筑材料。

4)安山岩

安山岩为中性喷出岩,矿物成分与闪长岩相当,常呈灰绿、灰紫等颜色,斑状结构,斑晶以斜长石和角闪石为主,基质为隐晶质或玻璃质,块状构造,有时具气孔状、杏仁状构造,常以熔岩流产出,是分布较广的中性喷出岩。

3. 基性岩类(辉长岩—玄武岩类)

1)辉长岩

辉长岩为基性深成岩体,多呈灰黑色、黑色,主要矿物为基性斜长石和辉石,次要矿物为橄榄石和角闪石。全晶质等粒结构,块状构造,常呈岩盘或岩基产出,岩石坚硬,抗风化能力强,具有很高的强度,岩块抗压强度可达200~250 MPa。

2)辉绿岩

辉绿岩多为灰绿色、黑绿色。其矿物成分与辉长岩相当,常含方解石、绿泥石、绿帘石及蛇纹石等矿物。隐晶质致密结构,常具有杏仁状构造,多呈岩床或岩脉产出。辉绿岩本身抗压强度也很高,但因节理往往较发育,易风化破碎,使强度大大降低。

3)玄武岩

玄武岩是岩浆岩中分布较广泛的基性喷出岩,呈黑色、褐色或深灰色。玄武岩主要矿物成分与辉长岩相同,但常含有橄榄石颗粒,呈隐晶质细粒或斑状结构,具有气孔状构造,当气孔中为方解石、绿泥石等所充填时即构成杏仁状构造,岩石致密、坚硬、性脆。玄武岩岩块抗压强度为 200~290 MPa,具有抗磨损、耐酸性强的特点。

4. 超基性岩(橄榄岩类)

橄榄岩是深成岩,呈深绿色、黑绿色,主要矿物为橄榄石和辉石,次要矿物为角闪石,全晶质等粒结构,块状构造。

六、岩浆岩的工程地质特征

岩浆岩的工程地质特征主要取决于岩浆岩的形成环境和岩浆岩的成分,特别是形成环境,它控制着岩浆岩的结构、构造及矿物之间的联结能力,也决定了岩石的工程地质性质。

(一)深成岩

深成岩往往形成巨大的侵入体,具结晶联结,晶粒粗大均匀,致密块状,力学强度高,孔隙率小,裂隙不发育,一般透水性弱,抗水性强。岩体大、整体稳定性好,因此可作为建筑物的良好地基和天然建筑材料。深成岩往往由多种矿物结晶组成,抗风化能力较差,加之受地质构造破坏的影响,更易风化破碎,裂隙比较发育,强度和抗水性都减弱,但可储存裂隙水。因此,应注意对其风化程度和深度的调查研究。

(二)浅成岩

浅成岩中细晶质和隐晶质结构的岩石透水性小,力学强度高,抗风化性能较深成岩强,通常也是较好的建筑地基。但斑状结构岩石的透水性和力学强度变化较大,特别是脉岩类,岩体小,且穿插于不同的岩石中,易蚀变风化,裂隙发育,使岩石强度降低,透水性增强。

(三)喷出岩

喷出岩由于结构、构造多种多样,产状不规则,厚度变化大,岩性很不均一,所以其强度和透水性相差很大。

致密状玄武岩的重度、密度较大,强度高,抗风化能力较强,可作为良好的地基和建筑材料。但玄武岩常具有气孔状构造和原生柱状节理,使岩石强度降低,透水性增强。第四系多期性喷发的玄武岩,常覆盖在松散堆积物或软弱岩层上,这就需要考虑该层玄武岩体本身是否稳定,下伏岩层是否会产生沉降变形,接触带是否漏水等。玄武岩柱状节理发育,可形成陡坡,常产生崩塌现象。

流纹岩的斑晶较细,基质多为玻璃质,常具流纹状构造,岩性各向异性,强度变化也较大。

地壳表层出露的火成岩以花岗岩和玄武岩的分布最广,我国东南沿海如浙、闽地区,流纹岩也有较广泛的分布。

【思政案例】 陕西西乡推进北部花岗岩矿区资源整合

码 1-7 陕西西乡推进北部花岗岩矿区资源整合

来源:中华人民共和国自然资源部

任务四 认识沉积岩

沉积岩又称为水成岩,是地表或接近于地表的岩石在常温、常压条件下,遭受风化剥蚀破坏的产物,经搬运、沉积和固结成岩作用形成的岩石。沉积岩的最显著的外观特征是成层性,其次还是三大类岩石中唯一可包含大量动植物化石的岩石,这一特点与岩层的厚度、层内物质构成、岩层颜色及层面特征都反映了岩石形成时的地球环境特征。其状如书页的形态加上每一页(层)上大量的地质历史信息使沉积岩赢得了“地质历史的书页”之称。

沉积岩在地表分布极广,是地球表面分布最广泛的一类岩石。其质量不到地壳总质量的5%,但却覆盖了地球表面3/4的面积。许多矿产资源如石油、天然气、煤、有色金属等都蕴藏在沉积岩中。同时,沉积岩也是地下水的储集层,还有各种工程建筑如水库大坝、房屋建筑、道路、桥梁等几乎都以沉积岩为地基,沉积岩本身也是建筑材料的重要来源,因此研究沉积岩的物质成分、结构与构造特征有重要的实际意义。

一、沉积岩的物质成分特征

组成沉积岩的物质主要是母岩的风化产物,因此沉积岩的化学成分和矿物成分与母岩有着不可分割的联系。然而,风化、搬运、沉积和成岩等一系列地质作用对母岩物质的改造,使沉积岩的化学成分和矿物成分又有自己的特征。

(一)化学成分特征

沉积岩物质成分主要来源于先成的各种岩石的碎屑、矿物和溶解物质,但归根结底来源于岩浆岩的风化产物,因此沉积岩的化学成分与岩浆岩基本相似,主要由SiO_2、Al_2O_3、Fe_2O_3、FeO、CaO、MgO、Na_2O、K_2O、H_2O、TiO_2及CO_2等10多种氧化物组成。然而由于沉积岩是在常温常压、氧化环境、水分丰富的条件下形成的,与岩浆岩成因截然不同,所以在化学成分方面与岩浆岩也有一些重大差异。这些差异主要表现在以下几个方面:

(1)在Fe_2O_3和FeO的对比关系上,沉积岩和岩浆岩中铁的总量大致相同,但沉积岩中Fe_2O_3的含量多于FeO,而岩浆岩中则FeO的含量略多于Fe_2O_3,这显然是沉积岩形成于地表富含自由氧的条件下使大部分Fe^{2+}氧化为Fe^{3+}所致。

(2)在Na_2O和K_2O的对比关系上,沉积岩中K_2O的含量多于Na_2O,而岩浆岩中则相反。其主要原因是岩浆岩风化分解后产生的Na_2O常形成易溶盐类(氯化物、硫酸盐类),

溶于海水当中。而含钾矿物如白云母在地表条件下相当稳定,黏土矿物又易于吸附钾,因此母岩中的 K_2O 大部分在白云母碎屑和黏土吸附物中进入沉积岩。

(3)沉积岩中富含 H_2O 和 CO_2,还有沉积岩中常含有较多的有机质成分,而在岩浆岩中没有有机质,H_2O 和 CO_2 的含量也极微。这显然是沉积岩形成于地表条件下所致。

(二)矿物组成

组成沉积岩的矿物有 160 余种,但常见的仅有 20 多种。如石英、长石、云母、黏土矿物、方解石、白云石、菱铁矿、石膏、硬石膏、岩盐、铁及锰的氧化物和氢氧化物。但每种沉积岩一般由 13 种主要矿物组成。组成沉积岩的矿物成分按成因有下列几种类型。

1. 碎屑物质

碎屑物质是指原岩经风化破碎而生成的呈碎屑状态的物质,包括岩石碎块、碎屑矿物和火山碎屑三大类物质。碎屑矿物又称为继承矿物,是指原岩经过风化后继承下来的抗风化能力较强的石英、长石、白云母等原生矿物颗粒。火山碎屑是指火山喷出的岩浆冷凝碎屑以及火山通道内和四壁岩石碎屑,主要指火山灰、火山砾、火山块等物质。

2. 黏土矿物

黏土矿物主要是由含铝硅酸盐类的原岩经化学风化作用分解后所产生的新矿物,如高岭石、伊利石、蒙脱石等。黏土矿物粒径小于 0.005 mm,具有很强的亲水性、可塑性及膨胀性。

3. 化学沉积矿物

化学沉积矿物是从真溶液或胶体溶液中沉淀出来的或经生物化学沉积作用形成的矿物,如方解石、白云石、石膏、岩盐、铁和锰的氧化物或氢氧化物等。

4. 有机质及生物残骸

有机质及生物残骸是由生物残骸经有机化学变化而形成的矿物,如贝壳、珊瑚礁、硅藻土、泥炭、石油等。

5. 胶结物

在沉积岩的组成物质中还有另外一种特殊的成分——胶结物,这些胶结物通过矿化水的运动被带到沉积物中,并把松散沉积物颗粒胶结起来。它们来自原始沉积物矿物的溶解和再沉淀的物质,对沉积岩的颜色、坚硬程度有很大影响。常见的胶结物有以下几种:

(1)硅质。胶结物成分为 SiO_2,呈灰白色,所胶结岩石坚固,强度高,抗水性和抗风化性强。

(2)铁质。胶结物成分为 $Fe(OH)_3$ 和 Fe_2O_3,呈黄褐色或砖红色,强度仅次于硅质胶结物。

(3)钙质。胶结物成分为 Ca、Mg 的碳酸盐,呈灰白色,强度比较低,具有可溶性,与稀盐酸作用起泡。

(4)泥质。胶结物成分为黏土,多呈黄褐色,所胶结的岩石硬度小,强度低,易碎,易风化,遇水后易泡软松散。

(5)石膏质。胶结物成分为 $CaSO_4$,具有可溶性,硬度小、强度低,胶结不紧密。

二、沉积岩的结构与构造

(一)沉积岩形成过程

沉积岩形成的条件和方式决定其结构与构造,因此需先了解沉积岩的形成过程。沉积岩的形成是一个漫长而复杂的外力地质作用过程,一般都经过松散破碎、搬运作用、沉积作用、成岩作用 4 个阶段。

码 1-8　微课:沉积岩

1. 松散破碎阶段

地表或接近地表的岩石,在温度变化、大气、水及生物长期的作用下,原来坚硬完整的岩石,逐渐破碎成大小不同的碎屑,甚至改变了原来岩石的矿物成分和化学成分,形成一种新的风化产物。

2. 搬运作用阶段

岩石风化作用的产物,除少部分残留原地堆积外,大部分被剥离原地经流水、风及重力作用等,搬运到低地。在搬运过程中,不稳定成分继续受到风化破碎,破碎物质经受磨蚀,棱角不断磨圆,颗粒逐渐变细。

3. 沉积作用阶段

当搬运力逐渐减弱时,被携带的物质便陆续沉积下来。在沉积过程中,大的、重的颗粒先沉积,小的、轻的颗粒后沉积。因此,具有明显的分选性。最初沉积的物质呈松散状态,称为松散沉积物。

4. 成岩作用阶段

松散沉积物堆积越来越厚,在上覆物质的压力和一些胶结物质作用下,便逐渐使沉积物质压密、脱水、孔隙减小、固结而形成坚硬的岩石。这种作用也称为固结成岩作用。

(二)沉积岩的结构

沉积岩的结构是指组成岩石的物质颗粒大小、形状及其组合,它是沉积岩分类、命名的重要依据。沉积岩的结构因其成因类型的不同而各具特点,主要有以下几种。

1. 碎屑结构

碎屑结构是指碎屑物质被胶结物胶结起来的一种结构,是碎屑岩最基本的结构。碎屑物质包括岩石碎屑、矿物碎屑、石化的生物遗体及碎片和火山碎屑物等。碎屑结构又可以按粒度、分选性、磨圆度和胶结类型等进行细分。

1)粒度

碎屑颗粒的大小称为粒度。在碎屑岩中粒度的变化是连续的,为了研究和应用方便,将它分为一系列等级,称为粒级。按碎屑颗粒的大小划分为以下三个粒级和相应的碎屑结构:

(1)砾级。粒径大于 2 mm——砾状结构。

(2)砂级。粒径为 0.05~2 mm——砂状结构。

(3)粉砂级。粒径为 0.005~0.05 mm——粉砂状结构。

2)分选性

在自然界中由一个粒级碎屑单独组成的岩石很少,多数是由几个粒级的碎屑混合而成的。

在碎屑岩中相同粒级的碎屑颗粒相对集中程度称为分选性。分选性按同一粒级碎屑颗粒集中程度表示。如同一粒级碎屑颗粒达 75%以上者,为分选性好;同一粒级碎屑颗粒在 50%~75%者,为分选性中等;同一粒级碎屑颗粒小于 50%者,为分选性差。

3)磨圆度

磨圆度是指碎屑颗粒的棱和角被磨蚀圆化的程度,一般分为四级(见图 1-25)。

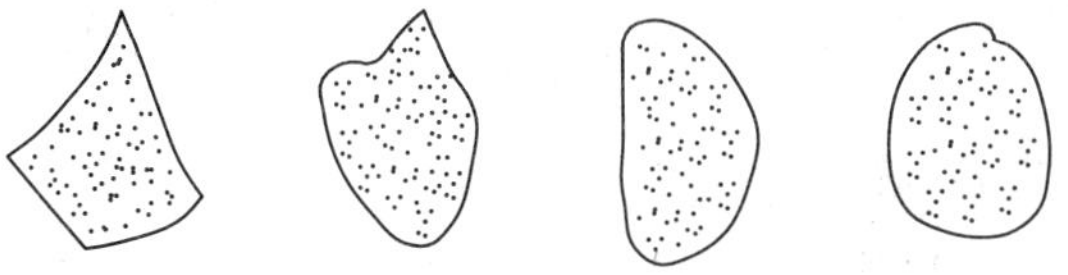

(a)棱角状　(b)次棱角状　(c)次圆状　(d)滚圆状

图 1-25　碎屑颗粒磨圆度分级

(1)棱角状结构。棱角尖锐,说明碎屑颗粒未经搬运或搬运距离很短。

(2)次棱角状结构。碎屑颗粒的棱和角稍有磨蚀,但棱和角仍清晰可辨,说明碎屑经过短距离搬运。

(3)次圆状结构。棱角有显著磨损,但碎屑的原始轮廓尚可看出,说明碎屑经过较长距离搬运。

(4)滚圆状结构。棱角已全部磨圆,碎屑的原始轮廓消失,说明碎屑经过长距离搬运和磨损。

4)胶结类型

胶结类型是指碎屑物与填隙物(包括胶结物和杂基)之间的关系,主要有以下 3 种类型(见图 1-26):

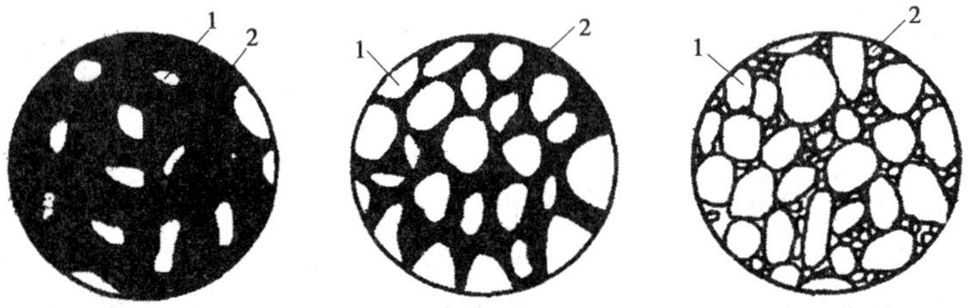

(a)基底胶结　(b)孔隙胶结　(c)接触胶结

1—碎屑颗粒;2—胶结物。

图 1-26　沉积岩的胶结类型

(1)基底胶结。当胶结物含量较多时,碎屑颗粒孤立地分散于胶结物之中,互不接触,且距离较大,此时碎屑颗粒散布在胶结物的基底之上,因此称为基底胶结。这种胶结方式通常较牢固,其牢固程度视胶结物成分而定。它通常是高密度流(如浊流、泥石流)快速堆积的产物。

(2)孔隙胶结。当胶结物含量不多时,碎屑颗粒互相接触,胶结物充填在颗粒之间的孔隙中,称为孔隙胶结,这种胶结方式通常牢固程度很不均一,同种胶结物情况下,通常牢固性比基底胶结差,表明碎屑颗粒的沉积早于胶结物,常为稳定的、持续的筛选动力环境,如河流边滩、滨海波浪带的海滩。

(3)接触胶结。只有在颗粒接触处才有胶结物胶结,因此胶结物的数量很少,颗粒间的孔隙大都是空洞时,透水性强,这种胶结方式最不牢固。如在干旱区的砂层,溶液由毛细管作用上升,在碎屑颗粒接触点处沉淀而成。

碎屑岩胶结物的种类和胶结类型与岩石的工程性质密切相关。硅质胶结的岩石坚硬,而泥质胶结的岩石松软;基底胶结牢固,而接触胶结的牢固程度最差。所以,研究碎屑结构时不仅要分析胶结物的成分,还应注意其胶结类型。

2. 泥质结构

泥质结构指由大量颗粒粒径小于 0.005 mm 的细小碎屑和黏土矿物组成的结构。外观呈均匀致密的泥质状态,特点是手摸有滑感,用刀切呈平滑面,断口平坦。泥质结构是泥岩、页岩等黏土岩的主要结构。

3. 晶粒结构(化学结构)

晶粒结构是指由溶液中沉淀或重结晶,纯化学成因所形成的结构,如粒状结晶结构、致密状结构(隐晶质结构)、鲕状及结核状等,它是溶液溶质达到过饱和后逐渐积聚生成的。晶粒结构是石灰岩、白云岩等化学岩的主要结构。

4. 生物化学结构

生物化学结构是指岩石几乎全部是由生物遗体与碎片组成的结构,是生物化学岩所具有的结构,如生物碎屑结构、贝壳结构、珊瑚结构等。

(三)沉积岩的构造

1. 层理构造

沉积岩最重要的一个特征是成层产出,也就是说具有层理构造,这是区别岩浆岩和变质岩的主要标志。沉积岩在形成过程中,是一层一层逐渐沉积下来的,不同时期、不同环境,其沉积物的颜色、矿物成分、颗粒大小等方面的差异或变化显示出的成层现象叫层理。

沉积物连续不断沉积,在成分上基本均匀一致的沉积组合称为层,相邻两个层之间的界面叫层面。一个单元岩层上、下层面之间的垂直距离称为岩层厚度。根据岩层厚度可分为巨厚层(>1 m)、厚层(0.5~1 m)、中厚层(0.1~0.5 m)和薄层(<0.1 m)。岩层的厚度可在一定范围内保持不变,也可以在横向或纵向上变厚或变薄、尖灭或呈透镜状(见图 1-27)。

根据层理的形态和成因,层理可分为以下 3 种类型(见图 1-28),不同类型的层理反映了当时形成的地理环境的变化。

1)水平层理

层理面与层面相互平行呈水平状,称为水平层理[见图 1-28(a)],主要见于细粒岩石(如黏土岩、粉细砂岩等)中。说明是在沉积环境比较稳定的条件下形成的,如广阔的海洋和湖底、河流的堤岸带等,从悬浮物或溶液中缓慢沉积而形成。

2)斜层理

层内微细层理向一个方向倾斜,与另一组水平层理呈角度相交,称为斜层理[见图 1-28(b)]。这种层理在河流及滨海三角洲的沉积物中均可见到,主要是由单向水流造成的。

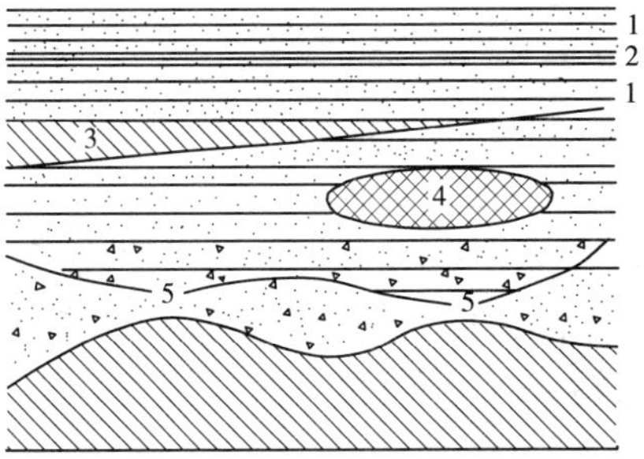

1—层状岩层;2—夹层;3—尖灭层;4—透镜体;5—狭缩。

图 1-27　沉积岩的产状

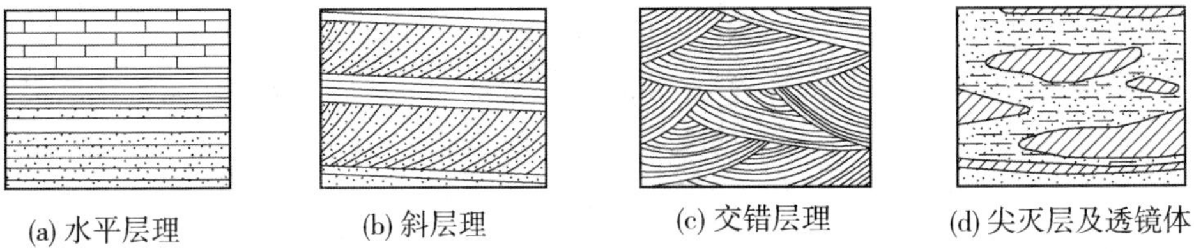

图 1-28　沉积岩层理形态示意图

3)交错层理

不同方向斜层理相互交错,称为交错层理[见图 1-28(c)]。交错层理经常出现在风成沉积物(如沙丘)或浅海沉积物中,是由于风向或水流动方向变化而形成的。

4)尖灭层及透镜体

有些岩层一端厚,另一端逐渐变薄以至消失,这种现象称为尖灭层。若岩层中间厚,向两端不远处的距离内尖灭,则称为透镜体[见图 1-28(d)]。

2. 层面构造

未固结的沉积物,由于搬运介质的机械原因或自然条件的变化(风、流水)及生物活动,在层面上留下的痕迹并被保存下来,如波痕、泥裂、雨痕,称为层面构造。

1)波痕

波痕是指沉积物在沉积过程中,由于风力、流水或海浪等的作用,在沉积岩层面上保留下来的波浪痕迹(见图 1-29)。

2)泥裂

黏土沉积物表面由于失水收缩而开裂成不规则的多边形裂隙,称为泥裂。泥裂的裂缝上宽下合,常被泥沙等物质填充(见图 1-30)。

3)雨痕

雨痕是指在沉积物表面经受雨滴打击遗留下来的痕迹。

3. 结核

在沉积岩中,含有一些在成分上与围岩有明显差别的物质团块,称为结核。结核由某些物质集中凝聚而成,外形常呈球形、扁豆状及不规则形状。如石灰岩中的燧石结核主要是 SiO_2 在沉积物沉积的同时以胶体凝聚方式形成的;黄土中的钙质结核是地下水从沉积

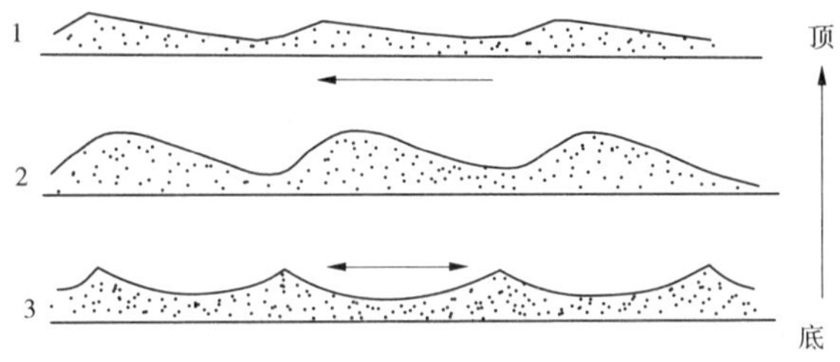

1—风成波痕；2—水流波痕；3—浪成波痕。

图 1-29　各种不同成因波痕

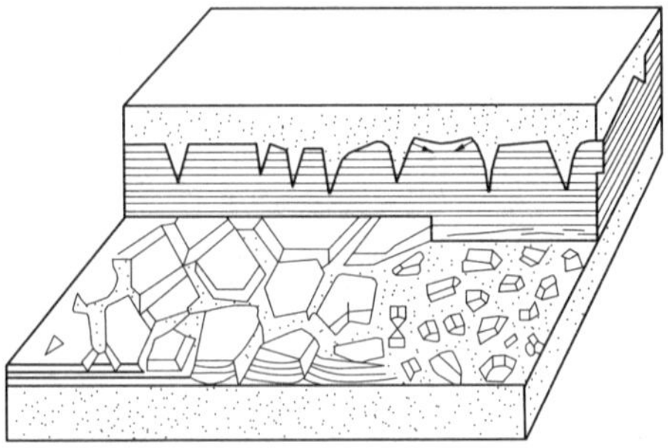

图 1-30　泥裂生成、掩埋示意图

物中 $CaCO_3$ 溶解后在适当地点再结晶凝聚形成的。

4. 化石

沉积岩中常保存有各种生物的化石，即生物的遗体和遗迹（动物的骨骼、甲壳、蛋卵、足迹及植物的根、茎、叶等），经石化交代作用保留下来称为化石（见图 1-31），如树木化石、三叶虫化石、鱼类化石等，是沉积岩的重要特征。化石是推断沉积物的古地理、古气候变化的主要依据之一，也是划分地层地质年代的重要依据之一。

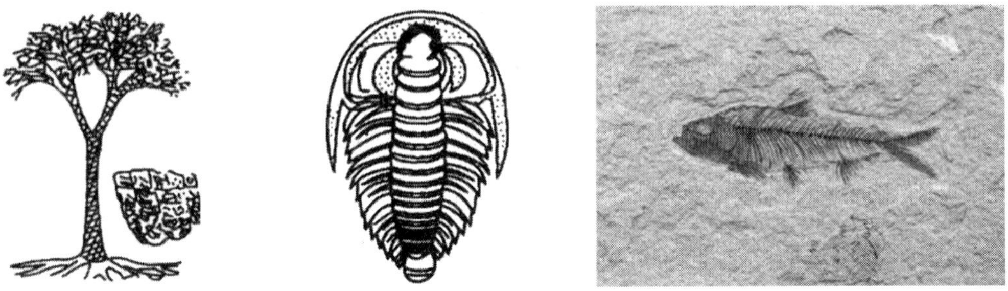

(a)鳞木　(b)雷氏三叶虫　(c)鱼

图 1-31　几种典型化石

三、沉积岩分类及常见的沉积岩

（一）沉积岩分类

依据沉积岩的成因、物质组成及结构等方面的特征，常将沉积岩分为碎屑岩类、黏土岩类、化学及生物化学岩类 3 大类（见表 1-10）。

表 1-10　沉积岩分类

<table>
<tr><th colspan="2" rowspan="2">岩类</th><th colspan="2" rowspan="2">结构</th><th rowspan="2">主要矿物成分</th><th colspan="2">主要岩石</th></tr>
<tr><th>松散的</th><th>胶结的</th></tr>
<tr><td rowspan="6">碎屑岩类</td><td rowspan="3">火山碎屑岩</td><td rowspan="6">碎屑结构</td><td>粒径>100 mm</td><td>熔岩碎块、火山灰尘</td><td>火山块、火山弹</td><td>火山集块岩</td></tr>
<tr><td>粒径为 100~2 mm</td><td>熔岩碎屑、晶屑、玻屑</td><td>火山砾</td><td>火山角砾岩</td></tr>
<tr><td>粒径<2 mm</td><td>火山灰</td><td>火山灰</td><td>火山凝灰岩</td></tr>
<tr><td rowspan="3">沉积碎屑岩</td><td>砾状结构(粒径>2 mm)</td><td>岩石碎屑、岩块</td><td>角砾、碎石、块石</td><td>角砾岩、砾岩</td></tr>
<tr><td>砂质结构(粒径为 0.05~2 mm)</td><td>多为耐风化的矿物,如石英、长石、白云母及岩石碎屑</td><td>砂土</td><td>石英砂岩、长石砂岩、碎屑砂岩</td></tr>
<tr><td>粉质结构(粒径为 0.005~0.05 mm)</td><td>多为石英,次为长石、白云母及很少岩石碎屑</td><td>粉砂土</td><td>粉砂岩</td></tr>
<tr><td colspan="2" rowspan="2">黏土岩类</td><td colspan="2" rowspan="2">泥质结构(粒径<0.005 mm)</td><td>黏土矿物为主,含少量石英、云母等</td><td>黏土</td><td>泥岩</td></tr>
<tr><td>黏土矿物,有的含有有机质</td><td></td><td>页岩</td></tr>
<tr><td colspan="2" rowspan="5">化学及生物化学岩类</td><td rowspan="5">晶粒结构及生物结构</td><td rowspan="2">致密状、粒状、鲕状</td><td>方解石为主,次为白云石</td><td></td><td>石灰岩、泥灰岩</td></tr>
<tr><td>白云石、方解石</td><td></td><td>白云质灰岩、白云岩</td></tr>
<tr><td rowspan="3">结核状、鲕状、纤维状、致密状</td><td>石英、蛋白石、硅胶</td><td>硅藻土</td><td>燧石岩、硅藻岩</td></tr>
<tr><td>钾、钠、镁的硫酸盐及氯化物</td><td></td><td>石膏、岩盐、钾盐</td></tr>
<tr><td>碳、碳氢化合物、有机物</td><td>泥岩</td><td>煤、油页岩</td></tr>
</table>

(二)常见的沉积岩

1. 碎屑岩类

1)火山碎屑岩

码 1-9　微课:沉积岩鉴定

火山碎屑岩包括火山集块岩、火山角砾岩和火山凝灰岩。

火山碎屑岩是由火山喷发的碎屑物质在地表经短距离搬运或就地沉积而形成的。在火山活动时,除溢出熔岩流形成各类喷出岩外,还喷出大量的碎屑物质。火山喷发出的碎屑物质按其形状和大小可分为火山弹(粒径>100 mm)、火山砾(粒径为 100~2 mm)及火山灰(粒径<2 mm)等。这些物质堆积在火山口周围,固结成各种复杂的火山碎屑岩。火山碎屑岩按碎屑物质粗、细可分为以下几类:

(1)火山集块岩。由 50%以上粒径大于 100 mm 的火山碎块组成,碎屑大部分带有棱角,胶结物主要为火山灰和一些细小的碎屑物质,呈集块结构,岩块坚硬。

(2)火山角砾岩。粒径为 100~2 mm 的碎屑占 50%以上,碎屑具有棱角或稍加磨圆,胶结物为火山灰、火山角砾结构,块状构造。

(3)火山凝灰岩。由粒径小于 2 mm 的火山灰组成,碎屑多具棱角,分选性差,凝灰结构,重度小,易风化为蒙脱石,遇水膨胀、软化,强度低,抗压强度一般为 8~75 MPa。由于火山凝灰岩含有的玻璃质矿物较多，常作水泥原料。

2）沉积碎屑岩

沉积碎屑岩包括砾岩和角砾岩、砂岩、粉砂岩。

（1）砾岩和角砾岩。碎屑岩中颗粒粒径大于 2 mm 的碎屑颗粒称为砾石或角砾。圆状和次圆状且砾石含量大于 50%的岩石称为砾岩。如果砾石为未被磨圆且呈棱角状或次棱角状，称为角砾岩。砾岩和角砾岩主要由岩屑组成，矿物成分多为石英、燧石，胶结物有硅质、泥质、钙质或其他化学沉淀物。胶结物的成分与胶结类型对砾岩的物理力学性质有很大影响，如硅质基底胶结的石英砾岩非常坚硬，难以风化，而泥质胶结的砾岩则相反。

（2）砂岩。由 50%以上的砂粒胶结而成的岩石。根据颗粒大小、含量不同，砂岩可分为粗粒、中粒、细粒及粉粒砂岩。按颗粒的主要矿物成分，砂岩又可分为石英砂岩、长石砂岩、碎屑砂岩和粉砂岩等。①石英砂岩（石英含量大于 95%）一般为硅质胶结，呈白色，质地坚硬。②长石砂岩（长石含量大于 25%）呈浅红色或浅灰色，颗粒圆度、分选性都较差，中粗粒居多。③碎屑砂岩成分复杂，色暗，表面粗糙，颗粒的圆度及分选性较差。④粉砂岩中颗粒粒径为 0.05~0.005 mm 的颗粒含量大于 50%，成分以石英为主，常含有云母，颗粒圆度差，泥质含量高，常有水平层理。砂岩的强度较高，但遇水浸泡后强度则会大大降低，尤其泥质胶结的砂岩，性能较差，钙质胶结的砂岩易被酸性水溶蚀。

（3）粉砂岩。由直径为 0.075~0.005 mm 的砂粒经胶结而生成。粉砂岩成分以石英为主，其次是长石、云母和岩石碎屑。

2. 黏土岩类

黏土岩又称为泥质岩。黏土岩是沉积岩中分布最广的一类，是指主要由粒径小于 0.005 mm 的颗粒组成的，含大量高岭石、伊利石、蒙脱石的黏土矿物的岩石。此外，黏土岩还含有少量的石英、长石、云母和碳酸盐（方解石、白云石等），以及有机质（煤、石油）。大多数黏土岩属于母岩风化产物经过机械搬运沉积而生成。黏土岩一般都具有可塑性、吸水性、耐火性，有重要的工程意义。常见的黏土岩有两种，即泥岩和页岩。

（1）泥岩：是固结程度较高的一种黏土岩，以层厚和页状构造不发育为特征，层理不明显，呈块状构造。泥岩一般为土黄色，常因混入钙质、铁质等而使颜色发生变化。固结不紧密、不牢固，强度低，遇水易软化且强度显著降低，饱水试样的抗压强度可降低 50%左右。

（2）页岩：以具页片状构造为特征，层理十分发育，很容易沿层理方向裂开成薄片，岩性致密均一，强度小，不透水，有滑感，颜色多为土黄色或黄绿色，如含较多的炭质或铁质，则岩石相应呈黑色或褐红色。页岩由于基本不透水，通常作为隔水层。但页岩质地松软，易于风化成碎片，强度低，遇水易软化，抗滑稳定性差。

3. 化学及生物化学岩类

这类岩石是沉积盆地中化学或生物化学作用的产物，由碳酸盐组成的岩石，以石灰岩分布最为广泛，其次为白云岩。多数岩石结构致密，性质坚硬，强度高，但具有可溶性，在水流作用下形成溶蚀裂隙、洞穴、地下河等。

（1）石灰岩。石灰岩简称灰岩，俗称青石，主要化学成分为碳酸钙，矿物成分以结晶的细粒方解石为主，含少量白云石等矿物，颜色多为深灰色、浅灰色，质纯灰岩呈白色，具有致密状、鲕状、竹叶状等结构，性脆。石灰岩常含有大量生物介壳、骨骼的碎片，遇酸剧烈起泡可作为鉴别标志。石灰岩具有可溶性,所以在石灰岩发育地区,常形成石林、溶洞等自然景观。

(2)白云岩。白云岩主要由白云石组成,常含有少量的方解石、石膏、燧石、黏土等矿物,颜色多为灰白色、浅灰色,含泥质时呈浅黄色,隐晶质或细晶粒状结构。白云岩与石灰岩的外貌很相似,但白云岩加冷稀盐酸不起泡或微弱起泡,只有在加热的稀盐酸中才起泡,在野外露头上常以许多纵横交叉似刀砍状的溶沟为其特征。

(3)泥灰岩。石灰岩中均含有一定数量的黏土矿物,含量达30%~50%时称为泥灰岩。泥灰岩颜色有灰色、黄色、褐色、红色等,它与石灰岩的区别是泥灰岩滴盐酸起泡后留有泥质斑点。它是黏土岩和石灰岩之间的过渡类型。

四、沉积岩的水文地质与工程地质特征

沉积岩的层理构造使得岩层的工程地质性质显示出各向异性,而且不同类型的沉积岩的水文地质与工程地质特征也相差较大。

(一)胶结的碎屑岩

胶结的碎屑岩包括砾岩、砂岩和粉砂岩,其水文地质与工程地质特征主要取决于胶结物成分、胶结类型和碎屑颗粒成分。

1. 碎屑岩的水文地质特征

碎屑岩的含水性和透水性主要取决于岩石本身的孔隙率及孔隙的连通情况。通常采用有效孔隙率来衡量,它是岩石中互相连通的孔隙空间体积占岩石总体积的百分数。岩石孔隙率的大小与碎屑结构(粒度、分选性、颗粒排列情况)有关。碎屑粒度越均匀,棱角越少,则孔隙率越大。另外,它还与胶结类型和胶结物成分有关,基底式胶结孔隙率最小,孔隙式胶结孔隙率次之,接触式胶结孔隙率最大。一般情况下,孔隙率大则连通情况好。但也有例外,砂砾岩孔隙率虽小(30%左右),但孔隙大,孔隙连通好,因此透水性好,可成为含水层。

2. 碎屑岩的工程地质特征

碎屑岩的工程地质特征主要取决于胶结物成分、胶结类型及碎屑的成分和性质。如硅质胶结的岩石,强度高,抗水性强;钙质、石膏质和泥质胶结的岩石,强度低,抗水性弱,在水的作用下,可溶解或软化。此外,基底式胶结的岩石比较坚固,且强度高,透水性较弱;接触式胶结的岩石则强度较低,透水性较强;而孔隙式胶结的岩石,其强度和透水性介于两者之间。一般情况下,粉砂岩强度较砂砾岩差,其中硅质胶结的石英砂岩,强度比其他砂岩要高;而钙质、石膏质和泥质胶结的砂砾岩,尤其粉砂岩,强度极低,抗风化能力弱,遇水容易溶解或软化。

多数凝灰岩及凝灰质砂岩结构疏松,强度低,极易风化成蒙脱石等黏土矿物,遇水后易吸水膨胀、软化,在工程建筑上应特别予以注意。

(二)黏土岩

1. 水文地质特征

总的来说,黏土岩是不透水层,具有隔水性能,常用作隔水层和防渗层。当受到构造变动产生裂隙时,也可以沟通相邻含水层的地下水。含有易溶矿物的黏土岩(如钙质页

岩）由于易溶矿物被溶解，岩石中产生大量的溶洞、溶缝，也可以储集地下水。

2. 工程地质特征

黏土岩强度低，特别是抗剪强度低，遇水易崩解、软化或泥化，可引起岩层滑动，因而常成为控制岩体稳定的关键。黏土岩风化后易成碎片，故属于半坚硬的岩石。黏土岩的这种力学性质很大程度上取决于本身的化学成分和黏土矿物的种类，如炭质、泥质和钙质成分较高的黏土岩，很易软化和风化，而硅质页岩则不易软化和风化。因此，在黏土岩分布区考虑工程地质条件时，要特别注意黏土岩成分的研究和浸水后的软化程度。

（三）化学岩及生物化学岩

化学岩及生物化学岩抗水性弱，常具有不同程度的可溶性。硅质成分化学岩的强度较高，但性脆易裂，整体性差。碳酸盐类岩石如石灰岩、白云岩等具有中等强度，一般能满足水工设计要求，但存在于其中的各种不同形态的喀斯特，往往成为集中渗漏的通道，在坝址和水库的地质勘察中，应查清喀斯特的发育及分布规律。易溶的石膏、岩盐等化学岩，往往以夹层或透镜体存在于其他沉积岩中，质软，浸水易溶解，常常导致地基和边坡失稳。

上述各类沉积岩都具有成层分布规律，存在着各向异性特征，因此在工程建设中尚需特别重视对其成层构造的研究。另外，砂岩、砾岩和石灰岩的孔隙率较大时，往往储存有较丰富的地下水资源，一些水量较大的泉流，大多位于石灰岩分布区或其边缘部位，是重要的水源地。

【思政案例】　“寻找中国美丽化石”公益盛典在北京举行

码 1-10　“寻找中国美丽化石”公益盛典在北京举行

来源：中华人民共和国自然资源部

任务五　认识变质岩

地壳运动、岩浆活动等造成的物理化学条件的变化，使地壳中原已生成的岩石（无论是岩浆岩、沉积岩，还是早已生成的变质岩）在基本保持固体状态的条件下，成分、结构、构造发生一系列改变（改造和转变）的作用，称为变质作用。由变质作用形成的新的岩石称为变质岩。由岩浆岩所形成的变质岩，称为正变质岩；由沉积岩所形成的变质岩，称为副变质岩。

变质岩在地球的发展演化过程中占有重要的地位。地壳形成历史的 7/8 的时间是前寒武纪，前寒武纪的岩石几乎全为变质岩。变质岩的分布占大陆面积的 1/5 以上。

我国的变质岩分布较广。如华北地台基底的结晶片岩、片麻岩；扬子准地台浅变质的板岩、千枚岩；地台之间古生代以后的各造山带也出露有各种类型的变质岩。在变质岩中还赋存有大量的金属和非金属矿产，其中铁矿的储量尤为丰富，如著名的鞍山式铁矿、大冶式铁矿均产于变质岩之中。再者,变质岩的结构、构造较之原岩已有所不同,岩石的强度和透水性等均有很大的变化,具有新的水文、工程性能,因此变质岩的研究对矿产和地下水的寻找以及建筑工程设施的布置,均有重要的意义,对于追溯地球的历史也是有帮助的。

一、变质作用的影响因素

影响和控制变质作用发生的主要因素有温度、压力及具有化学活动性的流体(气体和溶液),它们主要来源于地壳运动和岩浆活动,因此变质作用属于内力地质作用。

(一)温度

温度是热力的标志,是变质作用得以进行的能量来源,所以也是变质作用最主要和最积极的因素。大多数变质作用是在温度升高的条件下进行的。

变质作用热的来源包括 3 个方面:一是地热,当地壳下沉,使岩层接近深处时,受到主要来源于放射性元素的蜕变热的地热的影响;二是岩浆热,当岩浆侵入围岩时,岩石受到岩浆热能的影响;三是构造运动所产生的摩擦热,其影响范围较小。根据岩石熔融温度资料,目前认为变质作用高温界限不超过 850~900 ℃(岩浆作用温度下限)。

岩石在高温的作用下,可以引起以下两方面的变化:

(1)重结晶作用。岩石在高温作用下,会使内部质点的活力增强,导致质点重新排列,使晶粒变粗,称为重结晶作用。例如,石灰岩在高温下发生变质,变成方解石晶体更粗的大理岩。

(2)促进矿物成分间的化学反应,产生新的高温变质矿物,使岩石的矿物成分组合发生改变,这种反应向着吸热和脱水的方向进行。如硅质石灰岩当温度达到 470 ℃高温时,SiO_2 与 $CaCO_3$ 化合生成硅灰石,其反应式为

$$\underset{\text{方解石}}{CaCO_3} + SiO_2 \rightarrow \underset{\text{硅灰石}}{CaSiO_3} + CO_2\uparrow \tag{1-1}$$

在高温下,高岭石和其他黏土矿物可以变为红柱石,其反应式为

$$\underset{\text{高岭石}}{Al_4[Si_4O_{10}](OH)_8} \xrightleftharpoons[\text{放热}]{\text{吸热}} \underset{\text{红柱石}}{2Al_2[SiO_4]O} + \underset{\text{石英}}{2SiO_2} + 4H_2O \tag{1-2}$$

(二)压力

除温度条件外,岩石发生变质还需在一定的压力作用下进行,这种压力根据作用的方式和性质分为静压力、粒间流体压力和定向压力三大类。

1. 静压力

静压力又称为均向压力,是指各个方向相等的围压,主要是由上覆岩石重量引起的,其数值近于上覆岩层的重量。通常用巴(bar)或千巴(kbar)来表示,1 巴等于 0.987 个大气压(1 bar=100 kPa=0.1 MPa)。岩石承受的静压力随其所处深度的增加而加大,根据岩石的平均比重计算,每加深 1 km,静压力则增加 0.275 kbar。静压力也是变质作用的决定性因素之一,许多变质作用也是在压力升高的条件下达到一定限度后发生的。例如:由红柱石变成蓝晶石(二者属同质异象,Al_2SiO_5),只有压力大于 5 kbar 时才能出现这一转变(见图 1-32)。

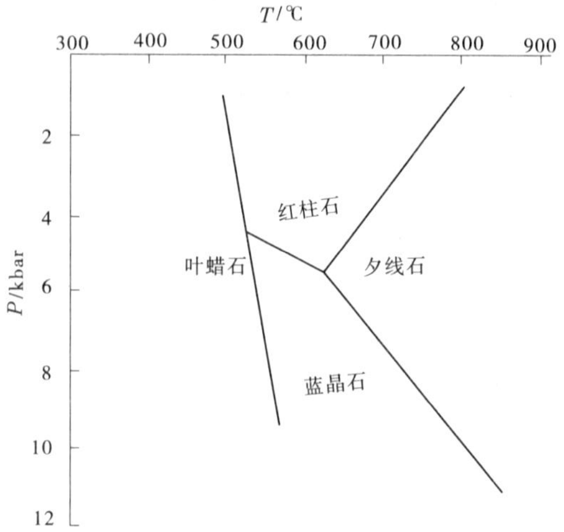

图 1-32 同质异象变形稳定的 *P*–*T* 范围(理查逊等,1969)

静压力在变质过程中的主要作用如下:

(1)控制变质反应的方向,影响反应温度。例如:硅质灰岩变成硅灰石大理岩的过程中将产生 CO_2,若压力很高,不能逸出,即方解石无法分解并同 SiO_2 发生反应生成硅灰石;若此时完成这一反应,必须提高反应温度(见图 1-33)。

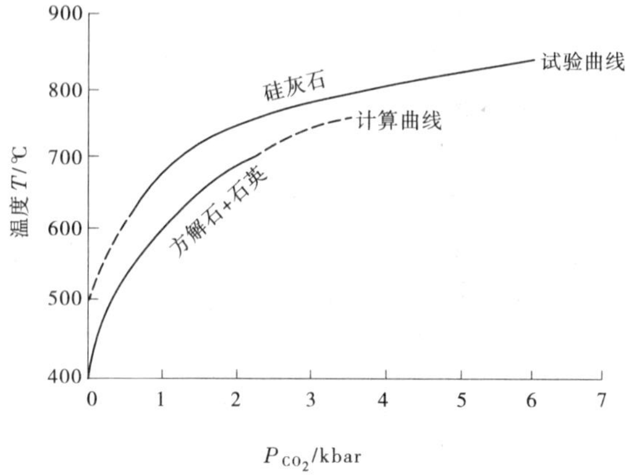

图 1-33 CO_2 饱和压力下形成硅灰石反应的 *P*–*T* 关系(Harker 等,1956)

(2)促使晶格紧密、密度大、摩尔体积小的矿物形成。例如:辉长岩中的钙长石(密度为 2.76 g/cm^3 和橄榄石(密度为 3.4 g/cm^3)在高压下,可生成石榴子石(密度为 3.5~4.3 g/cm^3),其反应式为

$$CaAl_2Si_2O_8+(Mg,Fe)_2SiO_4 \rightarrow Ca(Mg,Fe)_2Al_2[SiO_4]_3 \qquad (1\text{-}3)$$

反应矿物	钙长石	橄榄石	石榴子石
平均密度/(g/cm^3)	2.76	3.4	3.9
摩尔体积/cm^3	43.9	101.1	121.0

(3)压力决定某些变质矿物的同质异象变体,如蓝晶石(Al_2SiO_5),如图 1-32 所示,当

温度为 600 ℃左右时,压力高于 5 kbar 出现蓝晶石,否则形成红柱石。

应当指出的是,在变质过程中,若温度不升高到一定限度,单是压力本身不会引起原岩矿物成分的明显改变。例如:一些地区的古老岩层长期深埋于地壳内 10~20 km 深处,静压力可达 3~6 kbar,但并未发生明显的变质现象,其原因大概源于此。

2. 粒间流体压力

粒间流体压力指存在于岩石颗粒之间,岩石的显微裂隙及毛细孔中的流体物质,主要为水、二氧化碳、氧等。它们的存在会对周围的物质,包括孔隙四周的壁、顶、底等,赋予一定的压力,这种压力就称为粒间流体压力。

在地壳浅部,裂隙发育,岩石的相对密度大于流体的相对密度,则静压力大于粒间流体压力。在地壳深部,裂隙不发育,上覆岩石的负荷压力全部传导给流体,则流体压力等于静压力。流体压力中各组分的分压分别记为 P_{H_2O}、P_{CO_2}、…,其数值与各自的组分在流体中的相对摩尔分数成正比,流体总压力也等于各组分分压之和,即 $P_f=P_{H_2O}+P_{CO_2}+\cdots$。流体对涉及流体参与的变质反应的温度有一定的影响。如反应:

$$CaCO_3+SiO_2 \rightarrow CaSiO_3+CO_2\uparrow$$

当 P_{CO_2} 升高时,变质反应的温度增高。此外,流体压力的加大还可以促进岩石颗粒的重结晶作用。

3. 定向压力

定向压力又称为应力,是一种侧向压力,其强度在空间上变化较大,随构造运动的性质而定。在地壳活动带(造山带)及断裂带,构造运动强烈,因此产生很强的应力场,并且随着构造运动的发展,它的出现是有阶段性的,空间分布上也不均匀,一般近地表较强,随深度增加而减弱,但其绝对强度目前尚无确切资料。定向压力主要使岩石中的矿物变形和定向排列,形成变质岩中的常见构造——片理构造;使岩石破碎时形成碎裂构造。此外,岩石破碎后产生的裂隙使溶液易于流动,细碎的岩石或矿物粉粒也易于溶解,可间接地促进变质作用,出现一些低温变质矿物,如绿泥石、绢云母等。

(三)具有化学活动性的流体

在变质作用过程中,虽然岩石基本保持固态,但仍然有少量流体参加。其成分以 H_2O 和 CO_2 为主,也有一些 F、Cl、B 等,流体总量不超过 1%~2%。流体主要来自受变质作用的沉积岩,因为沉积岩平均含水率达 5.54%,CO_2 含量达 3.86%;一部分来自岩浆的分馏产物,也可能来自地壳深部上升的流体,即所谓"深部热液"。化学活动性流体所起的作用如下:

(1)溶剂作用。它促使组分的溶解和扩散,从而加速重结晶作用和重组合作用;在交代作用中它可带入和带出组分,引起原岩成分的变化。

(2)构成变质矿物。流体中的 H_2O 和 CO_2 可直接参与变质反应而生成变质矿物,如在橄榄石变成蛇纹石和菱镁矿的反应中,H_2O 和 CO_2 的有无及多少将直接控制变质矿物的生成与否,其化学反应式如下:

$$\underset{\text{橄榄石}}{2Mg_2SiO_4}+2H_2O+CO_2 \rightarrow \underset{\text{蛇纹石}}{H_4Mg_3Si_2O_9}+\underset{\text{菱镁矿}}{MgCO_3} \quad (1\text{-}4)$$

在变质岩中含 H_2O 或(OH^-)的矿物很多,如沸石、绿泥石、角闪石、黑云母等,所以 H_2O 和 CO_2 的动态对变质岩的矿物成分影响很大。又如:

$$3MgCO_3+4SiO_2+H_2O \rightarrow Mg_3(Si_4O_{10})(OH)_2+3CO_2\uparrow \quad (1\text{-}5)$$

菱镁矿　　热水　　滑石

(3)降低岩石的熔化温度。如花岗岩,当其不含 H_2O 时,在 950 ℃时熔融;而在高压下饱含 H_2O 时,在 640 ℃时就熔化了,这对混合岩化有重大影响。

化学活动性流体除对变质岩的形成有重大影响外,对变质成矿也起着重大作用,在变质过程中有用元素(Fe、Cu、P、B 等)的迁移与富集均有赖于此类液体。

应当指出,在变质过程中控制变质作用进行的各种物理因素(温度、压力)和化学因素(化学活动性流体)并不是孤立存在的,它们几乎是同时存在的,而且互相制约、互相影响,只是在不同地质条件下,在不同变质时期内,其中一个因素往往起主导作用,而其他则是次要因素。一般来讲,温度常常起最主要的作用,其次是静压力。仅在地壳浅部,当流体压力大于静压力时,流体才成为影响平衡的一个独立因素。应力对岩石的结构、构造和变质反应的速度有重要的影响,但它不是决定变质矿物共生组合的物化平衡因素。不管哪种因素都是岩石变质的外部条件,而这些条件必须通过岩石的内在因素起作用。外因决定变质作用的方式与强度,如石灰岩在不同的温度条件下,重结晶的程度也不相同;而内因则决定变质产物的性质,如同是在岩浆温度影响下,石灰岩变成大理岩,砂岩可变成石英岩,或者几乎没有什么变化。

二、变质作用类型

根据引起岩石变质的地质成因和变质作用因素,变质作用主要分为 4 种类型,分别是接触变质作用、动力变质作用、区域变质作用和混合岩化作用(见图 1-34)。

Ⅰ—岩浆岩;Ⅱ—热接触变质作用;

1—动力变质作用;2—热接触变质作用;3—混合岩化作用;4—区域变质作用。

图 1-34 变质作用类型示意图

(一)接触变质作用

接触变质作用是由于岩浆活动的侵入,在岩浆高温的影响下,使接触带的围岩发生重结晶或产生新矿物的作用。当地壳深处的岩浆上升侵入围岩时,围岩受岩浆高温的影响产生变质,所以这种变质作用仅局限在侵入体与围岩的接触带内,是一种局部性变质作用,常规模不大,距侵入体越远,围岩变质程度越浅;有时也可伴有热水溶液交代(化学成分的交换)作用,引起化学成分的变化。静压力和应力的作用较为次要。

根据变质过程中侵入体与围岩间有无化学成分的相互交代,接触变质作用可分为热接触变质作用和接触交代变质作用两种类型。

1. 热接触变质作用

热接触变质作用也称为热力变质作用,是因为岩浆侵入体释放的热能使接触带附近围岩的矿物成分和结构、构造等发生变化的一种变质作用。这种以高温为主导因素的作用主要表现为原岩成分的重结晶,产生新的矿物组合和新的结构、构造,而化学成分基本上没有发生变化,如石灰岩经重结晶变为大理岩、石英砂岩则变为石英岩等。

2. 接触交代变质作用

接触交代变质作用是由于岩浆成分结晶晚期析出的大量挥发成分和热液,通过交代作用使接触带附近的侵入体与围岩在岩性和化学成分上均发生变化的一种变质作用。这种作用与热接触变质作用的区别在于围岩温度升高的同时还有化学成分的进入和带出,如钾长石中钾与岩浆中钠离子交代形成钠长石。接触交代变质作用的特点是:在固态条件下进行,交代前后岩石的总体积几乎不变,原矿物的溶解和新矿物的形成几乎同时进行。接触交代变质作用主要发生在酸性、中性侵入体与石灰岩的接触带,而且往往产生矽卡岩。

(二)动力变质作用

动力变质作用也称为碎裂变质作用,是在构造运动产生的强构造应力作用下使原岩及其组成矿物发生变形、机械破碎及轻微的重结晶现象的一种变质作用。由于应力性质和强度不同,这种作用可形成断层角砾岩、糜棱岩等,同时有蛇纹石、叶蜡石、绿帘石等变质矿物产生。动力变质作用主要发生在岩层的强烈褶皱带,或沿断裂带呈条带状分布,分布范围不广,但是由于岩石受挤压而破碎,因此容易风化,抗剪强度低,对工程建筑来说是不利的。

(三)区域变质作用

区域变质作用是与地壳的发生和发展密切相关的一种地质作用,它是由地壳活动带在一定的发展阶段上地热流异常和构造运动的强应力场所导致的变质作用。地热流异常以其高值为特点,是区域变质作用的主要因素。地壳活动带是发生区域变质作用的基本地质背景,在该活动带内除区域变质作用外,还可能发生大规模的沉降、造山运动和岩浆活动,它们在发展时间、空间分布上彼此相关。岩石常呈大面积或带状分布,长数百千米至数千千米,宽数十千米至数百千米,例如:中欧的阿尔卑斯造山带,我国的山东泰山、山西五台山、河南嵩山等地的古老变质岩都是由区域变质作用形成的,并常伴有混合岩和岩浆岩。因此,可以简单理解区域变质作用是指由大规模地壳运动和岩浆活动引起的高温高压作用下使地下深处广大地区岩石发生的变质作用。

区域变质作用因素以温度、定向压力、静压力为主,间或有流体作用;变质作用方式以重结晶、重组合为主;交代作用不占主导地位。因而在区域变质作用中原岩的化学成分基本不变,但所形成的岩石普遍具有结晶片理及其他定向性结构,低变质区常保留了某些矿物及结构、构造，而高变质区常伴随混合岩化作用及岩浆作用。

（四）混合岩化作用

混合岩化作用是变质作用的一个最高发展阶段，是在变质作用的基础上，随地壳内部热流继续作用，原有变质岩的低熔组分（如石英）发生重熔或受深部流体的持续影响，使已成变质发生部分熔融状态下的结晶和交代变成固体状态下的渗透、注入、交代，从而使原有岩石重新调整、改造成为成分不均匀、形态多样的、性质介于正常结晶片岩和岩浆岩之间的一类岩石的转化过程，常出现于中、大规模变质地区。在前寒武纪结晶基底和寒武纪后的一些变质活动带常广泛发育。

在变质活动带，混合岩化和花岗岩浆作用有密切的关系，它的出现与否及发育程度如何，标志着变质演化阶段中的热流变化，也代表着变质作用的晚期特点。

变质作用过程基本上是在固态下进行的，所以变质岩的产状仍然保留了原生岩石的产状。但是由于受到强烈的挤压，原生岩石的产状也可能发生某些变化，例如原生岩体在压力作用方向上受到强烈的压缩等。

三、变质岩的特征

变质岩以其特有的变质矿物、结构和定向构造区别于岩浆岩和沉积岩。

码 1-11　微课：变质岩

（一）变质岩的化学成分

变质岩的化学成分取决于原岩的化学成分，另外还与变质作用类型的变质强度有关。在变质过程中，如果没有组分的带出和带入，则变质岩的化学成分基本上保持着原岩的化学成分。由于变质岩的原岩多种多样，化学成分也比较复杂。总的来说，不外乎以下十几种氧化物，主要有 SiO_2、Al_2O_3、Fe_2O_3、FeO、CaO、MgO、Na_2O、K_2O、H_2O、TiO_2、CO_2 及 P_2O_5 等。但是不同的变质岩，各种氧化物的含量变化极大，并往往与原岩成分有关。如原岩为黏土岩，则 Al_2O_3 含量高；如原岩为石英岩，则 SiO_2 含量高；如原岩为碳酸盐岩，则 CaO、MgO 含量高。

在变质过程中，如果有成分的带出、带入，则变质岩的化学成分就取决于原岩成分和交代作用两种因素。

（二）变质岩的矿物成分

变质岩的矿物成分取决于原岩的化学成分和岩石形成时的物理化学条件。组成变质岩的矿物种类很多，一部分是和岩浆岩、沉积岩共有的矿物，而另一部分是变质作用所产生的新的矿物——变质矿物，这些矿物是在变质环境下产生的稳定矿物，又叫变晶矿物。变质矿物是变质岩矿物成分的最大特征，可以作为鉴别变质岩的标志。

最常见的变质矿物有石榴子石、蓝闪石、绢云母、绿泥石、红柱石、阳起石、透闪石、滑石、硅灰石、石墨、十字石、蓝晶石、硅线石、蛇纹石等。同时，这些矿物具有变质分带指示作用，如绿泥石、绢云母多出现在浅变质带，蓝晶石代表中变质带，而硅线石存在于深变质带中，因此把这类矿物称为标准变质矿物。

变质岩中的矿物大部分是定向压力条件下的产物，所以往往具有片状或伸长的形状，绿泥石、云母、滑石、石墨等都是按一定方向排列的片状矿物，而角闪石、阳起石等则具有显著的单向延长性。

（三）变质岩的结构

变质岩的结构是指变质岩的变质程度、颗粒大小和联结方式，按变质作用的成因及变质程度不同，可分为变晶结构、变余结构和碎裂结构。

1. 变晶结构

变晶结构是变质岩最重要的结构，变质岩是先成岩石在固态下重结晶的岩石，这种作用也叫变晶作用。由变晶作用所形成的结构叫变晶结构。由于变晶、生长几乎是同时进行的，所以变晶多为他形或半自形，矿物结晶程度不反映结晶先后顺序，而反映结晶力的强弱。结晶力强的矿物，自形程度较好，如石榴子石、红柱石等；结晶力弱的矿物，自形程度较差，如石英、长石、方解石等。变质岩的变晶结构与岩浆岩的结构相似，为了区别起见，一般在岩浆岩结构名称前加“变晶”两字。变晶结构按矿物形态特点可分为以下几种：

（1）等粒变晶结构。等粒变晶结构矿物晶粒大小大致相等，多呈他形，互相镶嵌很紧，非定向排列，如大理岩、石英岩等（见图1-35）。等粒变晶结构根据颗粒粗细又可分为粗粒（粒径大于3 mm）变晶、中粒（粒径为1～3 mm）变晶、细粒（粒径小于1 mm）变晶及显微变晶结构（在显微镜下才能分辨）。

（2）斑状变晶结构。斑状变晶结构与岩浆岩的斑状结构相似，在细粒的基质上分布着一些较大的晶体叫变斑晶，如某些片麻岩和片岩常有这种结构。变斑晶自形程度较好，是结晶力较强的矿物，如十字石、石榴子石、蓝晶石、硬绿泥石、透闪石、透辉石、金云母等，这一点和岩浆岩的斑晶不同，岩浆岩中的斑晶主要取决于矿物的结晶先后，而变质岩中的变斑晶与变晶基质往往是同时或稍晚形成的。若变斑晶中包裹有大量基质矿物，则称为包含变晶结构（见图1-36）。

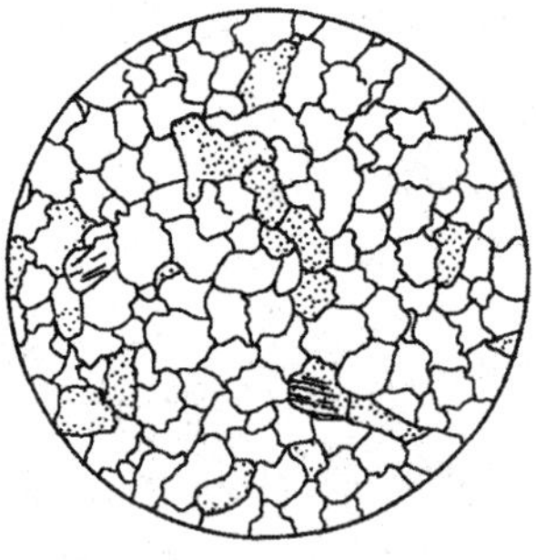

图1-35　显微镜下石英岩的等粒变晶结构

1—石榴子石变斑晶(包含有基质);
2—黑云母变斑晶;3—基质.

图1-36　斑状变晶结构

（3）鳞片变晶结构。岩石主要由云母、绿泥石、滑石等片状矿物组成，它们多呈定向排列而形成片理构造，常见于千枚岩和片岩中。

（4）鳞片粒状变晶结构。岩石由多数粒状矿物（如长石、石英）和少数片状矿物（如云母等）组成，一般两者相间定向排列构成片麻构造，常见于片麻岩中。

2. 变余结构

变余结构是变质岩的一种过渡结构,由于变质作用进行得不彻底,原岩的矿物成分和结构特征部分被保留下来,即构成变余(残留)结构。如泥质砂岩变质,泥质胶结物变成绢云母和绿泥石,而其中碎屑物质(如石英)不发生变化,便形成变余砂状结构。还有其他的变余结构,如与岩浆岩有关的变余斑状结构、变余花岗结构。在研究变质岩的生成时,这种变余结构可明确指示原岩的类型。

3. 碎裂结构

局部岩石在低温下(脆性状态)受定向压力作用时,矿物及岩石本身发生弯曲、破碎,而后又被黏结起来形成的新结构,称为碎裂结构。这种结构常具条带和片理,是动力变质中常见的结构,根据破碎程度可分为碎裂结构、碎斑结构、糜棱结构(见图 1-37、图 1-38)。

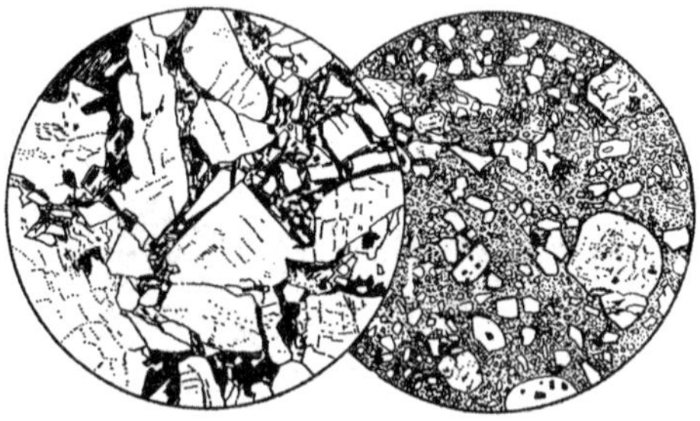

(a)碎裂结构　(b)碎斑结构

图 1-37　碎裂结构、碎斑结构

图 1-38　糜棱结构

(四)变质岩的构造

1. 定向构造

定向构造是变质岩最特殊的构造,也是鉴别变质岩的重要依据。它又有以下几种常见类型。

1)片理构造

片理构造是变质岩最常见的定向构造。岩石中的片状、板状及柱状矿物在定向压力作用下相互平行排列,沿此排列方向易使岩石裂开成薄片,这种特性称为片理,裂开的面称为片理面。片理延伸不远,片理面可能是平的、弯曲的或波状的,并且平滑光亮,据此可与沉积岩的层理及层理面相区别。根据矿物组合和重结晶程度,片理构造又可分为以下类型:

(1)板状构造。在温度不高而以压力为主的变质作用下,由极细小的显微片状矿物平行排列而形成一组相互平行的板理面。岩石结构致密,矿物肉眼不能分辨,可沿一定方向极易分裂成均一厚度薄板,这是板岩特有的构造(见图 1-39)。

(2)千枚状构造。岩石中由细小片状变晶矿物定向排列所成的似片状构造,结晶细微,片理面上具丝绢光泽,有时可见细小的绢云母,还常见小挠曲、小皱纹,易沿片理面劈成薄片状。岩石中矿物重结晶程度比板岩高,是千枚岩特有的构造(见图 1-40)。

(3)片状构造。岩石中由大量显晶鳞片状矿物(如云母、绿泥石)定向排列和分布所形成的薄层片状的构造,岩石中各组分全部重结晶,而且肉眼可以看出矿物颗粒,片理面上光泽很强,沿着劈理极易劈成不平整薄板的特征,是片岩特有的构造(见图 1-41)。

图 1-39　板状构造

图 1-40　千枚状构造

(4)片麻状构造。这是一种变质程度很深的构造,岩石中由显晶鳞片状变晶矿物、柱状变晶矿物(如黑云母、白云母、绢云母、绿泥石、角闪石等)和粒状变晶矿物(如长石、石英等)相间定向排列和分布所形成的断续的条带状构造,称为片麻状构造,如图 1-42 所示,这是片麻岩特有的构造。

图 1-41　片状构造

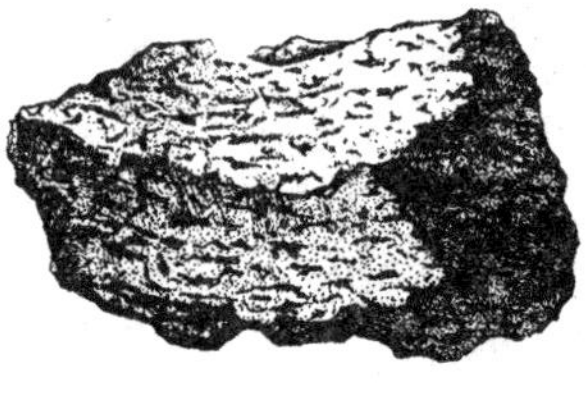

图 1-42　片麻状构造

2)条带状构造

条带状构造是一种特殊的片麻构造,由不同的变晶矿物成分和结构交替而成的或宽或窄的条带构造,极似片麻状构造,但条带构造的各条带界线清晰,并有较好的连续性。条带构造具有不同的成因,有的是由原来的沉积岩层理构造残留而成的,有的是深色片状构造岩石被浅色岩浆物质顺层贯入而成的,后者常是混合岩的特征。

2. 块状构造

当变质作用中没有定向、高压这些因素时,形成的变质岩中矿物排列无一定方向,结构均一,不能定向裂开。一般由粒状结晶矿物组成,如部分大理岩和石英岩具有此种构造。这种构造与火成岩的块状构造相似,但又不完全一样。

3. 变余构造

变余构造是变质岩中保留下来的原岩的构造,如变余气孔构造、变余层理构造、变余波痕构造等,是恢复原岩的重要标志。

码 1-12　微课:变质岩鉴定

四、变质岩分类及主要变质岩的特征

(一)变质岩分类

大多数变质岩与其他类型岩石最明显的区别是具有特殊的片理构造和变质矿物。因此,变质岩首先是根据其构造特征分为片理状和块状岩类,再按其矿物组成进行分类和命名。主要变质岩分类见表 1-11。

表 1-11　主要变质岩分类

<table>
<tr><th colspan="2">构造</th><th>岩石名称</th><th>结构</th><th>主要矿物成分</th><th>变质作用类型</th></tr>
<tr><td rowspan="4">片理构造</td><td>片麻状构造</td><td>片麻岩</td><td>粒状变晶结构</td><td>石英、长石、云母、角闪石等</td><td rowspan="4">区域变质作用(从片麻岩到板岩，变质程度由强到弱递减)</td></tr>
<tr><td>片状构造</td><td>片岩</td><td>鳞片状、叶片状变晶结构</td><td>云母、角闪石、绿泥石、石墨、滑石、石榴子石等</td></tr>
<tr><td>千枚状构造</td><td>千枚岩</td><td>鳞片状变晶结构</td><td>绢云母、石英、长石、绿泥石等</td></tr>
<tr><td>板状构造</td><td>板岩</td><td>变余结构，部分变晶结构</td><td>石英、绢云母、黏土矿物等</td></tr>
<tr><td colspan="2" rowspan="2">块状构造</td><td>大理岩</td><td>粒状变晶结构</td><td>方解石、白云石等</td><td rowspan="2">接触变质作用或区域变质作用</td></tr>
<tr><td>石英岩</td><td>粒状变晶结构</td><td>石英等</td></tr>
<tr><td colspan="2">条带状构造</td><td>糜棱岩</td><td>碎裂(糜棱)结构</td><td>原岩细破碎物</td><td>动力变质作用</td></tr>
</table>

(二)主要变质岩的特征

1. 片麻岩

片麻岩具有明显的片麻状构造，外表颜色深浅不一，呈肉红色、灰色、深灰色，主要矿物为长石、石英，长石含量一般多于石英，其次为云母、角闪石、辉石等，有时也含有硅线石、石榴子石、蓝晶石等特征变质矿物。这类岩石变质程度较深，矿物大都重结晶，且结晶粒度较大，肉眼可以辨识，是变质程度较深的区域变质岩。岩石力学性质在垂直片麻理方向上的强度要比其他方向上大得多。

2. 片岩

片岩以片状构造为特征，主要由云母、石英矿物组成，其次为角闪石、绿泥石、滑石、石墨、石榴子石等。以不含长石区别于片麻岩，变质程度比千枚岩深，比片麻岩浅。根据片岩中片状矿物种类不同分为云母片岩、角闪石片岩、绿泥石片岩、滑石片岩等。片岩由于片理发育，易沿片理裂开，易风化，强度较低。

3. 千枚岩

千枚岩是具有千枚状构造的浅变质岩，变质程度比板岩深，比片岩浅，多由黏土矿物、粉砂岩变质而成，主要矿物有绢云母、石英、长石、绿泥石，具有细粒鳞片变晶结构。岩石中片状矿物形成细而薄的连续的片理，沿片理面呈定向排列，致使这类矿物具有千枚状构造，千枚岩工程性质较弱，易风化破碎，在荷载作用下易产生蠕动变形和滑动破坏。

4. 板岩

板岩是页岩经浅变质而成的，多为深灰色至黑灰色，有时也呈绿色及紫色，主要成分是泥质矿物，肉眼不易辨别，结构致密均匀，具有板状构造，沿板状构造易于裂开成薄板状。通过击打，板岩会发出清脆声，可据此与页岩区别。板岩能加工成各种石板作为建筑材料。板岩透水性弱，可作隔水层，但在水的长期作用下会软化、泥化形成软弱夹层。

5. 石英岩

石英岩由石英砂岩和硅质岩变质而成，主要矿物以石英为主，其次为云母、磁铁矿、角闪石，一般呈白色，油脂光泽，具有变余粒状结构，块状构造，是一种极坚硬、抗风化能力很强的岩石,岩块抗压强度可达 300 MPa 以上,可作为良好的建筑物地基。但因性脆,石英岩较易产生密集性裂隙,形成渗漏通道,所以应采取必要的防渗措施。

6. 大理岩

大理岩因盛产于大理而得名,由较纯石灰岩和白云岩在区域变质作用下经重结晶而成,具有细粒、中粒和粗粒结构,主要矿物为方解石和白云石,纯大理岩呈白色,因此又称为汉白玉,含有杂质时带有灰色、黄色、蔷薇色,具有美丽花纹,质地坚实但硬度不大,易于加工,是贵重的雕刻和建筑石料,如北京天坛柱子由大理岩雕刻而成。但其主要化学成分为碳酸钙,易被酸腐蚀,从而失去光泽而变得多孔粗糙,影响美观。大理岩与石英岩的区别在于其加盐酸起泡,硬度比石英岩小。

五、变质岩工程地质特征

变质岩的工程地质特征与变质作用的类型及原岩性质有关,起控制作用的主要因素是岩石的构造和矿物成分。由于岩石在变质过程中形成某些变质矿物,如滑石、绿泥石、绢云母等,则其力学强度会相对降低,抗风化能力变差,使一些变质岩稳定性较差。变质岩的片理构造发育,使岩性各向异性,平行片理较垂直片理方向的强度降低,透水性增强,工程建筑中应注意研究其在垂直及平行于片理构造方向上工程性质的变化。

接触变质作用的变质岩因经过重结晶,强度一般较原岩增高。但变质程度各处不一,距侵入体越近,越易变质,在很小的范围内变质程度就相差很大,岩性很不均一。接触变质的岩石,常因受地壳构造运动的影响而裂隙发育,加上有小岩脉穿插,岩性显得复杂多样,其工程地质性质变化较大。

动力变质作用的变质岩工程性质取决于碎屑矿物的成分、粒径大小和压密胶结程度。但通常胶结不好的,孔隙、裂隙就发育,岩石强度也变低。

区域变质作用的变质岩分布范围广,厚度大,变质程度和岩性较均一,但因多数岩石具片理构造,使岩性各向异性。随着片理的发育,云母、绿泥石、滑石等含量增加,岩石强度显著降低。一般来说,板岩、千枚岩、云母片岩、滑石片岩及绿泥石片岩等岩石的工程地质性质较差,而片麻岩、石英岩及大理岩等岩石致密坚硬,岩性比较均一,强度高,是良好的建筑物地基。但裂隙发育时,可使其工程地质性质也变差。

变质岩中往往裂隙发育,在裂隙发育部位或较大断裂带部位,常常形成裂隙含水带,这样的地区可作为小规模的地下水源地。

【思政案例】 我国渤海再发现亿吨级油田

码 1-13 我国渤海再发现亿吨级油田

来源:中华人民共和国自然资源部

复习题

1. 名词解释：地质作用、地壳、矿物、造岩矿物、类质同象、解理、断口、硬度、光泽、岩石、岩浆岩、岩浆、岩浆作用、侵入作用、喷出作用、风化作用、沉积作用、侵入岩、喷出岩、沉积岩、变质岩、结构、构造。

2. 地球的内圈分为哪三圈？外圈分为哪三圈？

3. 简要说明内、外力地质作用的区别。影响外力地质作用的主要因素是什么？

4. 肉眼鉴定矿物主要依据哪些特征？

5. 由黄铁矿及黏土矿物组成的岩石对工程建筑物有哪些影响？

6. 写出下列各组矿物的鉴定特征及主要区别：

(1)石英、长石、方解石、石膏。

(2)角闪石、辉石、黑云母、橄榄石。

7. 按 SiO_2 的含量不同，岩浆岩可划分为哪四种类型？

8. 简述酸性、中性、基性、超基性的岩浆岩化学成分和矿物成分特征。

9. 简述岩浆岩常见产状、结构、构造。

10. 试比较下列岩石间的异同点：

(1)花岗岩—辉长岩。

(2)流纹岩—玄武岩。

(3)闪长岩—安山岩。

11. 简述沉积岩形成的阶段。

12. 简述沉积岩的结构、构造特征。

13. 什么是变质作用？影响变质作用的因素有哪些？变质作用有几种类型？

14. 岩浆岩、沉积岩和变质岩的代表性岩石各有哪些？

15. 对比区分下列名词：

(1)解理—断口—硬度。

(2)斑状结构—半晶质结构。

(3)流纹状构造—层理构造—片理构造。

(4)结晶质—非晶质—隐晶质—玻璃质。

16. 下列岩石之间有何区别及联系？

(1)花岗岩—花岗片麻岩。

(2)页岩—千枚岩。

(3)石英砂岩—石英岩。

(4)石灰岩—大理岩。

(5)片岩—黏土岩。

17. 把下列物质按矿物、岩浆岩、变质岩或沉积岩进行归类：

石英、石英砂岩、方解石、正长岩、石灰岩、花岗岩、石英岩、大理岩、玄武岩、千枚岩、流纹岩、黏土岩、石膏、黑云母、砾岩、片麻岩、闪长岩、板岩。

18. 表征岩石工程地质性质的指标有哪些?

技能训练　工程地质实训

试验一　矿物的认识与鉴定

一、试验目的

(1)学会根据矿物的形态和物理性质等特征,用肉眼鉴定常见矿物的技能及掌握描述矿物的方法,并写出简单的鉴定报告。

(2)掌握几种常见造岩矿物的鉴定特征。

二、试验准备工作

复习每类矿物的共同特征及每种矿物的主要鉴定特征。检查矿物标本、摩氏硬度计、小刀、放大镜、无釉瓷板、稀盐酸等试验用品是否齐全。

三、试验方法与步骤

肉眼鉴定矿物的大致过程是先从观察矿物的形态着手,然后观察矿物的光学性质、力学性质,进而参照其他物理性质或借助于化学试剂与矿物的反应,最后综合上述观察结果,查阅有关矿物特征鉴定表,即可定出矿物的名称,同时要求记住常见矿物的鉴定特征。

(一)矿物的形态

矿物的形态有晶体形态和集合体形态两类。

(1)晶体形态。同种矿物聚在一起的各种形态,常见的造岩矿物形态有纤维状、柱状、板状、片状、鳞片状、粒状等。

(2)集合体形态。矿物在自然界中多呈集合体产出,因此集合体形态的描述具有实际意义。常见的有晶簇状、结核状、鲕状、肾状、钟乳状、葡萄状、放射状等。

(二)矿物的物理性质

矿物的物理性质是多种多样的,主要有以下几方面特征:

(1)颜色。矿物的颜色极为复杂,是矿物对可见光波的吸收作用产生的。按成色原因有自色、他色、假色等。

(2)光泽。矿物的光泽是矿物表面的反射率的表现,按其强弱程度可分为金属光泽、半金属光泽和非金属光泽。常见的有玻璃光泽、珍珠光泽、丝绢光泽、油脂光泽、蜡状光泽、土状光泽等。

用人为方法严格划分光泽等级是困难的,要多观察、慢慢体会、逐步掌握。

(3)解理。解理为矿物的重要鉴定特征。解理等级及区分的办法如下:

①极完全解理,极易裂开成薄片,片大而完整,平滑光亮。

②完全解理,易成解理块,面平整,见断口。

③中等解理,碎块可见小面,既有解理又有断口,呈阶梯状。

④不完全解理，碎块可见小面，断口呈贝壳状，参差不齐。

后两者难以区分，有时可写成中等—不完全解理。矿物解理的完全程度和断口是互相消长的。

(4)硬度。常用的确定矿物硬度的方法为刻画法，刻画工具除摩氏硬度计外，常可借助指甲(2.5)、小刀(5.5~6)、石英(7)，在野外使用时较方便。

污染手的为1，不污染手而指甲能划动时为2，指甲刻画不动而刀刻极易者为3，刀刻中等者为4，刀刻费力者为5，刀刻不动而石英能刻动者为6，石英为7。

硬度常因集合体方式及后期变化而降低，所以刻画时要先找到矿物的单体及新鲜面。

四、试验内容与安排

(一)试验标本

黄铁矿、石英、正长石、方解石、角闪石、辉石、橄榄石、白云母、黑云母、高岭石。

(二)试验举例

1. 石英(SiO_2)

形状：柱状或块状。颜色：乳白色或无色。条痕：无色。光泽：玻璃光泽、油脂光泽。硬度：7。解理：无。断口：贝壳状。

主要鉴定特征：形状、光泽、颜色、条痕、断口。

2. 方解石($CaCO_3$)

形状：菱形粒状或块状。颜色：白色或无色。条痕：无色。光泽：玻璃光泽。硬度：3。解理：三组完全。

主要鉴定特征：形状、解理、硬度、与稀盐酸反应起泡。

3. 正长石($KAlSi_3O_8$)

形状：短柱状或板状。颜色：肉红色。条痕：白色。光泽：玻璃光泽。硬度：6。解理：中等，解理面呈直角。

主要鉴定特征：解理、光泽、颜色。

4. 黑云母[$K(MgFe)_3(OH)_2(AlSi_3O_{10})$]

形状：片状或鳞片状。颜色：黑色或棕黑色。条痕：无色。光泽：珍珠光泽。硬度：2~3。解理：一组完全。

主要鉴定特征：形状、光泽、颜色、解理。

5. 角闪石{$CaNa(Mg,Fe)_4(Al,Fe)[(Si,Al)_4O_{11}]_2(OH)_2$}

形状：长柱状。颜色：绿黑色。条痕：淡绿色。光泽：玻璃光泽。硬度：6。解理：两组解理交成。断口：锯齿状。

主要鉴定特征：形状、解理、颜色。

6. 黄铁矿(FeS_2)

形状：立方体或块状。颜色：铜黄色。条痕：绿黑色。光泽：金属光泽。硬度：5~6。解理：无。断口：参差状。

主要鉴定特征：形状、光泽、颜色、条痕。

五、地质试验报告

常见矿物肉眼鉴定报告见表1-12。

表1-12　常见矿物肉眼鉴定报告

班级________　姓名________　学号________　日期________

评阅老师________　成绩________

序号	矿物名称	形状	颜色	条痕	光泽	透明度	硬度	解理或断口		其他

六、思考题

(1)肉眼鉴定常见矿物时,主要依据哪些特征?

(2)石英、长石、方解石的区别是什么?

试验二　常见三大类岩石的鉴定

一、实习目的与要求

(1)复习矿物鉴定方法,学习三大类岩石的鉴定方法。

(2)对三大类岩石的基本分类特点进行综合比较和总结。

(3)在区别三大类岩石的矿物组成、结构、构造特点的基础上,对常见岩石进行综合肉眼鉴定。

二、实习准备工作

全面复习项目一单元二至单元五的内容。

三、岩石的综合肉眼鉴定提示

码1-14　微课:岩石的工程地质性质

(1)三大类岩石间的转化关系。不同类型的岩石在自然界并非孤立存在的，而是在一定条件下相互依存，并不断地进行转化的。这种由原岩转变成新岩的过程，不是也不可能是简单的重复，新生成的岩石不仅在成分上，而且在结构、构造上与原岩均有极大的差异。

(2) 各类常见岩石的主要特征。常见三大类岩石以其固有的特点相互区别（见表 1-13）。

表 1-13 三大类岩石属性辨认比较和分类鉴定

属性	岩石类别		
	岩浆岩	沉积岩	变质岩
成因	由岩浆冷却凝固形成	已成岩石破坏的产物、生物作用的产物等经搬运、沉积和固结而成	已成岩石在高温高压及化学活动物质的影响下变质而成
产状	侵入或喷出成各种形状的岩体	多为层状	一般同变质前的岩石产状
矿物	直接由岩浆生成的原生矿物：长石、石英、角闪石、辉石、云母等	所含原生矿物呈碎屑状，有在沉积过程中形成的新矿物，如方解石、白云石、高岭石等	含有在变质过程中形成的新变质矿物，如刚玉、绢云母、绿泥石、蛇纹石等
结构	各种粗细的等粒结晶结构、隐晶质结构、玻璃质结构、斑状结构等	碎屑岩为砾状、砂状、粉砂状、棱角状、滚圆状等结构，化学岩多为致密状或结晶粒状，生物岩多为贝壳状等结构	多为变晶结构，少数为变余结构、碎裂结构
构造	气孔状、杏仁状、流纹状、带状、枕状、块状等构造	层理、化石、结核、雨痕、波痕等	片麻状、片状、千枚状、板状、块状

(3) 肉眼鉴定步骤。

肉眼辨认岩石并进行鉴定和分类，除在野外要充分考虑其产状特征外，在室内对于标本的观察，最关键的是要抓住它的结构、构造、矿物组成等特征。具体步骤如下。

①观察岩石的构造。

构造从岩石的外表上就可反映它的成因类型：如具气孔、杏仁、流纹构造形态一般属于岩浆岩中的喷出岩类，具层理构造及层面构造时是沉积岩类，具板状、千枚状、片状或片麻状构造时属于变质岩类。应当指出，岩浆岩和变质岩构造中，都有块状构造。如岩浆岩中的石英斑岩标本，变质岩中的石英岩标本，表面上很难区分，这时应结合岩石的结构特征和矿物成分的观察进行分析：石英斑岩具有岩浆岩的似斑状结构，其斑晶与基质矿物间结晶联结，石英斑岩中的石英斑晶具有一定的结晶外形，呈棱柱状或粒状；经过重结晶变质作用形成的石英岩，往往呈致密状，肉眼分辨不出石英颗粒，且基质坚硬、性脆。

②观察岩石的结构。

不同成因岩具有不同结构,可根据其特点对岩石进行进一步的分类。如岩浆岩中深成侵入岩类多呈全晶质、显晶质、等粒结构,而浅成侵入岩类常呈斑状结晶结构。沉积岩中根据组成物质颗粒的大小、成分、联结方式可区分出碎屑岩、黏土岩、化学及生物化学岩类。

③分析岩石的矿物组成和化学成分。

岩石的矿物组成和化学成分分析对岩石的分类和定名也是不可缺少的,特别是与岩浆岩的定名关系尤为密切,如斑岩和玢岩,同属岩浆岩的浅成岩类,其主要区别在于矿物成分。斑岩中的斑晶矿物主要是正长石和石英,玢岩中的斑晶矿物主要是斜长石和暗色矿物(如角闪石、辉石等)。沉积岩中的次生矿物如方解石、白云石、高岭石、石膏、褐铁矿等不可能存在于新鲜的火成岩中,而绢云母、绿泥石、滑石、石棉、石榴子石等为变质岩所特有。因此,根据某些变质矿物成分的分析,就可初步判定岩石的类别。

④岩石特有性质。

在肉眼鉴定岩石标本时,常有许多矿物成分难以辨认,如具隐晶质结构或玻璃质结构的岩浆岩、泥质或化学结构的沉积岩,以及部分变质岩,由结晶细微或非结晶的物质成分组成,一般只能根据颜色的深浅、坚硬性、相对密度的大小和"盐酸反应"岩石特有的性质进行初步判断。如岩浆岩中深色成分为主的,常为基性岩类;浅色成分为主的,常为酸性岩类。沉积岩较为坚硬的多为硅质胶结或硅质成分的岩石,相对密度大的多为铁、锰含量多的岩石,有"盐酸反应"的一定是碳酸盐类岩石等。

四、实习方法

(1)由学生参照本书中有关各类岩石特征描述,自行对教学大纲中要求的全部岩石标本做综合观察。选定外观相似但成因不同的岩石标本(如花岗岩与片麻岩、石英砂岩与石英岩、砾岩与斑岩等)做深入的分析和对比。

(2)如有条件,可对岩石磨片(如花岗岩、玄武岩、片麻岩、片岩、鲕状灰岩等)进行偏光显微镜下观察,便能更清楚地鉴别岩石的结构及矿物成分。

五、作业及测验题

(1)简述粗面岩与闪长玢岩的区别。

(2)对比下列各组矿物、岩石的异同点:

纤维状石膏—石棉;方解石—白云石;石英—正长石;黏土岩—泥灰岩;板岩—页岩;硅质灰岩—白云岩;火山角砾岩—断层角砾岩(或糜棱岩)。

(3)在课前复习、课内系统观察的基础上,对6~8块未记名岩矿标本(其中矿物标本1~2块)进行肉眼鉴定测验(按表1-14格式填写)。表1-14中对于矿物主要鉴定特征描述包括颜色、化学成分、硬度、解理、光泽、透明度、与稀盐酸的反应等,对于岩石类别则主要描述颜色、矿物组成、结构、构造等特征。

表 1-14 三大类岩石的综合肉眼鉴定实习报告

班级__________ 姓名__________ 学号__________ 日期__________

评阅老师__________ 成绩__________

标本号	主要鉴定特征描述	岩石类别	岩石名称

项目二　地质构造

【项目概述】

地质构造是指在地球的内营力和外营力作用下,地壳中的岩层或岩体发生形变和位移等运动之后,在岩体内部留下的地质现象,根据岩体的力学性质(脆性或塑性)会形成相应的完全不同类型的特征。一般来说,层状结构较为发育的岩体中更加容易留下显著的地质构造特征。在岩浆岩、变质岩岩体中,地质构造一般表现为岩石的褶皱、断裂、劈理以及其他面状、线状构造。地质构造的类型和发育程度对水工建筑物地基的稳定性和渗漏性有直接影响。如褶皱构造核部岩石破碎、裂隙发育,强度低,渗透性较大。闸坝、电站、隧洞等选址时应尽量避开这种地段。选址还应考虑库区的断裂情况,较大断层如伸到库外,可能会产生库区渗漏现象。本项目中重点要求认识地质作用和地质构造的概念,学会区分和应用地质年代单位和年代地层单位,认识水平构造、倾斜构造、褶皱构造、断裂构造以及地震和活断层,在野外能够熟练使用地质图工具。

【学习目标】

(1)知识目标:①掌握相对地质年代及绝对地质年代的含义,了解岩层相对地质年代的划分,熟悉地质年代表;②掌握岩层产状及产状要素的含义,了解岩层产状的测定和表示方法;③熟悉各种常见地质构造的含义、组成要素、分类及其特征,正确认识这些地质构造对工程建设的重要意义;④了解地质图的含义及类型,熟悉褶皱、断层、地层接触关系等在地质图上的表示方法及特征,并能阅读和分析一般地质图;⑤掌握地震、活断层的基本概念和基本特征,了解对工程建筑的影响。

(2)技能目标:①初步掌握阅读、分析综合性地质图方法,并学会绘制地质剖面图;②熟悉野外地质调查工作的基本方法,掌握罗盘仪操作方法及地质实习报告编写方法。

(3)思政目标:①将中国特色社会主义道路自信、理论自信、制度自信和文化自信融入课程,实现锻炼地质技能的同时加强对祖国的热爱;②为实现祖国的繁荣昌盛,培养学生深刻理解开展地震、火山、滑坡、环境污染、荒漠化等各种地质灾害防治工作的重要性。

【学习导入】

由于地壳运动导致组成地壳的岩层或岩体发生变形或变位的现象,以及残留于地壳中的空间展布和形态特征称为地质构造。地质构造不仅包括岩层的倾斜构造、褶皱构造和断裂构造 3 种基本形态,还包括隆起和凹陷等形态。这些形态都是地壳运动的产物,并与地震有着密切的联系。地质构造大大改变了岩层或岩体原来的工程性质,如褶皱和断裂使岩层产生弯曲、破裂和错动,破坏了岩层或岩体的连续性和完整性,降低了岩层稳定性,并增大了其渗透性,使建筑地区工程地质条件复杂化。因此,研究地质构造不但对阐明和探讨地壳运动发生、发展规律具有理论意义,而且对建筑工程的布置、设计、施工及正常使用也都具有重要的实际意义。

任务一　学会区分地质年代与地层年代

构造运动也称为地壳运动,指由内力地质作用引起的地壳组成物质和结构发生变形、变位的运动。如地壳的隆起和下沉、岩层的弯曲和错断及地震等。地质构造是地壳运动的产物,地壳运动在岩层和岩体中遗留下来的各种变形或变位的形迹称为地质构造,简称构造。它是研究地壳运动的性质和方式的依据,有原生构造和次生构造之分。地质构造的规模大小不一,大的如构造带,可以纵横数千千米,小的如矿物晶粒的变形等。褶皱、节理和断层是最基本的地质构造,地层接触关系和岩层产状反映了地质构造的时空特征。

现代地壳活动主要是地表形变、活断层、地震和火山活动等,这些活动不仅直接影响工程建筑的安全稳定,同时由它们引起的崩塌、滑坡、砂土地震液化等,也会造成不同程度的地质灾害。地壳运动及形成的各种构造形迹对岩体稳定性和渗透性都有很大的影响。因此,在大型工程建筑中都必须进行详细的勘察研究。

每一地区的地质构造,都是长期以来地质历史发展演变的结果。为了准确判断地质构造形态,必须先了解地质年代和岩层状态的基本知识。

一、地质年代的概念与划分

码 2-1　微课:地质年代的划分

地球形成到现在已有 40 多亿年的历史,在这漫长的岁月中,可把整个地球历史分成若干自然发展阶段(或时间段落),称为地质年代。地质年代包括绝对年代和相对年代两种。绝对年代是指地层形成到现在的实际年龄,目前主要根据岩石中某种放射性元素及其蜕变产物的含量而计算出岩石生成后距今的实际年数,越老的岩石,地层距今的年数越长。每个地质年代单位应为开始于距今多少年前,结束于距今多少年前,这样便可计算出共延续多少年。例如,中生代始于距今 2.5 亿年前,止于 6 500 万年前,延续 1.8 亿年。相对年代是表示地层相对新老关系的时代顺序,主要根据生物演化和地壳运动等重大变化来划分。地质学家和古生物学家根据地层自然形成的先后顺序,将地层分为 5 代 12 纪。各类动、植物化石出现的早晚是有一定顺序的,越是低等的,出现得越早;越是高等的,出现得越晚。

地质年代单位按级别从大到小,可以划分为宙、代、纪、世、期等。宙是国际地质年代中延续时间最长的第一级地质年代单位。整个地质时期可以分为古生物化石稀少的隐生宙和古生物化石丰富的显生宙。宙内还可划分为代,整个地质年代可以分为太古代、元古代、古生代、中生代及新生代。它们标志着生物演化的几个主要发展阶段。代内又划分为纪,纪内再划分为世、期。宙、代、纪、世是国际通用的地质时间单位,期以下为区域性地方单位。

与上述地质年代单位分别对应的国际性地层空间划分单位是宇、界、系、统,区域性地层单位是阶和带。如古生代形成的地层称为古生界,寒武纪形成的地层称为寒武系。上述地质年代单位和地层单位划分对照见表 2-1,我国的地质年代划分见表 2-2。

表 2-1　地质年代单位和地层单位划分对照

地质年代单位	地层单位	使用范围
宙 代 纪 世	宇 界 系 统	国际性的
期 时	阶 带	全国或大区域性的
	群 组 段 层	地方性的

国际性地质年代表是将地球上的各种地质事件,按其发生的先后顺序,进行系统的时代编排后列出的反映地质历史的时间表。在国际性地质年代表的基础上,根据某区域的地质特点,将该区域中发生的各种地质事件按其发生的先后顺序编排出来的地质历史时间表,称为地方性地质年代表,这些地区往往不含化石或很稀少,其时代不能准确划定,或该地区跨越不同的地质年代。因此,只能根据生物特征和沉积间断等情况来划分地层的单位和年代。这种只限于在某个地区适用的划分,按级别由大到小称为群、组、段、层。

二、地层年代的确定方法

确定和了解地层的年代,在工程地质工作或找矿工作中是很重要的。同一年代形成的岩层常有共同的工程地质特性。比如在四川盆地广泛分布的侏罗纪和白垩纪地层,因含有多层易遇水泥化的黏土层,致使凡有这个年代地层分布的地区滑坡现象都很常见。而不同年代形成的相同名称的岩层,往往岩性也有区别。因此,在分析地质构造时,必须首先查明地层的年代关系,才能进行。

在野外地质工作中,用得较多的是以相对年代来确定地层的新老关系,可用以下几种方法来确定。

(一)地层层序法

地层层序法是以沉积岩的生成原理来确定地层的新老关系。在正常情况下,当沉积岩形成后,位于下面的地层较老,位于上面的地层较新。在地壳变动剧烈的地区,有时老岩层在上,新岩层反而在下面,如这时仍用这种方法,将会得出错误的结论。有时同一地层厚度较大,分布较广,难以确定新老关系,可借助岩石单层沉积规律确定顶、底,区分上、下。

表 2-2　地质年代表

代(界)	纪(系)		世(统)	国际代号		距今年数/百万年	主要构造运动	主要特征
新生代Kz	第四纪		全新世	Q	Q_4		喜马拉雅运动	现代地势地貌，多次冰山活动，出现人类
			更新世		Q_{1-3}	1.6		
	第三纪R	新近纪	上新世	N	N_2			地球表面初具现代轮廓，我国多数为陆地沉积的岩层及火山岩系等。哺乳动物发达，显花植物繁盛
			中新世		N_1	23		
		古近纪	渐新世	E	E_3			
			始新世		E_2			
			古新世		E_1	65		
中生代Mz	白垩纪		晚白垩世	K	K_2		燕山运动	后期地壳运动剧烈，岩浆活动广泛，海水大部分退出大陆，多形成内陆盆地沉积的砂岩、页岩并夹煤层，爬行动物称雄，裸子植物繁盛
			早白垩世		K_1	135		
	侏罗纪		晚侏罗世	J	J_3			
			中侏罗世		J_2			
			早侏罗世		J_1	205		
	三叠纪		晚三叠世	T	T_3		印支运动	
			中三叠世		T_2			
			早三叠世		T_1	250		
古生代Pz　晚古生代Pz_2	二叠纪		晚二叠世	P	P_2		海西运动	我国海陆变迁频繁，华北普遍缺失泥盆系和早石炭纪沉积，以后多为海陆交互沉积地层，主要是砂岩、页岩、灰岩广泛夹有煤层。华南多为浅海沉积、主要为石炭系，在二叠纪晚期为海陆互沉积，这时主要生物为孢子植物及两栖类
			早二叠世		P_1	290		
	石炭纪		晚石炭世	C	C_3			
			中石炭世		C_2			
			早石炭世		C_1	355		
	泥盆纪		晚泥盆世	D	D_3			
			中泥盆世		D_2			
			早泥盆世		D_1			
古生代Pz　早古生代Pz_1	志留纪		晚志留世	S	S_3	410	加里东运动	我国大部分地区处于浅海环境，主要沉积物是石灰岩或页岩。华北缺失晚奥陶系及志留系地层。海生无脊椎动物繁盛
			中志留世		S_2			
			早志留世		S_1	438		
	奥陶纪		晚奥陶世	O	O_3			
			中奥陶世		O_2			
			早奥陶世		O_1	510	蓟县运动	
	寒武纪		晚寒武世	∈	$∈_3$			
			中寒武世		$∈_2$			
			早寒武世		$∈_1$	570		
元古代Pt	震旦纪		晚震旦世	Z	Z_3		晋宁运动 吕梁运动	海浸广泛，岩层一般未变质或轻微变质，有藻类化石，可能是地球上最早出现的生物
			中震旦世		Z_2			
			早震旦世		Z_1	800		
						2 500	五台运动	
太古代Ar						4 000		由于经历了剧烈的地壳运动，岩层普遍变质，形成片岩、片麻岩系，没有发现生物痕迹
地球发展初期						4 600		

(二)古生物化石法

沉积岩中保存的地质时期生物遗体或遗迹称为化石,如骨骼、茎、叶、足印、粪便等,其中可用作确定地层地质年代的已灭绝的古动物或古植物化石,称为标准化石。在漫长的地质历史时期内,生物从无到有,从简单到复杂,从低级向高级发生不可逆转的发展演化。因此,不同地质年代的地层中就会有不同的古生物化石及其组合,而在相同地质时期的相同地理环境下形成的地层,含有相同的化石。这样就可以根据地层中的古生物化石来确定地层年代。如我国北方地区奥陶纪地层中含珠角石,寒武纪地层中含雷氏三叶虫化石等(见图2-1)。

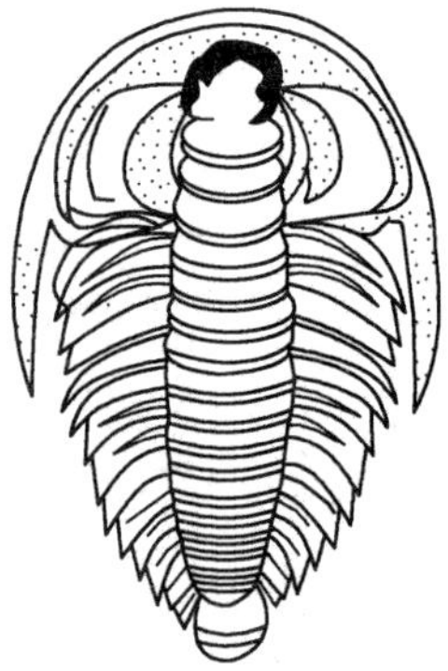

图2-1　三叶虫化石

(三)岩性对比法

一般在同一地质年代、同样环境下形成的地层,其岩石成分、结构构造、岩层组合应该是相似的。根据这个道理,当某一局部地区的地层年代已经确定后,对另一地区可通过岩性对比来大致确定其地层的年代。例如:华北奥陶纪中期,普遍沉积的是质纯的石灰岩和白云质灰岩,在很多地方发现了化石。如果在同一沉积环境下的一些地区,这一层未找到化石,但已知该层上、下层位的时代和接触关系,就可以通过岩性对比来确定它的年代。

(四)地层接触关系法

1. 整合接触

当一个地区长期处于地壳运动相对稳定的条件下,即沉积盆地缓慢下降,或虽上升但未超过沉积基准面,或地壳升降与沉积处于相对平衡状态,沉积物则一层层地连续堆积而没有沉积间断。这样一套相互平行或近于平行的新老地层之间的接触关系,称为整合接触[见图2-2(a)]。其主要特征是:地层连续,没有尖端,岩层是互相平行的,时代是连续的,岩性和生物演化递变,产状基本一致。

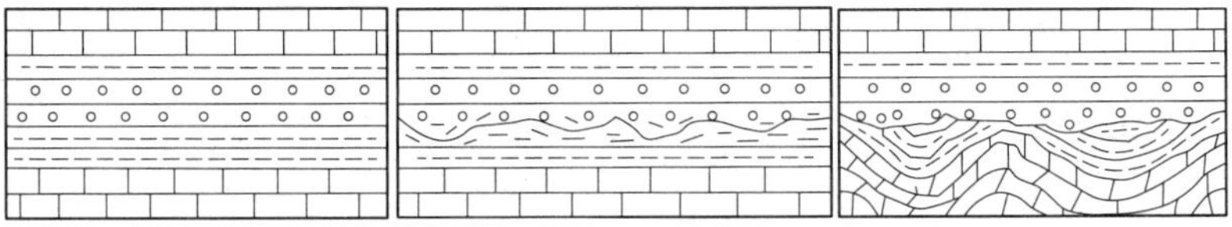

(a)整合接触　　(b)假整合接触　　(c)角度不整合接触

图2-2　沉积岩接触关系

2. 不整合接触

沉积接触的上、下两套地层之间的沉积间断,代表地质历史中一定的时间间隔。在此期间,或者是由于区域上升而没有接受沉积,或者是已沉积的地层又被侵蚀。不整合接触面以上、以下的岩层,由于在时间上发生了阶段性的变化,岩性及古生物等都有显著的不同。因此,不整合接触就成为划分地层相对地质年代的一个重要依据。不整合接触面以下的岩层先沉积,年代比较老;不整合接触面以上的岩层后沉积,年代比较新。不整合的类型有两种,即平行不整合(假整合)和角度不整合。

(1)假整合接触。假整合接触又称为平行不整合接触[见图 2-2(b)],主要是不整合面上、下两套地层的产状彼此平行,但之间存在地层缺失,代表地壳运动以上升和下降为主。

(2)角度不整合接触。角度不整合面起伏不平,往往保存着底砾岩和古风化痕迹[见图 2-2(c)]。角度不整合面的存在标志着地壳曾发生强烈的地壳运动,造成地层年代不连续,据此可判断地壳运动的大致时代。

上述几种接触类型是沉积岩之间或某些变质岩之间的关系。此外,岩浆岩和其他围岩之间还有两种接触类型可以判断其新老关系,即沉积接触和侵入接触。

3. 沉积接触

岩浆岩形成之后,经长期风化剥蚀,后来在剥蚀面上又产生新的沉积,剥蚀面上部的沉积岩层无变质现象,而在沉积岩的底部往往存在由岩浆岩组成的砾岩或风化剥蚀的痕迹。这说明岩浆岩的形成年代早于沉积岩的形成年代[见图 2-3(a)]。

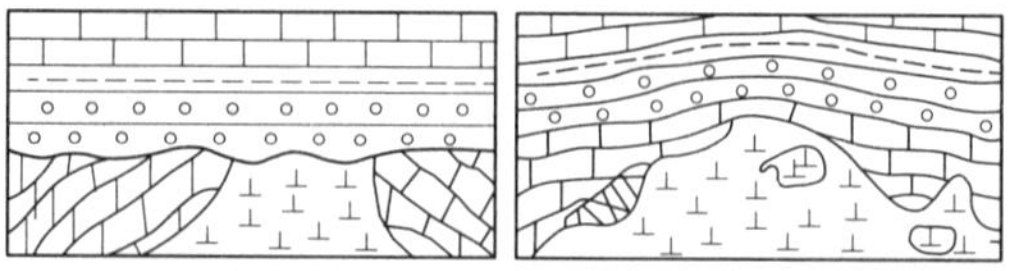

(a)沉积接触　(b)侵入接触

图 2-3　沉积岩接触关系

4. 侵入接触

岩浆侵入体侵入沉积岩层之中,使围岩发生变质现象,说明岩浆侵入体的形成年代晚于发生变质的沉积岩层的形成年代[见图 2-3(b)]。

任务二　认识水平构造和倾斜构造

由两个平行或近于平行的界面所限制的、同一岩性组成的层状岩石叫岩层。岩层的上、下界面叫层面,分别称为顶面和底面。岩层的顶面和底面的垂直距离称为岩层的厚度。任何岩层的厚度在横向上都有变化,有的厚度比较稳定,在较大范围变化较小;有的逐渐变薄,成为尖灭或透镜体。岩性基本均一的岩层,中间夹有其他岩性的岩层,称为夹层,如砂岩含页岩夹层、砂岩夹煤层等;如果岩层由两种以上不同岩性的岩层交互组成,称为互层,如砂岩、页岩互层,页岩、灰岩互层等。夹层和互层反映构造运动或气候变化所导致的沉积环境的变化。

由于形成岩层的地质作用、形成时的环境和形成后所受的构造运动的影响不同,岩层在地壳中的产出形态也各不一样。岩层在地壳中的空间方位和产出状态称为岩层产状。大部分沉积岩形成于广阔、平坦的沉积盆地中,其原始状态多呈水平或近水平,并且老的岩层先形成在下面,新的岩层后形成在上面,这种层位称为正常层位,但由于构造运动常使岩层层位发生倾斜、直立,甚至倒转现象,因此岩层构造常分为水平构造和倾斜构造两种。

一、水平构造

水平构造亦称为水平岩层,岩层的层面基本上是一个水平面,即岩层的同一层面处的海拔基本相同(见图2-4),在广阔的海底、湖盆、盆地中沉积的岩层,其原始产状大都是水平或近于水平的。在水平构造地区,如果未受侵蚀或侵蚀不深,在地表往往只能见到最上面较新的地层;只有在受切割很深的情况下,才能出露下面较老的岩层。

图2-4　水平构造

二、倾斜构造

岩层层面和大地水平面之间具有一定夹角(5°~85°)的岩层称为倾斜构造,亦称为倾斜岩层。例如:在沉积盆地的边缘形成的岩层,某些在山坡山口形成的残积层、洪积层,某些风力、冰川作用下形成的岩层,堆积在火山口周围的熔岩及火山碎屑层等,常常在原始堆积时就是倾斜的。但是,在大多数情况下,岩层受到构造运动而发生变形、变位,形成倾斜的产状。若在一定范围内岩层的产状大体一致,则称为单斜构造(见图2-5)。单斜构造往往是褶皱构造的一部分。单斜构造的岩层,倾角较小(小于35°)时在地貌上往往形成单面山,倾角较大(大于35°)时在地貌上往往形成猪背岭。

三、岩层产状

岩层在地壳中的空间方位和产出状态称为岩层产状。岩层产状用岩层面在空间的延伸方向和倾斜程度来确定,除水平岩层呈水平状态产出外,一切倾斜岩层的产状均以其走向、倾向和倾角表示,称为岩层产状三要素(见图2-6)。

(一)岩层产状要素

1. 走向

岩层层面与任一水平面的交线称为走向线,也就是同一层面上等高两点的连线;走向线两端延伸的方向称为岩层的走向,岩层的走向有两个方向,彼此相差180°,如走向北东30°即南西210°。岩层的走向表示岩层在空间的水平延伸方向。

2. 倾向

倾向指岩层面上最大倾斜线在水平面上投影所指的方向。该投影线是一条射线,被

图 2-5　单斜构造

称为倾向线,只有一个方向。倾向线与走向线互为垂直关系(相差 90°),走向的方位角加或减 90°,即得倾向的方位角。

3. 倾角

倾斜线与其在水平面上的投影线间的夹角,叫真倾角,简称倾角,它是岩层面与水平面间的最大夹角。在不垂直岩层走向线的任何方向上量得的倾角,叫假倾角或视倾角。倾角的大小表示岩层的倾斜程度。真倾角只有一个,而视倾角可以有无数个,任何一个视倾角都小于该层面的真倾角(见图 2-7)。

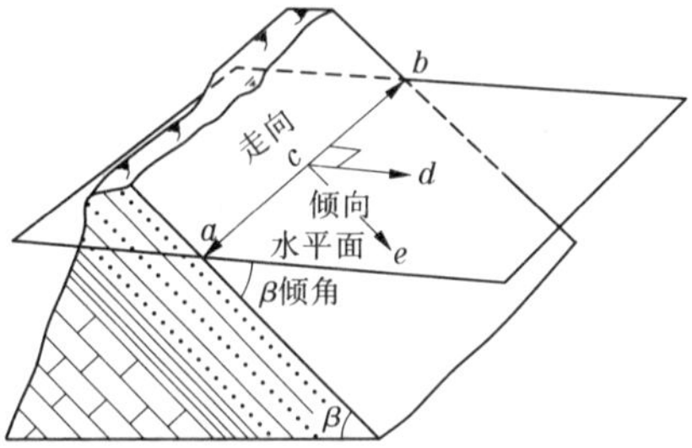

图 2-6　岩层产状要素

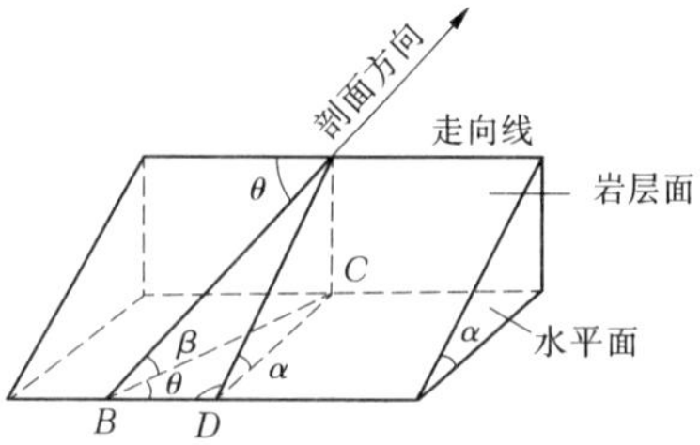

图 2-7　真倾角与视倾角的关系

(二)岩层产状的表示方法

岩层产状有两种表示方法:①方位角表示法,一般记录倾向和倾角,如 SW205°∠65°即倾向为南西 205°、倾角 65°,其走向为 NW295°或 SE115°;②象限角表示法,一般测记走向、倾向和倾角,如 N65°W25°SW 即走向为北偏西 65°、倾角为 25°,向南西倾斜。

岩层的产状三要素在地质图上可用符号 ⅄ 25°来表示,长线表示走向,短线表示倾向,数字代表倾角。

(三)岩层产状要素的测量方法

测量岩层的产状要素必须用地质罗盘(见图 2-8)。地质罗盘的外形为方形(长方形)和八边形,它的主要构件有磁针、顶针、制动器、倾斜仪和底盘等。另外,在底盘上还有带刻度的圆盘和水准气泡。刻度为 0°~360°,按逆时针方向刻制,东与西的位置和实际相反。罗盘上的 N 表示北(0°),E 为东(90°),S 为南(180°),W 为西(270°)。比如测得一个数据是 60°,60°在 N 与 E 之间,则表示为 NE60°;若测得数据为 300°,300°在 N 与 W 之间,则表示为 NW300°。60°与 300°都称方位角。

测走向时将罗盘的长边(即 NS 边)与层面贴靠、放平、固定水准气泡居中后,指北针所指的度数即为所求的走向。测倾向时用罗盘的 N 极指着层面的倾斜方向,使罗盘的短边(EW 边)与层面贴靠、放平,指北针所指的度数即为所求的倾向。测倾角时将罗盘竖起,以其长边贴靠层面,并与走向线垂直,罗盘指针上挂的倾斜仪所指度数就是所求的倾角(见图 2-8)。走向和倾向都用方位角表示。因为走向具有两个指向,可用两个方位数值表示,两者相差 180°,如 NE35°、SW215°;倾向仅有一个指向,只用一个方位数值表示,如 SE125°。倾角的变化介于 0° ~ 90°,如 ∠45°。上述产状合在一起记录为 NE35°,SE,∠45°。

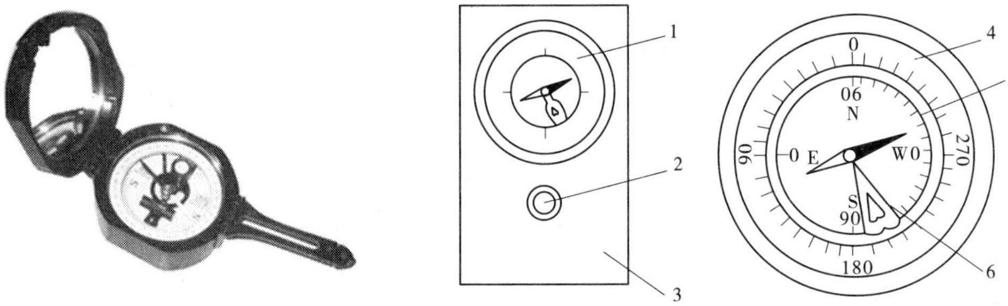

(a) 八边形地质罗盘示意图　(b)长方形地质罗盘示意图　(c)刻度盘示意图

1—刻度盘及指针;2—水准气泡;3—托盘;4—上刻度盘;5—下刻度盘;6—倾角指示针。

图 2-8　地质罗盘构造简图

任务三　认识褶皱构造

原始产状的岩层在构造运动所产生的地应力作用下,形成一系列的波状弯曲,称为褶皱构造[见图 2-9(a)]。把其中一个弯曲称为褶曲,褶曲是组成褶皱的基本单位,两个以上褶曲的组合,才叫褶皱。在自然界总是一个褶曲连着另一个褶曲。

从成因上讲,褶皱主要是由构造运动形成的,它可能是由升降运动使岩层向上拱起和向下拗曲,但大多数是在水平运动下受到挤压而形成的,而且缩短了岩层的水平距离。褶皱构造形成的力学机制如图 2-9 所示。

自然界的褶皱千姿百态、复杂多样,褶皱规模也变化极大,小至手标本或显微镜下的微观褶皱,大至卫星像片上的区域性或地壳规模褶皱。褶皱的研究对于揭示地质构造及其形成发展具有重要意义。此外,许多矿产包括金属、非金属、煤、石油、地下水等都受褶皱构造的影响和控制。因此,褶皱构造的研究具有重要的理论和实际意义。

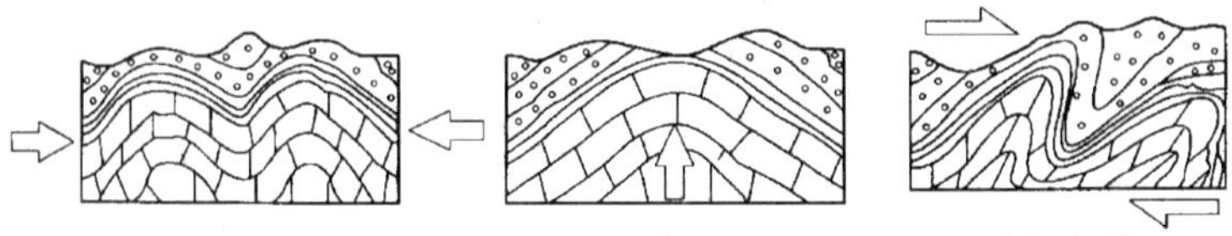

(a)水平挤压　(b)垂直作用力　(c)力偶的作用

图 2-9　褶皱构造形成的力学机制

一、褶曲要素

褶曲的各个组成部分叫褶曲要素。一个褶曲由下列部分组成:褶曲的核心(中心)部分叫核部,但往往把褶曲出露地表最中心部分的岩层称为核(见图 2-10);褶曲核部两侧的岩层叫翼部;翼部岩层与水平面间的最大夹角称为翼角;由褶曲一翼向另一翼过渡的弯曲部分叫转折端;对称平分两翼的假想面称为轴面;轴面与水平面的交线称为轴线;轴面与褶曲岩层某一层面的交线称为褶曲枢纽,枢纽可以是水平的、倾斜的,也可以是波状起伏的,枢纽表示褶曲延伸方向上产状的变化;翼角大小反映褶曲的强烈程度;轴线方向表示褶曲延伸方向。

二、褶曲的类型

(一)褶曲的基本类型

褶曲的类型很多,但基本类型只有背斜和向斜两种(见图 2-11)。

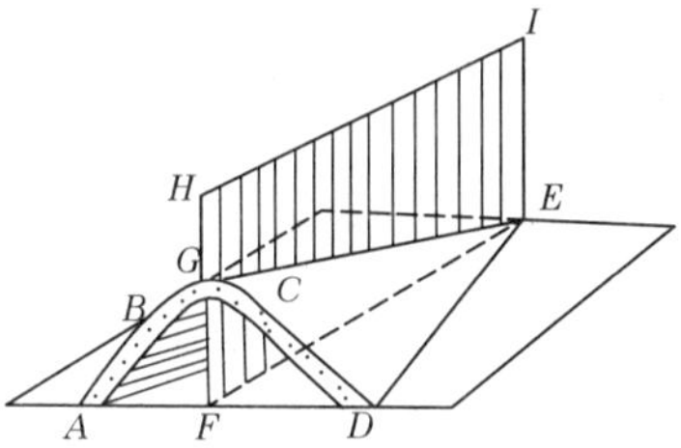

AB、CD—翼;被 ABGCD 包围的内部岩层—核;
BGC—转折端;EG—枢纽;EFHI—轴面;EF—轴线。

图 2-10　褶曲要素示意图

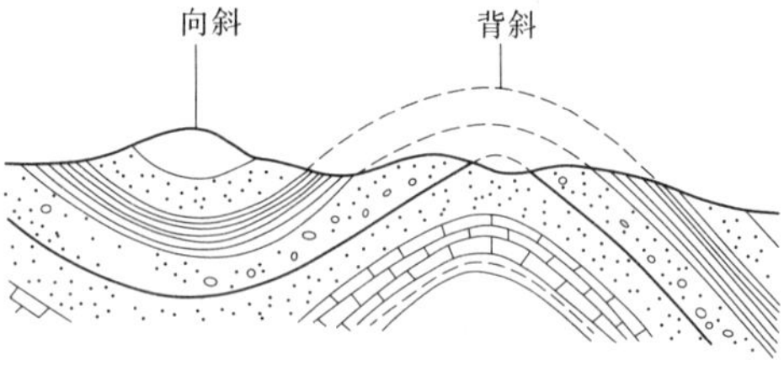

图 2-11　背斜和向斜剖面示意图

(1)背斜褶曲。在横剖面上的形态特征是岩层向上弯曲,自核部向两侧(翼部)岩层时代依次由老到新,两翼岩层常相背向外倾斜。在平面上自核部向两翼依次对称出现新岩层。

(2)向斜褶曲。在横剖面上的形态特征是岩层向下弯曲,两翼岩层多相对向内倾斜,自核部向两侧(翼部)岩层时代依次由新到老。在平面上自核部向两翼依次对称出现老岩层。

(二)褶曲的形态类型

1. 根据轴面产状及两翼特点分类

根据轴面产状并结合两翼特点分类,褶曲可分为直立褶曲、倾斜褶曲、倒转褶曲、平卧褶曲、翻卷褶曲(见图 2-12)。

(1)直立褶曲。直立褶曲轴面直立,两翼倾角近相等,两翼向不同方向倾斜且对称分布,因此又称为对称褶曲。

(2)倾斜褶曲。倾斜褶曲轴面倾斜,两翼倾角不等,两翼向不同方向倾斜但不对称,因此又称为不对称褶曲。

(3)倒转褶曲。倒转褶曲轴面倾角更小,两翼向同一方向倾斜,其中一翼岩层发生倒转,两翼角相等或不等。

(4)平卧褶曲。平卧褶曲也叫横卧褶曲,轴面水平或近于水平,两翼岩层的产状也近于水平;一翼层位是正常的,另一翼层位发生倒转。

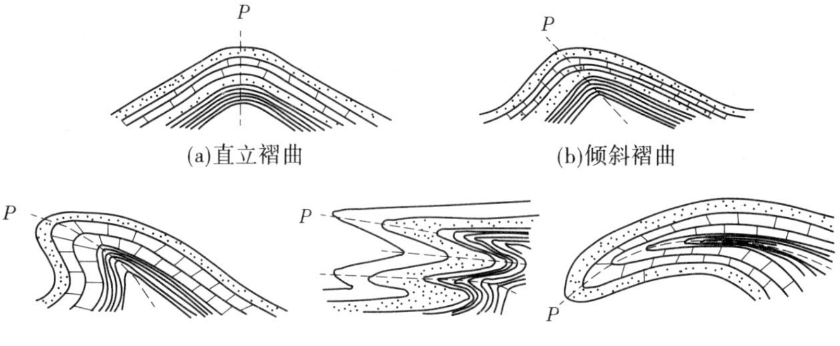

(a)直立褶曲　(b)倾斜褶曲

(c)倒转褶曲　(d)平卧褶曲　(e)翻卷褶曲

P—横剖面上的轴迹。

图 2-12　褶曲的轴面产状分类

(5)翻卷褶曲。翻卷褶曲轴面翻转向下弯曲,此种褶曲在外观上是向(背)斜,实际上是背(向)斜,通常由平卧褶曲转折端部分翻卷而成。

上述五种褶曲,基本上反映了褶曲变形程度从轻微到强烈、从简单到复杂的过程以及水平挤压力的不同强度。但不能绝对化,褶曲变形程度有时与岩性和构造条件等有关。

2. 根据枢纽的产状分类

根据枢纽的产状,褶曲可分为水平褶曲、倾伏褶曲(见图2-13)。

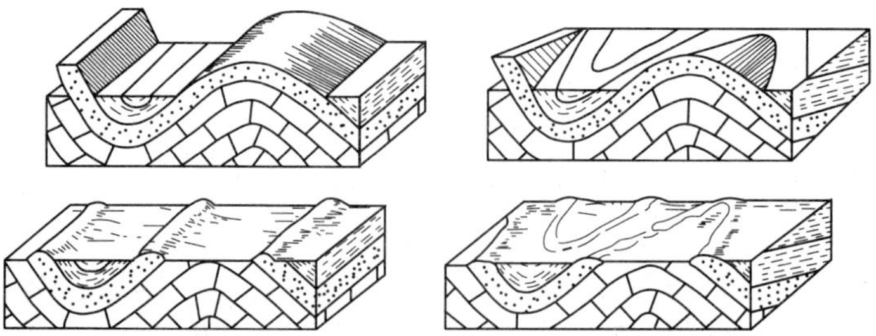

(a)水平褶曲　(b)倾伏褶曲

图 2-13　水平褶曲和倾伏褶曲

(1)水平褶曲。水平褶曲的枢纽近于水平,两翼岩层走向大致平行并对称分布[见图2-13(a)]。

(2)倾伏褶曲。倾伏褶曲的枢纽倾斜,两翼岩层走向不平行,在平面上一端收敛于转折端,另一端撒开,岩层呈“之”字形分布[见图2-13(b)]。枢纽与其在水平面上投影的夹角,称为倾伏角。倾伏褶曲的倾伏角介于10°~80°。

严格地说,自然界褶曲的枢纽很少是水平的,大多数都是倾伏的。大规模的褶皱,其枢纽往往也是有起伏的。倾竖褶曲比较少见,但在岩层陡立地区,如密云溪翁庄地区,即出现枢纽向东南倾伏近80°的一个两翼开阔的倾竖向斜构造。

3. 根据褶曲的平面形态分类

不同类型的褶曲,其平面形态也不一样。根据褶曲的平面形态分类如下:

(1)线形褶曲。线形褶曲又称为长褶曲,褶曲轴向方向延伸很远,长与宽之比大于10:1。

(2)长圆形褶曲。长圆形褶曲又称为短轴褶曲,长与宽之比为10:1~3:1。若为背斜称为短背斜,若为向斜称为短向斜。它们在平面上的投影形态近似椭圆形。

(3)浑圆形褶曲。浑圆形褶曲长宽之比小于3:1,平面投影近似圆形。若为背斜称为穹隆,若为向斜称为构造盆地(见图2-14)。还有一种穹隆构造,其核部为很厚的岩盐层,并刺穿上覆岩层,此种穹隆称为盐丘。

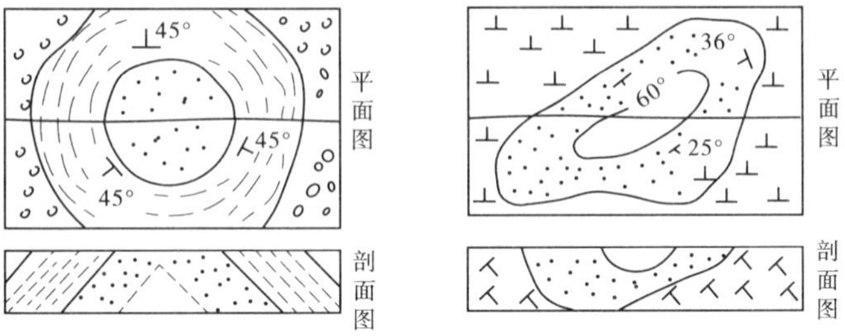

(a)穹窿　　(b)构造盆地

图2-14　穹窿与构造盆地

上述短背斜、短向斜、穹隆、构造盆地等常常独立存在。其中,短背斜、穹隆、盐丘等是最理想的储油构造,是石油地质工作的重要勘探对象之一。

三、褶皱构造的野外识别

码2-2　微课:褶皱构造的识别

在野外少数情况下,如沿山区河谷或道路两侧,岩层的弯曲可能直接暴露,是背斜还是向斜一目了然。在多数情况下,地面岩层呈倾斜状态,无法看清岩层的弯曲全貌,应按科学的方法进行客观分析。

在一般情况下,地形上的高低并不是判别背斜与向斜的标志。岩石变形之初,背斜为高地,向斜为低地,这时的地形是地质构造的直观反映。但经过较长时间的剥蚀后,由于背斜轴部裂隙发育,岩层较破碎,且地形突出,剥蚀作用进行得较快,形成背斜谷。与此相反,向斜轴部岩层较为完整,并常有剥蚀产物在轴部堆积,因此其剥蚀速度较慢,最终导致向斜的地形较相邻背斜高,形成向斜山。

因此,在野外进行地质调查及地质图分析时,为了认识褶皱,首先可沿垂直岩层走向的方向进行观察,查明地层的层序,确定地层的时代并测量岩层的产状要素;然后根据以下3点分析判断是否存在褶皱,并确定其基本类型和形态特征。

(1)根据地层分布规律,判断是否有褶皱存在。沿选定的调查路线,垂直于岩层走向进行观察,当地层出现对称重复分布时,便可判断存在褶皱构造;若岩层虽有重复出露现象,但并不对称分布,则可能是断层,不能认为是褶皱。

(2)对比地层时代的新老关系,确定褶曲基本类型。对比褶曲核部和两翼岩层的时代新老关系,若核部地层时代较老,两侧依次出现渐新的地层,为背斜;反之,为向斜。

(3)根据两翼岩层的产状分布规律,判断褶曲的形态类型。沿垂直岩层的走向调查两翼的倾向和倾角上的变化,以便查明褶曲是直立的、倾斜的还是倒转的。

如图2-15所示,区内岩层走向近东西,从南北方向观察,有志留系及石炭系地层两个对称中心,其两侧地层重复对称出现,所以该地区有两个褶曲构造。再分析地层新老组合关系。左半部的褶曲构造,中间是新地层C,两侧较老地层依次为D和S,因此为向斜;右半部的褶曲构造,中间是老地层S,两侧对称分布的较新地层依次为D和C,因此为背斜。最后根据上述向斜两翼岩层倾向相反、倾角相近,应定为直立向斜;背斜两翼岩层均向北倾斜,一翼层序正常,一翼倒转,应定为倒转背斜。

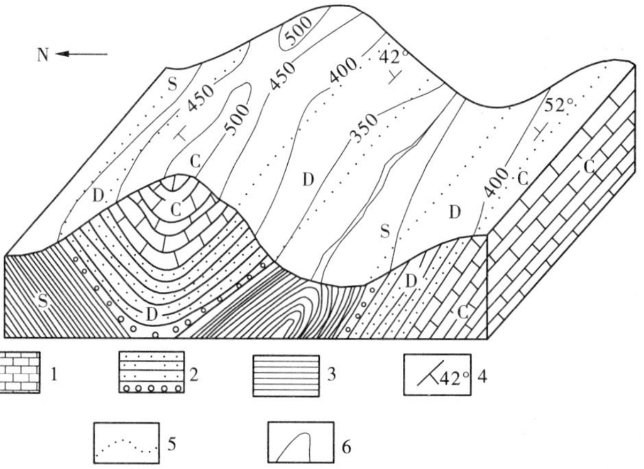

1—石炭系;2—泥盆系;3—志留系;4—岩层产状;5—岩层界线;6—地形等高线。

图2-15　褶皱构造立体图

四、褶皱与工程建设

褶曲构造在地壳中广泛分布,在强烈褶皱区对工程建设影响较大,容易遇到工程地质问题。褶曲的核部是岩层强烈变形的部位,一般在背斜的顶部和向斜的底部发育有拉张裂隙,这些裂隙把岩层切割成块体。在变形强烈时,沿褶曲核部常有断层、节理发育,使岩石破碎,岩石强度降低,渗透性增强,所以工程地质条件较差。此外,地下水多聚集在向斜核部,背斜核部的裂隙也往往是地下水富集和流动的通道。因此,在水利工程、隧道工程或桥梁工程等选址时,应尽量考虑避开褶曲轴部地段。

在褶曲的翼部,会出现另一类工程地质问题。褶曲两翼岩层倾斜容易造成顺层滑动,特别是当岩层倾向与坡向一致,且岩层倾角小于坡角,或岩层中夹有如页岩、云母片岩、滑石片岩、软弱岩层等时应慎重对待。

褶皱的规模、形态、形成条件和形成过程各不相同,而工程所在地往往是褶皱构造的局部部位。对比和了解褶皱构造的整体乃至区域特征,对于选址、选线及防止突发性事故是十分重要的。

任务四　认识断裂构造

地壳中岩石,特别是脆性较大和靠近地表的岩石,受力后发生变形,当作用力超过岩石的强度时,岩石的连续性和完整性遭到破坏而发生断裂和错动,形成断裂构造。通常根据断裂岩块相对位移的程度,把断裂构造分为节理和断层两大类。若断裂两侧的岩石沿断裂面没有发生明显的位移,或仅有微量的位移,称为节理;若断裂两侧的岩石沿断裂面发生了较大的位移,称为断层。断裂构造和褶皱构造一样,是地壳中普遍发育的基本构造形式之一。

一、节理

码 2-3　微课:节理、断层的识别

节理是普遍存在于岩体中的裂缝。节理大小不一,常见的为几十厘米至几米,长的可延伸几百米,甚至上千米。节理只出现在地表附近的岩石中,深入地下 12 km 时便不会再出现。因为岩石因温度高热而具有一种塑性,而岩石只能在具有脆性时才可能产生节理。

节理的成因是多种多样的,由构造运动产生的节理叫构造节理,它往往与褶皱、断层有着密切的成因联系。有的节理是在成岩过程中形成的,如玄武岩的柱状节理,这种节理称为原生节理。有的节理是岩石形成后,由风化作用、崩塌、滑坡、冰川及人工爆破等外动力作用下产生的裂隙,称为次生节理。

岩石中的节理发育是不均匀的。影响节理发育的因素很多,主要有构造变形的强度、岩石形成时代、力学性质、岩层的厚度及所处的构造部位。例如:在岩石变形较强的部位,节理发育较为密集。同一个地区形成时代较老的岩石中节理发育较好,而形成时代较新的岩石中节理发育较差。岩石脆性大而厚度小时节理易发育。在断层带附近及褶曲轴部,往往节理较发育。沿着节理劈开的面称为节理面。节理面的产状和岩层的产状一样,用走向、倾向和倾角表示。

(一)节理的力学成因分类

构造节理按力学性质可分为张节理和剪节理。岩体中那些形态细微、分布密集、相互平行排列的构造节理,称为劈理。

1. 张节理

张节理是在张应力作用下产生的节理,多发育褶曲轴部等张应力集中的部位(见图 2-16)。张节理具有如下特征:

(1)多具有张开裂口,裂口呈上宽下窄并往下尖灭的“V”形。节理面粗糙不平,面上没有擦痕,节理有时被矿脉所填充。

(2)在碎屑岩中的张节理,常绕过砂粒和砾石,节理随之呈弯曲形状。

(3)产状不稳定,在岩石中往往延伸不远。单个节理短而弯曲,若干张节理常以侧列关系出现。

(4)张节理的节理间距较大,分布稀疏而不均匀,很少密集成带。

(5)常平行出现,或呈雁行式(斜列式)出现,有时沿着两组共轭呈“X”形的节理断开形成锯齿状张节理,称为追踪张节理[见图 2-17(a)]。

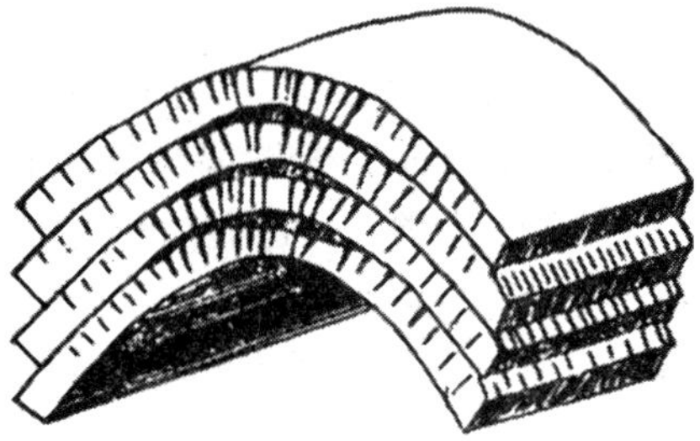

图 2-16　背斜中的张节理

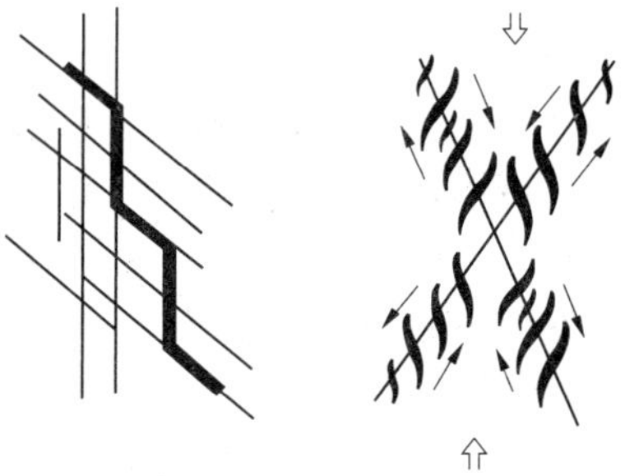

(a)追踪张节理　　(b)雁行张节理

图 2-17　张节理

2. 剪节理

剪节理是在剪应力作用下产生的节理,又称为剪切节理。剪节理具有下述主要特征:

(1)剪节理常具紧闭的裂口,沿节理面可有轻微位移,因此在面上常具有擦痕、镜面等。剪节理面平直光滑,这是由于剪节理是剪破(切割)岩层而不是拉破(裂割)岩层。

(2)在碎屑岩中的剪节理,常切开较大的碎屑颗粒或砾石,切开结核、岩脉等。

(3)剪节理产状比较稳定,在平面中沿走向延伸较远,但穿过岩性差别显著的不同岩层时,其产状可能发生改变,反映岩石性质对剪节理方位有一定程度的控制作用。

(4)剪节理一般发育较密,即相邻两节理的间距较小,且常呈等间距均匀分布,密集成带。但节理间距的大小又与岩性及岩层厚度有着密切的关系:硬而厚的岩层中的间距大于软而薄的岩层中的间距。同时,剪节理发育的疏密还与应力作用情况有关。

(5)剪节理常平行排列、雁行排列、成群出现,或两组交叉(称“X”形节理,亦称共轭节理)。两组节理有时一组发育较好,一组发育较差,呈羽列现象,通常一条剪节理由多条互相平行的小剪裂面组成,微小剪裂面呈羽状排列,因此称羽状剪节理(见图 2-18)。沿每条小节理向前观察,下一条节理依次在左侧搭接的称左列,反之称右列。运用这一现象可判断两侧错动方向。

(二)节理的几何分类

节理的几何分类指按照节理与其所在的岩层或其他构造的关系进行的分类。实际上这种几何分类与力学成因有密切关系,即一定的几何关系可反映一定的力学成因。

根据节理与所在岩层的产状要素的关系,可以将节理分为以下类型:

(1)走向节理。节理的走向与所在岩层的走向大致平行。

(2)倾向节理。节理的走向与所在岩层的走向大致垂直。

(3)斜向节理。节理的走向斜交于所在岩层的走向。

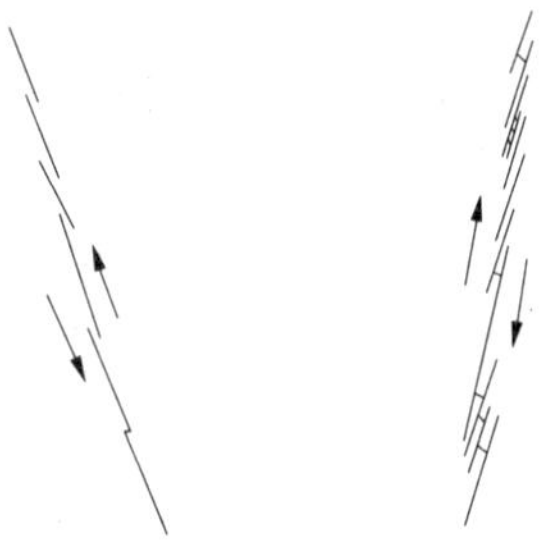

(a)右列　　(b)左列

图 2-18　羽状剪节理

(4)顺层节理。节理面大致平行于岩层层面。

二、断层

断层是破裂面两侧岩块有显著位移的构造。断层往往由节理进一步发展而成,就其力学性质来看,它们并无本质区别。断层的规模大小相差很大,小的在岩石手标本上即可看到,大的可延伸数十千米以上。断层所波及的深度差别也很大,深的切穿岩石圈或地壳而到达地幔,浅的可能只在地表。断层也是常见的构造现象之一,不仅对工程岩体的稳定性和渗透性、地震活动和区域稳定有重大的影响,而且是地下水的良好通道和汇集的场所。

(一)断层的几何要素

断层的几何要素包括断层本身的基本组成部分以及与阐明断层空间位置和运动性质有关的具有几何意义的要素,主要有断层面、断层线、断盘及断距等(见图 2-19)。

1. 断层面

断层面是指相邻两岩块断开或沿其滑动的断裂面。它可以是平面,也可以是弯曲或波状起伏的面。多数断层是一个带,其中发育着一系列密集的破裂面,或者杂乱堆积着由断裂作用形成的各种岩块,带宽从几厘米到几十千米。断层面的产状也用走向、倾向、倾角来表示。

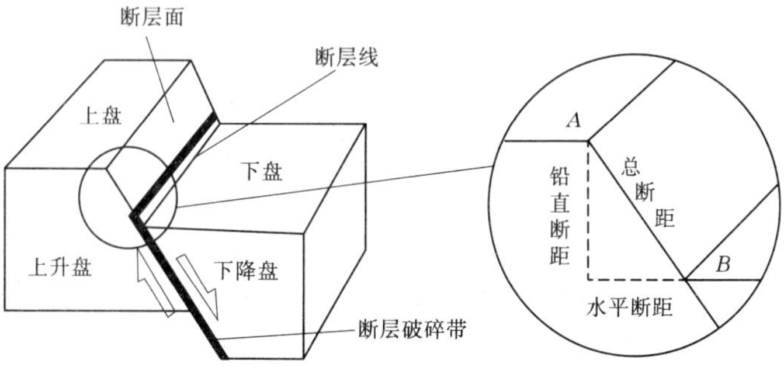

图 2-19　断层要素示意图

2. 断层线

断层面与地面的交线称为断层线,它表示断层的延伸方向。它可以是一条直线,也可以是一条曲线或波状弯曲的线。断层线的形状取决于断层面的产状和地形起伏条件,特别是在大比例尺地质图上,这种断层线随地形变化而弯曲的现象就更为明显。

3. 断盘

断层面两侧发生显著位移的岩块称为断盘。如果断层面是倾斜的,位于断层面以上的岩块叫上盘,位于断层面以下的岩块叫下盘。如果断层面是直立的,可根据断块与断层线的关系命名,如断层线的走向为东西,则可分别称两盘为南盘和北盘。从运动角度看,很难确定断层面两侧岩盘究竟是怎样移动的,可能是一侧上升,另一侧下降;也可能是两侧同向差异上升或两侧同向差异下降。因此,在实际工作中根据相对位移的关系来判断上升和下降,相对上升的岩块叫上升盘,相对下降的岩块叫下降盘。

4. 断距

断层两盘相对错开的距离称为断距。岩层原来相连的两点,沿断层面错开的距离称为总断距。总断距的水平分量称为水平断距,总断距的铅直分量称为铅直断距。

(二)断层类型

1. 断层基本类型

根据断层面产状和两盘相对运动的方向,可分为以下 3 种类型(见图 2-20)。

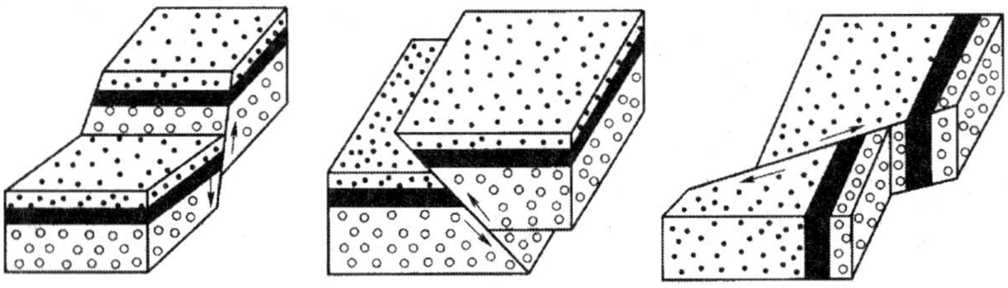

(a) 正断层　(b) 逆断层　(c) 平移断层

图 2-20　断层类型示意图

1)正断层

上盘相对下降,下盘相对上升的断层叫正断层[见图 2-20(a)]。正断层面的倾角一般较陡,多在 45°以上。正断层主要是在张力或重力作用下形成的。正断层的特点是岩石破碎带较宽,并常具有棱角状、大小不一的破碎岩块,此岩块称断层角砾,胶结后形成断层角砾岩。

2)逆断层

逆断层是指上盘沿断层面相对上升,下盘相对下降的断层[见图 2-20(b)]。按断层面倾角大小可分为断层面倾角大于 45°的冲断层、断层面倾角为 25°~45°的逆掩断层、断层面倾角小于 25°的碾掩断层。

逆断层一般是地壳中岩层在水平方向受挤压作用形成的。因此,这种断层的走向一般和最大主压应力方向垂直。其特点是破碎带宽度较小,断层面呈舒缓波状,常有上、下方向的擦痕。逆断层在构造运动强烈的地区出现较多。

3)平移断层

平移断层是指两盘沿断层面做相对水平移动的断层[见图 2-20(c)]。平移断层也叫平推断层。一般认为平移断层是地壳岩层受到水平扭应力作用形成的。因此,断层面较陡,甚至直立,断层面的特点和剪切节理面相似,断层面较平直、光滑。

此外,在野外还常见到有些断层两盘相对移动是斜向的,属于平移断层和正断层或逆断层之间的过渡类型,如平移正断层、平移逆断层(以上、下方向移动为主)及正平移断层、逆平移断层(以水平方向移动为主)。

2. 断层的组合类型

在自然界中,有时断层不是单独存在的,而是成组成群有规律地出现。因为在同一构造应力场的作用下,它们具有成生联系。常见的断层组合形式有以下几种。

1)阶梯状断层

两条以上的倾向相同而又互相平行的正断层,其上盘依次下降,这样的断层组合称为阶梯状断层(见图 2-21)。它在地形上常表现为阶梯状下降或阶梯状上升的块状山地。

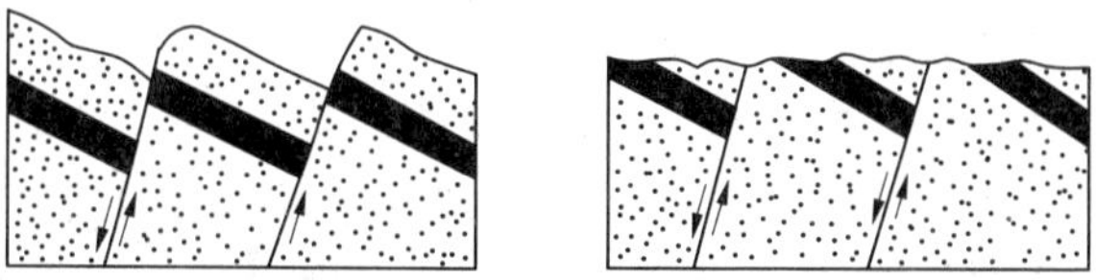

(a)未经剥蚀 (b)经受剥蚀

图 2-21 阶梯状断层示意图

2)叠瓦状断层

两条以上的倾向相同而又互相平行的逆断层,其上盘依次向上推移,形如叠瓦,这样的组合称为叠瓦状断层(见图 2-22),又称叠状构造(见图 2-22)。这种断层组合常常和一系列倒转褶曲相伴生,其断层面的倾向和褶曲轴面的倾向大体一致,断层线的走向和褶曲轴的走向大致平行。

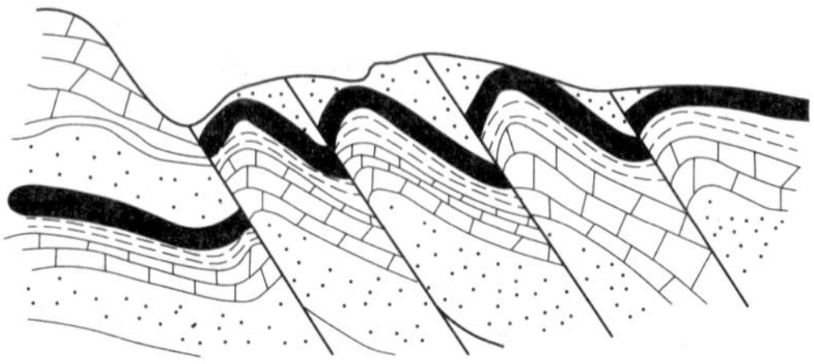

图 2-22 叠瓦状断层示意图

3)地堑

两条或两组大致平行的断层,其中间岩块为共同的下降盘,其两侧为上升盘,这样的断层组合叫地堑[见图 2-23(a)]。组成地堑的断层在地表一般表现为正断层,但也有地堑在地下一定深度,正断层为倾向相反的逆断层所代替。

在地形上地堑常造成狭长的凹陷地带,如欧洲的莱茵河谷、我国的汾河河谷等都有地堑构造。地堑还常控制着后来盆地的发育,如我国华南的一些第三纪红色盆地。著名的长约 6 400 km 的东非大裂谷就是一个巨型地堑。

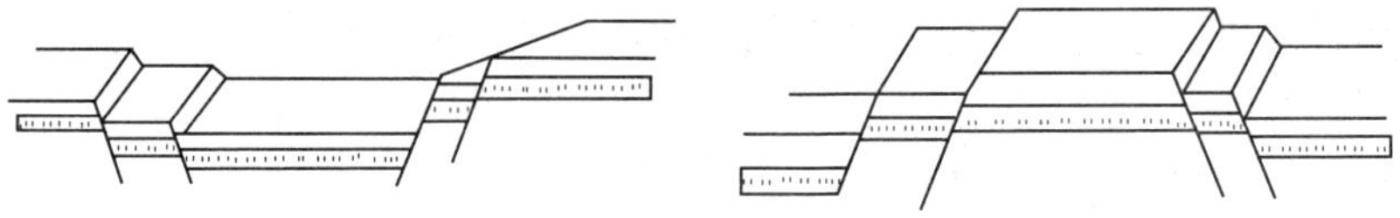

(a)地堑　　(b)地垒

图 2-23　地堑和地垒示意图

4) 地垒

两条或两组大致平行的断层,其中间岩块为共同的上升盘,其两侧为下降盘,这样的断层组合叫地垒[见图 2-23(b)]。组成地垒的断层一般是正断层,但也可能是逆断层。地垒构造往往形成块状山地。无论是地堑还是地垒,其两侧断层可能是一条,也可能是由若干条断层组成的阶梯状断层。

地堑和地垒常常共生(见图 2-24),两个地堑之间形成一个地垒,两个地垒之间形成一个地堑。在古老的硬性地块地区,区域性的构造运动常常导致岩块的断裂,形成块状山地。在许多大平原下边的基岩,也多为断裂所分割,潜伏着隆起和凹陷,实际上是埋藏于松散岩层下边的地堑和地垒构造。它们不仅控制着沉积盆地的发育,而且在凹陷盆地中还控制着石油的形成和富集。

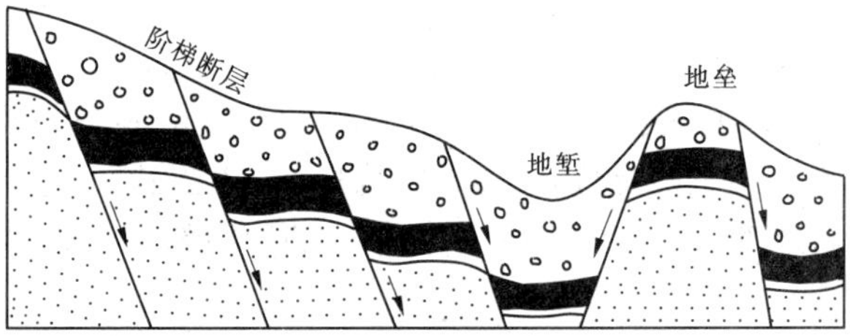

图 2-24　断层的组合类型

(三) 断层的野外识别

在野外进行勘察工作时,由于岩层受到风化剥蚀、沟谷切割、第四系松散岩土覆盖等多种因素的影响,对断层的存在及其类型和错动方向等,往往不能直接观察或不易分辨清楚。因此,有必要根据断层的地形地貌、地层分布、伴生节理和岩性特征等方面的识别标志来判断。

1. 断层面和断层带上的标志

1) 断层擦痕

断层擦痕指断层两侧的岩石因相互滑动和摩擦而在断层面上留下的痕迹(见图 2-25)。断层擦痕常表现为一系列彼此平行的且较均匀细密的线条,或为系列相间平行排列的擦脊和擦槽。利用断层擦痕可以判断断层两盘的相对移动方向:顺擦痕方向用手摸,感觉光滑的方向即表示另一盘滑动的方向。

图 2-25　断层擦痕

在擦痕的滑面上有许多小陡坎，称为阶步。阶步常需垂直于擦痕方向延伸，但延伸一般不远。阶步间常彼此平行排列，其陡的一侧的倾向常指示另一盘的滑动方向。

2）断层滑（镜）面

断层两盘相对错动，可引起断层面上的温度升高，使一些铁、锰、钙、硅等成分的物质粉末重熔，敷在断层面上形成一层光滑的薄膜，称为断层滑（镜）面。

3）断层破碎带及构造岩

规模较大的断层常形成断层破碎带，其宽度从几厘米至数十米不等。断层两盘岩石相互错动、摩擦、搓碎，使原来的岩石碎成角砾、细粉或泥，这种由断层错动所形成的岩石称为构造岩。破碎带内常见的构造岩有断层角砾岩[见图2-26（a）]、碎裂岩、糜棱岩[见图2-26（b）]和断层泥。

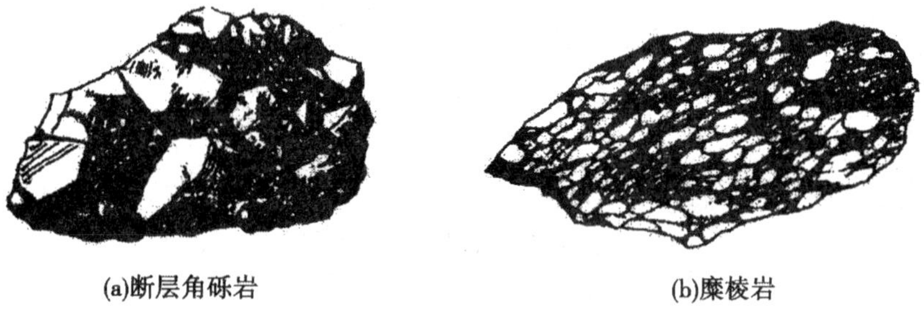

图2-26　砂岩断层中的角砾岩和糜棱岩

2. 岩层上的标志

（1）岩层的不连续。断层常把原来连续的地层、矿脉、岩脉、变质带及各种构造线错开，使它们发生不连续或中断现象（见图2-27）。

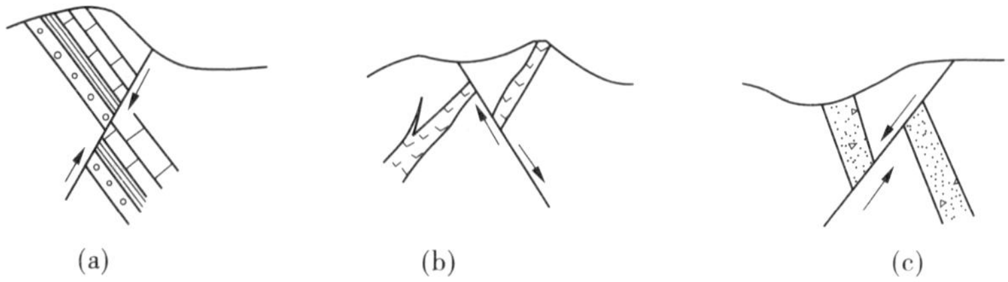

图2-27　断层造成的不连续标志

（2）岩层的重复或缺失。沿垂直于岩层走向的方向进行观察，岩层存在不对称的重复或缺失，则说明有平行于岩层走向的断层存在。利用岩层重复与缺失还可以判断断层两盘的相对运动方向（见图2-28）。

3. 断层两侧的伴生构造标志

在断层面的一侧或两侧，常形成一些伴生的褶皱、节理等构造，作为断层存在的证据，并可用以判断断层的力学性质和两盘的移动方向。

（1）牵引褶皱。牵引褶皱又名拖拉褶皱，指断层两盘相对错动时，两侧岩层受到拖拉而形成的弧形弯曲现象，通常表现为单个褶曲，且离断层稍远，岩层即恢复正常产状。根

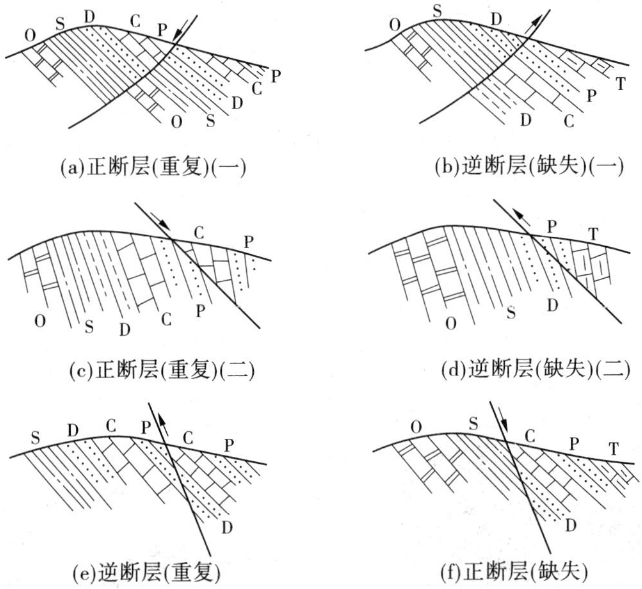

图 2-28　断层引起的岩层重复和缺失

据弯曲形状可判别断层的错动方向:弧形弯曲凸向指向本盘的错动方向(见图 2-29)。

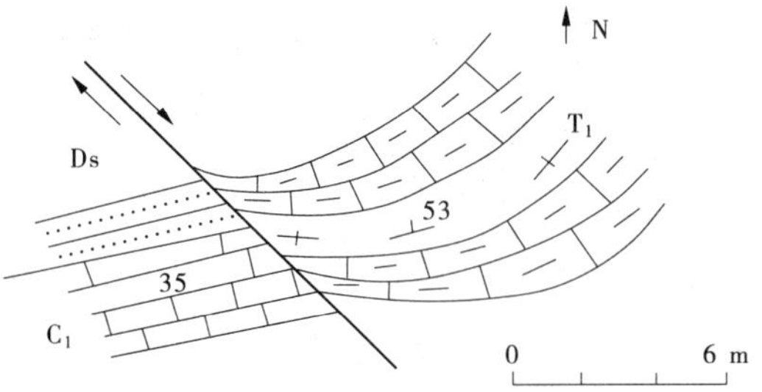

图 2-29　南京汤山平移断层带中的牵引构造(字母代表地层代号)

(2)伴生节理。断层两侧的岩层由断层剪切滑动而诱导的局部应力所产生的节理,称为伴生节理(见图 2-30)。这类节理主要有张节理和剪节理。伴生张节理具有一般张

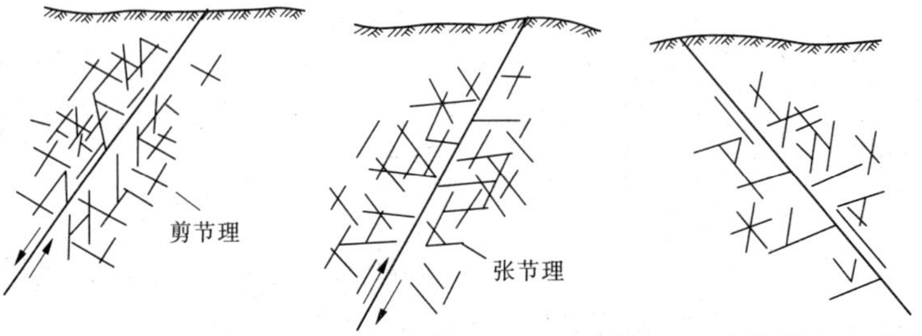

(a)正断层(剖面图)　(b)逆断层(剖面图)　(c)平移断层(平面图)

图 2-30　断层附近的伴生节理示意图

节理的特征，两壁张开，且越接近断层面，节理壁距越大；与断层斜交而成的锐角指向本盘的移动方向。伴生剪节理也具有剪节理的一般特征，两组共轭剪节理往往一组比较发育，两组节理中，其中一组以大角度与断层相交，另一组以小角度（小于24°）与断层相交。

4. 断层的间接（地貌、水文、植被等）标志

（1）断层崖和断层三角面。断层面（一般是上升盘）露出地表形成悬崖，称为断层崖（见图2-31）。有时沿着断层线，由于两侧岩石性质不同，在差异侵蚀作用下亦可形成陡坡或悬崖，称为断层线崖。多数断层崖形成后，受到流水的侵蚀切割，形成"V"形谷，谷与谷间形成一系列三角形面，称为断层三角面（见图2-32）。

图2-31　断层崖

图2-32　断层三角面

（2）山脉错开或中断。山脉的山脊或山峰一般顺着岩层的走向延伸，如果突然错开、中断或呈大角度拐弯，或截然与平原相接触，则可考虑有断层的可能性。

（3）断层谷、断陷湖和断层泉。顺断层线或地堑常形成断层谷，或形成一系列断陷湖盆。有时沿断层线出现一系列泉水。如内蒙古凉城县岱海，就是一个断陷湖。如果水系突然呈直角转折也可能与断层（或节理）有关。

（4）植被变化。断层线两侧因岩性不同、土壤性质不同，可以有规律地生长着各种植被；有时断层带为地下水富水带，生长着茂盛或喜湿的植被。

任务五　了解地质图

用规定的符号、线条和色彩等来反映一个地区地质条件和地质历史发展的图件，称为地质图，也就是地层、地质构造等地质现象在地面上出露的界线（地质界线）在地形图上的水平投影。地质图可以表示一个地区的岩性、地层顺序及时代、地质构造、矿产分布等内容，是指导地质工作的重要图件，同时地质图又是地质勘察工作的重要成果之一。它不仅能表明地质情况，而且能表示出地表以下一定深度的地质条件，所以是地质找矿建筑物的规划、设计和施工的重要基础资料之一。

一、地质图的基本内容

地质图的种类繁多，用来表示一个地区的地形、地层岩性、地质构造、地壳运动及地质

发展历史的地质图称为普通地质图,习惯上简称为地质图。还有许多用来表示某一项地质条件,或服务于某项国民经济的专门性地质图,如专门表示地下水条件的水文地质图,服务于各种工程建设的工程地质图等。一幅完整的符合标准的地质图应包括以下基本内容。

(一) 平面图

平面图是地质图的主体部分,包括以下几点内容:

(1)地理概况。包括图区所在的地理位置(经纬度、坐标线)、主要居民点位置(城镇、乡村所在地)、地形地貌的特征等。

(2)一般地质现象。包括各种不同地质年代的地层种类、岩性、产状、分布规律及地层界线、各种地质构造类型等。

(3)特殊的地质现象。包括崩塌、滑坡、泥石流、喀斯特、泉和重要的蚀变现象等。

(二) 地质剖面图

通过剖面图可了解地下一定深度地层分布和地质构造。在平面图上,选择一条至几条有代表性的图切剖面,以表示岩性、褶皱、断层的空间展布形态及产状、地貌特征等。剖面线的方向要求与主要构造线垂直,以便清楚地反映出构造形态。剖面图的比例尺最好与平面图一致。出于专门目的,垂直比例尺需要放大时,岩层和断层的倾角要进行换算,以免歪曲构造形态。剖面图一般 1~2 个,放在平面图的下方或左侧。

(三) 综合地层柱状图

综合地层柱状图可以反映地层最大厚度、岩性和接触关系,并按照下老上新的顺序排列。为工程目的而编制的综合地层柱状图要有岩层工程地质性质的说明。

(四) 图例

图例是用各种符号和颜色来表示的,主要说明地质图中所用线条符号和颜色的含义,按照沉积地层层序、地质构造和其他地质现象的顺序排列。凡是地质图中包括的内容,图例都要反映出来,否则不容易阅读。图例常放在地质图的右侧或下部,具体要求在相关规范中会有详细的规定。

(五) 图名

一般形式是地名加附加名称加地质图。地名是反映其地理位置的,附加名称是说明地质图性质的。例如青山水库库区综合地质图、宁陆河地区地质图等。

(六) 比例尺

比例尺是用来反映地质图精度的,常用的是数字比例尺和线条比例尺。地质图是以同比例尺的地形图为底图编制而成的。比例尺越大,内容越详细,地质现象表达得就越清楚。比例尺的大小由工程的类型、规模、设计阶段和地质条件的复杂程度确定。按工作的详细程度或工作阶段的不同,地质图可分为大比例尺(1:1 000~1:25 000)地质图、中比例尺(1:50 000~1:100 000)地质图和小比例尺(1:200 000~1:1 000 000)地质图。

(七) 责任栏

责任栏说明地质图的编制单位、编审人员、成图日期等。

(八) 说明书

说明书是地质勘测成果中的重要资料。它以简练的文字照图说话,把地质图的内容和特征以文字的形式表达出来。可以说明地质图中难以表达的内容。若是水文地质图,还要有对地下水水质和水量评价的说明;若是工程地质图,要有对各个建筑物的工程地质评价。运用地质平面图、地质剖面图、综合地质柱状图和说明书,互相补充,综合分析,就会对一个地区的地质条件有比较完整和深入的了解。

二、地质现象在地质图上的表示方法

地质现象是指地质年代、褶皱、断层和地层接触关系。由于其形态、类型、空间分布和形成时代及相互关系不同,在地质图上的表现就会具有不同的特征。

(一)不同岩层产状在地质图上的表现

由于岩层产状不同、地形起伏不同,岩层在地面或反映在地质图上的形状也不一样。不同产状岩层分界线的分布与等高线是有密切关系的,其特征分别叙述如下。

1. 水平岩层

岩层分界线与地形等高线平行或重合[见图 2-33(a)],呈封闭的曲线。水平岩层的厚度为该岩层顶面和底面的标高差。岩层的层面基本上是水平的,在水平岩层没有发生倒转的情况下,时代较新的岩层叠置在较老的岩层之上。如果岩层只遭受了轻微的剥蚀,则地面上只出露最上部的一套新岩层。时代越老的岩层,出露的高程越低;时代越新的岩层,出露的高程越高。在沟谷中,地质分界线呈“V”形,其转折端指向沟谷上游。在山丘上,地质分界线呈同心环状围绕着山顶;在斜坡上,岩层分界线呈条带状展布[见图 2-33(b)]。

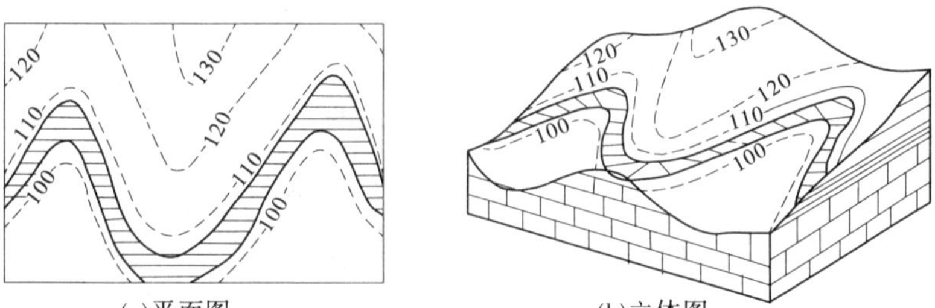

(a)平面图　(b)立体图

图 2-33　水平岩层在地质图上的表示

2. 倾斜岩层

原来呈水平状态的岩层,如果受到地壳运动的影响产生倾斜,则可形成倾斜岩层。在一定范围内,如果一系列岩层大致平行且向同一个方向倾斜,就是单斜岩层。在地质图上,倾斜岩层的地质分界线与地形等高线呈相交的曲线延伸。当倾斜岩层穿越沟谷或山脊时,地质界线均呈“V”形。根据岩层倾向、倾角和地面坡向、坡度间的不同组合,有以下3种情况。

(1)当岩层倾向与地面坡向相反时,地质分界线与地形等高线呈相同方向弯曲,且地质分界线的弯曲度总是比地形等高线的弯曲度要小,即在沟谷处,岩层分界线的“V”形尖端指向沟谷的上游;穿越山脊时,“V”形尖端指向山脊的下坡(见图 2-34)。

(2)当岩层倾向与地面坡向相同且岩层倾角大于地面坡角时,在地质图上,地质分界线与地形等高线呈相反方向弯曲,即在沟谷中,地质分界线的“V”形尖端指向沟谷的下

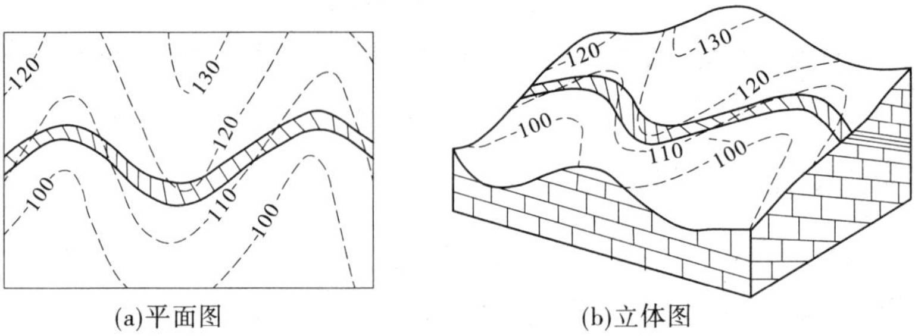

图 2-34　倾斜岩层在地质图上的表示(一)

游,而在山脊上,则指向山脊的上坡(见图 2-35)。

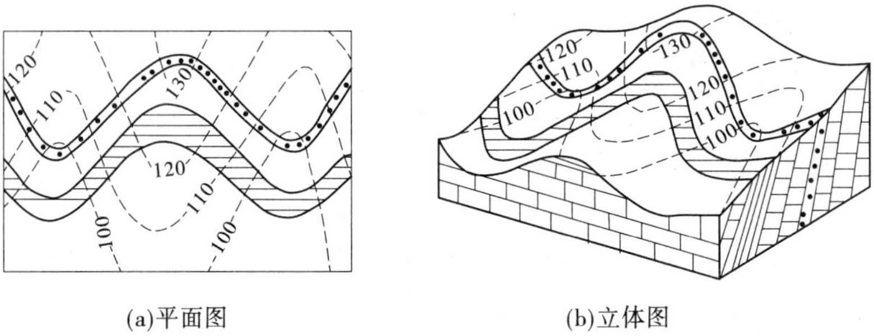

图 2-35　倾斜岩层在地质图上的表示(二)

(3)当岩层倾向与地面坡向相同且岩层倾角小于地面坡角时,在地质图上,地质分界线与地形等高线呈相同方向弯曲,但地质分界线的弯曲程度明显大于地形等高线的弯曲程度(见图 2-36)。

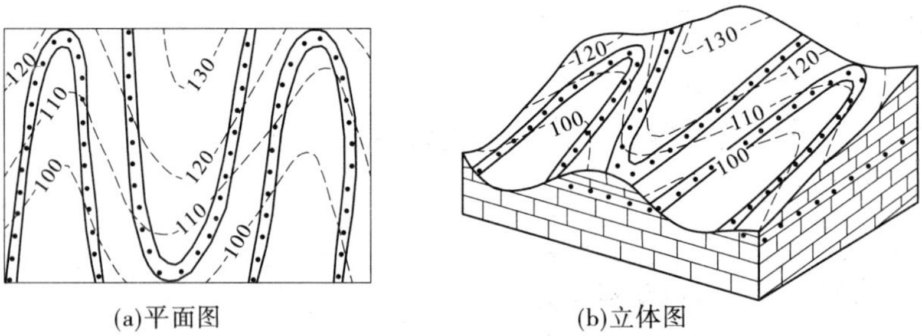

图 2-36　倾斜岩层在地质图上的表示(三)

3. 直立岩层

倾角为 90°或近于 90°的岩层称为直立岩层。直立岩层在地表的出露情况完全不受地形的影响,其地质分界线在地质图上是一条直线。只有当直立岩层的走向发生改变时,其地质分界线在平面图上才有相应的转折或弯曲。

(二)地质构造

1. 岩层产状

在地质图上所用的岩层产状符号见表 2-3。

表 2-3　岩层产状符号

岩层特征	所用符号	说明
水平岩层		长线表示走向,短线表示倾向
倾斜岩层	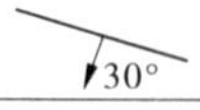	长线表示走向,短线表示倾向,数字表示倾角
直立岩层		箭头表示新岩层
倒转岩层		箭头表示倒转后的倾向

2. 褶皱

在地质平面图上主要是对地层分布、年代新老和岩层产状进行分析的,其方法和褶皱野外识别方法相同。也有些地质图上用一定的符号标在褶曲轴部,表明褶皱的类型、性质。具体符号有:“”表示背斜,“”表示向斜。

3. 断层

在地质平面图上是通过地层分布特征和规定符号来表示断层的。用地层分布特征来分析断层和野外识别断层方法相同。一般断层符号表示方法见表 2-4。在表 2-4 中,除平移断层外,符号中的长线表示断层出露位置和断层面走向,垂直长线带箭头的短线表示断层面的倾向,数字表示断层面的倾角。垂直于长线不带箭头的短线表示该盘为下降盘。平移断层是用平行于长线带箭头的短线来表示两盘的相对位移方向的。

表 2-4　断层符号表示方法

断层	正断层	逆断层	平移断层
符号	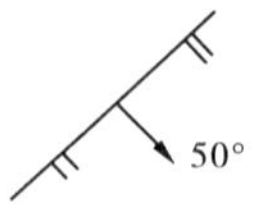	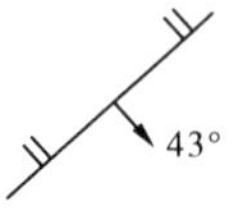	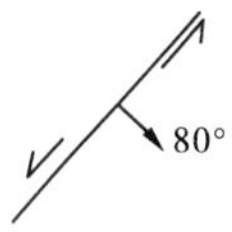

(三)岩层接触

1. 整合接触

如图 2-37 所示,在地质图上两套岩层界线大致平行,岩层年代是连续的,新老岩层关系用实线“——”表示。

2. 假整合接触

假整合接触又称平行不整合。在地质图上的特征表现为岩层分界线大致平行,两套岩层之间缺失某些地质年代的岩层。在剖面图上岩层分界线起伏不平,在接触面间常分布一层底砾岩,新老岩层关系用虚线“----”表示。

3. 角度不整合接触

在地质图上的特征是新岩层掩盖住老岩层的界线,新岩层底部为不整合面(线),不

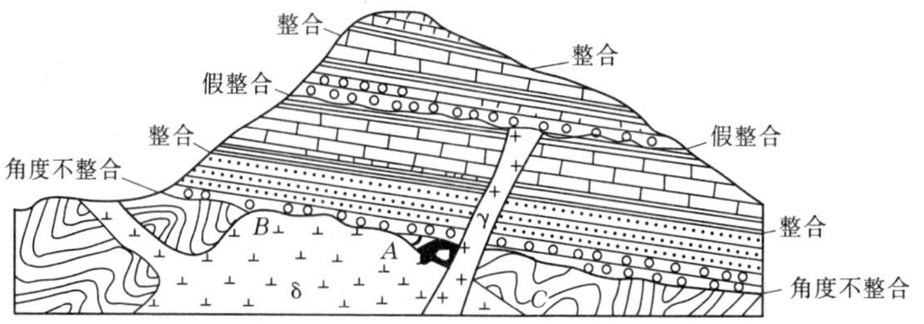

AB—沉积接触面;*AC*—侵入接触面;δ—侵入岩体;γ—岩脉。

图 2-37　岩层接触关系示意图

整合线两侧岩层产状不同,呈交角接触,并且中间显著缺失某些地质年代的地层,新老岩层关系用波浪线“~~~~”表示。

4. 沉积接触

先生成的岩浆岩遭受风化剥蚀,后在其上又沉积了新的沉积岩(见图 2-37 中的 *AB* 面)。在地质图上的特征表现为岩浆岩的边界线被沉积岩界线截断。

5. 侵入接触

先成的岩层被后期的岩浆侵入(见图 2-37 中的 γ),此时围岩因受岩浆影响而产生蚀变现象。在地质图上的特征表现为沉积岩被岩浆岩穿插而零乱分布,沉积岩界线被突然截断。

三、地质图的阅读分析

(一)地质图阅读的步骤和方法

(1)首先看图名和比例尺。图名表示图幅所在的地理位置,比例尺表示图的缩小程度和精度。此外,还应注意图的出版时间、制图人等。

(2)阅读图例。了解图中有哪些岩层及其新老关系等。图例一般在图框的右侧,地层用颜色或符号表示,按自下而上、由老到新的顺序排列。每一图例为一长方形,其中注明地层符号,右方写明地层年代及岩性。岩浆岩一般放在沉积岩图例之下。构造符号放在岩层符号之下,一般顺序是岩层产状、褶皱、断层等。河流、地下水、剖面线等依次在构造符号之后。

(3)分析地形。了解本区地形起伏及山川形势。

(4)综合分析地层分布、地质构造及地质发展历史。

①了解地层分布规律及新老地层之间的接触关系。

②分析有无褶皱,褶曲的类型、规模、轴部和翼部的位置等;分析有无断层,断层的性质、规模及分布情况,断层与褶皱的关系等。

③阅读图上岩浆岩分布情况,岩浆岩与褶皱、断裂的关系。

④综合分析地层与地质构造之间的关系,了解全区地质发展历史。

⑤在上述阅读分析的基础上,结合工程建设的要求,对图幅范围内的区域地层岩性条件和地质构造分布进行初步分析评价。

（二）宁陆河地区地质图的阅读分析

根据上述读图原则，现以宁陆河地区地质图为例分析读图，根据宁陆河地区地质图和地层柱状图（见图 2-38 和图 2-39），对该地区地质条件分析如下。

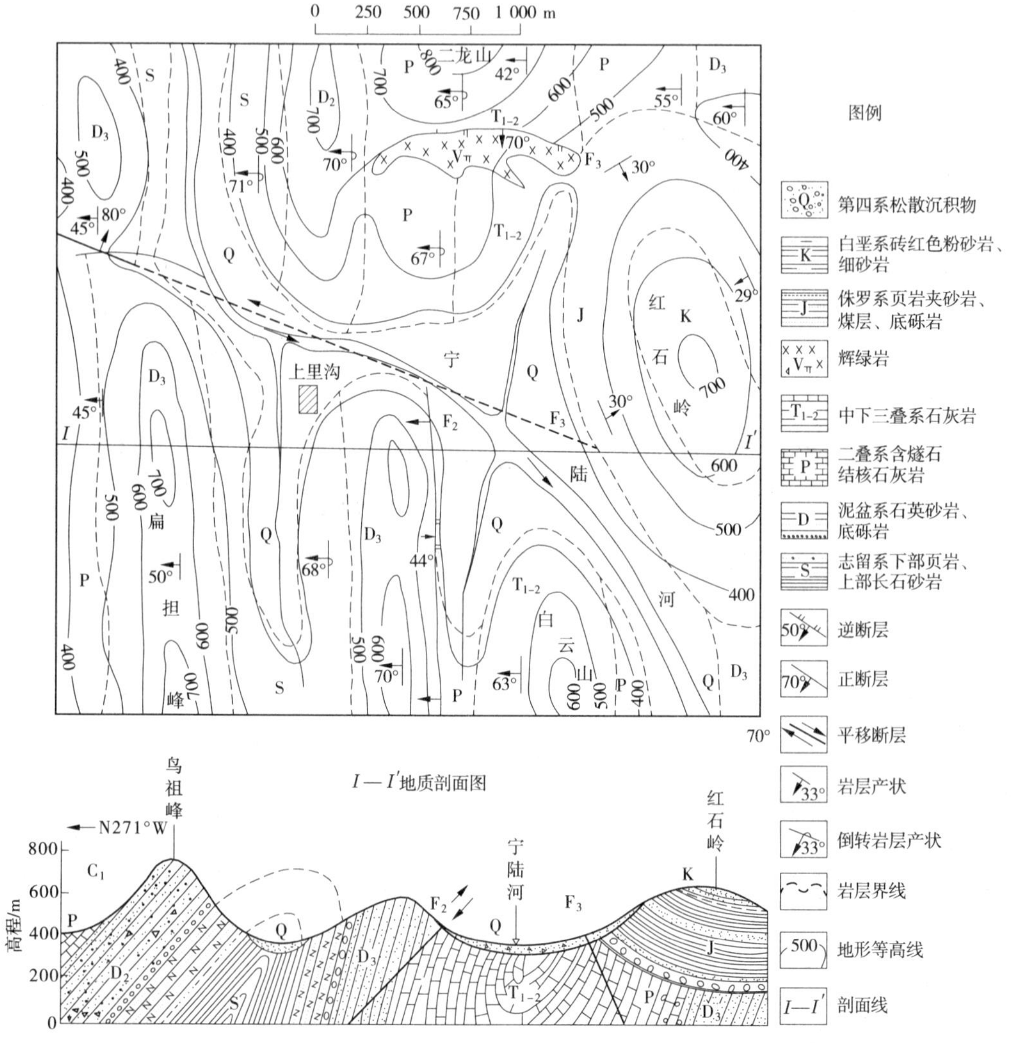

图 2-38　宁陆河地区地质图

1. 比例尺

该地质图比例尺为 1∶25 000，即图上 1 cm 相当于实际距离 250 m。

2. 地形地貌

本区东部为红石岭，西南为扁担峰，高程均在 700 m 以上；图幅北部为二龙山，南部为白云山，中部地势较低，宁陆河自西北流向东南，全区最高点的二龙山（高程超 800 m）与最低点的河谷（高程 300 多 m）最大相对高差约 500 m。区内地形明显受地层、构造、岩性的控制，山脉延伸与地层走向一致，大体为南北向延伸。石灰岩、石英砂岩及白垩纪细砂

地层单位				代号	层序	柱状图(1 : 25 000)	厚度/m	地质描述及化石	备注
界	系	统	阶						
新生界	第四系			Q	7	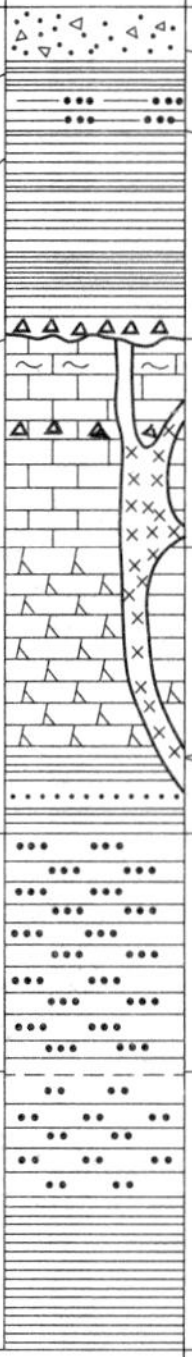	0~30	松散沉积层	
								角度不整合	
中生界	白垩系			K	6		111	砖红色粉砂岩、细砂岩，钙质和泥质胶结，较疏松	
								整合	
	侏罗系			J	5		370	浅黄色页岩夹砂岩，底部有一层砾岩，靠下部有一层厚达50 m的煤层	
								角度不整合	
	二叠系	中下统		T_{1-2}	4		400	浅灰色质纯石灰岩，夹有泥夹岩及鲕状灰岩	
								整合	
古生界	二叠系			P	3		520	黑色含燧石结核石灰岩，底部有页岩，砂岩夹层，有珊瑚化石	
								顺张性断裂辉绿岩呈岩墙侵入，围岩中石灰岩有大理岩化现象	
								平行不整合	
	泥盆系	上统		D_3	2		400	底砾岩厚2 m左右，上部为灰白色、致密坚硬石英岩，有古鳞木化石	
								平行不整合	
	志留系			S	1		450	下部为黄绿色及紫红色页岩，可见笔石类化石，上部为长石砂岩，有王冠虫化石	
审查		校核		制图		描图		日期	图号

图 2-39　宁陆河地区综合地层柱状图

岩常形成高山，宁陆河沿断层带发育。

3. 地层岩性

本区出露地层包括志留系(S)、泥盆系上统(D_3)、二叠系(P)、中下三叠系(T_{1-2})、侏罗系(J)、白垩系(K)及第四系(Q)。其中，泥盆系主要分布在西部扁担峰一带，侏罗系与白垩系分布在东部红石岭周围，第四系主要沿河谷发育。

区内泥盆系上统与志留系地层产状一致，但其间缺失泥盆系下中统沉积，且在泥盆系上统底部有砾岩存在，二者呈假整合接触。二叠系与泥盆系之间缺失石炭系地层，二者也为假整合接触。图上侏罗系与下伏 D_3、T_{1-2}、P 三个时代地层相接触，因此为不整合接触；第四系与下伏地层也为不整合接触；其余地层均为整合接触。

北部出露的辉绿岩体因受 F_1 断层控制，大体为东西向延伸，侵入于 P 与 T_{1-2} 石灰岩中，而伏于侏罗系之下，因此其侵入时代应在三叠纪以后、侏罗纪之前。

4. 地质构造

(1)褶皱构造。十里沟至扁担峰一带为一倒转背斜，大致为南北向延伸，轴部出露地层为志留系页岩及长石砂岩，两翼由上泥盆系及二叠系石英砂岩、石灰岩组成。两翼地层对称分布，均向西倾，西翼倾角约 45°；东翼倒转，倾角较陡，约 70°。

图幅东南部为白云山倒转向斜，轴向接近南北，轴部由中下三叠系石灰岩组成，两翼由二叠系、上泥盆系地层组成。西翼倒转，倾角稍陡；东翼倾角较缓。

上述倒转向斜之东为红石岭向斜，大体呈北西—南东向延伸，两翼相向倾斜，倾角约30°，为一直立向斜褶曲，由侏罗系、白垩系地层组成。

(2)断裂构造。本区较大断层有3条，其中F断层大致呈东西向延伸，断层面倾向为南，倾角约70°，沿断层有辉绿岩体侵入，断层南盘(上盘)相对下降，北盘(下盘)相对上升，因此为一正断层。

F_2断层大致呈南北向延伸，断层面倾向为西，倾角44°，由断层两盘出露地层时代可以看出，西盘属上升盘，东盘属下降盘，因此断层为一逆断层，该断层与倒转背斜轴向基本一致，由于断层影响，下盘地层明显变窄。

F_3断层大体呈北西—南东向延伸，断层倾角近于直角。又从断层两侧志留系与上泥盆系地层界线可以看出，东北盘地层界线明显向西错动，因此为一平移断层。

5.地质发展简史

本区地质发展历史的分析如下：从区内地层、岩性、地层接触关系及地质构造等地质特征分析，本区经受多次构造运动，其中以发生在T_{1-2}之后、J之前的一次构造运动规模最大(相当于印支运动)，使全区褶皱隆起，升出海面；由于受构造运动所产生的水平挤压力的影响，褶皱形态较为复杂，形成了一系列的倒转褶曲及断层，并沿断层有岩浆侵入活动。

从D_3与S之间、P与D_3之间存在的假整合接触关系来看，本区这个时期地壳运动主要表现为升降运动；T末期地壳又重复下降，沉积了J与K陆相沉积；K之后本区受构造运动的影响，J、K地层形成较为舒缓的褶皱。

四、地质剖面图的绘制

以图2-40为例，地质剖面图的绘制步骤如下。

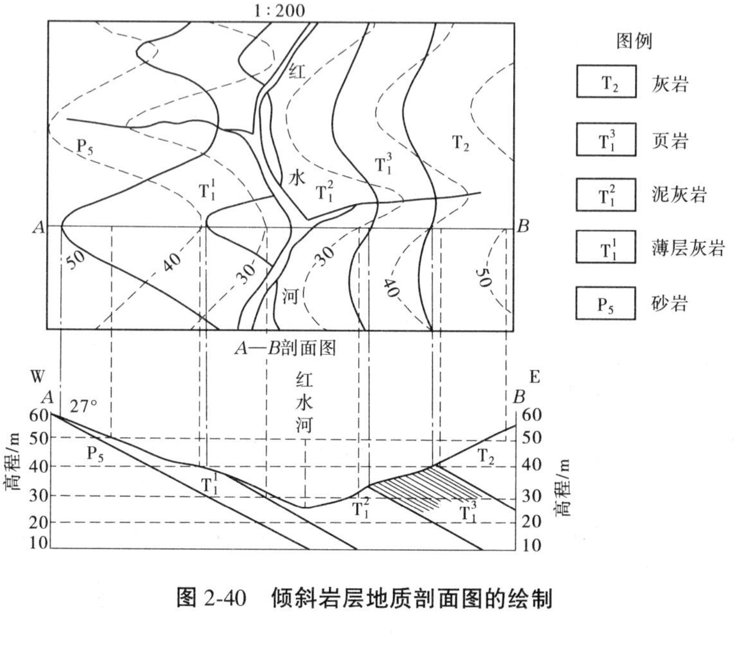

图2-40　倾斜岩层地质剖面图的绘制

(一)选择剖面图位置

根据地质平面图绘制剖面图时,先进行地形、地层、岩石、构造和其他地质特征分析。剖面线应尽量垂直于图区内地层走向和区域构造线方位,切过尽量多的地层、岩石和构造单元,并将所选择的剖面位置标绘在地质图上。

(二)绘制地形剖面线

沿所选择的剖面线选择能够控制和表示其地形变化特点的地形高程点,并按地质图比例尺大小把它们投影到以某一高程为基准线的剖面上,然后将各点依次连接成圆滑连接线即得到地形剖面线。

(三)投影地质界线点

将与剖面线相交的所有地质界线点都投影到相应的地形剖面线上,覆盖层下的地质界线按其沿走向延伸与剖面线之交点进行投影。

(四)标绘地质界面

根据地质图上各地质界线与剖面线交点附近的界面产状及其相互关系标绘出地形剖面图上相应的各地质界面。

(五)整饰

按下列地质剖面图整饰要求进行图面整饰:

(1)剖面图比例尺与地质图的比例尺应一致,两端标出地形等高线标高。

(2)注明剖面方位、主要地形地貌控制点。

(3)图例及剖面图中相应内容的修整。

(4)剖面图放置:左北右南、左东右西,左北西右南东、左南西右北东。

(5)剖面图图名一般放置在中间正上方或正下方。

任务六　认识地震与活断层

一、地震

码 2-4　微课:地震

(一)地震的概念及相关知识

地震主要是构造运动所引起的地壳震动的一种地质现象。强烈的地震严重地威胁着广大人民生命、财产安全和国家社会主义建设事业。因此,修建建筑物,特别是大型重要建筑物时,应当研究建筑区发生地震的可能性及影响程度,以便采取相应的防震抗震措施。

地壳内部发生震动的地方称为震源。在地面上与震源正相对应的地方称为震中。地震所引起的震动,自震源向各方传播,其强度随距离的增加而递减。一般情况下,震中区受影响最大,距震中越远影响越小。地面上受震影响相同点的连线称为等震线。强震时,震中区常成为受震害最严重的地震区(见图 2-41)。震源一般发生在地壳一定深度内,其下界深度为 700 km。震源深度在 70 km 以内的称为浅源地震,震源深度在 70~300 km 的称为中源地震,震源深度在 300~700 km 的称为深源地震。

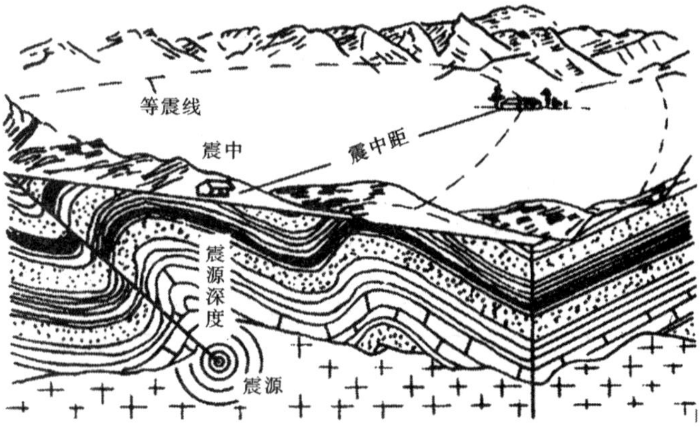

图 2-41　震源、震中和等震线

(二)地震按成因类型分类

地震按成因类型可分为构造地震、火山地震、陷落地震及水库地震等。

1. 构造地震

由于地壳构造运动,在岩层中逐渐积累了巨大的地应力。当地应力超过某处岩层强度时,就会突然发生破裂和断层错动,岩层中积累的能量便急剧地释放出来,从而引起周围物质震动,并以弹性波(地震波)的形式向四周传播,待地震波传至地面,地面就震动起来,这种地震称为构造地震。构造地震是地壳发生变形破裂的结果,占地震总数的90%。据统计,其中有72%发生于地表下33 km以上的地壳中,属浅源地震。深度大于300 km的地震仅占4%,震源越深对地面影响越小。浅源地震对地面破坏性最大,世界上所有灾害性地震都是浅源地震,我国发生的地震绝大多数也属于浅源地震。

2. 火山地震

在火山活动区,火山喷发引起附近地区发生震动,称为火山地震。

3. 陷落地震

由石灰岩地区地下溶洞及旧矿坑的塌陷,或大规模的山崩等引起的地震,称为陷落地震或塌陷地震。这种地震影响范围小,也较少见。

4. 水库地震

水库地震是指由水库蓄水引起的地震。它一般与水库区存在的活动性断裂构造有关,水库蓄水后诱发了断裂构造复活,从而产生了水库地震。

除水库地震外,在一定地质构造条件下,由人工向深的钻井中注水或抽水,以及地下核爆炸等都可能引起地震。

(三)地震震级和地震烈度

1. 地震震级

地震震级表示一次地震中释放出的能量大小,释放出的能量越多,震级越大。我国一般采用里氏震级。震级是根据仪器记录到的地震波的振幅来确定的,目前记录到的最大地震还没有超过8.9级的。1976年以来,我国发生致灾最为严重的两起地震分别为唐山地震(震级7.8级)和汶川地震(8.0级)。表2-5是地震震级能量对照表,一般7级以上地震称为大地震,5级和6级地震称为强震,3级和4级地震称为弱震或小震,3级以下地震称为微震。

表 2-5　地震震级能量对照

震级	能量/J	震级	能量/J
1	2.0×10^{6}	6	6.3×10^{13}
2	6.3×10^{7}	7	2.0×10^{15}
3	2.0×10^{9}	8	6.3×10^{16}
4	6.3×10^{10}	9	3.6×10^{17}
5	2.0×10^{12}	10	1.0×10^{18}

2. 地震烈度

地震烈度是指地震时地面受到的影响和破坏程度。地震烈度不仅与震级有关,还与震源深度、距震中距离以及地震波通过的介质条件(如岩性、地质构造、地下水埋深)等多种因素有关。一般情况下,震级越高、震源越浅、距震中越近,地震烈度就越高。根据我国1913年以来57次地震资料,地震震级(M)和震中烈度(I_0)有如下关系。

$$M = (0.57 \pm 0.03)I_0 + (1.46 \pm 0.28) \tag{2-1}$$

注意:震级和烈度是两个不同的概念,同一次地震,震级只有一个,而烈度则随地区的不同而不同。在工程建设中,划分建筑区的地震烈度是很重要的,因为一个工程建筑场地的选择、工程建筑的抗震措施等都与地震烈度有十分密切的关系。

地震烈度表通常是根据地震时地表的变化现象、建筑物的破坏程度、人的感觉、器物反应等划定的。除少数国家外,国际上普遍采用的是把地震烈度划分12度。表2-6是中国科学院地球物理研究所根据我国的实际情况编制的地震烈度鉴定标准表。

表 2-6　中国地震烈度鉴定标准

地震烈度	名称	地震加速度 a/(cm/s^2)	地震系数 K_C	地震情况	地震震级
Ⅰ	无感震	<0.25	$<\frac{1}{4\,000}$	人不能感觉,只有仪器可以记录到	0~2
Ⅱ	微震	0.26~0.5	$\frac{1}{4\,000}\sim\frac{1}{2\,000}$	室内少数静止中的人有感觉	2~3
Ⅲ	轻震	0.6~1.0	$\frac{1}{2\,000}\sim\frac{1}{1\,000}$	少数人感觉地动(像有轻车从旁边过),但不能即刻断定是地震。振动来自方向或持续时间有时可大约判定	3~3.5
Ⅳ	弱震	1.1~2.5	$\frac{1}{1\,000}\sim\frac{1}{400}$	少数在室外的人和绝大多数在室内的人都有感觉,家具等有些摇动,盘、碗和窗户玻璃振动有声。屋梁和天花板等咯咯作响,缸里的水或敞口器皿中的液体有些荡漾,个别情形惊醒睡觉的人	3.5~4

续表 2-6

地震烈度	名称	加速度 a/(cm/s^2)	地震系数 K_C	地震情况	地震震级
Ⅴ	次强震	2.6~5.0	$\frac{1}{400}$~$\frac{1}{200}$	差不多人人都能感觉到，树木摇晃，如有风吹动。房屋及室内物件全部震动，并咯咯作响。悬吊物如帘子、灯笼、电灯等来回摆动，挂钟停摆或乱打，器皿中盛满的水溅出，窗户玻璃出现裂纹	4~4.5
Ⅵ	强震	5.1~10.0	$\frac{1}{200}$~$\frac{1}{100}$	人人都能感觉到，大部分惊骇跑到户外，缸里的水剧烈荡漾，墙上挂图、架上书籍掉落，碗碟器皿打碎，家具移动位置或翻倒，墙上灰泥发生裂缝，坚硬的房屋亦不免有些地方掉落一些泥灰，质量差的房屋受到相当的损伤	4.5~5
Ⅶ	损坏震	10.1~25.0	$\frac{1}{100}$~$\frac{1}{40}$	室内陈设物品及家具损伤甚大。庙里的风铃叮当作响，池塘里腾起波浪并翻起浊泥，河岸沙碛处有崩滑，井泉水位有改变，房屋有裂缝，灰泥及塑雕装饰大量脱落，烟囱破裂，骨架建筑物的隔墙亦有损伤，质量差的房屋严重损伤	5~5.75
Ⅷ	破坏震	25.1~50.0	$\frac{1}{40}$~$\frac{1}{20}$	树木摇摆，有时折断。重的家具物件移动很远或抛翻，纪念碑从座下扭转或倒下，建筑较坚固的房屋如庙宇也被损害，墙壁裂缝或部分裂坏，骨架建筑物隔墙倾脱。塔或工厂烟囱倒塌，建筑特别好的烟囱顶部亦遭到破坏。陡坡或潮湿的地方发生小裂缝，有些地方涌出泥水	5.75~6.5
Ⅸ	毁坏震	50.1~100.0	$\frac{1}{20}$~$\frac{1}{10}$	坚固建筑物如庙宇损坏颇重，一般砖砌房屋严重破坏，有相当数量的房屋倒塌，而且不能再居住。骨架建筑物根基移动，骨架歪斜，地上裂缝颇多	6.5~7

续表 2-6

地震烈度	名称	加速度 a/(cm/s^2)	地震系数 K_C	地震情况	地震震级
X	大毁坏震	100.1～250.0	$\frac{1}{10}$～$\frac{1}{4}$	大的庙宇、大的砖墙及骨架建筑连基础遭受破坏,坚固的砖墙发生危险的裂缝,河堤、坝、桥梁、城墙严重损伤,个别的被破坏,钢轨亦挠曲,地下输送管道破坏,马路及柏油街道起了裂缝与皱纹,松散软湿之地开裂有相当宽而深的长沟,且有局部崩滑。崖顶岩石有部分剥落,水边惊涛拍岸	7～7.75
XI	灾震	250.1～500.0	$\frac{1}{4}$～$\frac{1}{2}$	砖砌建筑全部坍塌,大的庙宇与骨架建筑亦只部分保存。坚固的大桥破坏、桥柱崩裂、钢梁弯曲(弹性大的大桥损坏较轻)。城墙开裂破坏,路基、堤坝断开,错离很远,钢轨弯曲且突起,地下输送管道完全破坏,不能使用,地面开裂甚大,沟道纵横错乱,到处土滑山崩,地下水夹泥沙从地下涌出	7.75～8.5
XII	大灾震	500.1～1 000.0	$>\frac{1}{2}$	人工建筑物无不毁坏,物体抛掷空中,山川风景变异,河流堵塞,造成瀑布,湖底升高,地崩山摧,水道改变等	8.5～8.9

注:$K_C=a/g$,a 为地震加速度,g 为重力加速度。

地震烈度表通常是根据地震发生后地面的宏观现象和定量指标两方面的标准划定的。目前,通用的地震烈度表还是以宏观现象描述为主,如根据人的感觉、器物反应、建筑物的破坏和地表现象等划定的。

3. 工程烈度标准

烈度的工程意义是作为抗震设防的标准,因此常分为基本烈度和设防烈度。

基本烈度是指一个地区在今后 50 年内,在一般场地条件下超越概率 10% 的地震烈度。它是在研究了区域内及毗邻地区地震活动规律后,对地震危险性做出的综合性平均估计和对未来地震破坏程度的预报。

设防烈度又称设计或计算烈度,它是指在基本烈度的基础上,考虑建筑物的重要性,将基本烈度加以适当调整,调整后设计采用的烈度叫设防烈度。大多数建筑物不需调整,基本烈度即为设防烈度。特别重要的建筑物须提高 1 度时,应按规定报请有关部门批准;对于次要建筑物,设防烈度可降低 1 度,但基本烈度为Ⅵ时,不降低。

(四)我国地震的分布

地震,特别是强地震的分布是不均匀的,往往集中于一定的地区和地带,这就是通常所说的地震区和地震带。世界上的地震主要集中在环太平洋地震带和喜马拉雅—地中海地震带。我国东部有环太平洋地震带的西太平洋地震带通过台湾地区,并影响到福建、广东两省的沿海地区；我国西部和西南边界是喜马拉雅—地中海地震带经过的地方，这使我国西部地区地震活动性明显增强，也就使我国成为一个多地震的国家。

二、活断层

（一）活断层的概念与研究意义

活断层是指在全新地质时期（1 万年）内有过地震活动或近期正在活动，在将来（今后 100 年）可能继续活动的断裂。《岩土工程勘察规范（2009 年版）》（GB 50021—2001）规定：在全新世（1 万年）内有过地震活动或近期正在活动的断层定为全新活动断裂；其中近 500 年发生过地震震级大于或等于 5 级的断裂，或在今后 100 年内可能发生大于或等于 5 级的断裂，为发震断裂。

活断层是深大断裂复活运动的产物，国内外大量的研究结果表明，活断层往往是地质历史时期产生的深大断裂，在晚近期及现代地壳构造应力条件下重新活动而产生的。活断层可以使建筑物发生错动位移或发生地震，对工程建筑造成很大的甚至是无法抗拒的危害。因此，查明工程建筑地区有无活断层对工程建设的意义重大。

（二）活断层分类

1. 按两盘相对错动方向分类

活断层按两盘相对错动方向可以分为平移断层、正断层、逆断层。平移断层通常称为走向滑动型断层，正断层、逆断层称为倾向滑动型断层。其中，走向滑动型断层最为常见，断层面多陡立，平直延伸，有的规模很大。这类断层往往能聚集较高的能量，常为发震断裂。倾向滑动型断层的逆断层也较常见，多为水平挤压形成，断层倾角较缓，错动时上盘上升，所以上盘地表变形较强烈，岩体破碎对建筑物危害较大，如 2008 年 5 月 12 日四川汶川地震即为此类型，破坏强烈的地区皆位于断层上盘。倾向滑动型断层的正断层多是由上盘向下移动造成的，同样也是上盘岩体破碎。

2. 按活动性质分类

活断层按活动性质可分为蠕变型和突发型两类。

1）蠕变型活断层

蠕变型活断层是只有长期缓慢的相对位移，不发生地震或只有少量微弱地震的活断层，又称为动而不震型活断层。

2）突发型活断层

突发型活断层的断层错动位移是突然发生的，并发生强烈地震。第一，地震就是该断层错动所引起的，这种断层平时变形不大，可积蓄较大能量；第二，地震引起老断层错动，又称为断层复活，或产生新的断层。例如：1976 年唐山地震时，产生一条长 8 km 的地表错断，以 NE30°的方向穿过市区，最大水平断距达 1.63 km，垂直断距 0.7 m，错开了楼房、道路等一切建筑（见图 2-42）。

一般来说，活断层具有明显继承性特征，绝大多数活断层都是沿已经形成的老断层发生新的错位移动。活断层的长度可由几千米到几百千米，最大位移一般不超过 10 m。突发型活断层在突然错动时速度很快，可达 0.5~1 m/s，并在很短的时间内完成。蠕变型活断层的错动速率大多为年平均零点几毫米到几十毫米，如新疆孜尔水库坝址区活断层水

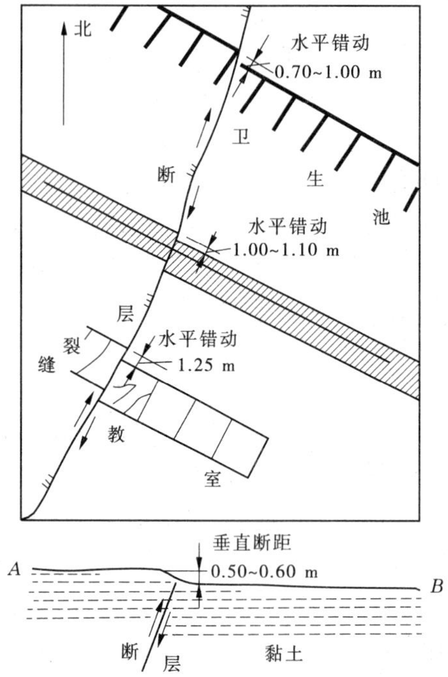

图 2-42　唐山地震地面断层错动(虢顺民等,1977)

平位移速率为 12~13 mm/a。

(三)活断层的判别标志

1. 直接标志

存在下列现象之一的断层,即可判断为活断层:

(1)错断晚更新世以来的地层,如郯城窑上村北,白垩系(K)逆掩于 Q_{3-4} 之上(见图 2-43)。该断裂为郯庐断裂的一部分。

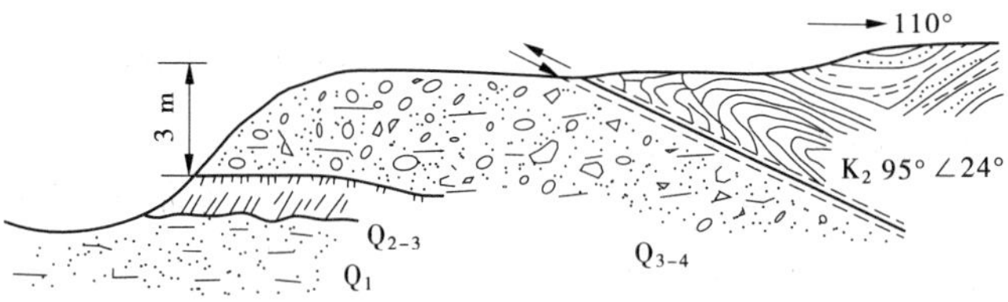

K_2—上白垩统砂岩;Q_1—下更新统泥质砂岩;Q_{2-3}—中上更新统亚砂土;Q_{3-4}—上更新统及全新统洪、坡积物。

图 2-43　山东郯城窑上村北活断层剖面

(2)断裂带中的构造岩或被错动的脉体,经同位素年龄测定,小于 12 万年者。

(3)沿断层存在大于 0.1 mm/a 的相对位移和变形。沿断层有历史和现代中、强地震震中分布。

(4)在构造上证实与已知活断层有共生或同生关系的断层。

2. 间接标志

具有下列现象之一者，可能为活断层，但需结合其他现象综合分析后才能确定：

(1) 沿断层晚更新世以来形成的河流阶地发生错位，在跨越断层处，水系具有明显与断层同步转折的特征，或断层两侧晚更新世以来的沉积层厚度存在明显差别。

(2) 沿断层地貌突然发生大范围变化，并且分布有新鲜的断层崖和断层三角面。

(3) 沿断层有串珠状分布的泉水、沼泽、地热等异常带。

(4) 古建筑、古陵墓等被断层错断。

(5) 沿断层带有重力或磁力异常。

(四) 活断层对工程建筑的影响及对策

我国活断层分布广泛，尤其在西南、西北、华北、东南沿海及台湾等地区。活断层对工程危害的例子在我国虽然不多，但因无法阻止其继续活动，一旦发生，后果严重，进行补救处理很难。

蠕变型活断层相对位移或速率不大时，对工程影响不大，当变形速率较大时，可导致建筑物地基不均匀沉降，致使建筑物拉裂破坏，尤其对于坝基危害较大，较小的开裂可造成高压渗透水流的潜蚀和冲刷，造成溃坝事故发生。如美国洛杉矶附近鲍尔德温山水库，库址距一条大断层仅 300 m，有几条小断层从坝下穿过。施工时沿断层做了沥青和黏土等封闭防渗和排水措施，但断层错动使封闭防渗层错裂 30 mm，如图 2-44 所示，水沿断裂渗流，使地基中的粉砂受到潜蚀，产生土洞，在 1963 年发生溃坝事故。

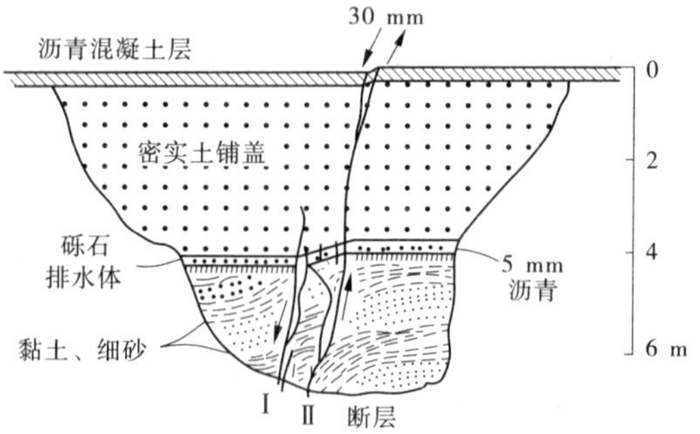

图 2-44 美国鲍尔德温山水库断层错断防渗层剖面图

突发型活断层伴随地震产生的错动距离一般较大，多为几厘米到几十厘米，这种危害是人类无法抗拒的。如美国 1906 年旧金山大地震，活断层使上晶泉坝错开 2.5 m，老圣安德烈斯坝错开 2 m；又如日本 2016 年 4 月内陆正下方的活断层的横向错位移动致九州岛熊本县熊本市发生 7.3 级地震，如图 2-45 所示地面开裂；又如我国宁夏石嘴山市红果子沟活断层使长城错断。

在工程建筑地区有突发型活断层时，任何建筑物都应该避免跨越活断层以及与其他构造活动的分支断裂，特别要避开 3.5 万年以来有过活动的断裂，将建筑工程选择于无活断层穿过的地区。

大中型水库工程应选择在地壳稳定的地区，活动性断裂将地壳分割成不同的断块，断块周边被断层所切割，断块内部无活动性断裂，往往形成相对稳定的区域，即所谓的“安

图 2-45　日本九州岛地震引起地面开裂

全岛”。中国二滩水电站就是这样一个实例(见图 2-46),三峡工程也同样处于这样一种稳定断块体上。

【思政案例】　我国构造地质学的发展

百年以来,我国构造地质学的发展紧跟时代脚步,虽然学科开端要晚于西方国家近一个世纪之久,但中华民族艰苦奋斗的意识与决心驱动着构造地质科学的大步向前。构造地质学专业委员会是我国构造地质科学走进新阶段的象征,秉着“服务国家战略需求、搭建学术交流平台、促进学科前沿发展、注重科学普及”的目的与思想,组织召开了许多科研会议,搭建了完善的学术平台,推动了我国构造地质学学科的高速发展。我国幅员辽阔,国土面积广泛,地质作用极为多样和复杂,尤其是在我国西部地区,强烈的构造活动造就了这些地区高山峡谷地形地貌,给生活交通带来了极大不便,同时也为构造地质学的研究与发展提供了天然的大型科研场地,是来自大自然的馈赠。以青藏高原动力学演化研究为引领,针对地球不同圈层相互作用、互馈机制与动力学,开展板块构造起源与早期地球演化、大陆的生长与再造过程、洋—陆系统演化与深部地球动力学、大陆构造变形与宜居地球系统、活动构造,对资源—环境—灾害的影响等领域开展了研究工作,取得了丰硕的成果。在科学的发展历程中,构造地质学的发展与研究成果为祖国的繁荣昌盛做出了众多贡献,但还远远没有达到要求,时代在进步,发展要求也在不断更新,只有不断改革与发展,才能顺应时代,不与国际脱轨。

【工程案例】　汶川地震及其伴随下的工程破坏

2008 年 5 月 12 日 14 时 28 分 4 秒,汶川发生地震,震中位于四川省阿坝藏族羌族自治州汶川县映秀镇与漩口镇交界处。根据中国地震局的数据,此次地震的面波震级达 8.0 Ms、矩震级达 8.3 Mw(根据美国地质调查局的数据,矩震级为 7.9 Mw),地震最大烈度达到 X 度。地震波及大半个中国及亚洲多个国家和地区,北至辽宁,东至上海,南至香港、澳门以及泰国、越南,西至巴基斯坦均有震感。“5 · 12”汶川地震是一次浅源地震,震源深度为 10~20 km,破坏性巨大,严重破坏地区超过 10 万 km^2,其中极重灾区共 10 个县(市),较重灾区共 41 个县(市),一般灾区共 186 个县(市)。截至 2008 年 9 月 18 日 12 时,汶川地震共造成 69 227 人死亡、374 643 人受伤、17 923 人失踪,是中华人民共和国成立以来破坏力最大的地震,也是唐山大地震后伤亡最严重的一次地震。

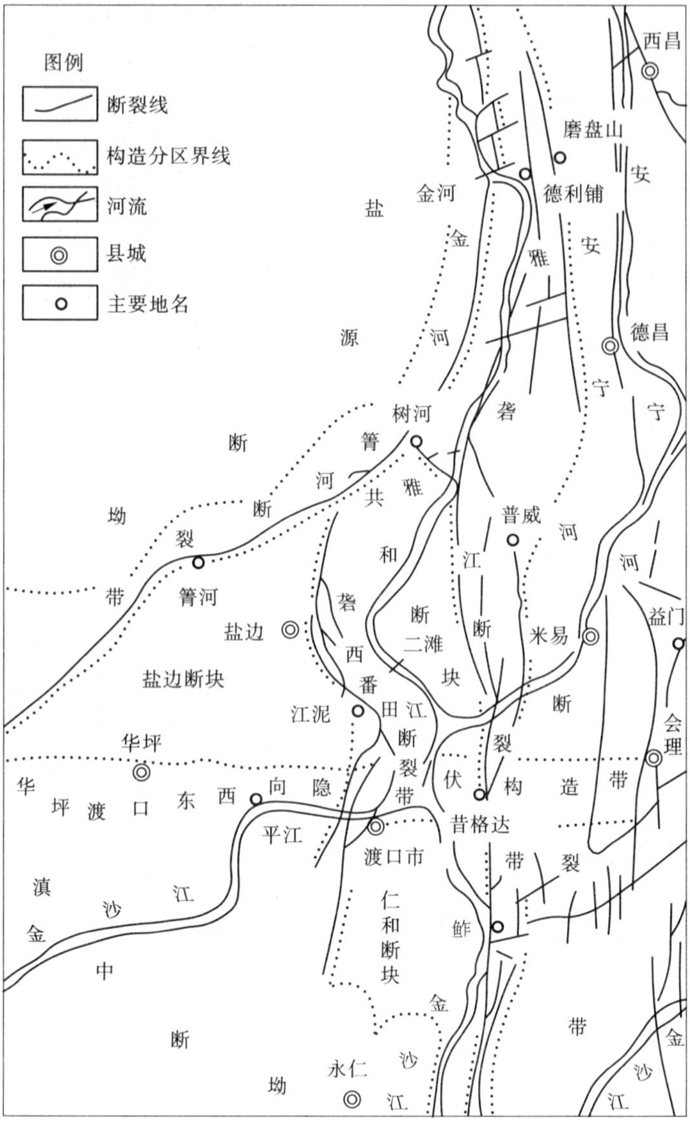

图 2-46　二滩水电站周围构造地质图

（中国水电顾问集团成都勘测设计研究院）

位于汶川县映秀镇的映秀顺河桥（又名高树大桥），地震时映秀至北川主断裂地表破裂带从该桥第 9~10 跨附近穿过，造成东侧边跨首先产生落梁，继而其余各孔发生连锁性倒塌，最后导致全桥损毁（见图 2-47）。小渔洞大桥位于小渔洞断裂上盘，汶川地震时带有逆冲垂直分量、左旋走滑性质的小渔洞地表破裂带穿过其桥头引道。过大的地表破裂位移导致小渔洞大桥彭州侧两跨完全塌裂，两侧桥台引道严重变形，丧失通行能力（见图 2-48）。

图 2-47 高树大桥破坏情况

图 2-48 小渔洞大桥破坏情况

复习题

1. 岩层产状包括哪些要素? 野外如何测定岩层的产状?
2. 褶曲由哪几个主要部分组成? 基本形式有哪些?
3. 如何依据地质平面图识别褶曲的类型?
4. 简述背斜成谷、向斜成山的原因。
5. 褶皱区如何布设工程建筑?
6. 张节理与剪节理如何识别?
7. 在野外怎样识别断层?
8. 断裂构造对工程建筑会产生哪些不利影响?
9. 一幅完整的地质图应包括哪几种图? 各自反映的主要内容是什么?
10. 水平岩层、倾斜岩层在地质图上的特征分别是什么?

11. 如何阅读、分析一幅地质图？
12. 何谓地震烈度、基本烈度和设防烈度？烈度与震级有何关系？
13. 如何判断断层“死”与“活”？
14. 活断层对工程有何影响？工程上对活断层应采取哪些防治措施？

技能训练　工程地质实训

一、综合性地质图的阅读和分析

(一)目的与要求

通过对图 2-49、图 2-50 的分析，要求学生初步掌握以下内容：

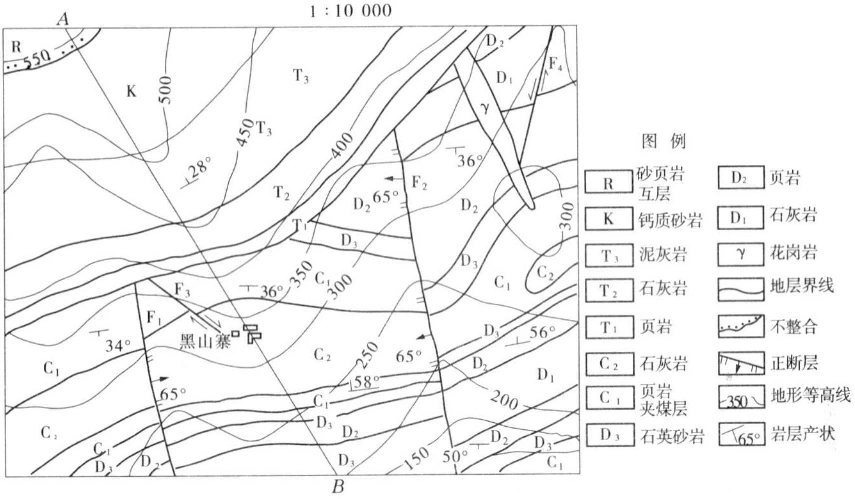

图 2-49　黑山寨地区地质图

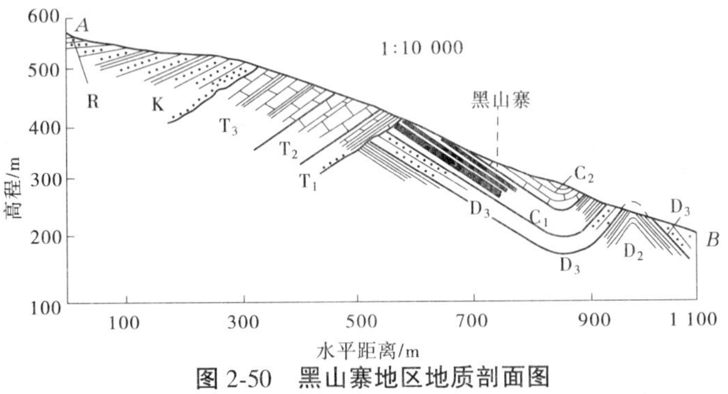

图 2-50　黑山寨地区地质剖面图

(1)具有褶皱、断裂、不整合构造和岩浆活动地区地质图的分析方法。

(2)在具有上述地质构造的地质图上，绘制地质剖面图的方法。

(3)根据地质条件，分析区域地质发展史的方法。

(二)实习准备工作

(1)复习本书中“三、地质图的阅读分析”部分的内容。

(2)按标准色谱将黑山寨地区地质图着色。一个“系”用一种基色,当“系”内有“统”时,再分深浅色调。

(三)实习内容

结合图 2-49、图 2-50 按以下几个方面逐步深入地进行分析。

1. 了解图名和比例尺

图件名称和比例尺反映了地质图所表示的基本内容,图幅的地点、范围及其精度。图 2-49 中的比例尺是 1∶10 000,即图上的 1 cm 相当于实地距离 100 m,图幅总面积为 1.2 km^2,反映的是我国南部黑山寨地区的地质概况。

2. 阅读图例,了解图区出露岩层的特征

该地区沉积岩层从老到新有:泥盆下统(D_1)石灰岩、泥盆中统(D_2)页岩、泥盆上统(D_3)石英砂岩、石炭下统(C_1)页岩夹煤层、石炭中统(C_2)石灰岩、三叠下统(T_1)页岩、三叠中统(T_2)石灰岩、三叠上统(T_3)泥灰岩、白垩系(K)钙质砂岩。

除沉积岩外,还有花岗岩(γ)分布。

上述岩层分布说明,图区在地质发展过程中,在中石炭世以后、早三叠世以前,以及晚三叠世以后、白垩纪以前,曾两次上升为陆地,经受了风化剥蚀,因此缺失了相应的沉积岩层,使石炭中统(C_2)石灰岩与三叠下统(T_1)页岩、三叠上统(T_3)泥灰岩与白垩系(K)钙质砂岩间呈不整合接触(这一结论在地质剖面图上可以得到进一步论证)。此外,尚存在岩浆侵入活动。

在附有地层柱状图的地质图中,如图 2-51 所示,柱状图能清楚地显示出图区地层的正常层序、原始厚度、岩性特征,以及相互间的接触关系等内容。

3. 地形分析

从地形等高线的标示可知,图区地势西北部高,最高部位在 550 m 以上,向东南方向逐渐降至高程 100 m 以下,相对高差 450 m 左右,东部有一个高程为 300 m 的小山岗。图区有两条较大沟谷,呈近南北向展布。

4. 主要地质构造形态分析

1)地层分布规律及接触关系

地质年代较新的中生代地层均分布在图区的西北部,而地质年代较老的地层分布在图区的东、南、西南部。值得注意的是,三叠下统(T_1)页岩的底部界线除与 F_1、F_2 两条断层及花岗岩体界线相截外,还与古生代地层(D_1、D_2、D_3、C_1)界线相截,这证明了 T_1 岩层和 C_2 岩层间呈角度不整合接触。另外,在中生代地层中,白垩系(K)钙质砂岩与三叠上统(T_3)泥灰岩之间,缺失了侏罗系(J),但是两者产状一致,说明 K 岩层与 T_3 岩层呈平行不整合接触。出露于图区东北部的火成岩体(γ),侵入于 D_1、D_2、D_3 和 C_1 岩层中,呈侵入接触,T_1 岩层与火成岩体里沉积接触,说明该火成岩体(γ)——花岗岩形成于早石炭世之后、早三叠世之前,它规模不大,基本上呈直线状分布,其产状应为岩墙。

2)褶皱

一个完整的褶曲的两翼岩层,是以某一岩层为中心,向垂直走向的两侧呈对称的条带

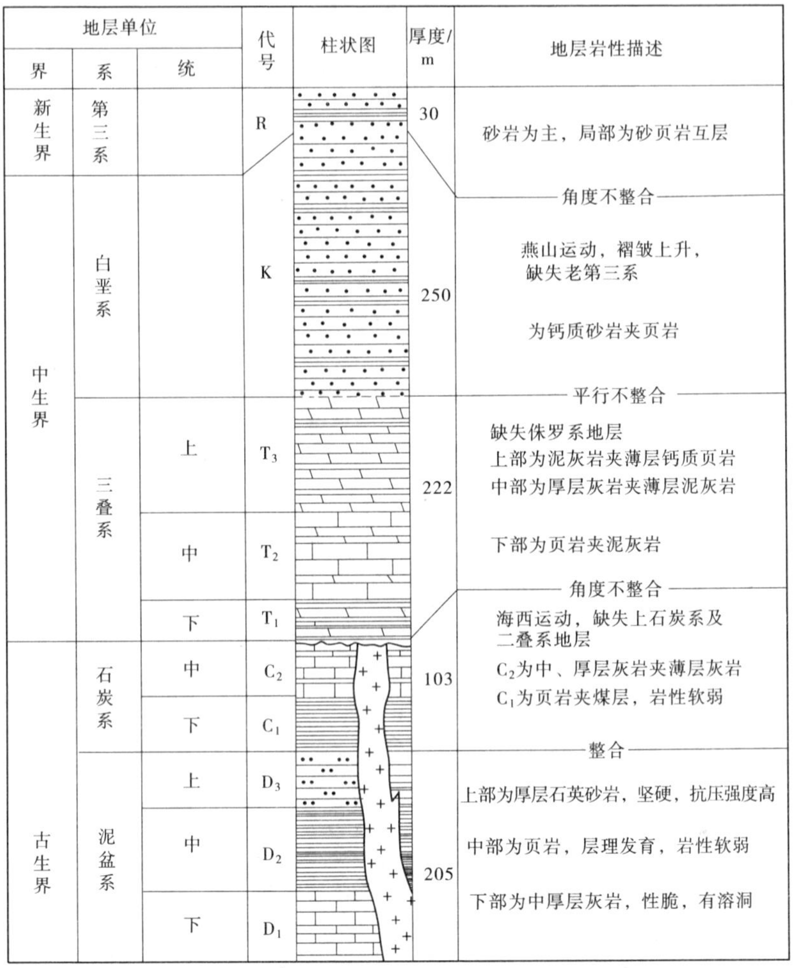

图 2-51　黑山寨地区综合地层柱状图

分布的。图区的地层呈条带状分布，且地质界线与地形等高线相交，可知图区有褶皱存在。

中生代地层的产状是 NE63°，NW，∠34°（表示岩层的走向为北东 63°，倾向西北，倾角 34°，下同），呈单斜构造（见图 2-50）。

古生代地层中，较大面积出露的 C_2 地层，从东到西，贯穿整个图区下部，而其两侧又对称出露 C_1、D_3、D_2 地层，构成了图区范围内的规模最大的向斜构造。由图 2-49 可看出 C_2 地层的北翼和南翼均倾向黑山寨村，即该村大致位于向斜的核部。北翼倾角较缓（32°～34°），南翼倾角较陡（56°～58°），进一步说明它是一个轴面略向南倾斜的向斜构造。向斜轴在平面上略有变化，在黑山寨村附近，呈近东西向延伸，过 F_2 断层后，折转成北东 60°左右。按同样方法分析，尚可发现在该向斜的南面和北面各有一个背斜构造，南面的背斜核部地层为 D_2，两侧对称分布着 D_3（由于断层效应，在 F_2 右边，该背斜核部地层是 D_1 两侧对称出露 D_2、D_3 和 C_1），北面的背斜构造核部地层为 D_1，两侧对称出露 D_2，它们的轴向与向斜轴向基本一致。

3）断层

无论是正断层、逆断层还是平移断层，多数都可以造成岩层界线在走向上的不连续，由图 2-49 可以看出，F_1 和 F_2 是两条规模较大的断层，其走向均是 NW340°，倾角甚陡（通过仔细作图分析可知，F_1 断层的产状是 NW340°，NE，∠65°；F_2 断层的产状是 NW340°，SW，∠65°）。二者都横切向斜轴和背斜轴。从断层两侧向斜核部 C_2 地层出露宽度分析，说明 F_1 至 F_2 间岩体相对两侧下移（为下降盘），所以 F_1、F_2 断层在图区内组成了地堑式断裂。另外，还有 F_3 和 F_4 两条断层，前者走向为 NW300°，后者走向为 NE15°，均为平移断层，且规模较小。由于褶皱和断层仅发育在古生代地层 D_1—C_2 中，并未影响 T_1，所以它们均形成于中石炭世之后、早三叠世之前。结合空间分布来分析，可知是处于同一构造应力场，是一次构造运动形成的，挤压应力来自南（略偏东）北（略偏西）方向，因此褶曲轴呈近东（偏北）西（偏南）方向。F_1 和 F_2 是受到引张应力作用产生的，所以其延伸方向与压应力方向基本平行，而 F_3 和 F_4 则为剪应力所形成。构造线间的组合关系如图 2-52 所示。

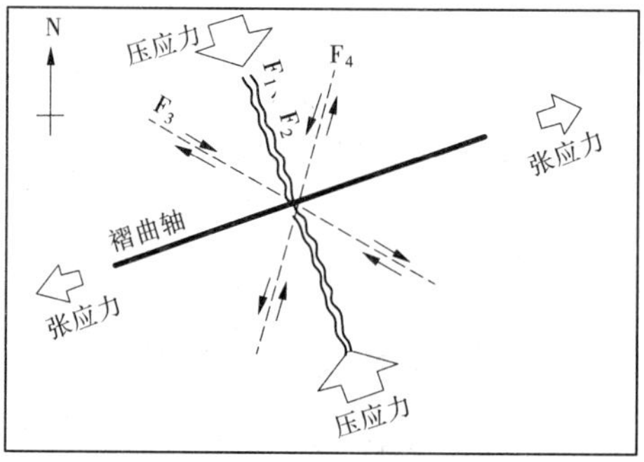

图 2-52　古生代地层中主要构造图解及应力场分析

4）地质构造发展简史分析

在图区中，整个泥盆纪直至中石炭世期间，地壳虽然存在着缓慢的升降运动，但幅度甚小，该地区一直处于沉积平面以下，接受沉积。中石炭世以后，受“海西运动”的影响，地壳发生剧烈变动，岩层褶皱产生断裂，伴随有岩浆侵入活动，使图区上升成陆地，遭受风化剥蚀。到早三叠世，又重新沉入海平面以下，接受海相沉积。到晚三叠世后期，地壳大面积平缓上升，再次成为陆地。侏罗纪期间，地壳运动处于暂时宁静状态，遭受风化剥蚀。直至白垩纪，才缓慢下降，处于浅海环境，形成钙质砂岩。在白垩纪后期，再次受“燕山运动”的影响，图区东南部大幅度上升，西北部上升幅度相对较小，中生代地层受到构造抬升作用，产生倾斜。中生代后期至今，无剧烈构造变动。

（四）作业与思考题

（1）在地质图上，地层间的不整合接触、侵入岩体和断层都可以出现地质界线或构造线的不连续现象，它们之间有何不同？结合“黑山寨地区地质图”（见图 2-49）加以分析说明。

（2）阅读某地区地质图（见图 2-53），回答下列问题（同时将时代、构造、岩性名称填在右侧空白图例中）。

①图幅内出露有哪些地质时代的岩层？

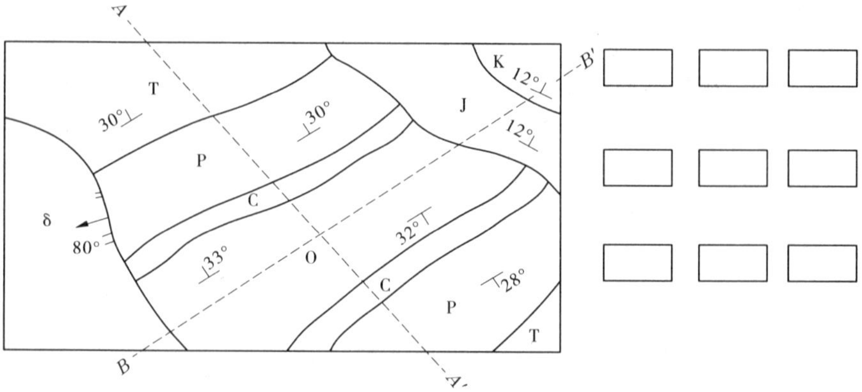

图 2-53　某地区地质图

②有无岩浆岩侵入？属于什么岩石？

③有褶皱构造吗？是什么类型？用规定符号把轴线画在图的相应位置上。

④有断裂构造吗？是什么类型？描述其产状要素。

⑤图区出露的地层之间有哪些类型的接触关系？

⑥试按 *A*—*A′*及 *B*—*B′*图切剖面，说明其地质构造特征。

二、野外地质实习

（一）地质实习目的、要求和注意事项

1. 实习目的

野外地质实习属教学实习性质，其目的在于巩固课堂所学的基本理论知识，联系实习现场和工程的实际，加以验证和拓宽，使学生获得感性知识，开阔视野，培养和提高实际工作能力（如观察能力、动手操作能力、识图能力、分析问题与解决问题能力等）；了解野外地质工作的基本方法，掌握一定的操作技能，以及训练编写实习报告等。

此外，走出校门在野外或工程现场进行地质实习，还可培养学生吃苦耐劳、艰苦奋斗、遵守纪律、团结协作等优良品质和增强集体观念，也有利于学生增强体魄和磨炼意志。

2. 实习要求

为了保证野外地质实习的顺利进行，并取得良好实习效果，对学生提出以下几项要求：

（1）排除干扰，专心听讲。当指导教师在实习现场（特别在工地上或途经城镇区、公路旁）讲解时，学生要克服过往人多嘈杂、外界干扰大的实际困难，集中精力，用心听讲，明确各地质点的主要观察内容和要求。

（2）做到“五勤”。“五勤”指勤敲打、勤观察、勤测量、勤记录、勤追索。在各地质点上，按教师的具体要求，有重点地进行观察与描述，尤其对那些重要的地质现象更应把书本知识与现场实际联系起来，掌握其鉴别特征，并注意收集和积累第一手资料，做好文字记录与地质素描。以严肃认真、实事求是的科学态度，对待野外工作。

（3）熟练操作地质罗盘。对地质罗盘，要求了解其结构原理，掌握使用方法。运用地

质罗盘测量地质界面的产状要素,需在实习过程中反复操作与训练,逐步达到运用自如、熟练的程度,并把它作为技能要求,列入本实习考核的一项内容。

(4)开动脑筋,积极参加现场讨论。实习开始时,指导教师在野外可能多讲一些,但随着实习不断深入,为了培养学生独立观察与分析能力,指导教师将逐步少讲或以提出问题的方式,让学生通过自己实际观察分析后回答或组织现场讨论。这样,就能给学生提供较多的观察与思考时间。为此,要求学生能抓住主要问题,迈开双脚,寻找证据,开动机器,善于把前后、左右与之相关的情况连贯起来思索。在现场讨论中,要敢于发表个人的见解(哪怕是不正确的),把它看成是锻炼和提高自己的好机会。当讨论中争执不下时,可以保留不同观点,但应重事实,重证据,尊重科学。

(5)实习回来应及时整理野外记录。当天的记录当天整理补充。如发现问题,应及时查清或予以改正。记录可随时让教师抽查。野外记录是学生最后编写实习报告的重要依据,其完整程度和充实与否,直接影响到实习报告的编写和报告质量的高低。

(6)实习结束时每人应按时递交一份自编的实习报告。实习报告作为学生实习的业务总结,也是教师评定实习成绩的依据之一。

总之,对学生来说,听讲、观察、操作、记录、思索和编写报告等是搞好实习的几个主要环节,要求学生思想上重视,严格要求自己,务必从实习一开始就抓紧进行。

3. 注意事项

(1)加强组织纪律性。实习期间,应遵守实习队的有关规定,按时出发,不擅自离队,有事向实习队请假。野外行进中,注意不踩坏庄稼,不顺手采摘瓜果。注意与当地群众搞好关系,自觉维护实习队和学校的声誉。

(2)要做好克服困难的思想准备。地质实习野外跋山涉水,路线长,体力消耗大,食、宿条件相对较差,比较艰苦;有时头顶烈日或遇上雨、雪恶劣天气,困难较多。因此,要求大家应有足够的思想准备,要发扬团结互助精神,师生共同努力,克服困难,以保证实习顺利进行,全面完成实习任务。

(3)注意健康、确保安全。实习时要特别注意饮食卫生和天气冷暖。在野外和工地上观察时,应注意上方的悬石和过往的车辆;当穿过施工场地时,千万当心放炮,提防施工机械碰撞。实习期间不准下河、下湖、下库游泳,以确保人身安全。

(4)爱护仪器设备。对借用的仪器及其他实习用品,其保管职责最好落实到人;实习结束后,应及时归还;如有丢失或损坏,要写出书面报告,按实验室管理规定赔偿。

(二)地质实习的主要内容

1. 地层与岩性

(1)地层时代与岩性特征。

(2)地层厚度与出露情况。

(3)地层接触关系。

2. 地质构造

(1)褶皱构造。

(2)断裂构造。

3. 典型自然地质现象

典型自然地质现象包括喀斯特(岩溶)、滑坡、崩塌、泥石流、岩石风化等。

4. 实习区建筑工程地质条件或水利工程地质条件

了解实习区工程的地质条件及其存在的主要工程地质问题与水文地质问题,应虚心向当地工程技术人员学习。

(1)一般工程地质条件。包括地形地貌、地层岩性、地质构造、地震基本烈度、自然(物理)地质现象、水文地质及天然建筑材料等条件。

(2)存在的主要工程地质问题或水文地质问题及其处理措施。

5. 加强专业内容

结合不同专业要求,可适当加强某些实习内容:

(1)水文地质调查(如农田水利专业)。

(2)河流地貌及第四纪地质调查(如治河专业)。

(3)河流梯级规划中的地质评价或地下水资源评价(如水资源专业)。

此外,如有条件还可适当组织学生参观地质勘探(物探钻探、坑槽探)现场及野外试验等。

(三)地质实习安排

1. 准备工作

(1)资料准备。包括实习区的区域地质和与工程有关的地质资料、图件,以及实习用图等。

(2)组织准备。由学生所在系出面成立地质实习队,并指定实习队的主要负责人;实习队下分班级或实习小组;出发前由系领导向学生进行实习动员,并提出具体要求。

(3)物资准备。包括实习用品(如地质罗盘、地质锤、实习用图、皮尺、钢卷尺、讲义夹等)、学习用品(如教材、实习指导书、记录簿、绘图工具、方格纸、报告纸等)以及生活用品(如衣物、餐具、雨具、水壶等)。

2. 外业工作

1)实习地点

实习地点的选择应尽量满足上述实习内容和要求,选择具有地质现象典型、内容丰富、资料较多、交通便利并能与工程相结合的地点,作为固定的实习基地或实践站。也可结合专业生产实习选择拟建的或在建的工程工地,或已建的工程进行实习,视各院校的具体情况而定。

2)实习时间

根据各专业的培养目标、要求和本课程地质实习大纲的规定,根据各院校多年来教学实践和经验,地质实习时间不应少于1周。因为:第一,实习大纲规定的内容较多,而且是基本的,对施工人员来说极为必要,时间太短就无法保证这些实习内容,达不到培养目标要求;第二,学生从接触野外地质实际开始,到最后具有初步的观察与分析能力,是一个逐步训练与提高的过程,时间短了不利于实际能力的培养与形成;第三,作为地质专业人员加强地质内容,应在实习这一教学环节上予以加强,让学生打好基础,较好地掌握地质基本知识。

3. 内业工作

外业结束后,应及时转入内业整理。学生应独立编写实习报告,包括文字和图件两部分。通过编写地质实习报告和绘制地质图件,不仅可使学生学会将野外观察、测量的实际资料经过系统整理和归纳,获得整体概念和规律性的认识,掌握和巩固本课程的基本内容,而且可从报告编写提纲的拟订,到内容素材的组织、编排,乃至文字、图件的表述,为学生提供一次学习机会,这对今后专业课程设计、毕业设计报告或论文的编写大有好处,作为一名地质工作者,这些基本功训练都是完全必要的。

(四)地质实习成绩评定

1. 成绩等级

根据教学计划规定,地质实习是单独考查、评定成绩的。成绩按优、良、中、及格和不及格5个等级评定。

2. 评定依据

指导教师评定实习成绩主要依据学生以下两个方面:

(1)实习表现。考查学生在实习期间出勤情况,实习态度是否认真,野外"五勤"做得怎样,主动性、积极性发挥如何,遵守实习纪律的好坏,以及是否发生事故等。

(2)实习报告质量。评定学生完成实习报告质量的高低,并考查其是否独立完成,有无抄袭他人现象等。

此外,指导教师还可通过问卷质疑、口试或结合平时考察、提问、抽查等情况,综合予以评定。组织一次地质实习,国家和学校要花费大量的人力、物力和财力,要求学生充分重视,珍惜机会,积极配合,认真对待。通过实习能使学生在德、智、体、美、劳的培养锻炼上得到一次全面的提高。

项目三　自然地质作用

【项目概述】

地质作用是指由自然动力引起的,在长久的地质时期中,使地壳中的组成物质和地表形态特征等发生明显的变化。根据营力类型可以分为外营力地质作用和内营力地质作用两种。外营力地质作用是指营力来自于地球以外的自然界,包括水流、太阳光、风等,外营力作用于地壳表层能够造成地壳岩体的风化、剥蚀、搬运、沉积等地质作用;内营力地质作用指营力作用来自于地球内部,主要包括地壳运动和岩浆活动等地质作用。本项目所说的自然地质作用主要对外营力地质作用进行详细说明,包括风化作用、流水的地质作用、岩溶(喀斯特)作用及重力地质作用(重力作用引发的崩塌、滑坡、泥石流等),另外对第四纪土的工程性质进行详细介绍。自然地质作用普遍存在于自然界中,尤其是地势复杂的群山地带,强烈的自然地质作用给人类的各类工程建设制造了巨大的困难,尤其是对建筑地基、地下洞室及隧道的建设。

【学习目标】

(1)知识目标:①了解风化作用的类型与岩体风化的分级;②掌握暂时性流水的地质作用及河流地质作用和河流冲积特征;③掌握岩溶的发育条件及特征,以及对工程建设的影响;④熟悉影响斜坡稳定的主要因素及不稳定斜坡的防治措施;⑤熟悉第四纪沉积物的工程地质特征,了解其对工程建设的影响。

(2)技能目标:①拥有熟练识别自然地质作用的能力,学会记录并分析自然地质作用的特征;②能够根据自然地质作用的发育程度,评定其对人类工程建设或建筑的影响作用,并给出防治方案。

(3)思政目标:①自然地质作用与人类的生命财产安全息息相关,并直接影响着国家工程建设的规划与开展,培养学生树立守护国家工程建设与财富的思想,为推动国家基础设施建设发展做贡献;②自然地质作用的识别需要工作者能够从全方位的角度分析问题,并基于发展的思维提出灾害的防治措施。

任务一　认识风化作用

地表或接近地表的岩石,在大气、水和生物活动等各种风化营力作用下,使岩石的结构、构造、化学成分发生改变,甚至产生一系列的崩解和分解作用,称为风化作用。风化作用是最普遍的一种地质作用,在大陆的各种地理环境中,都有风化作用在进行。风化作用在地表最明显,随着深度的增加,其影响逐渐减小甚至消失。

风化作用使岩石破坏,改变了岩石的成分、结构、构造,使岩石的强度大为降低,给工程建设带来了不利影响。另外,许多不良地质现象,如滑坡、崩塌、泥石流,基本上是在风化作用的基础上逐渐形成和发展起来的。因此,研究风化作用的机制,分析岩石风化程度,对评价工程地质条件是必不可少的。

一、风化作用的类型

按作用因素与作用性质不同,风化作用分为物理风化、化学风化和生物风化 3 种类型。

码 3-1　微课:风化作用

(一)物理风化

物理风化是指在外力作用下,岩石在原地产生机械破碎,而不改变其化学成分的过程。产生物理风化的原因有温度变化、冻融作用、盐的结晶作用和释重作用。

1. 温度变化

地球表面的昼夜与四季都有明显温度变化。由于岩石是不良导热体,白天温度上升,岩石表面升温而膨胀,内部温度仍然较低,于是岩石内、外层之间出现温差及胀缩不一致,产生与表面平行的风化裂隙。晚上温度降低,岩石表面迅速散热降温,产生收缩,而岩石内部仍在缓慢地升温膨胀,于是形成与表面垂直的径向裂隙。这个过程反复进行,风化裂隙日益扩大增多,使岩石表面呈层状剥落,坚硬岩石崩解、破碎。若风化裂隙使岩石的棱角逐渐消失而趋于圆化,形成大小不等的球体和椭球体,这种现象称为球形风化。

温度变化的速度与幅度,特别是变化速度,对物理风化作用的强度起着重要影响。温度变化越大,收缩与膨胀交替越快,岩石风化越剧烈。在干旱、半干旱地区,昼夜温差可达 60~70 ℃;在沙漠地区,傍晚可以听到的炸裂声,就是因温度骤降而引起的物理风化。

2. 冻融作用

在一些高寒地区,进入岩石裂隙中的水,当温度降低到 0 ℃以下时,液态的水就变成固态的冰,体积膨胀 9%左右。由于体积增大,对岩石的裂隙可产生很大的压力(可达 96~200 MPa),使岩石的裂隙加宽、加深,扩大了原有的裂隙。当温度升高至冰点时,冰又融化为水,体积减小,扩大的裂隙又有水进入。久而久之,就会使岩石崩解成碎块,这种物理风化作用又称为冻融风化作用。冻融风化作用主要发生在严寒的高纬度地区和低纬度的高寒山岳地区。

3. 盐的结晶作用

在干旱、半干旱地区,广泛分布着各种可溶盐类。有些盐类具有很大的吸湿性,能从空气中吸收大量的水分而潮解,最后成为溶液。温度升高,水分蒸发,盐分又结晶析出,体积显著增大。可溶性盐结晶时的撑裂作用,使岩石的裂隙逐渐扩大,导致岩石松散破坏。

4. 释重作用

在岩石地基、隧洞开挖过程中,由于施工开挖破坏了原有的应力状态,下部岩石释重,随之产生向上或向外的膨胀作用,形成裂隙。应力释放而产生的风化作用是十分强烈的,在矿山开挖施工时,掌子面上常可见有岩石炸裂飞出。在基坑周围可见平行于开挖面方向分布的裂隙,都是岩石释重产生的现象。岩石释重所形成的裂隙,为水和空气的活动提供了通路,使得风化作用更加剧烈。

物理风化的结果,产生许多岩石碎屑,大大增加了岩石与空气的接触面积,为化学风化、生物化学风化创造了条件。由于温度变化是物理风化的主要因素,所以干旱地区、高寒地区、缺少植被地区物理风化特别盛行。

(二)化学风化

在外界条件的影响下,岩石与水溶液和气体发生化学反应,改变了岩石的化学成分,形成新的矿物的作用,称为化学风化作用。化学风化作用有溶解作用、氧化作用、水化作用、水解作用和碳酸化作用。

1. 溶解作用

水在自然界的分布十分广泛,在化学风化中占有重要位置。水溶解岩石中矿物的作用称为溶解作用。溶解作用的结果,使岩石中的易溶物质被逐渐溶解而随水流失,难溶物质则残留于原地。岩石由于溶解作用,削弱了颗粒间的结合力,降低了岩石的强度,使岩石遭受破坏。自然界最易溶解的是卤盐类(岩盐、钾盐等),其次是硫酸盐(石膏、硬石膏),再次为碳酸盐类(石灰岩、白云岩、大理岩等)。岩石在水中的溶解作用一般比较缓慢,但在 CO_2、NO_2 和有机酸的作用下,水的溶解能力大大增加。在石灰岩地区,由于水对岩石的溶解作用,常形成溶洞、溶穴、石林等岩溶地貌。据估计,地球上的河流,每年带入海洋的可溶盐类高达 40 亿 kg。

2. 氧化作用

氧化作用指矿物与空气或水中的氧发生化学反应生成新的矿物的现象,是地表一种普遍的自然现象,是化学风化作用的主要方式之一。自然界的有机化合物、低价氧化物和硫化物最易遭受氧化作用,尤其低价铁最易氧化成高价铁,从而使结晶格架破坏,例如:

$$\underset{\text{黄铁矿}}{2FeS_2} + 10H_2O + 9O_2 \rightarrow \underset{\text{褐铁矿}}{2(FeO_3 \cdot 3H_2O)} + 4H_2SO_4 \tag{3-1}$$

黄铁矿经氧化形成褐铁矿,颜色由铜黄色变为褐黄色,硬度、比重都变小。同时产生的硫酸对岩石腐蚀性极强,可使建筑材料中混凝土、钢筋产生锈蚀,在工程中应予重视。

3. 水化作用

水化作用是指无水矿物与水结合,成为含水矿物,例如:

$$\underset{\text{硬石膏}}{CaSO_4} + H_2O \rightarrow \underset{\text{石膏}}{Ca\,SO_4 \cdot H_2O} \tag{3-2}$$

水化作用的结果是产生了含水矿物。含水矿物的硬度一般低于无水矿物的硬度,同时在水化过程中结合了一定数量的水分子进入物质中,引起体积增加,对岩石产生破坏作用。

4. 水解作用

某些矿物溶解于水后,出现离解现象,其离解产物与水中 H^+、OH^- 离子发生化学反应,形成新的矿物,这种作用称为水解作用,例如:

$$\underset{\text{正长石}}{4K(AlSi_3O_8)} + 6H_2O \rightarrow 4KOH + 8SiO_2 + \underset{\text{高岭石}}{Al_4(Si_4O_{10})(OH)_8} \tag{3-3}$$

正长石经水解作用后,形成的 K^+ 与水中 OH^- 离子结合,形成 KOH 随水流走,析出一部分 SiO_2 呈胶体溶液随水流失,其余部分可形成难溶于水的高岭石残留在原地。在炎热、潮湿的气候下,高岭石将进一步分解,形成铝土矿($Al_2O_3 \cdot H_2O$)。

5. 碳酸化作用

溶解在水中的 CO_2 成为 H_2CO_3 后可以分解岩石,称为碳酸化作用。碳酸盐类岩石,如石灰岩、白云岩等,在碳酸化作用下能够将比较难溶于水的碳酸盐转为易溶解的碳酸氢盐,从而加强了水对岩石的溶解作用,例如:

$$\underset{\text{碳酸钙}}{CaCO_3} + H_2O + CO_2 \rightarrow \underset{\text{碳酸氢钙}}{Ca(HCO_3)_2} \quad (3\text{-}4)$$

以上化学反应是可逆的,当存在充足的 CO_2 时,反应可以一直向右进行;当水溶液蒸发干燥达到饱和时,可脱水并释放出 CO_2,再变成 $CaCO_3$ 沉淀,反应向左进行。这种反应在石灰岩地区非常普遍,如石灰岩溶洞内的钟乳石就是向左反应的结果。

(三)生物风化

岩石在动物、植物及微生物影响下发生的破坏作用,称为生物风化作用。生物风化作用包括生物物理风化作用和生物化学风化作用。

1. 生物物理风化作用

生物物理风化作用是生物的活动对岩石产生机械的破坏作用。例如:植物根系在岩石裂隙中生长,不断地撑裂岩石,从而引起岩石崩解破碎的“根劈”现象。穴居动物的挖掘,也可以使岩石崩解。人类的各种建设活动,如开挖隧洞、修路、开矿、农业耕作等,也可以看成是一种最剧烈的生物物理风化作用。

2. 生物化学风化作用

生物化学风化作用是通过生物的新陈代谢和生物死亡后的遗体腐烂分解来进行的。例如:植物和细菌在新陈代谢过程中,通过分泌有机酸、碳酸、硝酸等溶液腐蚀岩石;动物、植物死后遗体腐烂,一方面可供给植物生长的钾盐、磷盐和各种碳水化合物,另一方面因含有机酸,对岩石和矿物也有腐蚀作用。

在自然界中,上述 3 种风化作用是彼此存在、相互影响的。在不同的地区,它们作用强弱有主次之分,例如:在干旱和高山地区,以物理风化作用为主;而在湿热多雨地区,则以化学风化和生物化学风化作用为主。

二、影响岩石风化的因素

岩石一旦暴露地表,都会遭受不同程度的风化,但岩石性质及所处的环境不同,其风化程度是不相同的。影响岩石风化的因素很多,主要有岩石性质、气候、地质构造和地形条件等。

(一)岩石性质

岩石性质是影响岩石风化的重要因素。外界条件相同,岩石性质是造成风化程度差异的主要原因。岩石性质包括矿物成分、结构和构造等方面。

1. 矿物成分

各种造岩矿物对风化作用的抵抗能力是不相同的,造岩矿物的相对稳定性见表 3-1。

表 3-1　造岩矿物的相对稳定性

相对稳定性	造岩矿物
极稳定	石英
稳定	白云母、正长石、斜长石
不太稳定	角闪石、辉石
不稳定	黑云母、橄榄石、黑绿石、方解石、白云石、石膏、黏土矿物

一般情况下,矿物在风化中的稳定性由大到小的顺序是:氧化物>硅酸盐>碳酸盐>硫化物。当岩石中不稳定矿物含量较多时,其抗风化能力较弱;相反,当岩石中稳定和极稳定矿物含量较多时,其抗风化能力较强。一般认为岩浆岩抗风化能力由大到小的顺序为:酸性岩(花岗岩)>中性岩(闪长岩、安山岩)>基性岩(玄武岩)>超基性岩(橄榄岩);变质岩抗风化能力由大到小的顺序为:浅变质岩>中等变质岩>深变质岩;沉积岩中的页岩、泥岩的抗风化能力最差。

2. 结构和构造

岩石的结构和构造是影响岩石风化的另一个因素。岩石中矿物颗粒的粗细、均匀程度、胶结方式和胶结物的成分都影响着风化速度。

等粒结构的岩石胀缩性均一,比斑状结构岩石抗风化能力强;块状构造的岩石抗风化能力较强,而气孔状、杏仁状构造的岩石与水分、空气接触面积大,容易进行风化;具有片理构造的片麻岩、片岩、板岩、千枚岩、页岩,水分和空气容易进入片理和裂隙之中,从而加速其风化。

(二)气候

气候是影响岩石风化的重要因素,包括温度、湿度、降水量、蒸发量等。气温的高低对岩石的机械破坏程度、各种化学反应速度、生物界的生长有着重大影响;降水量多少关系到水在风化作用中的活跃程度,直接或间接影响到风化速度。生物的繁殖状况直接关系到生物风化作用的进行。所以,气候因素控制了风化作用类型和风化速度,在不同的气候区,风化作用类型、风化深度、残积物类型有显著的不同。气候明显地受纬度、地势等因素控制,具有分带性,在不同的气候区,岩石风化特点明显不同。

(1)极地气候区。由于温度低,以水的冻结融化而产生的物理风化作用强烈,化学风化作用微弱,岩石易破碎为巨大的碎屑,风化产物中黏土很少。

(2)沙漠干旱气候区。以物理风化为主,温度变化作用占优势。

(3)温带湿润气候区。温和多雨,植物生长茂盛,所以化学风化和生物风化占重要地位,水的冻结与温度变化变为次要因素。

(4)热带湿润气候区。温度较高,雨量充沛,植物茂盛,细菌繁殖迅速,水溶液中含酸类成分,化学风化与生物风化进行得强烈,风化深度大。如我国东南沿海地区,岩石的风化深度有的达数十米,甚至有的达百米以上。

(三)地质构造

地质构造是促进岩石风化的重要因素。断层、节理、沉积间断面等,是风化营力深入岩石内部的良好通道,因此在褶曲轴部、断层破碎带、裂隙密集带及不整合接触面等部位可见风化作用强烈,常形成较厚的风化层,有的形成几十米甚至更深的风化槽。

(四)地形条件

地形可影响到风化作用的速度、深度、风化产物的厚度及分布情况。地形条件包括地势高度、地势起伏程度和山坡的方向。地势高度影响到气候,在同一地区,高山具有明显的气候分带,山顶气候寒冷,山麓气候炎热,其生物特征显著不同,因而风化作用的类型随高度而变化。地势起伏程度对风化作用更有普遍意义,地形起伏较大、陡峭、切割深度大的地区,以物理风化作用为主,岩石表面风化后岩屑不断崩落,使新鲜的岩石直接暴露表面而遭受风化,风化产物较薄;地势低缓地区,风化产物多留在原地或只经过短距离的搬运,风化产物较厚,加上地表植被覆盖,温度变化较小,物理风化作用较弱。山坡的方向涉及日照强度,阳坡光照时间长,平均气温高,昼夜温差大,因而风化作用较阴坡强。

三、岩石风化带的划分

岩石风化后,其物理性质和化学成分将有不同程度的改变。由于受岩石性质、地质构造及其他因素的影响,岩石的风化程度和风化深度因地而异,风化层在平面上分布往往不连续,在垂直方向上的变化很大,而且不同风化程度的岩石之间是渐变的,其间并无明显的界限。

在风化层内,岩石在不同深度的风化程度是不同的,一般随深度增加而减弱。工程上常根据不同风化程度的岩石特征(如风化岩石的颜色、结构、构造和矿物组成)和物理性质的变化来分带。不同建筑行业对岩石风化程度的划分标准有不同的规定,《岩土工程勘察规范(2009年版)》(GB 50021—2001)根据岩石的野外特征、波速比和风化系数,将岩石分为未风化、微风化、中等风化、强风化、全风化和残积土六个级别(见表3-2)。

表3-2　岩石风化带的划分

风化程度	野外特征	风化程度参数指标	
		波速比 K_V	风化系数 K_f
未风化	岩质新鲜,偶见风化痕迹	0.9~1.0	0.9~1.0
微风化	结构基本未变,仅节理面有渲染或略有变色。有少量风化裂隙	0.8~0.9	0.8~0.9
中等风化	结构部分破坏,沿节理面出现次生矿物;风化裂隙发育,岩体被切割成岩块,用镐难挖掘,岩芯钻方可钻进	0.6~0.8	0.4~0.8
强风化	结构大部分破坏,矿物成分显著变化;风化裂隙很发育,岩体破碎,用镐可挖,干钻不易钻进	0.4~0.6	<0.4

续表 3-2

风化程度	野外特征	风化程度参数指标	
		波速比 K_V	风化系数 K_f
全风化	结构基本破坏,但尚可辨认,有残余结构强度,可用镐挖,干钻可进	0.2~0.4	—
残积土	结构全部破坏,已风化成土块,锹、镐易挖掘,具可塑性	<0.2	—

注:1. 波速比 K_V 为风化岩石与新鲜岩石压缩波速之比。
2. 风化系数 K_f 为风化岩石与新鲜岩石饱和单轴抗压强度之比。
3. 岩石风化程度,除按表列野外特征和定量指标划分外,也可根据当地经验划分。
4. 花岗岩类岩石可采用标准贯入试验划分:$N>50$ 为强风化,$30<N\leq 50$ 为全风化,$N\leq 30$ 为残积土。
5. 泥岩和半成岩不进行风化程度划分。

通常在一个区域或一个剖面上从全风化到微风化均有发育,但并不是在任何地段、任何风化岩石的剖面上均存在 6 个连续的风化带,最常见的情况是缺失个别风化带或仅有一两个风化带。因此,在实际工程中必须做详细勘察才能正确地划分风化带。

四、残积物

地表岩石经过长期风化作用后,改变了矿物成分、结构和构造,形成的风化产物中一部分易溶物质被水溶液带走,大部分物质残留在原地,这种物质称为残积物(土),这种土层称为残积层。残积物是一种重要的第四纪松散沉积物,用 Q^{el} 表示。

残积物向上过渡为土壤层,向下逐渐过渡为风化岩层。土壤层、残积物和风化岩层形成了完整的风化壳。

残积物不具层理,碎屑物质大小不均匀,棱角分明,无分选,粒度成分受气候条件和母岩岩石性质控制。在干旱、寒冷地区,以物理风化为主,化学风化微弱,岩石风化多为棱角状的砂砾碎屑物质,缺少黏土矿物;在半干旱地区,除物理风化外,尚有化学风化作用,残积物中常形成黏土矿物、铁的氢氧化物和各种碳酸盐类;在气候湿润地区,化学风化活跃,物理风化不发育,残积物主要由黏土矿物组成,厚度较大;在气候炎热地区,由于高温多雨,残积物遭受强烈的溶解和淋滤作用,可溶性物质大量流失,残留下铝土矿和铁的氢氧化物等胶体。因为强烈的氧化作用,高价铁离子使残积物呈浅红色,形成红色的风化物,所以称为红土化作用。我国滇、黔、桂、粤等省(区),在第四纪更新世时期,在湿热气候下化学风化和生物风化剧烈,形成了广布大地的红土残积物。另外,在我国华南地区,白垩纪—第三纪的红色砂岩,在差异风化、重力崩塌、侵蚀、溶蚀等综合作用下形成红色风化层,即著名的"丹霞地貌"。

残积物成分与母岩岩石性质关系密切。花岗岩残积物中常含有由长石分解形成的黏土矿物,而石英破碎成砂土;石灰岩的残积物往往成为红黏土;页岩的残积物为黏性土,土的颜色与母岩具有明显的一致性。

残积物的厚度与地形有关,在山顶部位常被剥蚀,厚度较小甚至没有;平缓的斜坡和低洼地带不易剥蚀,厚度较大。

残积物的工程地质性质主要取决于矿物成分、结构和构造等因素。残积层的空隙较大,易遭受冲刷,强度和稳定性较差,压缩性高,透水性强。由于残积层孔隙多,成分和厚度很不均匀,一般不作为重要建筑物的地基。若要作为建筑物的地基,应考虑其承载力和可能产生的不均匀沉降。还有残积层结构比较松散,作为路堑边坡时,应考虑可能出现的坍塌和冲刷。

任务二　认识流水的地质作用

除气候极端寒冷或极端干燥的地区外,陆地上几乎到处可见地面流水。地面流水的侵蚀、搬运、沉积作用,是常见的外营力地质作用,是地壳变化、发展的强大地质营力。地面流水可分为片流、洪流、河流 3 种类型。片流和洪流仅出现在雨后或冰雪融化后的短暂时间内,因此它们都是暂时性流水。沿沟谷流动的经常性流水称为河流。

3 种不同流水形态,是流水不同的发展阶段,相互之间存在着密切联系,并在一定条件下可以相互转化,但又各有特点,其侵蚀、搬运、沉积作用是不同的。片流汇集于沟谷中,形成急速流动的水流,称为洪流。

一、暂时性流水的地质作用

(一)片流的地质作用及坡积物

1. 片流的侵蚀作用

片流是降雨或融雪顺斜坡无固定流道的、面状流动的细小流水,又叫坡面流。由于水层薄,流速小,水流分散,所以片流能比较均匀地冲刷斜坡上的松散物(主要是土壤和岩石风化的产物),像洗刷地面一样,把斜坡削去一层表皮,因此称片状侵蚀。片状侵蚀作用与降雨强度、地形、地表岩性和植被等因素有关。当地形坡度较陡时,侵蚀就比较强烈。在一定地形条件下,如地表岩性疏松,降水量多且强度大,植被稀少,片流的侵蚀作用就较强烈。

码 3-2　微课:流水的地质作用

2. 片流的堆积作用及坡积物

片流在进行侵蚀作用的同时,也有堆积作用。当坡地上端的分水岭以及坡面上受片蚀作用后,被冲刷的碎屑物质搬运到坡脚下沉积下来,就成为坡积物(层),用 Q^{dl} 表示(见图 3-1)。坡积层沿山麓呈环状分布,形似衣裙,因此又称为坡积裙。坡积物的主要特点是磨圆度和分选性差,一般没有层理,孔隙率大,压缩性高。

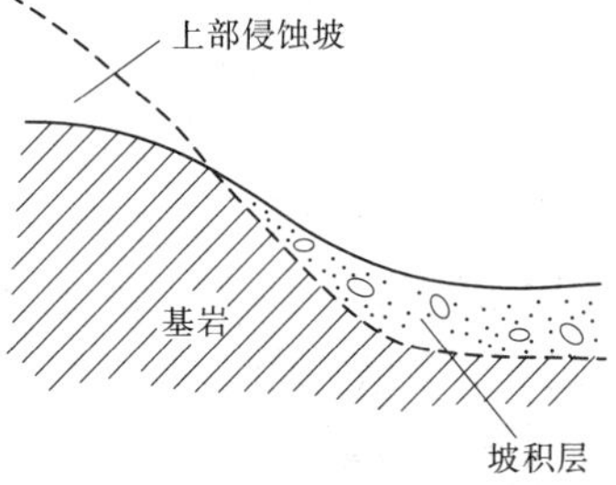

图 3-1　坡积物(层)示意图

坡积层有以下特征:

(1)坡积层可分为山地坡积层和山麓坡积层两种类型,其厚度变化较大,一般是中下部较厚,向山坡上部逐渐变薄甚至尖灭。

(2)由于搬运距离较短,故坡积层分选程度差,层理不明显,砂砾的磨圆度不高。

(3)坡积层多由碎石和黏性土组成,其成分与下伏的基岩无直接关联,这是它与残积物的明显区别。

(4)坡积层与下伏基岩面是倾斜的,沿此面容易产生滑坡,特别是当坡积物与下伏基岩接触带有水渗入而变得软弱湿润时,将显著降低坡积物与基岩顶面的摩阻力,更容易引起坡积层发生滑动,在工程建设中应予重视。

坡积物常与其他类型沉积物相混合。如在分水岭与斜坡过渡的缓坡地带,残积物经过一定的重力搬运,向下逐渐与坡积物过渡,形成残积—坡积物 Q^{el+d};在山麓地带坡积物与洪积物混合,构成坡积—洪积物 Q^{dl+pl}。

(二)洪流的地质作用及洪积物

暴雨或大量融雪产生的水流在山间低洼地带形成集水区,并迅速汇集成暂时性山洪急流,即山洪。由于山洪水量大、流速快、谷底坡度大,所以具有很强的侵蚀和搬运能力。

1. 洪流的侵蚀作用

山洪急流沿沟谷流动时,流速快,动能大,对沟谷的冲刷能力大。由冲刷作用形成的沟底狭窄、两岸陡峭的沟谷叫冲沟。初始形成的冲沟在洪流的不断作用下,可不断加深、拓宽和向沟头方向伸长,并可在冲沟沟壁上形成支沟。

冲沟的形成与降雨强度、地形和岩性有关。在松散土层覆盖地区,分布在斜坡上的小冲沟多系顺坡冲刷而成。在岩石性质均一和地形相同的坡面上,冲沟的间距大致相等,其排列方式主要由坡度所决定,一般在大于30°的坡地上多呈平行排列;在小于30°的坡地上,由于冲沟之间相互兼并而呈树枝状排列。在基岩裸露地区,冲沟除沿原始凹地发育外,常沿不同的构造线如断层带、褶曲轴部和裂隙面发育。因此,冲沟的延伸方向、排列形式和排列密度,往往与地质构造和岩石性质特征密切相关。

在降水量集中、植被贫乏地区,有第四纪松散堆积物的地区,冲沟极易形成。如我国西北黄土高原地区,由于黄土垂直节理发育,冲沟的沟头往往形成陡坎。当水流流过时,在坎底淘空引起顶部崩塌,使陡坎不断后退,冲沟不断伸长,有时每年可延伸数米至十余米。由于强烈的下切作用,冲沟的横剖面呈“V”形,沟坡常处于不稳定状态,滑坡、崩塌时有发生。

冲沟的形成和发展,使地形遭受强烈的分割,蚕食耕地,破坏道路,同时将大量泥沙带入河流,成为下游河流和水库淤积的主要来源。

2. 洪流的堆积作用及洪积物

当山洪挟带大量的泥沙石块流出沟口时,由于沟底纵坡变缓,地形开阔,流速降低,搬运能力急剧减小,所挟带的石头、砂砾等粗大碎屑先在沟口堆积下来,较细的泥沙继续随水流被搬运,堆积在沟口外围一带。这种由洪流搬运并堆积的物质,称为洪积物 Q^{pl}。经过多次洪水搬运作用,在沟口一带就形成了扇形分布的堆积体,在地貌上称为洪积扇(见图3-2)。洪积扇的规模逐年增大,有时与相邻沟谷的洪积扇相互连接起来,形成规模更大的洪积群或洪积倾斜平原地貌。

洪积物是第四纪另一种松散堆积物,有以下主要特征:

(1)组成物质分选不良,粗细混杂,碎屑物质多带棱角,磨圆度不佳。

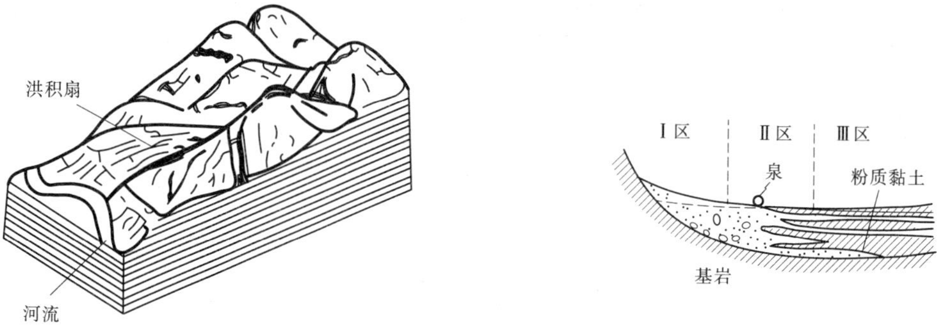

(a)鸟瞰图　　(b)剖面图

Ⅰ区—粗碎屑沉积区；Ⅱ区—过渡区；Ⅲ区—细碎屑沉积区。

图 3-2　洪积扇示意图

(2)有不规则的交错层理、透镜体、夹层和尖灭层。

(3)山前洪积层由于周期性的干燥作用，常含有可溶性岩类，在土粒间形成软弱结晶联结，遇水后结晶联结易受破坏。

洪积扇的工程地质特征：洪积扇主要分布于山麓坡脚的沟谷出口地带及山前平原，从地形上看，是有利于工程建筑的。由于洪积物在搬运和沉积过程中的某些特点，规模较大的洪积扇一般可分为三个工程地质条件不同的区段，如图 3-2(b)所示，接近沟口地段(Ⅰ区)颗粒粒径较大，以漂石、卵石为主，孔隙大，透水性强，地下水埋藏深，压缩性小，地基承载力高，是良好的天然地基和供水地段。对于水工建筑物来讲，应注意渗漏问题。洪积扇的边缘地带为细碎屑沉积区(Ⅲ区)，颗粒的粒径细，主要以粉砂和黏性土为主，如果受到周期性的干燥作用，土中颗粒发生凝聚并析出可溶性盐类，洪积层结构较牢固，地基承载力也较高。洪积扇的中间为过渡地带(Ⅱ区)，由于经常有地下水出露，水文地质条件较好，但对工程建筑不利。

二、河流的地质作用

由降水或由地下涌出地表的水汇集在地面低洼处，在重力作用下经常地或周期性地沿流水本身造成的河谷流动就是河流。河流的地质作用分为侵蚀作用、搬运作用和沉积作用 3 种形式。

(一)侵蚀作用

河流的侵蚀作用包括机械侵蚀和化学溶蚀两种，前者较为普遍，后者只是在可溶岩地区才比较明显。河流的侵蚀按侵蚀作用方向分为下蚀作用和侧向侵蚀作用等形式。

1. 下蚀作用

河流的下蚀作用是指河水及其所挟带的砂砾对河床基岩撞击、磨蚀，致使河床受侵蚀而逐渐加深。河流下蚀作用的强弱是由多种因素决定的，如河床岩石的软硬、河流含沙量的多少和河水的流速大小等。其中，后者是更重要的因素。山区河流由于地势高差大，河床坡度陡，因此水流速度快，下蚀作用强；平原河流流速缓慢，一般下蚀作用微弱，甚至没有。

对于所有入海的河流,其河床下蚀的深度趋于海平面时,河水就不再具有位能差,流动趋于停止,因而河流的下蚀作用也就停止,通常将河流下蚀作用消失的平面称为侵蚀基准面。显然,海平面是河流下蚀作用的极限,通常称其为终极侵蚀基准面。此外,还有许多其他因素控制河流的下蚀能力,如主流对支流,湖泊、水库对流入其中的河流的控制等。由于这些因素本身是变化的,只是局部或暂时起控制作用,因此称为局部或暂时侵蚀基准面。

侵蚀基准面只是一个潜在的基准面,并不能完全决定河流下蚀作用的深度。特殊情况下,某些河段能下蚀得比它低很多。另外,地壳升降对侵蚀下切的深度和位置也有很大影响。

下蚀作用在河流的源头表现为河谷不断地向分水岭方向扩展延伸,使河流增长。这种现象称为向(溯)源侵蚀。侵蚀能力较强的水系,可以把另一侧侵蚀能力较弱的水系的上游支流劫夺过来,称为河流袭夺。

2. 侧向侵蚀作用

侧向侵蚀作用是指河水对河岸的冲刷破坏。河水冲刷河岸边坡的下部坡脚,使岸坡陡倾、直立,甚至下部淘空形成反坡,然后岸坡坍塌破坏,河岸后退、河谷变宽、河道增长,或形成河曲等。

河水以复杂的紊流状态流动,其主流常是左右摇摆地呈螺旋状前进的曲线流动,或称环流(见图 3-3)。环流的表面水流流向凹岸,致使凹岸不断被冲刷淘空、垮落。侵蚀下来的物质又被环流底层的水流带向凸岸或下游堆积起来。随着侧向侵蚀作用持续进行,凹岸不断后退,而凸岸则向河心逐渐增长,结果导致河谷越来越宽,越来越弯,形成河曲(见图 3-4)。极度弯曲的河道称为蛇曲。当河曲发展到一定程度时,同侧上、下游两个相邻的弯曲之间的距离越来越小,洪水冲开狭窄地带,使河流裁弯取直。而被废弃的河道则逐渐淤塞断流,成为与新河道隔开的牛轭湖,遗留的河床称为古河床。如长江的下游荆江河段,河曲极为发育,从藕池口到城陵矶的直线距离仅 87 km,却有河曲 16 个,致使两地间河道长度达 239 km,对船只航行十分不利。这段河道经过多次变迁,由天然裁弯取直形成的牛轭湖也很多。

河流的下蚀作用和侧向侵蚀作用常是同时存在的,即河水对河床加深的同时,也在加宽河谷。但一般在上游以下蚀作用为主,侧向侵蚀作用微弱,所以常常形成陡峭的"V"形峡谷。而河流的中、下游则侧向侵蚀加强,下蚀作用减弱,所以河谷宽、河曲多。

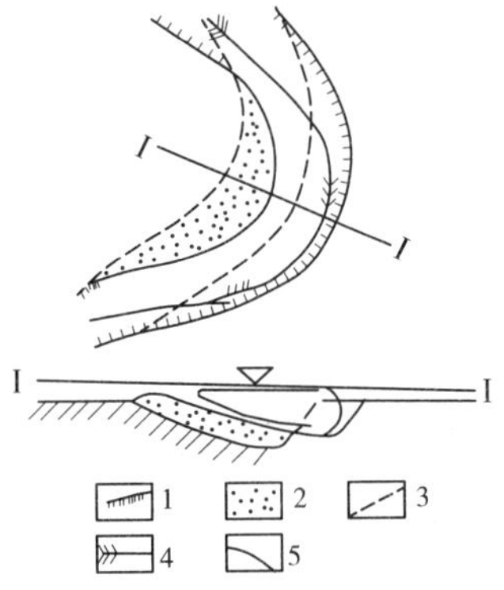

1—冲蚀岸;2—河流堆积物;
3—旧河床岸线;4—主流线;5—单向环流。

图 3-3　河湾中水流的侧蚀与堆积示意图

(二)搬运作用

河水挟带大量泥沙和溶解物质,不断地从上游向下游搬运,最后注入湖泊或海洋。河流搬运物质的方式有推运、悬运和溶运 3 种。

(1)推运:被搬运物质以滑动、滚动及跳跃

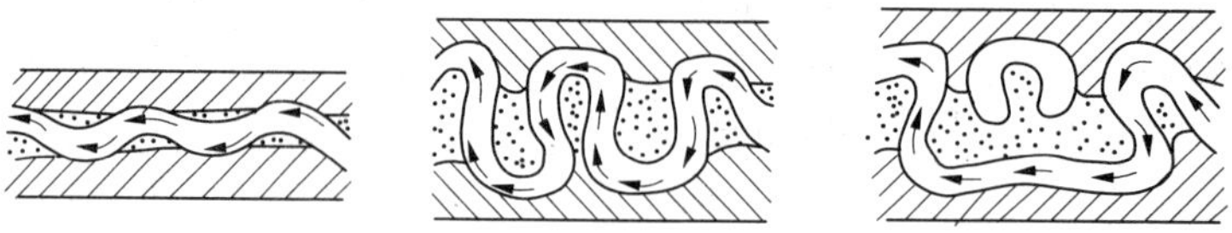

图 3-4　河曲发展形成牛轭湖示意图

等方式沿谷底运移,这些物质称为推移质。

(2)悬运:物质以悬浮状态在水中运移,这些物质称为悬移质。

(3)溶运:物质溶解在水中被搬运,这些物质称为溶解质,包括各种盐类等,其中以碳酸盐类为最多。

河水搬运物质能力的大小主要取决于河水的流量和流速,特别是流速。根据试验,河水搬运能力与流速的 6 次方成正比,即流速增加 1 倍,搬运能力可增加到 64 倍。所以,山区河流在洪水期间能搬运巨大的石块,而平原河流只能搬运淤泥、粉砂等细小颗粒的物质。河流搬运物质的数量是很可观的,例如:黄河平均每年由流水带到河南省三门峡市陕州区的泥沙可达 16 亿 t。据分析,河南省三门峡市陕州区每立方米黄河水含沙量达 37.6 kg,洪水期可达 651 kg。

河流在搬运过程中,碎屑物质相互碰撞摩擦,棱角磨损,形状变圆。其磨圆度往往反映了搬运距离的远近。

(三)沉积作用及冲积物(Q^{al})

当河床的坡度减小,或搬运物质增加而引起流速变慢时,河流的搬运能力降低,河水挟带的碎屑物质便逐渐沉积下来,形成层状的沉积物,这种作用称为沉积作用,沉积物质称为冲积物(层)(Q^{al})。

沉积作用在河流的上、中、下游都可能发生,但主要发生在河流入海、入湖和支流入干流处,或者在河流的中、下游,以及河曲的凸岸,且大部分都沉积在海洋和湖泊里。河谷沉积只占搬运物质的少部分,而且多是暂时性沉积,很容易被再次侵蚀和搬走。

由于河流搬运物质的颗粒大小与流速有关,所以当流速减小时,被搬运的物质就按颗粒的大小或相对密度依次从大到小或从重到轻先后沉积下来,这就是沉积作用的分选性。因此,一般在河流的上游沉积较粗的砂砾石土,越往下游沉积的物质颗粒越细,多为砂土或黏性土,并可形成广大的冲积平原及河口三角洲。更细的胶体颗粒或溶解质多带入湖、海中沉积。

碎屑颗粒在搬运过程中,由于相互间或与河床之间的摩擦,颗粒棱角逐渐消失,最后颗粒被磨成球形、椭球形,称为磨圆作用。

河流形成的大量冲积物可以淤浅河床,改变河床的形状和水流状况,影响航运,也会引起水库淤积及引水建筑物被淤塞等现象。

综上所述,河流冲积物(层)具有明显的特征:组成物质的磨圆度及分选性好,有明显的水平层理或交错层理。随着沉积地段不同,其特征也有显著区别(见表 3-3)。

表 3-3 冲积物的特征

沉积阶段	山前	山区	平原	三角洲
主要特征	形成冲积扇,其颗粒粗细分布和变化与洪积扇相似(扇顶颗粒粗大,扇边缘颗粒细小),但成层构造明显,厚度较大	由粗粒碎屑物质,如巨大的漂石和砾石组成,充填砂土等。强度较高,压缩性小,透水性强,地基条件较好,但需注意渗漏和基坑涌水问题;砾石、砂常被用作建筑材料;厚度稳定、延续性好的砂、卵石层是丰富的含水层,可以作为良好的供水水源	冲积物分布广,厚度大,颗粒细,强度低。在冲积平原里特别注意冲积层中两种不良沉积物:一种是软弱土层,如牛轭湖中的淤泥、泥炭;另一种是容易发生流沙现象的细、粉砂层,遇到它们时应当采取专门的设计和施工措施	三角洲沉积物含水率高,常呈饱和状态,承载力较低。但其最上层,因长期干燥比较硬实,承载力较下面高,俗称硬壳层,可作为低层建筑物的天然地基

(四)河谷地貌

地貌,即地球表面的形态特征。地貌与地形一词的区别在于后者只是指单纯的地表起伏形态,而地貌除指地表起伏形态外,还包含其形成原因、时代、发展和分布规律等特征。地貌形态是各种内、外地质营力相互作用的结果,大型的地貌主要是由内营力地质作用形成的,如大陆、海洋、山岳、平原等。小型的地貌主要是由外营力地质作用所形成的,如山峰、山脊、冲沟、河谷等。

河谷是河流挟带着砂砾在地表侵蚀、塑造的线状洼地。河谷由谷底和谷坡两部分组成(见图 3-5)。谷底通常包括河床及河漫滩。河床是指平水期河水占据的谷底,或称河槽;河漫滩是河床两侧发生洪水时才能淹没的谷底部分,在枯水时则露出水面。谷坡是河谷两侧的岸坡。谷坡下部常年洪水不能淹没并具有陡坎的沿河平台叫阶地,但不是所有的河段均有阶地发育。谷肩(谷缘)是谷坡上的转折点,它是计算河谷宽度、深度和河谷制图的标志。

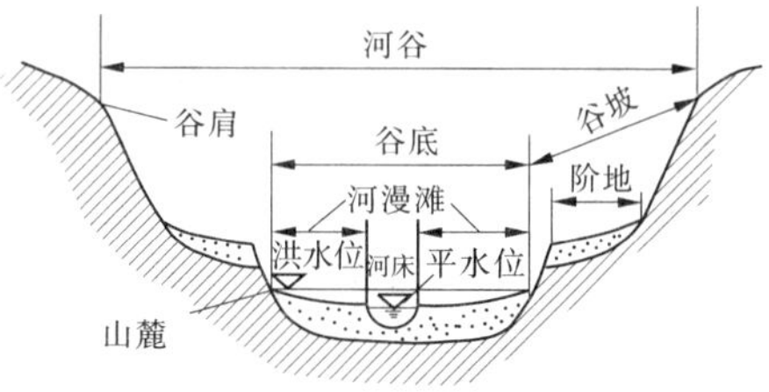

图 3-5 河谷的组成

河谷可划分为山区(包括丘陵)河谷和平原河谷两种基本类型,两种河谷的形态有很大差异。平原河谷由于水流缓慢,多以沉积作用为主,河谷纵断面较平缓,横断面宽阔,河漫滩宽广,江中洲发育,河流在其自身沉积的松散冲积层上发育成河曲和汊道。下面着重讨论山区河谷的地貌形态。

1. 河谷的类型及特征

1) 根据横断面形态特征分类

(1) 峡谷。河谷的横断面呈“V”形,谷地深而狭窄,谷坡陡峭甚至直立,谷坡与河床无明显的分界线,谷底几乎被河床全部占据。两岸近直立,谷底全被河床占据者也称隘谷,如长江瞿塘峡。隘谷可进一步发展成两壁仍很陡峭,但谷底比隘谷宽,常有基岩或砾石露出水面以上的障谷。峡谷的河床面起伏不平,水流湍急,并多急流险滩。如金沙江虎跳峡,峡谷深达 3 000 m,江面最窄处仅 40 ~60 m,一般谷坡坡角达 70°。长江三峡也是典型的峡谷地段。

峡谷的形成与地壳运动、地质构造和岩性有密切关系。地壳上升和河流下切是最普遍的成因。古近纪以来地壳上升越强烈的地区,峡谷也越深、越多。如位于喜马拉雅山地区的雅鲁藏布江大峡谷,是世界上最大、最深的大峡谷。位于横断山脉的澜沧江、怒江及金沙江也都形成很深的峡谷。峡谷多形成在坚硬岩石地区,尤其在石灰岩、白云岩、砂岩、石英岩地区最为多见。如长江三峡是地壳上升地区,大部分流经石灰岩、白云岩分布的地段均形成峡谷。而经三斗坪坝址区至南沱,则为花岗岩地段,河谷较宽阔,岸坡较缓,河漫滩也常有分布。这与花岗岩的风化特征有关。

峡谷地段水面落差大,常蕴藏着丰富的水能资源,如雅鲁藏布江水能蕴藏量在中国仅次于长江。按平均流量估算,仅干流及五大支流的天然水能蕴藏量为 9 000 多万 kW。雅鲁藏布江支流众多,其中集水面积大于 2 000 km^2 的有 14 条,集水面积大于 1 万 km^2 的有 5 条。雅鲁藏布江的中游和下游段水量充沛,河谷落差巨大,江水滔滔,蕴含着巨大的水能资源,位于雅鲁藏布江干流中游下段的藏木水电站,总装机容量为 51 万 kW,多年平均发电量为 25.007 亿 kW · h,于 2007 年开始筹建,2011 年 11 月 18 日截流成功,进入主体工程施工阶段。2014 年 11 月 23 日,历时近 8 年、总投资 96 亿元的藏木水电站首台机组正式投产发电。

(2) 浅槽谷。又称“U”形河谷或河漫滩河谷。河谷横剖面较宽浅,谷面开阔,谷坡上常有阶地分布,谷底平坦,常有河漫滩分布,河床只占谷底的一小部分。河流以侧向侵蚀作用为主,它是由“V”形谷发展而成的,多形成于低山、丘陵地区或河流的中、下游地区。

(3) 屉形谷。其横断面形态为宽广的“口”形,谷坡已基本上不存在,阶地也不甚明显,只有浅滩、河漫滩、江中洲、汊河等发育。其中,浅滩为高程在平水位以下的各种形态的泥沙堆积体,包括边滩、心滩、沙埂等。心滩不断淤高,其高程超过平水位时即转为江心洲。河流以侧蚀作用和堆积作用为主。它多分布在河流下游、丘陵和平原地区。

2) 根据河流与地质构造的关系分类

(1) 纵谷。其特征是河谷延伸方向与岩层走向或地质构造线方向一致。河流是沿软弱岩层、断层带、向斜轴或背斜轴等发育而成的。根据地质构造特征又可命名为向斜谷、背斜谷、单斜谷、断层谷、地堑谷等(见图 3-6)。

(2) 横谷。其特征是河谷延伸方向与岩层走向或地质构造线方向近于垂直。河流横穿褶曲轴或断层线。当穿过向斜轴或较大的断层破碎带时,往往形成河谷开阔的宽谷;当穿过背斜轴时常为狭窄的峡谷。重庆市北碚区的嘉陵江河段横切 3 个背斜、2 个向斜,就是一个典型实例(见图 3-7)。

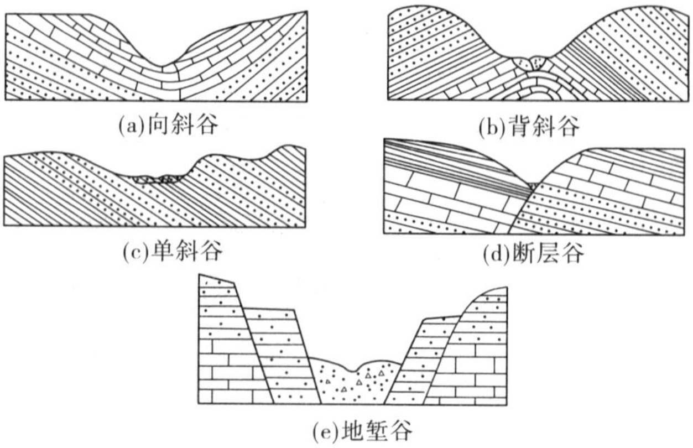

图 3-6　各种纵谷横剖面图

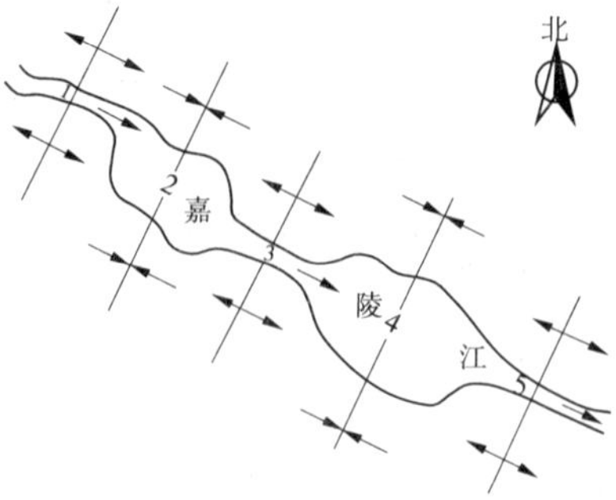

1—沥鼻峡背斜;2—澄江镇向斜;3—温塘峡背斜;4—北碚向斜;5—观音峡背斜。

图 3-7　嘉陵江小三峡平面示意图

3)根据两岸谷坡对称情况分类

根据两岸谷坡对称情况,可分为对称谷和不对称谷。前者两岸谷坡坡度相近[见图 3-6(a)、(b)、(e)];后者一岸谷坡平缓、一岸陡峻[见图 3-6(c)、(d)],谷坡平缓的一岸常有河漫滩分布,河水主流常靠近陡坡一侧流过。

2. 河床地貌特征

山区河流,其河床的最大特征是不平整性,到处分布着岩坎、石滩、深槽和深潭等。

1)岩坎和石滩

岩坎由基岩构成,常常出现在软硬交替的岩层所组成的河段上[见图 3-8(a)]。坚硬岩石横穿河床,由于水流差异性侵蚀,在河床纵剖面上形成许多阶梯。有时,断层横切河流也可以形成岩坎。河流在岩坎处形成急流。当岩坎高度大于水深时,即形成瀑布[见图 3-8(b)]。在向源侵蚀的作用下,岩坎总是向上游后退,直至消失。

石滩是分布较长的浅水河床,可由基岩或堆积在河床中的块石和卵石构成。其中,堆积石滩常不稳定,在水流作用下较易移动、变形和消失,而基岩石滩较稳定。由于岩体规模和产状不同,基岩石滩可以是成片分布的礁石,也可以是横河向或顺河向的石埂(石梁)。大的基岩石滩是良好的桥梁、闸、坝的地基。

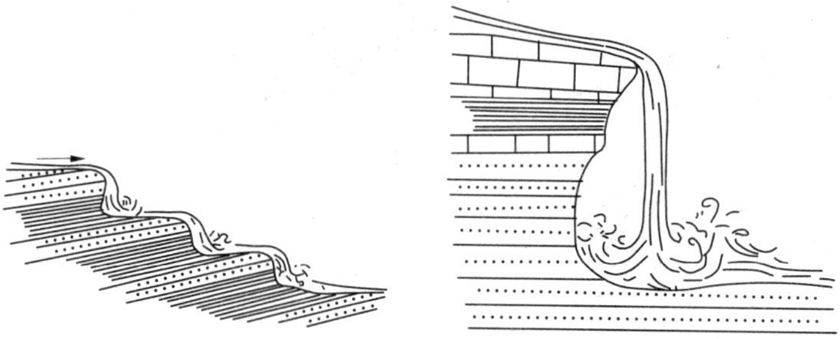

(a)岩坎　　(b)瀑布

图 3-8　岩坎与瀑布

2)深槽和深潭

深槽和深潭是河床中常见的地貌形态,它们的存在,给水工建筑物的布置、基坑开挖、坝基防渗和稳定等带来了不少困难和问题。山区河流除水流的作用外,主要受地质构造因素的影响,如河床中的断层、节理密集带、不整合面和软弱夹层等抗冲刷能力较弱的部位,由于冲刷的不均一性而形成深槽。深槽一般和主流方向一致,深槽的规模有的很大,例如:四川某坝址深槽宽约 40 m,深约 70 m。深潭是一种深陷的凹坑,深度可达几米至几十米。它主要形成于软弱结构面的交会处、岩体的囊状风化带和瀑布的下游。有时,挟带砂、砾石的漩涡流磨蚀河床基岩,也能形成深潭。

3)河漫滩

河漫滩是在河床两侧,洪水季节被淹没,枯水季节露出水面的一部分谷底(见图 3-5)。山区河谷中河漫滩较少出现,多在河曲的凸岸或局部河谷开阔地段才有,范围也较小。丘陵和平原地区的河谷则广泛分布,范围也大。有时河漫滩比河床的宽度大几倍甚至几十倍。河曲型河漫滩是河流侧蚀作用使河谷凹岸岸坡后退,凸岸堆积,河谷变弯,谷底展宽,不断发展而形成的。此外,还有汊道型及堰堤式河漫滩等。河漫滩处的沉积层,常常是下部颗粒相对较粗、上部颗粒较细,通常称为二元结构的沉积层,具斜层理与交错层理。

(五)河流阶地

在河谷发育过程中,由于地壳上升、气候变化、侵蚀面下降等因素的影响,河流下切,河床不断加深,原先的河床或河漫滩抬升,高出一般洪水位,形成顺河谷呈带状分布的平台,这种地貌形态称为阶地(见图 3-9)。一般河谷中常常出现多级阶地。从高于河漫滩或河床算起,向上依次称为一级阶地、二级阶地等。一级阶地形成的时代最晚,一般保存较好,越老的阶地形态相对保存越差。

阶地的形成基本经历了两个阶段。首先是在一个相当稳定的大地构造环境下,河流以侧蚀作用或堆积作用为主,形成宽广的河谷。然后,地壳上升,河流下切,于是便形成阶地。地壳稳定一段时间后,再次上升,便又形成另一级阶地。一般地壳上升愈强烈的地区,阶地也愈高。

根据成因,阶地可分为侵蚀阶地、基座阶地和堆积阶地 3 种类型。

1. 侵蚀阶地

侵蚀阶地的特点是阶地面上基岩直接裸露或只有很少的残余冲积物[见图 3-10

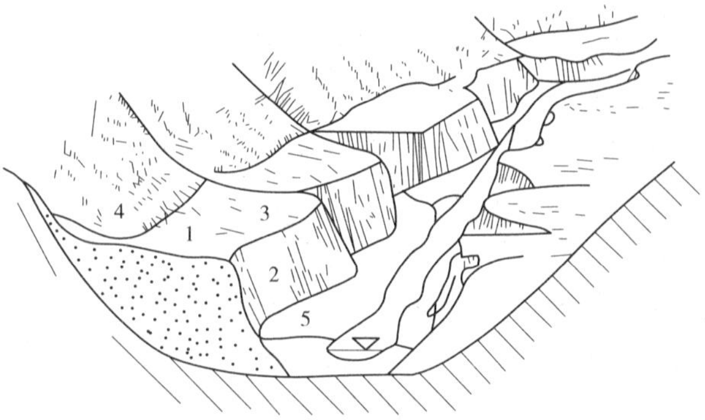

1—阶地面;2—阶坡;3—前缘;4—后缘;5—坡脚。

图 3-9　阶地形态要素

(a)]。侵蚀阶地只在山区河谷中常见,常作为厂房或桥梁等建筑物的地基。

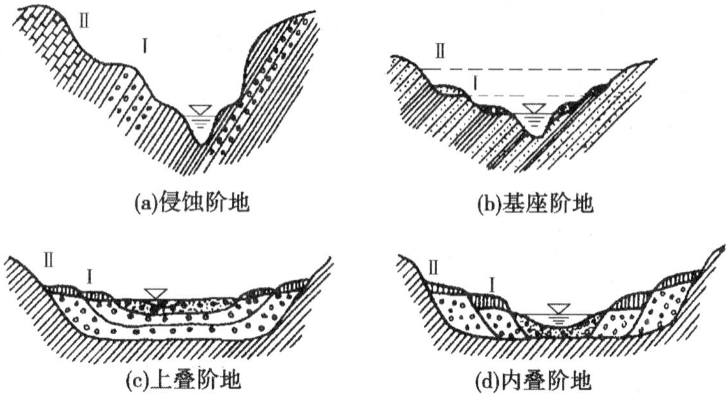

图 3-10　阶地的类型

2. 堆积阶地

堆积阶地完全由冲积物组成,反映了在阶地形成过程中,河流下切的深度没有超过冲积物的厚度。堆积阶地在河流的中、下游最为常见。堆积阶地又可进一步分为上叠阶地和内叠阶地两种。

上叠阶地的特点是新阶地的堆积物完全叠置在老阶地的堆积物上[见图 3-10(c)]。说明地壳升降运动的幅度在逐渐减小,河流后期每次下切的深度、河床侧蚀的范围和堆积的规模都比前期规模小。

内叠阶地是指新的阶地套在老的阶地之内[见图 3-10(d)]。每次河流冲积物分布的范围均比前次的小,反映它们在形成过程中,每次下切的深度大致相同,而堆积作用却逐渐减弱。

此外,由于地壳下降,早期形成的阶地被后期河流冲积物所掩埋,就形成埋藏阶地。

任务三　认识岩溶(喀斯特)作用

流水对可溶性岩石进行的一种以化学溶蚀为主、机械剥蚀为辅的地质作用过程及所产生的各种地质现象,总称为岩溶。岩溶往往形成各种奇特的地貌形态,这种地貌形态最初在南斯拉夫的喀斯特高原地区发育比较典型,因此国际上称为喀斯特。

我国由石灰岩构成的岩溶地区分布很广,仅地表出露的面积就有 120 万 km^2,其中我国西南部的岩溶地区总面积达 55 万 km^2,尤其以桂、黔、滇最广泛,另外湘、粤、浙、鲁也有分布。

岩溶的发育、形成始终伴随着地球的地质发展史,我国主要的岩溶期有震旦纪、寒武纪、奥陶纪、泥盆纪、石炭纪、二叠纪、三叠纪、白垩纪、第三纪和第四纪。其中,第三纪以前发育的岩溶称为古岩溶,古岩溶形态多已被剥蚀破坏或被后期沉积覆盖或充填。

除裸露的石灰岩地区外,我国还有大面积的石灰岩分布区被浅层第四纪堆积物所覆盖,但其中岩溶现象发育也很典型,这种类型常见于北方地区。

岩溶对工程建设的影响很大。岩溶的发育使岩石产生孔洞,成为水库渗漏的通道;在岩溶地区修建隧洞,会遇到各种岩溶涌水地质问题;在各种桩基础工程中,岩溶的存在会降低岩石的完整性,大大降低岩石的强度和稳定性,影响建筑物的安全;抽取大量岩溶水,会产生地面塌陷、地裂缝等地质灾害。因此,对岩溶地貌形态、岩溶发育条件、岩溶发育规律的研究具有重要意义。

码 3-3　微课:喀斯特作用

一、岩溶的形态

岩溶的形态多种多样,常见的形态有:岩石表面的溶沟、石芽;地形上的峰林、石林和溶蚀洼地;地表通向地下的落水洞、溶蚀漏斗;地下的溶孔、溶洞、地下暗河,以及岩溶堆积的石笋、石柱、钟乳石和石帷幕等(见图 3-11)。

(一)溶沟与石芽

地表水沿着可溶性岩石表面的裂隙进行溶蚀和冲蚀,使岩石表面形成一些细小的沟槽,称为溶沟。其深度由几厘米至几十厘米,最大不超过数米,长度差别较大。溶沟不断发育,沟槽之间岩石成为锥状柱体(称为石芽)。

(二)峰林与石林

峰林与石林都是石灰岩遭受强烈的溶蚀作用所形成的地貌。地面上形成的无数孤峭的石峰或石柱,前者称为峰林,后者称为石林。它们在我国广西、云南地区分布普遍。如广西的桂林为峰林地形,云南的路南为石林地形。

(三)溶蚀漏斗

溶蚀漏斗是岩石被溶蚀倒塌而形成的圆形或椭圆形、上大下小的漏斗或碟状地形,直径一般几米至百余米,其底部常有落水洞与地下溶洞相连。

(四)落水洞、竖井

落水洞由岩石中陡立的裂隙受水的溶蚀扩大而成。深度可达百余米,一般是地表水流入地下暗河的通道。如无水流入的竖向溶洞,称为竖井。

(五)溶蚀洼地

溶蚀洼地指由溶蚀作用所形成的宽阔的、不规则的封闭洼地,面积一般为数平方千米至数十平方千米,平面形态多呈圆形或椭圆形,其长轴一般沿构造线发育。洼地四周被陡

1—溶沟；2—石芽；3—溶蚀漏斗；4—溶蚀洼地；5—落水洞；6—溶洞；7—溶柱；8—天生桥；
9—地下河及伏流；10—地下湖；11—钟乳石；12—石笋；13—石柱；14—隔水层；15—阶地；
Ⅰ—岩溶剥蚀面；Ⅱ—强烈剥蚀面发育的岩溶景观；Ⅲ—石林丘陵；
Ⅳ—洼地谷地发育带；Ⅴ—溶蚀平原。

图 3-11　岩溶形态示意图

壁包围，而底部平坦，其上覆盖着厚度不等的黏性土或碎石。当通道被堵塞而积水时，便形成岩溶湖。

（六）溶孔和溶洞

溶孔在岩石中呈蜂窝状分布，直径一般为数毫米至数厘米，主要在地下深处形成。溶洞是近似水平或倾斜的大型空洞，溶洞一般沿层面裂隙、断层或其他构造带发育，它是水平循环带的产物，是地下暗河的水平通道。

溶洞形成后，洞内开始产生碳酸钙的重新沉积，形成各种洞穴堆积地貌，如钟乳石、石笋、石柱和石幔等。

二、岩溶发育的基本条件

岩溶的发生与发展受多种因素的影响。总的来说，岩溶发育的基本条件有岩石的可溶性和透水性、水的侵蚀性和流动性。前两项是产生岩溶的内在因素，后两项是岩溶发生的外部条件。

（一）岩石的可溶性

1. 岩石的成分

岩石的成分不同，其溶解度也不一样。按成分可分为卤化盐类岩石（岩盐、钾盐等）、硫酸盐类岩石（石膏、硬石膏等）、碳酸盐类岩石（石灰岩、白云岩、白云质灰岩、大理岩等）。这 3 类岩石中，卤化盐类岩石的溶解度最大，其次是硫酸盐类岩石，碳酸盐类岩石的溶解度最小。但其中分布最广和对工程实践意义最大的是碳酸盐类岩石中的石灰岩。

碳酸盐类岩石由不同比例的方解石和白云石组成，并含有泥质、硅质等杂质。研究资料表明:方解石的溶解速度比白云石快得多,因此石灰岩比白云岩容易被溶蚀;白云质灰岩和石灰质白云岩,首先被溶解的是方解石,使白云石残留下来,阻塞洞隙,使岩溶作用减弱;泥灰岩含有许多黏土矿物,经过溶蚀作用后,其表面残余的黏土颗粒也能堵塞洞隙,妨碍水流运动,影响岩溶作用的继续进行。因此,一般质纯的石灰岩,岩溶较发育,而泥灰岩、硅质灰岩等岩溶发育较差。例如:我国南方分布的泥盆系、石炭系、二叠系、三叠系和北方分布的中奥陶统的石灰岩一般岩性较纯,岩溶较发育;而北方分布震旦系的硅质灰岩、下奥陶统的白云质灰岩岩溶发育较差。

2. *岩石的结构*

岩石的结构对岩溶影响较大。矿物颗粒的大小、形状和结晶状况都控制着岩石的孔隙率。一般晶粒粗大或不等粒结构,由于抗风化能力差,节理裂隙发育,易于溶蚀;而晶粒较细、均匀致密的岩石,则不易溶蚀;对于生物碎屑岩和鲕状灰岩,主要由生物碎屑组成,孔隙大,岩溶最为发育;经过重结晶的亮晶灰岩,孔隙小,最不易溶蚀。如我国山东省,有些白云岩和泥质白云岩比纯灰岩的岩溶发育,这是因为这些岩石的结构主要是生物碎屑灰岩和鲕粒灰岩,其孔隙率大,溶孔发育。

(二)岩石的透水性

岩石的透水性加大了岩石与水的接触空间,使岩溶作用不仅限于岩石的表面,还能向深处发展。岩石的透水性取决于岩石的裂隙和孔隙度,其中裂隙比孔隙度更为重要。岩石的裂隙由于成因不同,其性质和分布特点各不相同,其影响的岩溶发育部位也不相同。构造裂隙是水流的主要通道,因此岩溶发育的程度和分布方向往往与地质构造有密切关系。一般在断层带、裂隙密集带、褶曲轴部等部位,岩石破碎,地下水容易进行循环交替,岩溶最为发育。风化裂隙的存在,使地表附近的岩石破碎,有利于地下水的运动,因此在地表附近岩溶一般也比较发育。层间裂隙也是地下水进入岩石的通道,在可溶性与非可溶性岩石的界面上,由于地下水的流动、富集,岩溶往往也较发育。如我国北方下寒武统龙王庙阶$\in_1$的二段石灰岩,地下水下渗时受到一段页岩和太古代花岗片麻岩的阻挡,二段石灰岩岩溶发育,是较好的含水层。

可溶性岩石的孔隙度一般比较小,但在贝壳灰岩、珊瑚礁灰岩、生物碎屑灰岩中,孔隙大而多,对岩溶发育影响很大。

(三)水的侵蚀性

自然界的水是不纯的,含有许多化学成分。水对碳酸盐类岩石的溶解能力,主要取决于水中CO_2的含量,即所谓的侵蚀性CO_2。其含量越多,溶解能力越强。水中CO_2的来源,主要是雨水溶解空气中的CO_2。此外,土壤和地表附近强烈的生物化学作用,也是水中CO_2的重要来源。

在地下水向深处运动的过程中,由于不断溶解岩石,水中侵蚀性CO_2含量逐渐减少,地下水的溶蚀能力也随之下降;水温也影响水的溶解能力,温度越高,溶解能力越大;当水中含有Cl^-、S^{2-}离子时,水对碳酸盐类岩石的溶解能力将增加。

(四)水的流动性

水的溶蚀能力与水的流动性关系密切。在水流停滞的情况下,随着水中CO_2不断消耗,水溶液达到饱和状态而丧失溶蚀能力。只有当地下水不断流动,与岩石广泛接触,源

源不断地补充富含 CO_2 的水,岩溶才能继续进行。

地下水的流动性主要取决于降水量、水位差和岩石的透水程度。降水量和地下水循环系统的水位差越大,水的流动就越快。所以,多雨的湿润地区和新构造运动上升强烈地区,溶蚀作用比较强烈。相反,在干旱地区,降水较少,溶蚀作用微弱。新构造运动相对稳定的准平原区,地下水循环系统的水位差不大,溶蚀作用就不如山区强烈。

三、影响岩溶发育的因素

岩溶地貌的发育,除上述的 4 个基本条件外,气候、地质构造、地形、地貌、植被等因素对岩溶发育也有不同影响。其中,气候与地质构造的影响最明显。

(一)气候因素

气候是岩溶地貌发育的一个重要因素,气候因素主要包括降水量和气温的变化。降水量越大,下渗量越大,水流交替条件越好,越有利于溶蚀作用,岩溶越发育。在气候湿润区,植被茂盛,形成大量的有机酸,加之土壤中微生物和有机质的分解,为入渗水流提供了大量的 CO_2,使水流经常保持很强的溶蚀性;在内陆和高山、高纬度地区,由于气候干燥寒冷,不利于岩溶发育。据统计,广西中部年溶蚀量为 0.12~0.3 mm,而河北地区的年溶蚀量为 0.02~0.03 mm,两者相差 6~10 倍,气候是影响我国南、北方岩溶地貌发育不同的主要原因。

(二)地质构造

岩溶发育与地质构造关系密切,岩溶区均受构造体系的控制。裂隙节理、断层破碎带、褶曲轴部、可溶性岩石与不可溶性岩石的界面等,这些部位岩层破碎,水流汇集,交换和运动条件好,溶蚀作用进行顺利而迅速,因而岩溶地貌发育。

1. 断层构造

断层是地下水的良好通道,所以沿断层带岩溶特别发育。断层的规模、性质、走向和断裂带的破碎程度及填充方式,都和岩溶发育密切相关。正断层属于张性断层,岩体破碎,破碎带一般为断层角砾岩,透水性强,有利于岩溶发育,断层的上盘一般比下盘发育;逆断层一般为压性断层,破碎带一般为大量的碎裂岩和糜棱岩,胶结好,孔隙率小,呈致密状态,不利于岩溶发育。平移断层破碎带内既有岩石的糜棱结构,也存在次一级的构造裂隙,对岩溶的发育,介于两者之间。

2. 褶皱构造

不同的褶曲形态,岩溶发育程度、部位也不相同。在背斜构造区,背斜轴部,张裂隙发育,有利于地下水向下渗流,岩溶发育常比其他部位高,形成一系列沿轴向分布的岩溶形态。背斜的两翼地段,裂隙岩溶发育较差。在向斜构造区,地下水富集于轴部,沿轴向排水,可形成暗河,因而岩溶风化强烈,逐渐向两翼减弱。

3. 单斜构造和水平构造

岩层倾角的大小不一,地下水流速和循环也不相同。倾角越大,地下水循环越剧烈,岩溶作用越强;水平构造或缓倾斜构造区,同一岩层在地表分布,促使岩溶均匀发育,形成单一的地貌景观,岩溶发育情况多由层面裂隙控制。

(三) 地形、地貌

在不同地貌条件下,岩溶发育程度是不相同的。地面坡度的大小直接影响渗流量大小,在比较平缓的地方,地表径流速度慢,渗透量大,地下水运动和循环迅速;反之,地面坡度大,地表径流速度快,地下入渗量小,地下水运动和循环缓慢,影响岩溶发育程度。

在不同地貌部位或不同的地貌单位,岩溶发育程度也不相同。如高山、低山、平原地区的水动力条件不同,地下水的垂直分带也有很大变化。

四、岩溶发育的分带性

在被河谷切割的厚层可溶性岩层地区,地下水的流动大致可分为 4 个垂直带(见图 3-12)。

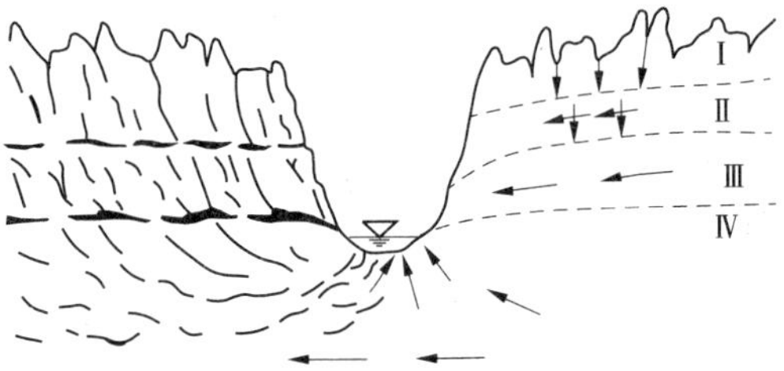

Ⅰ—垂直循环带;Ⅱ—过渡循环带;Ⅲ—水平循环带;Ⅳ—深部循环带。

图 3-12　地下水的垂直分带

(一) 垂直循环带(包气带)

垂直循环带(包气带)位于地表以下、地下水位以上,平时一般无水或不为水饱和,因此又称包气带。在降水后,水以垂直下渗为主,因而岩溶发育也主要以垂直形态为主,如漏斗、落水洞等。垂直循环带的厚度主要取决于地貌条件,地壳上升越剧烈,河谷下切越深,垂直循环带厚度越大;地壳相对稳定的平原区,河谷切割深度浅,垂直循环带的厚度较小。如广西山区的垂直循环带可达 100 m 以上,而在平原地区的垂直循环带一般在 10 m 以下。

(二) 水平循环带(饱水带)

水平循环带(饱水带)位于潜水面以下,为主要排水通道控制的饱和水层。该带水流主要沿水平方向运动,是地下岩溶形态主要发育地带,多发育水平型喀斯特,如地下河、水平溶洞等。水平循环带的厚度随着潜水面在不同季节的升降而变化,其厚度从补给区向排泄区逐渐加大。如贵州猫跳河的两侧,接近补给区的地段,水平循环带厚度仅 5 ~10 m,而到达河谷排泄区地段,则厚达 20 ~ 30 m 甚至更厚。

(三) 过渡循环带

过渡循环带位于上述两带之间,潜水面随季节而变化。雨季潜水面上升,此带变为饱水带,地下水向河谷流动,为水平循环带;旱季地下水位下降,此带为垂直循环带,称为包气带。过渡循环带内既发育有水平岩溶形态,又发育有垂直岩溶形态,其厚度取决于地下水位的升降幅度。

(四) 深部循环带

深部循环带位于水平循环带以下,此带内地下水运动不受河谷影响,其运动速度明显减小,因此溶蚀能力较弱。

在上述的4个带中,地下水的运动方式和强度不同,决定了岩溶形态、位置、延伸方向和规模大小也不相同。这4个分带可以因气候、地貌和构造的变动而发生变化。如果地壳上升,原来水平循环带可能转化为过渡循环带或垂直循环带;如果地壳下降,原来的垂直循环带和过渡循环带也有可能转化为水平循环带。

五、岩溶与工程建设

(一)岩溶地区的主要水文地质与工程地质问题

1. 地下水资源匮乏问题

岩溶地区岩溶水在空间的分布变化大,有的地方地下水汇集于溶洞孔道中,形成地下水很丰富的地区,而另一些地方地下水沿溶洞或孔隙流走,形成在一定范围内的严重缺水现象。它不仅给地下水勘察带来相当大的难度,也使一个地区地下水的补给、排泄和径流条件更加复杂。

2. 岩溶渗漏问题

由于岩溶地区地下溶洞、溶蚀裂隙发育,修建水工建筑物往往遇到严重渗漏问题,那么能否成功地解决岩溶渗漏问题,是工程成败的关键。如库坝址选择不当或未能采取恰当的防渗措施,轻则造成水资源损失,重则使水库完全不能蓄水而失败,或者是处理的代价过高而经济上不合理。

岩溶渗漏工程地质研究的主要内容有是否漏水、渗漏通道分布、渗漏形式、渗漏量及有效的防渗处理措施等。要解决这些问题,需要查明岩溶发育规律、河谷及地下分水岭的地质结构,以及地下水的补给、径流和排泄条件等。

3. 天然洞穴区的地基稳定问题

在岩溶地区由于地基可能埋藏有溶蚀沟、地下洞穴,它们的存在破坏了岩体的完整性,大大降低了地基的承载力,影响建筑物的稳定。

4. 岩溶塌陷问题

岩溶塌陷多发生在覆盖型岩溶地区。在岩溶平原、洼地和谷地中,覆盖着较厚的松散土体,成为覆盖型岩溶地基。一般覆盖层中地下水埋藏较浅,当岩溶发育时,地下水流动,导致水位下降或水库渗漏等,均可能产生岩溶促使地面塌陷,造成道路破坏,建筑物下沉或倾倒。

5. 隧道涌水问题

在岩溶地区开挖矿山巷道、隧洞或地下厂房,可能出现大量涌水,将造成事故,给施工带来困难。

(二)岩溶危害的工程处理

1. 岩溶渗漏防治措施

在水利水电工程建设中,岩溶渗漏问题比较常见,防治措施也较多,主要是从两个方面来考虑的:一是降低岩体的透水性,截断渗漏通道;二是合理导水导气。实践中要结合具体的地质条件,采用灌(浆)、堵(洞)、截(渗)、疏(导)等方法处理岩溶渗漏问题。

灌浆是借助钻孔向地下渗漏通道灌注水泥、沥青、黏土浆液,充填岩体中的洞穴、裂隙,以降低岩体的透水性,形成灌浆帷幕,达到防渗的目的。岩溶地区由于岩溶渗漏问题严重,以往认为建高坝大库不太可能。然而,地基土下分布串珠状充填溶洞的某水泥厂原煤存储库由 5 个钢筋混凝土筒仓组成单排圆形排仓,因临近铁路隧道施工出现透水事故,造成大规模涌水使得地面塌陷,对原煤存储库进行检查发现,筒仓仓底环梁均多处出现混凝土保护层裂缝,结构发生较大沉降,注浆后对存储库进行了为期 1 年共 6 次的后期沉降观测,地面未再继续有塌陷现象,存储库累积平均沉降量为 7.01mm,沉降量大幅减小,部分观测点揭示注浆后地面有抬升现象,加固后结构进入稳定沉降变形,存储库裂缝未进一步扩大。

堵洞是用块石、砂、混凝土、黏性土等材料,堵塞规模较大的岩溶洞穴,这是处理岩溶集中渗漏通道的有效方法。

2. 岩溶地基处理措施

当岩溶地基稳定不能满足要求时,必须事先进行处理,做到防患于未然。常视具体条件合理选择绕避、挖填、跨盖、灌注加固、强夯、桩基、复合地基和合理疏导水、气等措施。

跨盖就是当基础下有小溶洞、溶沟、落水洞时,可采用钢筋混凝土梁板跨越或用刚性大的平板基础覆盖。

强夯适用于覆盖型岩溶区上覆松软土,通过强夯法使其压缩性降低,强度提高,以减少或避免土洞及塌陷的形成。

3. 岩溶水的处理

常与水流方向垂直设置截流设施,如截流盲沟、截水墙和截水洞等截断岩溶水渗入;为达到疏干某一范围的目的,也可用泄水洞、排水管、排水桥涵和排水沟以及堵塞或围堰法处理。

任务四　认识重力地质作用

斜坡上的风化碎屑物质或不稳定岩层,在重力作用及流水作用的参与下向下发生位移,称为重力地质作用,由此产生的各种地貌称为重力地貌。

斜坡上的块体运动是多种多样的,有快速运动的崩塌、滑坡,也有缓慢运动的挠曲、倾倒等蠕动破坏;在地下水的参与下,有破坏力较大的泥石流,也有前述的坡积物,不同的运动方式产生了不同的重力地貌及其堆积物。

码 3-4　微课:自然地质灾害

我国山区面积大,在各种工程建设中都会遇到挠曲、倾倒、崩塌、滑坡、泥石流等地质灾害,对交通、建筑物、农田等破坏性很大,因此研究重力地质作用及重力地貌类型,在生产实践中具有很大意义。本任务重点介绍崩塌、滑坡、泥石流等重力地质作用。

一、崩塌

斜坡上的土体、岩体在重力作用下,突然向下崩落,称为崩塌。崩塌的运动速度很快,一般可达 5~200 m/s,多发生在 45°以上的陡坡上。岩土体以跳跃、滚动形式运动,直接坠落于地面,在坡上方形成陡坎,称为崩塌崖;在坡的下方形成碎石舌、倒石堆等。崩塌运动时没有固定的滑动面,其地质营力主要是重力地质作用,一般没有流水作用的参与,崩落物质主要由土和岩块组成。崩塌是斜坡破坏的一种形式,对水利工程、铁路、公路的危害严重。因此,对崩塌类型、崩塌产生原因和崩塌堆积物的研究具有重大意义。

(一)崩塌类型

崩塌可分为山崩、崩岸、岩崩和岩屑崩落等类型。

1. 山崩

山崩是山区发生大规模崩塌的现象。在边坡很陡的地区,在岩石的释重作用、冰劈作用、温差作用等物理风化作用下,沿陡坡边缘产生一系列的张裂隙,使边坡处于极不稳定状态。当遇到地震、爆破或人工开挖等触发因素时,岩体产生崩塌。山崩的规模可大可小,大规模的山崩破坏力巨大。如 1911 年帕米尔高原巴尔坦格河谷一次巨大山崩,崩落的体积达 36 亿~48 亿 m^3。在几秒的时间内,岩体从 600 m 的高处塌落下来,堵塞了河流,形成了长 75 km、深 262 m 的堰塞湖。

2. 崩岸

河岸、湖岸和海岸由于河流的侧蚀作用和湖岸、海岸的浪蚀作用,底部被淘空,上方岩体失去支撑而发生崩岸。

3. 岩崩

陡岸整块岩体直接坠落或滚落,称为岩崩。崩落的岩体散落于山坡下方的缓坡地带。

4. 岩屑崩落

岩屑顺斜坡做跳跃式的滚动称为崩落,它比山崩和岩崩的速度慢,常形成倒石堆。

(二)崩塌产生原因

崩塌产生的原因主要与气候、地形、岩性和地质及其他因素有关。

1. 气候因素

在干旱、半干旱地区和高寒山区,由于温差作用、冰劈作用、岩石释重和盐的结晶与潮解作用,产生强烈的物理风化,促使岩石破碎,加速其向下崩落;而在湿热多雨地区,风化产物为黏性土,不易产生崩塌。如兰新铁路上一些新开挖的花岗岩路堑,不到 5 年就遭受强烈的崩塌,而暴雨、冰雪融化往往是崩塌的触发原因。

2. 地形

地面坡度与相对高差影响山坡的稳定性。山坡坡度超过临界坡度时,坡面上的物质就会下滑崩落。一般松散岩屑坡的临界坡度为 30°~35°,黏土临界坡度为 40°,因此陡坡是形成崩塌的重要条件。崩塌一般发生在高山峡谷、河流强烈下切地段。

3. 岩性和地质因素

岩石的岩性和地质构造是发生崩塌的直接因素。崩塌一般发生在块状或厚层状坚硬岩体中,这类岩体可形成陡峻的斜坡。由于应力重新分布和卸荷等,斜坡前缘易产生深而长的张裂隙,并与其他结构面组合,逐渐形成结构体,在触发因素作用下发生崩塌。组成这类岩体的岩石有花岗岩、砂岩、石灰岩、片麻岩和石英岩等;而平缓的层状或软硬互层状岩体斜坡由于平缓的软弱面对陡倾的拉裂面起了一定的阻隔作用,不易使拉裂面向深处发展,经长期的表层风化作用,边坡表面呈片状、层状剥落,堆积于坡脚,一般不会产生崩塌,有时表现为坠石;新构造上升的山区、垂直节理发育的岩坡、陡峭的黄土坡,其边坡都不稳定,而地震常常是不稳定山坡发生崩塌的触发因素。

另外,人工爆破、开挖边坡、农业开垦等都是造成崩塌的重要原因。

(三)崩塌堆积物

由崩塌作用所形成的堆积物称为崩塌堆积物,简称崩积物 Q^{col}。这类堆积常组成三角形、半圆形的锥形体分布。崩积物的岩性与斜坡上部岩石基本一致。岩性单一,未经分选,棱角分明,颗粒大小混杂,排列不规则。崩积物在垂直剖面上,呈上细下粗现象;在纵向上,近陡坡处颗粒细小,山麓处颗粒粗大。崩落比较活跃时,岩壁陡而新鲜。

二、滑坡

滑坡是指斜坡上的土体和岩体,在重力作用下沿一定滑动面整体下滑的现象。滑坡体可以是缓慢地、长期地、间歇性地滑动,可延续几年、几十年甚至上百年;有的开始运动缓慢,随后突然变快,可在短期内形成巨大灾害。

(一)滑坡的形态

滑坡在平面上的边界和形态与滑坡的规模、类型及所处发育阶段有关。一个完整的滑坡一般由以下要素组成(见图3-13)。

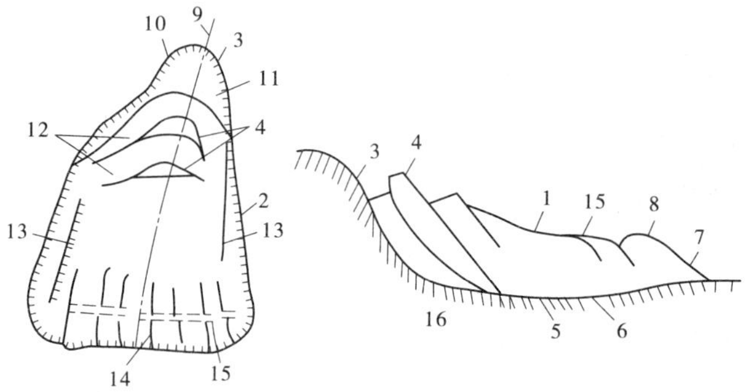

1—滑坡体;2—滑坡周界;3—滑坡壁;4—滑坡台阶;5—滑动面;
6—滑坡带;7—滑坡舌;8—滑坡鼓丘;9—滑动轴;10—破裂缘;11—封闭洼地;12—拉张裂缝;
13—剪切裂缝;14—扇形裂缝;15—鼓张裂缝;16—滑坡床。

图3-13 滑坡要素及滑坡形态特征示意图

(1)滑坡体。简称滑体,是滑坡发生后与母体脱离开的滑动部分。滑坡体虽然是整体滑动,但其内部基本上保留原有的层位关系以及结构、构造特征;滑坡体的表面起伏不平,裂隙纵横;原有的树木倾斜或倒伏,形成醉汉林、马刀树。滑坡体与周围不动土体分界线称为滑坡周界。滑坡体的规模大小不一,从几十立方米到几万立方米不等。

(2)滑坡床。是滑坡体以下未滑动的部分。它保持原有的结构、构造特征,只是靠近滑坡体部位有些破碎。

(3)滑动面和滑坡带。滑坡体与周围未滑动岩土体之间的分界面称滑动面。滑动面的形状与滑坡体的成分、结构、构造有关。在均质的黏性土和软岩中,滑动面近于圆弧面;当滑坡体沿岩层层面、结构面滑动时,滑动面为直线或折线。由于滑动时的摩擦,滑动面比较光滑,有时可见滑动擦痕和磨光面。在滑动面上、下所形成的碾压破碎带称为滑坡带。滑坡带内的土体受到揉皱、碾磨作用,岩石产生糜棱岩化现象,在石灰岩内可见大理岩化现象。它往往由碎裂岩、糜棱岩、岩粉、岩屑和黏土组成。

(4)滑坡壁。滑坡体滑落后,滑床上方未滑动部分岩土体所形成的弧形陡壁;平面上多呈圈椅状,高数厘米至数十米,坡度一般为60°~80°,形成陡壁。

(5)滑坡台阶。由于各阶段滑体运动的差异,在滑坡体上形成滑坡错台,每一错台都形成一个陡坎和平缓台面,称为滑坡台阶。

(6)滑坡舌。又称滑坡前缘或滑坡头,位于滑坡的前部。滑坡舌的隆起部分称为滑坡鼓丘。

(7)滑坡裂缝。滑坡体在滑动过程中,由于各部位移动速度不均匀,在滑坡体内部、表面产生的裂缝称为滑坡裂缝。根据受力状态可将滑坡裂缝分为四种:拉张裂缝、剪切裂缝、鼓张裂缝和扇形裂缝。

(二)滑坡的分类

由于自然条件不同,滑坡的成因、形态、滑动方式各有特点,为了反映滑坡的工程地质特征及其发展规律,有效地预测和预防滑坡的发生,对滑坡提出的分类方案如下。

1.按滑动面与岩土层面关系分类

这是应用较广泛的一种分类。按滑动面与岩土层面关系可分为均质滑坡、顺层滑坡、切层滑坡3类。

1)均质滑坡

均质滑坡是指发生在均质、无明显层理的岩土体中的滑坡。滑动面不受层面控制,一般呈圆弧形,在黏土、黄土和黏土岩中较常见。

2)顺层滑坡

顺层滑坡是指发生在非均质的成层岩体中,沿岩层面发生滑动的滑坡。这类滑坡多发生在岩层倾向与斜坡倾向一致,但倾角小于坡角的条件下。当岩层中存在原生或次生的软弱夹层时,夹层的抗剪强度较低,很容易沿该层面滑动。另外,坡积物与下伏基岩的交界面较陡时,坡积物的下滑也属于顺层滑坡。顺层滑坡的滑动面一般为平面,也可以是波状或倾斜阶梯形。

顺层滑坡在自然界分布广泛,而且规模较大,如我国三峡工程库区云阳到奉节一带有多处这种类型的大型滑坡。

3)切层滑坡

滑动面切过岩层面的滑坡称为切层滑坡。它多发生在岩层产状平缓、坡面与岩层面反倾向的非均质岩层中。滑动面多沿断层面、节理裂隙面形成。在剖面上滑动面多呈直线或折线形。

2.按滑坡的滑动力学特征分类

1)推动式滑坡

推动式滑坡是指滑坡的上部不稳定,上部边坡滑动而使下部滑动,主要是坡顶堆积荷载或进行工程建设等引起上部失稳所致。

2)牵引式滑坡

牵引式滑坡始滑部位位于滑坡的下部,然后逐渐向上扩展,引起由下而上的滑动。这主要是坡脚受河流冲刷或人工开挖而造成的。

3)混合式滑坡

混合式滑坡始滑部位上下结合,共同作用。这种情况比较常见。

3. 按滑坡的岩土类型分类

按滑坡的岩土类型分为堆积层滑坡、黄土滑坡、黏土滑坡、岩层滑坡4类。

4. 按滑坡体的厚度分类

按滑坡体的厚度分为浅层滑坡(滑坡体的厚度小于5 m)、中层滑坡(滑坡体的厚度为5~20 m)、深层滑坡(滑坡体的厚度大于20 m)。

5. 按滑坡体的体积分类

按滑坡体的体积分为小型滑坡(滑坡体的体积小于5 000 m^3)、中型滑坡(滑坡体的体积为5 000~50 000 m^3)、大型滑坡(滑坡体的体积为50 000~100 000 m^3)、巨型滑坡(滑坡体的体积大于100 000 m^3)。

(三)影响边坡稳定性的因素

影响边坡稳定性的因素复杂多样,主要包括岩土类型和性质、岩体结构和构造、风化作用、水的作用、地震和人类活动等。可将它们分为两类:一类为主导因素,是长期起作用的因素,包括岩土类型和性质、地质构造、岩体结构、风化作用、地下水活动等;另一类为触发因素,是临时起作用的,有地震、洪水、暴雨、堆载、人工爆破等。正确分析各种因素的作用,是边坡稳定性评价的工作之一,为预测边坡破坏、发展演化及有效防治措施提供依据。

1. 岩性

滑坡常发生在易于亲水软化的土层和一些软质岩层中;当坚硬岩层或岩体内存在有利于滑动的软弱结构面时,在适当的条件下也可能形成滑坡。

亲水软化的土层中发生的滑坡,主要与土中的黏土矿物有关,特别是与蒙脱石、伊利石等的关系密切。这些黏土矿物具有扁平的晶形和特强的亲水性,使其内摩擦角 φ 很小,因此易产生滑坡。

一些软质岩层的基岩滑坡,主要与软弱质岩层有关,如千枚岩、页岩、泥灰岩、云母片岩、滑石片岩等。由于其遇水容易软化,抗剪强度降低,因此易产生滑坡。

2. 构造

滑坡和构造的关系主要有两个方面:一是不论是土层还是岩层,滑动面常发生在顺坡层面、大节理面、不整合面、断层面(带)等软弱构造面上,因其抗剪强度一般较低,斜坡受力情况突然改变时,都可能成为滑动面。二是上部为透水层、下部有不透水层(隔水层)的单斜构造地段,当地下水沿隔水层顶板活动时,在其两个层面产生润滑作用,改变两者间的内摩阻力,就有可能失去平衡而发生滑坡。

3. 水

水是滑坡产生的重要条件。绝大多数滑坡都是沿饱含地下水的岩体软弱面产生的。当水渗入岩土层的孔隙、裂隙中,或形成含水层时,它能降低岩土体的黏聚力值,甚至发生软化、膨胀、崩解,削弱其抗剪强度,使抗滑阻力减小;同时水充填于岩土孔隙中,使其容重增大,从而加大了岩土的下滑力;此外,在含水层中,潜水面变化产生的动水压力和静水压力改变了斜坡的稳定性,大大降低了摩阻系数,也加大了岩土体的下滑力。这些都能导致滑坡的发生。

大气降水是地下水的主要来源,阵发性地大量增加地下水量会引起滑坡的产生。据统计,90%以上的滑坡与降雨有关,故有“大雨大滑、小雨小滑、无雨不滑”之说。

4. 地震

强震(7 级以上)是滑坡发生的诱发性因素,尤其在山区最为普遍。地震能直接破坏斜坡岩土的结构,甚至可使有些地层因震动而发生液化,降低了抗剪强度;还可能因地震波附加给岩土的巨大惯性力破坏了稳定性,促使滑坡的产生。如 1933 年 8 月 25 日的四川叠溪大地震,引起大滑坡和山崩,摧毁了叠溪镇。滑坡和崩塌将岷江堵塞形成 4 亿~5 亿 m^3 的堰塞湖,10 月 9 日溃口,湖水急剧下泄,造成下游 2 500 人死亡。又如 1973 年的四川炉霍地震造成了 223 个滑坡,其中有 139 个滑坡是直接由这次地震引起的。2008 年 5 月 12 日的四川汶川大地震,引发多处滑坡,造成交通严重瘫痪。

5. 人为因素

人类活动违反自然规律、破坏斜坡稳定条件也会诱发滑坡。如人类不合理地开挖高陡边坡,破坏了自然斜坡的稳定状态;在斜坡上方或坡顶任意堆填土石方加大坡顶荷载;斜坡上方植被遭到破坏,引起地表水下渗及排水不畅,使坡体内水量增大;不适当的大爆破施工,震松了山体结构;水库蓄水后坡脚被淘空,使斜坡土体失去支撑等,都是诱发滑坡产生的人为因素。

滑坡常发生在雨季或春季冰雪融化时。滑动的地方主要是山谷坡地、海洋、湖泊、水库、渠道和河流的岸坡及露天采矿场所。多数滑坡,特别是大规模的滑坡会掩埋村镇,摧毁厂矿,破坏铁路和公路交通,堵塞江河,损坏农田和森林,从而给人类生命和经济建设带来危害。2015 年 12 月 20 日,位于深圳市光明新区的红坳渣土受纳场发生滑坡事故,造成 73 人死亡,4 人下落不明,17 人受伤(重伤 3 人,轻伤 14 人),33 栋建筑物(厂房 24 栋,宿舍楼 3 栋,私宅 6 栋)被损毁、掩埋,90 家企业生产受影响,涉及员工 4 630 人。事故造成直接经济损失 8.81 亿元。事故直接原因是:红坳渣土受纳场没有建设有效的导排水系统,受纳场内积水未能导出排泄,致使堆填的渣土含水过饱和,形成底部软弱滑动带;严重超量超高堆填加载,下滑推力逐渐增大、稳定性降低,导致渣土失稳滑出,体积庞大的高势能滑坡体形成了巨大的冲击力。

(四)不稳定边坡的防治措施

为了防止边坡变形破坏对建筑物造成的危害,对边坡变形破坏需要采取防治措施。防治的总原则是预防为主,及时处理。通常采用的防治措施如下。

1. 防渗与排水

排水包括排除地表水和地下水。这种方法效果良好,因此是目前整治不稳定边坡的常用措施。首先要拦截流入不稳定边坡区的地表水流(包括泉水、雨水),一般在不稳定边坡(如滑坡区)外围设置环形排水沟槽,将地表水排走。设排水沟槽时,应注意充分利用自然沟谷,并布置成树枝状排水系统,还要整平夯实坡面,以利于排水。

疏导地下水,一般采用水平排水廊道截断地下水流(见图 3-14),防止地下水流入滑坡体内,或将滑坡体内地下水迅速排走。另外,还可以用垂直排水井进行排水。

2. 削坡、减重、反压

这种方法主要是将较陡的边坡减缓或将其上部岩体削去一部分,并把削减下来的土石堆于滑体前缘的阻滑部位,使之起到既降低下滑力,又增加抗滑力,以增加边坡稳定性的目的(见图 3-15)。

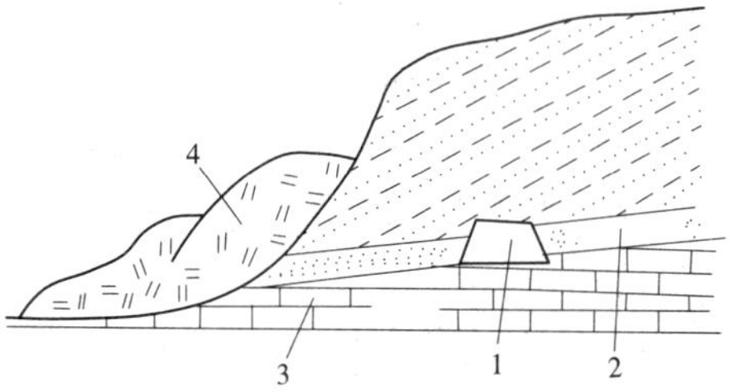

1—排水廊道;2—含水层;3—基岩;4—滑坡体。

图 3-14　截断地下水流的排水廊道示意图

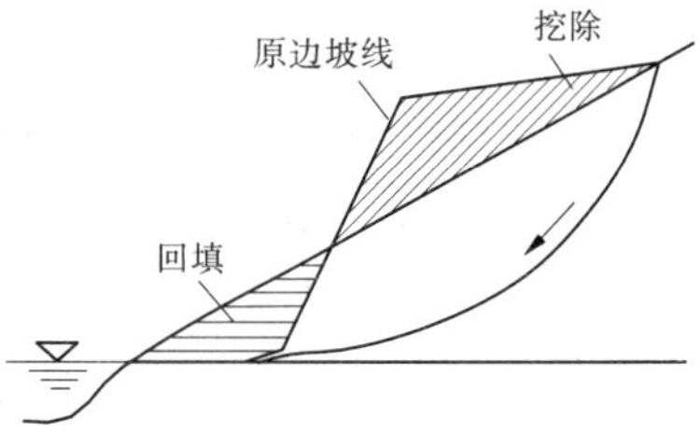

图 3-15　削坡处理示意图

3. 修建支挡建筑物

这种措施主要是在不稳定边坡岩体下部修建挡土墙或支撑墙,靠挡墙本身的重量支撑滑移体的剩余下滑力。挡墙的主要形式有浆砌石挡墙、混凝土或钢筋混凝土挡墙等。修建支挡建筑物时需要注意的是,其基础必须砌置于最低滑动面之下,一般插入完整基岩中不少于 0.5 m,插入完整土层中不少于 2 m。此外,还要考虑排水措施(见图 3-16)。

4. 锚固措施

这种方法主要是利用预应力钢索或钢杆锚固不稳定边坡岩体,是一种有效的防治滑坡和崩塌的措施。具体做法是:先在不稳定岩体上部布置钻孔,钻孔深度达到滑动面以下坚硬完整岩体中,然后在孔中放入钢索或锚栓,将下端固定、上端拉紧,常和混凝土墩、梁,或配合挡墙将其固定(见图 3-17)。

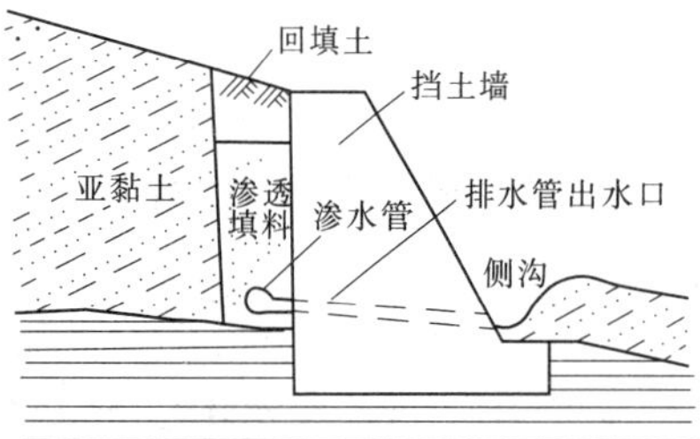

图 3-16　具有排水措施的挡土墙

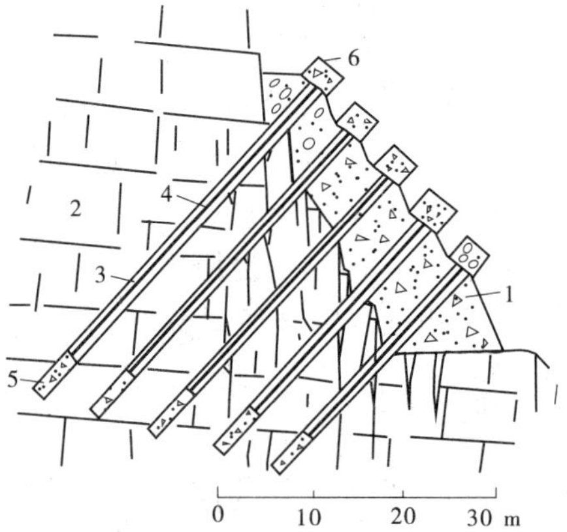

1—混凝土挡墙;2—裂隙灰岩;3—锚固孔;
4—预应力锚索;5—锚索的锚固端;6—混凝土锚墩。

图 3-17　某边坡锚固示意图

三、泥石流

泥石流是发生在山区的一种含有大量泥沙和石块的暂时性洪流。泥石流与一般洪流的主要区别在于:这种流体是由固体和液体组成的,且固体物质含量较大,一般在 15%左右,容重大于 13 kN/m^3;在特殊情况下固体成分占到 80%以上,容重可达 23 kN/m^3。它的特点是突然爆发、能量巨大、历时短暂、复发频繁。因此,其破坏力巨大。

泥石流的地理分布广泛,据不完全统计,全世界约有近 70 个国家不同程度地遭受泥石流的威胁。我国山地面积大,自然地理条件和地质条件复杂,所以是世界上泥石流灾害严重的国家之一。因此,对泥石流的组成特征、发生条件、类型的研究具有重要意义。

(一)泥石流的形成条件

泥石流的形成和发展与流域的地质、地形和水文气象条件有密切的关系,同时也受人类活动的影响。

1. 地形条件

泥石流总是发生在陡峻的山区,在这里河床坡度陡,地表水迅速集中并沿着沟谷急速流动。典型的泥石流流域一般可分为形成区、流通区和堆积区 3 个区段(见图 3-18)。

1)形成区

泥石流的形成区一般位于河谷的上游地区,地形上是三面环山、一面有出口的半圆形,周围山坡陡峻,多为 30°~60°的陡坡。坡上有大量松散物质,植被较差,分布有冲沟,且滑坡、崩塌发育。这样的地形条件有利于汇集周围的水流和固体物质。

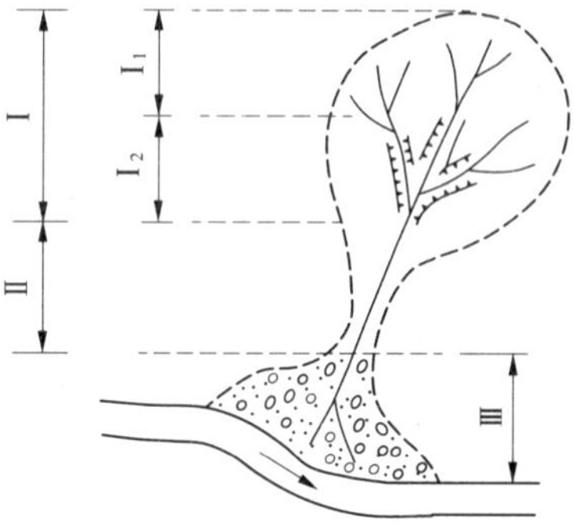

Ⅰ—形成区;$Ⅰ_1$—汇水动力区;$Ⅰ_2$—固体物质补给区;Ⅱ—流通区;Ⅲ—堆积区。

图 3-18 泥石流流域示意图

2)流通区

流通区是泥石流搬运通过的地段,多为狭窄而深切的峡谷或冲沟,谷坡陡,河床坡度大,且多为陡坎和跌水。

3)堆积区

泥石流的堆积区是泥石流的堆积场所,一般位于山口外或山间盆地边缘,地形上比较平缓。由于地形豁然开阔平坦,泥石流的流速减小,并最终沉积下来,形成扇形、锥形的堆积体。如果泥石流多次活动,还会使堆积扇呈叠套现象。

上述是典型泥石流流域的情况,由于泥石流流域的地形地貌条件不同,有些泥石流流域的 3 个区段就不易区分开来,甚至缺失流通区或堆积区。

2. 地质条件

凡是泥石流发育的地方,都是岩性软弱,岩石风化破碎,地质构造复杂,褶皱、断裂发育,新构造运动活跃,地震频繁的地区。这样的地段,为泥石流活动提供了丰富的松散固体物质来源。我国一些著名的泥石流发育区,如云南东川、四川西昌、甘肃武都大都是沿着构造断裂带分布的。

3. 水文气象条件

泥石流形成条件是必须有强烈的地表径流,地表径流不仅是泥石流的组成部分,也是泥石流活动的搬运介质。泥石流的发生与短时间内突然性的大量流水密切相关,突然性的大量流水主要来源如下:

(1)强度较大的暴雨。

(2)冰川、积雪的短期强烈消融。

(3)冰川湖、高山湖、水库等的突然溃决。

我国大部分地区由于受热带、亚热带气候气团的影响,由季风气候控制,降水特点是降水历时短、降水量集中、降水强度大、形成暴雨或特大暴雨。如云南东川地区一次暴雨6 h降水量为180 mm,形成了历史上罕见的暴雨型泥石流。暴雨型泥石流是我国最主要的泥石流。

在冰川分布和大量积雪的高山区,当夏季冰雪融化时,可为泥石流提供丰富的地表径流。西藏东部的波密地区、新疆的天山山区产生的泥石流,属于冰雪融化型。在这些地区,泥石流的形成还与冰川湖的突然溃决有关。

另外,土壤、植被和人类活动对泥石流的形成也有一定影响。人类不合理地耕种、砍伐森林,破坏了地表结构,严重的水土流失也会加剧泥石流的形成。如四川省1981年特大暴雨,使全省1 000多处发生泥石流,其原因之一是30年来森林覆盖率由35%减少到18%,造成大面积的山区裸露,风化剥蚀作用加剧。

综上所述,形成泥石流有3个基本条件:①有陡峻的便于集水集物的适当地形;②上游堆积有丰富的松散固体物质;③短期内有突然的大量流水。此三个条件缺一不可。

(二)泥石流分类

泥石流在形成、运动、性质和物质组成等方面存在着差别,研究这些差别并进行分类,对认识泥石流的发生、发展变化及防治措施具有重大意义。目前,对泥石流的分类有以下几种。

1. 按泥石流流域形态分类

(1)标准型泥石流。流域呈扇形,流域面积大,能明显地划分出形成区、流通区、堆积区3个区段。形成区多有崩塌、滑坡等不良地质现象,地面坡度陡;流通区较稳定,沟谷断面呈"V"形;堆积区一般呈扇形,堆积物棱角分明。标准型泥石流破坏力强,规模大。

(2)河谷型泥石流。流域呈狭长形,其形成区多为河流上游的沟谷,固体来源较分散,其补给区远离堆积区,沿河谷既有堆积又有冲刷,流通区与堆积区往往不能明显区分开。该类泥石流破坏力较强,周期长,规模较大。

(3)山坡型泥石流。流域呈斗状,流域面积较小,无明显的流通区,形成区与堆积区直接相连。堆积物棱角尖锐、明显,冲击力大,沉积速度快,但规模较小。

2. 按泥石流的物质组成分类

根据泥石流的物质组成划分,有泥流、泥石流和水石流。

(1)泥流。固体物质主要由细粒的泥沙组成,含少量的岩屑和碎石。黏度比较大,呈稠糊状。此类泥石流主要分布在黄土高原地区。

(2)泥石流。既有很不均匀的粗碎屑物质,又含有相当多的细粒物质,具有一定的黏性。它是一种典型的泥石流,主要分布在西藏波密、四川西昌、云南东川等地。

(3)水石流。固体物质是一些坚硬的石块、漂砾、岩屑,粉土、黏性土等细粒物质含量较少,一般少于10%,多发生在石灰岩、花岗岩、大理岩等地区。如陕西华山、山西太行山、北京西山等地泥石流多属此类。

3. 按泥石流的结构和流动性分类

(1)黏性泥石流。这类泥石流含有大量细粒黏土物质,固体物质含量占40%~60%,最高可达80%。水和泥沙、石块凝聚成一个黏稠的整体,以同样的速度流动,流速较慢,具有层流性质,因而具有较大的黏性和结构性。它的密度大(1.6~2.4 g/cm^3),上浮力强,在流动过程中遇到弯道时,有明显的爬高和裁弯取直作用,并不一定沿沟床运动。流动前锋常形成高大的龙头,具有很大的惯性,冲刷作用强烈。

流体到达堆积区后仍不扩散,固液两相物质不分离,而是以狭窄条带状下泄和堆积,堆积物的地面坎坷不平,堆积物无分选性,颗粒具棱角,仍保持运动时的结构特征,故又称为结构型泥石流。

(2)稀性泥石流。这类泥石流的固体物质一般少于40%,粉土、黏性土等细粒含量一般少于5%,水的含量较大。因此,在搬运过程中,搬运介质为浑水或稀泥浆,石块、砂粒以跃移、滚动形式运动,由于泥浆的运动速度远大于石块的运动速度,在运动过程中发生垂直交换,水流呈紊流状态,因此又称为紊流型泥石流。

稀性泥石流在堆积区呈扇形散流,固液两相物质分离,有一定的分选性,堆积地形比较平坦。

4. 泥石流工程分类

《岩土工程勘察规范(2009年版)》(GB 50021—2001)根据泥石流特征和流域特征将泥石流分为高频率泥石流沟谷Ⅰ和低频率泥石流沟谷Ⅱ两类,每一类又根据流域面积、固体物质一次冲出量、流量、堆积区面积和破坏程度分为3个亚类。

1)高频率泥石流沟谷Ⅰ

基本上每年均有泥石流发生,固体物质主要来源于沟谷的滑坡、崩塌。一般位于强烈抬升区,风化强烈,岩层破碎,山体稳定性差,植被稀少,崩塌、滑坡发育;堆积物新鲜,无植被或仅有稀疏草丛。

高频率泥石流沟谷Ⅰ又分为三个亚类:

$Ⅰ_1$(严重):流域面积大于5 km^2,固体物质一次冲出量大于5×10^4 m^3,流量大于100 m^3/s,堆积区面积大于1 km^2。

$Ⅰ_2$(中等):流域面积为1~5 km^2,固体物质一次冲出量为$(1\sim5)\times10^4$ m^3,流量为30~100 m^3/s,堆积区面积小于1 km^2。

$Ⅰ_3$(轻微):流域面积小于1 km^2,固体物质一次冲出量小于1×10^4 m^3,流量小于30 m^3/s。

2)低频率泥石流沟谷Ⅱ

泥石流暴发周期一般在10年以上,固体物质主要来源于河床。一般分布于各类构造区的山地。山体稳定性好,无大型的滑坡、崩塌。植被较好,河床内灌木丛密布,扇形地多开垦为农田。其中又分为三个亚类:

II_1(严重):流域面积大于 10 km^2,固体物质一次冲出量大于 5×10^4 m^3,流量大于 100 m^3/s,堆积区面积大于 1 km^2。

II_2(中等):流域面积为 1~10 km^2,固体物质一次冲出量为$(1\sim5)\times10^4$ m^3,流量为 30~100 m^3/s,堆积区面积小于 1 km^2。

II_3(轻微):流域面积小于 1 km^2,固体物质一次冲出量小于 1×10^4 m^3,流量小于 30 m^3/s。

(三)泥石流的防治

防治泥石流应有针对性地采取预防为主、以避为宜、以治为辅,以及全面考虑跨越、排导、拦挡及水土保持等措施,根据因地制宜和就地取材的原则,注意总体规划,采取综合防治措施。

1. 水土保持

水土保持包括采取封山育林、植树造林、平整山坡、修筑梯田、修筑排水系统及支挡工程等措施。水土保持虽是根治泥石流的一种方法,但需要一定的自然条件且收效时间也较长,一般应与其他措施配合进行。

2. 跨越工程

跨越工程是指修建桥梁、涵洞、过水路面、明洞及隧道、渡槽等跨越泥石流。采用桥梁跨越泥石流时,既要考虑淤积问题,也要考虑冲刷问题。桥位应选在沟道顺直、沟床稳定处,并应尽量使其与沟床正交。不应把桥位设在沟床纵坡由陡变缓的变坡点附近。

3. 排导工程

排导工程是指在泥石流下游设置排导沟、急流槽、导流堤等,使泥石流顺利排除,以防止掩埋道路、堵塞桥涵。泥石流排导沟是常用的一种建筑物。

4. 拦挡工程

拦挡工程是在泥石流沟中修筑一系列低矮的拦挡坝,其作用是拦蓄部分泥沙、石块以减弱泥石流的规模、固定泥石流沟床,以防止沟床下切和谷坡坍塌;缓减沟床纵坡,以降低流速。

任务五　了解第四纪沉积物的工程地质特征

一、第四纪沉积物的特征

第四纪沉积物(层)形成于第四纪,是广泛分布于地表的未经胶结成岩的各种松散状态的堆积物。第四纪沉积物是由岩石经风化、剥蚀、搬运、沉积等地质作用而形成的。就其沉积的环境和成因,可分为海相沉积和陆相沉积两大类。前者是指在海洋环境条件下形成的沉积,如海水沉积;后者是指在大陆环境条件下形成的,又可进一步分为冰川沉积、暂时性水流沉积、河流沉积、湖泊沼泽沉积、风成沉积及残余堆积等。各种工程建筑所遇到的松散沉积物绝大多数都是陆相形成的。不同成因的松散沉积物,其工程地质特性有明显差别,所以它是工程地质勘察和研究的重要内容之一。

残积物、坡积物、洪积物和冲积物的基本特征与工程地质性质在本项目任务一和任务二已进行讨论,这里简要介绍其他主要类型的第四纪沉积物的基本特征。

（一）湖泊沉积物

湖泊是大陆上主要的沉积场所。湖水在风力作用下产生的波浪称为湖浪。湖浪的大小与风力强弱、湖面的大小及水深等有关。一般在水深20 m以下的湖底就不受波浪干扰成为静水环境。在湖岸带，湖浪冲蚀湖岸形成湖蚀洞穴和湖蚀崖等地形。湖浪侵蚀的碎屑物以及由入湖河流等带来的碎屑物被湖流和湖浪等动力向湖心方向搬运。一般来说，搬运动力由湖岸向湖心逐渐减弱。较粗的砾、砂沉积在湖岸附近，具有较好的磨圆度及明显的层理和交错层理，并形成湖滩、沙洲、沙坝及沙嘴等地形；而较细的碎屑物被带到湖心发生沉积。湖心沉积物颗粒较细小，主要为黏土和淤泥，常夹有粉砂、细砂薄层。

湖岸沉积物以近岸带土的承载力高，远岸较差。湖心沉积物一般压缩性高、强度很低。湖泊淤塞后可变成沼泽，地表水聚集或地下水出露的洼地也会形成沼泽。沼泽沉积物主要是腐烂的植物残体、泥炭和部分黏土与细砂。泥炭含水率极高，承载力低，一般不宜作天然地基。

（二）海洋沉积物

根据海底地形起伏和海水深度，由海岸向海洋方向分为滨海带、浅海带、大陆斜坡和深海带。

滨海带是海水运动强烈的近岸水域。波浪的作用，一方面与其他外力作用共同破坏海岸带形成大量碎屑物，另一方面又能引起海岸带物质的搬运与沉积。在进流和回流的作用下，碎屑物得到很好的磨圆和分选，较粗的部分沿海岸形成砾滩、沙滩，而较细的部分在距海岸一定距离的水下沉积形成沙坝及沙嘴，这些沉积物都具有良好的水平层理和交错层理。滨海带沉积物一般都具有高承载力，但透水性强。

浅海带位于大陆架主体上，水深下限为200 m。受较强的波浪影响，海水较为动荡。浅海沉积碎屑物主要来自大陆，有细粒砂土、黏性土及淤泥，水平层理和交错层理十分发育。除碎屑沉积外，还有化学沉积和生物化学沉积（包括Al、Fe、Mn的氧化物和磷酸盐的化学沉积以及石灰质、硅质等生物化学沉积）。浅海带沉积物较滨海带疏松、含水率大、压缩性大，而强度低。

大陆斜坡和深海带沉积以生物软泥、黏土及粉细砂为主。海洋沉积物中，水下海底表层的砂砾层稳定性差，选择它作为地基时应注意海浪作用下发生移动变化的可能。

（三）冰积物

凡是由冰川作用形成的堆积物，均称为冰积物。冰积物不仅在现代高纬度和高山地区（如喜马拉雅山、天山等）广为分布，而且由于第四纪某些时期的冰川分布范围比现代更为广泛，因此在我国若干地方和河谷也有冰积物存在。冰积物可分为冰碛和冰水沉积物两种基本类型。

冰碛是因冰川融化使冰川挟带的物质直接堆积而形成的，其特点是分选性差，磨圆度差，不具层理，粒度极不均一，往往由漂砾、砾石、砂和黏土等混杂在一起。碎石土颗粒表面常有磨光面，且有条痕石。冰碛一般较密实，孔隙率较小，压缩性低，强度较高，作为一般建筑地基还是较好的。但是，必须注意冰碛结构的不均一性和厚度的变化，以及有时可能存在的空洞（冰夹层融化后留下的）和局部承压水，这些都将使工程地质条件复杂化。

冰水沉积物是经过冰水搬运的冰碛物发生沉积作用而形成的物质，存在于冰水河及冰水湖中。由于经过一段水流搬运,因此冰水沉积具有明显的层理,其物质成分主要是黏性土,有时夹有薄层的砂或透镜体。冰水沉积在山麓地带常形成冰水扇,冰水扇扩大或多个冰水扇相连则形成冰水沉积平原。

(四)风积物

在干旱地区,地面无植被保护,岩石风化碎屑物被风吹扬,在风力减弱时发生沉积形成风积物。风积物中最常见的是风成砂与风成黄土。

风成砂也称风积砂,主要由砂、粉砂及少量黏土组成,分选性好,磨圆度高。风成砂具有较大的内摩擦角,但无黏结性或黏结性极低,因此其承载力较高但抗风蚀能力极差。大范围的风成砂常常具有流动性,其运动能力与方向受气候、地表植被和自身特性的影响。强烈的风沙运动既造成环境的恶化,也常使房屋、道路、铁路被掩埋或吹蚀。一般在风成砂分布地区,黏土、砾石、石料和水等建筑材料较为缺乏。

风成黄土具有垂直节理,均匀无层理,孔隙大,一部分具有湿陷性。

二、特殊性土的工程地质性质

特殊性土是指某些具有特殊物质成分和结构,而工程地质性质也较特殊的土。特殊性土的种类甚多,主要有软弱土、湿陷性黄土、膨胀土、饱和砂土和饱和粉土、冻土、盐渍土、红黏土等。根据成土环境,这些特殊性土的分布都具有区域性特点,因此特殊性土也称为区域性土。

(一)软弱土

软弱土是指抗剪强度较低、压缩性较高、渗透性较小、天然含水率较大的饱和黏性土。常见软弱土有淤泥和淤泥质土、泥炭和泥炭质土、其他高压缩性的黏土及粉土等。其中,淤泥和淤泥质土是软弱土的主要类型。淤泥一般是指天然含水率大于液限、天然孔隙比不小于 1.5 的黏土,而淤泥质土是指天然含水率大于液限、天然孔隙比为 1.0~1.5 的黏土或粉土。这些软弱土广泛分布在我国东南沿海地区和内陆的江、河、湖沿岸及周边地区。

1. 软弱土的特征

软弱土按其沉积环境的不同,可分为海岸沉积、湖泊沉积、河滩沉积和沼泽沉积 4 种类型。软弱土厚度大的地区,地表面常有一层厚度(0~4 m)不等的硬壳层或表层土,其承载力较高,压缩性也较小,可作为浅基础的持力层。硬壳层下为厚度不等的软弱土,河滩沉积淤泥厚度一般小于 20 m,湖泊沉积淤泥厚度一般为 5~25 m,海岸沉积淤泥厚度可达 5~65 m。软弱土主要有以下特征。

1)天然含水率大、孔隙比大

软弱土主要是由黏粒和粉粒组成的,并含有机质。其中,表面带负电荷的黏粒矿物与周围介质中的水分子和阳离子相互吸引形成水膜,在不同的地质环境中形成各种絮状结构。所以,这种土含水率大、孔隙比大。其天然含水率高于液限,据统计一般都大于 30%,常为 35%~80%;孔隙比大于 1.0,常为 1.0~2.0。在山区变化幅度更大,含水率有时可达 70%,甚至高达 200%,而孔隙比有时也高达 6.0。

软弱土的饱和度一般大于 90%,液限一般为 35%~60%,随土的矿物成分、胶体矿物活性等因素而定。液性指数一般大于 1.0，重度较小，一般为 15~19 kN/m^3。软弱土因其天然含水率大、孔隙比大而使软弱土地基具有变形大、强度低的不良地质特性。

2）渗透性小

软弱土黏粒含量高，渗透性很弱，其渗透系数一般为 $i\times10^{-8}$ ~ $i\times10^{-6}$ cm/s，所以在荷载作用下，排水固结缓慢、沉降时间长、强度不易提高，当土中有机质含量较大时，还可能会产生气泡，堵塞排水通道，进一步降低渗透性。

对于夹有带状或片状薄砂层的软弱土地基，其水平渗透性可能会显著增大，其渗透系数可达 $i\times10^{-5}$ ~ $i\times10^{-4}$ cm/s。所以，这种土层的固结速率比均质软土层要快得多。

3）压缩性较高

软弱土孔隙比大，因此压缩性高。同时，又由于微生物的作用，软弱土层中产生大量气体，致使土层的压缩性进一步增大，在自重和外荷载作用下长期得不到固结。软弱土的压缩系数一般为 0.5~2.0 MPa^{-1}，最大可达 4.5 MPa^{-1}。在其他条件相同的情况下，软弱土的压缩性随液限的增大而增大，一般淤泥的液限较淤泥质土的液限大，因此淤泥的压缩性也较淤泥质土的压缩性大。

4）抗剪强度低

由于软弱土的天然含水率大、天然孔隙比大，因此软弱土地基变形大、强度低。此外，软弱土的强度低，其大小还与加荷速度和排水条件有着密切的关系。

5）具有明显的流变性

土的流变性是指土在一定剪切应力作用下，发生缓慢长期变形的性质。在荷载作用下，软弱土承受剪应力的作用产生缓慢的剪切变形，并可能导致抗剪强度衰减，在主固结沉降完成后还可能产生可观的次固结沉降。因流变产生的沉降持续时间可达几十年，因此软弱土的长期强度小于瞬时强度。

6）具有明显的触变性

软弱土在未破坏时，具有固态特性，一经扰动或破坏，即转变为稀释流动状态，以结构性沉积物，尤其以海相黏土更为明显，因此软弱土具有较强的触变性。特别是软弱土中亲水矿物多时，结构性强，触变性更加显著。这种土一旦受到扰动，结构被破坏，土的强度将明显降低，但随着静置时间的延长，部分强度会逐渐有所恢复。

在软弱土中钻孔取样时，常可能使土发生触变，以致取出的土样不能完全反映土的实际情况。因此，当在高灵敏度黏土地基上进行地基处理、开挖基坑或打桩作业时，应该尽量减少或避免对土的扰动。

2. 软弱土对建筑物的影响及危害

由于软弱土压缩性高、强度低，因此软弱地基沉降大，且多为不均匀沉降，极易造成建筑物墙体开裂、柱倾覆或折断、建筑物倾覆。另外，山区软弱土下部常存在倾斜基岩或其他坚硬地层倾斜面，且坡度较大时对建筑物来说是一个隐患，除造成不均匀沉降外，还可能发生倾斜基岩面上软弱土蠕变滑移，导致地基失稳。因此，软弱土对建筑物的影响及危害非常大。

(二)湿陷性黄土

1. 湿陷性黄土的特征和分布

在一定压力作用下受水浸湿,结构迅速破坏并发生显著附加下沉的土,称为湿陷性黄土。

1)湿陷性黄土的特征

湿陷性黄土具有与一般粉土和黏性土不同的特性,有肉眼可见的大孔隙,在覆盖土层的自重应力或自重应力和建筑物附加应力的综合作用下浸水,则土的结构迅速破坏,并发生显著的附加下沉。它具有如下特征:

(1)土的颜色在干燥时呈淡黄色,稍湿时呈黄色,湿润时呈褐黄色。

(2)在天然状态下,具有肉眼可见的大空隙,孔隙比大于1。

(3)颗粒组成以粉土颗粒为主,含量常占60%以上,富含碳酸盐类,含盐量大于0.3%。

(4)透水性强,土样浸入水中以后,很快崩解,同时有气泡产生。

(5)黄土在干燥状态下,有较高的强度和较小的压缩性,但在遇水后,土的结构迅速破坏并且发生显著的沉降,产生严重湿陷。

2)湿陷性黄土的分布

世界上黄土主要分布在中纬度干旱和半干旱地区,如法国的中部和北部,东欧的罗马尼亚、保加利亚、俄罗斯、乌克兰和亚洲的乌兹别克斯坦,美国沿密西西比河流域及西部不少地区。在我国,黄土地区地域辽阔,其分布面积约为45万km^2,其沉积过程经历了整个第四纪时期,按形成年代的早晚,可分为午城黄土、离石黄土、马兰黄土和黄土状土。按照黄土是否具有湿陷性,将黄土分为老黄土和新黄土(见表3-4)。老黄土土质密实,颗粒均匀,无大孔或稍带大孔结构,一般不具湿陷性。新黄土土质均匀或较为均匀,结构疏松,大孔发育,一般具有湿陷性。

表3-4　黄土的地层划分

时代	地层划分	按是否具有湿陷性划分
全新世Q_4	黄土状土	新黄土,具湿陷性
晚更新世Q_3	马兰黄土	
中更新世Q_2	离石黄土	老黄土,不具湿陷性
早更新世Q_1	午城黄土	

注:全新世黄土包括全新世湿陷性黄土和新近堆积黄土。

2. 湿陷性黄土地基处理

在湿陷性黄土地区进行建设,地基应满足承载力、湿陷变形、压缩变形和稳定性的要求。此外,应根据各地湿陷性黄土的特点和建筑物的类别,采取以地基处理为主的综合措施,以防止地基湿陷,保证建筑物的安全与正常使用。建筑工程设计的综合措施主要有地基处理措施、防水措施和结构措施。

1)地基处理措施

地基处理是防止湿陷性危害的主要措施,其原理主要是破坏湿陷性黄土的大孔结构,以便全部或部分消除地基的湿陷性。通过换土或加密等各种方法,减小原有地基的总湿陷量,控制下部未处理土层的湿陷量不超过规范规定的数值。

当地基的湿陷性大,要求处理的土层厚,技术上有困难或经济上不合理时,也可采用深基础或桩基础穿越湿陷性土层将上部荷载直接传到非湿陷性土层或岩层中。

《湿陷性黄土地区建筑标准》(GB 50025—2018)根据建筑物的重要性及地基受水浸湿可能性的大小和在使用上对不均匀沉降限制的严格程度,将建筑物分为甲、乙、丙、丁四类。对甲类建筑要求消除地基的全部湿陷量,或穿透全部湿陷性土层。对乙、丙类建筑要求消除地基的部分湿陷量。丁类属次要建筑,地基可不做处理。表 3-5 列出了四种处理湿陷性黄土地基的常用方法及其适用范围和一般可处理(或穿透)基底下的湿陷性土层厚度。

表 3-5　湿陷性黄土地基常用的处理办法

处理方法名称	适用范围	可处理(或穿透)基底下的湿陷性土层厚度/m
垫层法	地下水位以上,局部或整片处理	1~3
强夯法	地下水位以上,S_r<60%的湿陷性黄土,局部或整片处理	3~12
挤密法	地下水位以上,S_r<60%的湿陷性黄土	5~15
预浸水法	自重湿陷性黄土场地,地基湿陷性等级为Ⅲ、Ⅳ级,可消除地面下 6 m 以下湿陷性黄土层的全部湿陷性	6 m 以上,尚采用垫层法或其他方法处理

2)防水措施

防水措施的目的是消除黄土发生湿陷变形的外因,因此也是保证建筑物安全和正常使用的重要措施之一。主要包括:①基本防水措施:在建筑物布置、场地排水、地面防水、散水、排水沟、管道敷设、管道材料和接口等方面,应采取措施防止雨水或生产、生活用水的渗漏。②检漏防水措施:在基本防水措施的基础上,对防护范围内的地下管道,应增设检漏管沟和检漏井。③严格防水措施:在检漏防水措施的基础上,应提高防水地面、排水沟、检漏管沟和检漏井等设施的材料标准,如增设卷材防水层、采用钢筋混凝土排水沟等。

3)结构措施

对于一些地基不处理,或处理后仅消除了地基的部分湿陷量的建筑,除要采用防水措施外,还应采取结构措施,以减小建筑物的不均匀沉降或使结构能适应地基的湿陷变形。这些措施主要包括:①加强建筑物的整体性与空间刚度;②选择适宜的结构体系和基础形式;③加强砌体和构件的刚度。

(三)膨胀土

膨胀土是土中黏粒成分主要由亲水性矿物组成、具有显著的吸水膨胀和失水收缩两种变形特性的黏性土。虽然一般黏性土也都有膨胀、收缩特性,但其变形量不大;而膨胀土的膨胀—收缩—再膨胀的周期性变形特性非常显著,并给工程带来危害,因而将其作为特殊土从一般黏性土中区别出来。我国膨胀土分布很广,以云南、广西、湖北、安徽、河北、河南等省(自治区)的山前丘陵和盆地边缘最严重,此外,贵州、陕西、山东、江苏、四川等地也有分布。

1. 膨胀土的特征

膨胀土一般强度较高,压缩性低,易被认为是建筑性能较好的地基土。但由于其具有膨胀和收缩的特性,当利用这种土作为建筑物地基时,如果对它的特性缺乏认识,或在设计和施工中没有采取必要的措施,会对建筑物造成危害。

一般根据野外特征,结合室内试验指标及建筑物的破坏特点进行综合判别的方法来判定膨胀土。其主要特征如下:

(1)在自然条件下,土的结构致密,多呈硬塑或坚硬状态,具有黄红、褐、棕红、灰白或灰绿等多种颜色。

(2)裂隙发育,常见裂隙有竖向、斜交和水平 3 种,裂隙中常充填灰绿、灰白色黏土,土被浸湿后裂隙回缩变窄或闭合。

(3)自由膨胀率大于 40%,天然含水率接近塑限,塑性指数大于 17,多数为 22~35,液性指数小于零,天然孔隙比变化范围为 0.5~0.8。

(4)多出现于二级及二级以上河谷阶地、垄岗、山梁、斜坡、山前丘陵和盆地边缘,地形坡度平缓,无明显自然陡坎。

(5)土中成分含有较多亲水性强的蒙脱石、多水高岭石、伊利石(水云母)和硫化铁、蛭石等,有明显的湿胀干缩效应。

(6)膨胀土地区旱季地表常出现地裂,雨季则裂缝闭合。地裂上宽下窄,一般长 10~80 m,深度多为 3.5~8.5 m,壁面陡立而粗糙。

2. 影响膨胀土胀缩变形的主要因素

膨胀土的胀缩变形特性主要由土的内在因素决定,同时受到外部因素的制约。胀缩变形的产生是膨胀土的内在因素在外部适当的环境条件下综合作用的结果。影响土的胀缩变形的主要因素包括内因和外因两个方面。

1)内因

(1)矿物及化学成分。膨胀土主要由蒙脱石、伊利石等矿物组成,亲水性强,胀缩变形大。其化学成分以氧化硅、氧化铝、氧化铁为主。若氧化硅含量大,则胀缩量大。

(2)黏粒的含量。由于黏土颗粒细小,比表面积大,因而具有很大的表面能,对水分子和水中阳离子的吸附能力强。因此,土中黏粒含量越多,则土的胀缩性越强。

(3)土的密度。若土的密度大即孔隙比小,则浸水膨胀强烈,失水收缩小;反之,当土的密度小即孔隙比大,则浸水膨胀小,失水收缩大。

(4)土的含水率。若初始含水率与膨胀后含水率接近,则膨胀小,收缩大;反之则膨胀大,收缩小。

(5)土的结构强度。土的结构强度愈大,则土体限制胀缩变形的能力也愈大,而当土的结构被破坏后,土的胀缩性也增大。

2)外因

(1)气候条件。气候条件是影响土胀缩变形的首要因素。它主要包括降水量、蒸发量、气温、相对湿度和地温等,雨季土体吸水膨胀,旱季土体失水收缩。

(2)地形、地貌条件。地形、地貌条件也是一个重要的因素,实质上仍然要联系到土中水分的变化问题。同类膨胀地基,地势低处比地势高处胀缩变形小得多;在边坡地带,坡脚地段比坡肩地段的同类地基的胀缩变形又要小得多。

(3)建筑物周围的树木。建筑物周围的树木,尤其是阔叶乔木,旱季树根吸水,加剧地基土的干缩变形,使邻近有成排树木的房屋产生裂缝。

(4)日照的时间和强度。房屋向阳面开裂多、背阴面开裂少。

3. 膨胀土的判别

具有下列工程地质特征的场地,且自由膨胀率 $\delta_{ef} \geqslant 40\%$ 的土,应判定为膨胀土:

(1)裂隙发育,常有光滑面和擦痕,有的裂隙中充填着灰白色、灰绿色黏土,在天然条件下呈坚硬或硬塑状态。

(2)多出露于二级或二级以上阶地、山前和盆地边缘丘陵地带,地形平缓,无明显自然陡坎。

(3)常见浅层塑性滑坡、地裂,新开挖坑(槽)壁易发生坍塌。

(4)建筑物裂缝随气候变化而张开和闭合。

4. 膨胀土地基设计

由于膨胀土的变形受外界影响因素较多,且带有周期性变形性质,因此在地基设计时主要控制最大变形值,使其不超过允许变形值;当不满足要求时,应针对膨胀土的胀缩特性从地基、基础、上部结构及施工等方面采取措施。

1)建筑措施

(1)建筑物应尽量布置在地形条件比较简单、土质比较均匀、胀缩性较弱的场地。

(2)建筑物体形应力求简单。在地基土显著不均匀处,建筑物平面转折部位或高度(荷重)有显著变化部位及建筑结构类型不同部位,应设置沉降缝。

(3)加强隔水、排水措施,尽量减小地基土含水率的变化。室外排水应通畅,避免积水,屋面排水宜采用外排水。散水宜较宽设置,一般应大于 1.2 m,并加隔热保温层。

(4)室内地面设计应根据要求区别对待。对Ⅲ级膨胀土地基和使用要求特别严格的地面,可采取地面配筋或地面架空的措施。对一般工业与民用建筑,可按一般方法进行设计,也可采用预制块铺砌,但块体间应嵌填柔性材料,大面积地面应做分格变形缝。

(5)建筑物周围宜种草皮。在植树绿化时应注意树种的选择,例如:不宜种植吸水量和蒸腾量大的桉树等速生树种,而尽可能选用蒸腾量小的针叶树种。

2)结构措施

(1)基础形式。较均匀的弱膨胀土地基可采用条形基础。当基础埋深较大或条形基础基底压力较小时,宜采用墩基础。

(2)承重砌体结构。可采用拉结较好的实心砖墙,不得采用空斗墙、砌块墙或无砂混凝土砌体;不宜采用砖拱结构、无砂大孔混凝土和无筋中型砌块等对变形敏感的结构。

(3)设置圈梁。为增加房屋的整体刚度,基础顶部和房屋顶层宜设置圈梁,多层房屋的其他各层可隔层设置,必要时也可层层设置。

(4)设置构造柱。钢和钢筋混凝土排架结构、山墙、内隔墙应采用与柱基相同的基础形式,以加强上部结构的整体性。

3)地基处理

根据膨胀土的胀缩等级、当地材料及施工工艺等,进行综合技术经济比较后确定处理方法,常采用的地基处理方法有换土垫层、增大基础埋深等,必要时可采用桩基础。

(1)换土垫层。在较强或强膨胀性土层出露较浅的建筑场地,或建筑物在使用上对不均匀变形有严格要求时,可采用非膨胀性土或灰土等置换膨胀土,以减少可膨胀的土层,达到减小地基胀缩变形量的目的。换土厚度应通过计算来确定。平坦场地上Ⅰ、Ⅱ级膨胀土的地基处理,宜采用砂、碎石垫层,垫层厚度不应小于 300 mm,基础两侧宜采用与垫层相同的材料回填,并做好防水处理。

(2)增大基础埋深。膨胀土地基上建筑物的基础埋深不应小于 1 m。一般基础的埋深宜超过大气影响深度。

(3)桩基础。当大气影响深度较深、膨胀土层厚、选用其他处理方式有困难或不经济时,可选用桩基础。桩基础应穿过膨胀土层,使桩尖进入非膨胀土层,或伸入大气影响急剧层以下一定的深度。

(四)饱和砂土和饱和粉土

饱和松散的砂土或粉土在强烈的地震作用下,会产生剧烈的状态变化,使原砂土或粉土结构受到破坏,抗剪强度丧失,成为液体状态。当覆盖土层被震裂时,则受压水挟带砂粒和粉粒喷出地面,出现喷水、冒砂现象,常常导致建筑物产生不均匀沉降,甚至失稳,造成建筑物开裂、倾斜或破坏,这种现象称为砂土的液化。

饱和砂土与粉土主要是单粒结构,处于不稳定状态。在强烈地震作用下,疏松不稳定的砂粒与粉粒移动到更稳定的位置。但地下水位以下土的孔隙已完全被水充满,在地震作用的短暂时间内,土中的孔隙水无法排出,砂粒与粉粒位移至孔隙水中漂浮,此时土体的有效应力为零,地基丧失承载力,造成地基不均匀下沉,导致建筑物破坏。

(五)冻土

凡温度等于或小于 0 ℃且含有冰的土,称为冻土。其类别有以下几种。

1. 季节性冻土

季节性冻土又称融冻层。只在冬季气温降至 0 ℃以下才冻结,春季气温上升而融化,因此冻土的深度不大。我国华北、东北与西北大部分地区为此类冻土。

2. 多年冻土

多年冻土指当地气温连续 3 年保持在 0 ℃以下并含有冰的土层。这种冻土很厚,常年不融化,具有特殊的性质。当温度条件改变时,其物理力学性质随之改变,并产生冻胀、融陷、热融滑塌等现象。

3. 防止建筑物冻害的措施

(1)换填法。用粗砂、砾石等不冻胀材料填筑在基础底下。

(2)物理化学法。土中加入无机盐等降低冰点温度,加入憎水剂减小地基的含水率,加入有机化合物改善土颗粒聚集或分散性等。

(3)保温法。在建筑物基础底部或四周设隔热层,增大热阻,推迟土的冻结,提高土温,降低冻深。

(4)排水隔水法,建筑物周围设排水沟,防止雨水渗入地基土中,同时在基础的两侧与底部填砂石料,并设排水管将入渗水排出。

(5)结构措施。采用深基础、锚固式基础、架空通风基础等。

(六)盐渍土

盐渍土是指含易溶盐超过一定量的土,工程上对盐渍土划分界限各不相同。我国沿用苏联分类标准,即规定易溶盐含量大于0.5%或中溶盐含量大于5%的土为盐渍土。

1. 盐渍土的分类

1)按含盐性质分类

按含盐性质,盐渍土可分为氯盐渍土、亚氯盐渍土、亚硫酸盐渍土、硫酸盐渍土、碱性盐渍土。

2)按含盐量大小分类

按含盐量大小,盐渍土可分为弱盐渍土、中盐渍土、强盐渍土、超盐渍土。

2. 盐渍土的腐蚀性

盐渍土对基础或地下设施的腐蚀,一般来说属于结晶性质的腐蚀。它可分为物理侵蚀和化学腐蚀两种。在地下水位深或地下水位变化幅度大的地区,物理侵蚀作用相对显著;而在地下水位浅、地下水位变化幅度小的地区,化学腐蚀作用显著。因此,在腐蚀严重的盐渍土地区,浇筑钢筋混凝土基础或构件时,应加入适量的钢筋防锈剂。

1)物理侵蚀

含于土中的易溶盐类,在潮湿情况下呈溶液状态,通过毛细管作用,浸入建筑物基础或墙体。在建筑物表面,由于水分蒸发,盐类便结晶析出。而盐类在结晶时体积膨胀产生很大的内应力,使建筑物由表及里逐渐疏松剥落。在建筑物经常处于干湿交替或温度变化较大的部位,由于晶体不断增加,其侵蚀作用相对明显。

2)化学腐蚀

地下水或低洼处积水中的混凝土基础或其他地下设施,当水中硫酸根含量超过一定限量时,它与混凝土中的碱性游离石灰和水泥中的水化铝酸钙相化合,生成硫铝酸钙结晶或石膏结晶。这种结晶体的体积增大,产生膨胀压力,使混凝土受内应力作用而破坏。

3. 地基处理方法

盐渍土地基处理的目的主要在于改善盐渍土的力学性质,消除或降低地基的溶陷性或盐胀性等。与一般土地基不同的是,盐渍土地基处理的范围和厚度应根据其含盐类型、含盐量、盐渍土的物理和力学性质、溶陷等级、盐胀特性及结构物类型等因素确定。

1)浸水预溶法

浸水预溶法是对拟建的结构物地基预先浸水,使土中的易溶盐溶解,并渗入到较深的土层中。这实际上相当于一种简易的“原位换土法”,即通过预浸水洗去土中的盐分,把盐渍土改良为非盐渍土。

浸水预溶法一般适用于厚度较大、渗透性较好的砂、砾石土、粉土和黏性土类盐渍土。对于渗透性较差的黏性土,不宜采用浸水预溶法。浸水预溶法用水量大,场地要有充足的水源。此外,最好在空旷的新建场地中使用。当需要在已建场地附近应用时,在浸水场地与已建场地之间要保证有足够的安全距离。

2)强夯法

有些盐渍土的结构松散,具有大孔隙的结构特征,土体密度很小,抗剪强度不高。对于含结晶盐不多、非饱和的低塑性盐渍土,采用强夯法是降低地基溶陷性的一种有效方法。

3)换土垫层法

换土垫层法适用于溶陷性较高、厚度不大的盐渍土层的处理。将基础之下一定深度范围内的盐渍土挖除,然后回填不含盐的砂石、灰土等,再分层压实。以换土垫层作为结构物基础的持力层,可部分或完全消除盐渍土的溶陷性,减小地基的变形,提高地基的承载力。

4)盐化处理方法

对于干旱地区含盐量较多、盐渍土层很厚的地基土,可采用盐化处理方法,即"以盐治盐"法。该方法是在结构物地基中注入饱和或过饱和的盐溶液,形成一定厚度的盐饱和土层,从而使地基土体发生下列变化:

(1)饱和盐溶液注入地基后随着水分的蒸发,盐结晶析出,填充了原来土体中的孔隙并起到土粒骨架的作用。

(2)饱和盐溶液注入地基并析出结晶体后,土体的孔隙比变小,使盐渍土渗透性降低。地基土体经盐化处理后,由于土体的密实性提高及渗透性降低,既保持或提高了土体的结构强度,又使地基受到水浸时也不会发生较大的溶陷。

(七)红黏土

红黏土是指出露地表的碳酸盐类岩石,在湿热气候条件下经风化、淋滤和红土化作用而形成的一种高塑性黏土,它常覆盖于基岩上,呈棕红色或褐红色、褐黄色。形成过程中,由于铁、铝元素相对集中而演变成带红色的黏性土。红黏土主要分布在云南、四川、贵州、广西、鄂西、湘西等地。

红黏土是一种处于饱和状态、孔隙比较大、以硬塑和可塑状态为主、中等压缩性、较高强度的黏性土,具有一定的收缩性。

1. 工程特征

(1)液限较大,含水较多,饱和度常大于80%,土常处于硬塑至可塑状态。

(2)孔隙比一般较大,变化范围也大,尤其是残积红黏土的孔隙比常超过0.9,甚至达到2.0;前期固结压力和超固结比很大,除少数软塑状态红黏土外,均为超固结土,这与游离氧化物胶结有关,一般常具有中等偏低的压缩性。

(3)强度一般较高且变化范围大,黏聚力一般为10~60 kPa,内摩擦角为10°~30°或更大。

(4)膨胀性极弱,但某些土具有一定收缩性,与粒度、矿物、胶结物情况有关;某些红土化程度较低的黄土层收缩性较强,应划入膨胀土的范畴。

(5)浸水后强度一般降低。部分含粗粒较多的红黏土,湿化崩解明显。

2. 地基处理方法

当采用天然地基时,基础宜浅埋。对不均匀地基宜做地基处理;对外露的石芽可用褥垫;对土层厚度、状态不均匀的地段可置换,亦可采用改变基础宽度、调整相邻地段基底压力，增减基础埋深的方法；对基岩面起伏大、岩质坚硬的地基，可采用大直径嵌岩桩或墩基。

基坑开挖时宜采取保温保湿措施。对丙级建筑物可适当加大建筑物角端基础埋深或在基坑铺设保湿材料，并设室外排水和加宽散水。对基坑和边坡应及时维护，防止失水干缩。

【思政案例】

与战争灾害不同，自然地质作用作为一种非传统类型的灾害很少被人与国家政治联系到一起。然而，自然灾害的发生往往对人类的生存构成不同程度的威胁，包括生产活动和社会活动，因此对当地的人文社会及政治发展都具有很大的影响。自然灾害直接对人类生命财产安全产生影响，自然灾害会对该地区居住或工作的人的生命财产构成直接威胁，如发生于2019年7月23日的水城滑坡灾害，连续强降雨导致了该滑坡的发生，下方两个村组直接被掩埋，52人死亡，当地人民政府对此灾害迅速做出反应，协同多名地质专家和消防人员实施了为时两天的紧张救援活动；严重的自然灾害对国民经济的影响是显而易见的，往往导致社会财富总量减少，经济增长速度延缓，尤其是占有重要地位的农业和工业受到滑坡、崩塌、地面塌陷等自然地质现象影响时，对当地经济发展的冲击更为严重；人类作为社会的根本组成成员，当其生命和财产受到巨大的损失，有时会对社会的稳定造成一定的影响，甚至导致社会秩序的紊乱，当具有巨大危害性的灾害发生时，还会对该地区的交通、能源、食品和治安造成不同程度的阻碍，给当地人民政府的工作增添较大的困难，人民群众的社会满意度也随之受到影响。因此，针对自然地质现象的研究对人民群众、社会经济，乃至国家政治都有着非常重要的作用。

【工程案例】　都江堰

我国古代在修建大型工程中就有工程地质的概念。如公元前250年在修建都江堰灌溉工程时，巧妙地利用了地形地貌条件，并据河流侵蚀、沉积规律制定了“深淘滩、低作堰”的法则。

都江堰水利工程从全局角度看问题，充分利用当地西北高、东南低的地理条件，根据江河出山口处特殊的地形、水脉、水势，因势利导，无坝引水，自流灌溉，使堤防、分水、泄洪、排沙、控流相互依存，共为体系，保证了防洪、灌溉、水运和社会用水综合效益的充分发挥。都江堰水利工程创建的鱼嘴分水堤、飞沙堰溢洪道、宝瓶口引水口三大主体工程和百丈堤、人字堤等附属工程，科学地解决了江水自动分流、自动排沙、控制进水流量等问题，消除了水患，使川西平原成为“水旱从人”的“天府之国”。2 000多年来，都江堰水利工程一直发挥着防洪灌溉作用。

【阅读与应用】

1. 如图3-19所示，台湾野柳地质公园里的“女王头”，是台湾旅游的一张名片，现面临断颈的危险。请分析其形成原因。

2. 我国云南、广西、贵州等省（自治区），石灰岩广泛分布，岩溶（喀斯特）十分发育。“一场大雨千箕涝，天晴三日万里焦”“修塘不蓄水，筑坝不拦洪”，大量的地表水漏至地下，因而地表水缺水现象很严重。农田灌溉是“旬日不雨，既成旱象”“米如珍珠水如油”。请根据所学知识，谈谈在我国南方地区怎样防止喀斯特带来的损害？

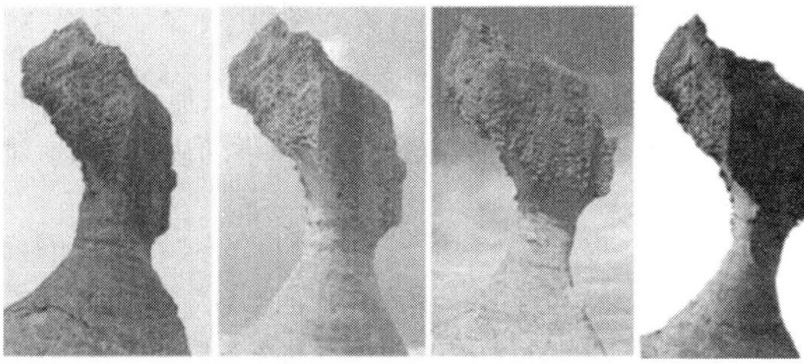

图 3-19　女王头

3. 2010年8月7日22时左右,甘南藏族自治州舟曲县城东北部山区突降特大暴雨,降雨量达97 mm,持续40多min,引发三眼峪、罗家峪等4条沟系特大山洪地质灾害,泥石流长约5 km,平均宽度为300 m,平均厚度为5 m,总体积为750万 m^3,流经区域被夷为平地。截至2010年9月7日,舟曲"8·7"特大泥石流灾害中遇难1 481人,失踪284人,累计门诊治疗2 315人。

我国山地面积大,自然地理条件和地质条件复杂,所以是世界上泥石流灾害严重的国家之一。通过上述学习,请结合自己家乡(山区)的情况,谈谈存在哪些重力地质作用,以及应该如何防范。

复习题

1. 什么是风化作用? 风化作用有哪些主要类型?
2. 影响风化作用的主要因素是什么? 如何划分岩石的风化带?
3. 简述风化残积层的特征。
4. 简述洪积扇的工程分区及地质条件。
5. 河流有哪几种地质作用? 各有何不同特点?
6. 什么是溯源侵蚀? 什么是侵蚀基准面?
7. 什么是河流阶地? 河流阶地是如何形成的? 阶地有哪些类型?
8. 什么是岩溶地貌? 有哪些主要类型?
9. 岩溶发育的基本条件是什么?
10. 影响岩溶发育的因素有哪些?
11. 影响滑坡的因素有哪些?
12. 什么是泥石流? 简述泥石流的分区特征。
13. 产生泥石流的条件是什么?
14. 我国特殊土有哪些?
15. 软弱土有哪些特征?
16. 如何判别黄土是否具有湿陷性?

17. 什么是砂土的液化？
18. 冻土分哪些种类？
19. 什么是盐渍土？其腐蚀性主要有哪些？
20. 什么是红黏土？有哪些主要特征？

项目四　水文地质分析

【项目概述】

地下水作为一种自然资源,被人们利用的同时,也常常对生产和建设造成一系列的困难与危害。本项目主要介绍了自然界水的循环及分布、地下水的类型及其特点、地下水的物理性质和化学成分,以及地下水资源评价。

【学习目标】

(1)知识目标:①了解自然界水循环及水量分布特点;②掌握地下水的类型及其特点;③掌握地下水资源评价方法。

(2)技能目标:①能分析地下水的特点对工程的影响;②能进行地下水资源评价。

(3)思政目标:①在日常生活中形成节约用水的意识,珍惜隐藏的资源——地下水;②生产、生活过程中采取生态环境保护措施,有效预防地下水污染。

任务一　了解自然界的水循环

地球上的水分布在海洋、湖泊、沼泽、河流、冰川、雪山,以及大气、生物体、土壤和地层,即水存在于大气圈、水圈、岩石圈及生物圈中。分布于地球的不同圈层中的水分,彼此密切联系,经常相互转化。这种彼此转化的过程即是自然界中的水循环(见图4-1)。

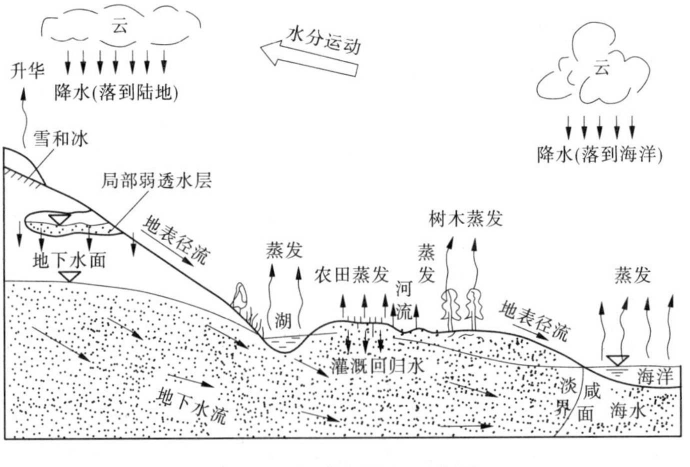

图4-1　全球水循环示意图

一、水循环的作用

水循环是联系地球各圈层和各种水体的纽带,是“调节器”,它调节了地球各圈层之间的能量,对气候变化起到了重要的作用。水循环是“雕塑家”,它通过侵蚀、搬运和堆积，塑造了丰富多彩的地表形象。水循环也是"传输带"，它是地表物质迁移的强大动力和主要载体。更重要的是，通过水循环，海洋不断向陆地输送淡水，补充和更新陆地上的淡水资源，从而使水成为可再生的资源。

水循环的主要作用表现在3个方面：首先，水是所有营养物质的介质，营养物质的循环和水循环不可分割地联系在一起；其次，水对物质来说是很好的溶剂，在生态系统中起着能量传递和利用的作用；最后，水是地质变化的动因之一，一个地方矿质元素流失，而另一个地方矿质元素沉积往往要通过水循环来完成。

二、水循环的过程

海洋中的水分蒸发为水汽，进入大气圈，经过岩石圈表层及生物圈，再返回水圈，如此循环往复。水循环上限大致可达地面以上16 km的高度，即大气对流层；下限可达地面以下平均2 km深度，即地壳中空隙比较发育的部分。

海洋表面从太阳获得能量，水分通过蒸发逸入大气，并通过大气环流扩散到海洋和陆地上空，在一定条件下凝结，以降水形式回归到地球表面。在陆地表面因降水产生径流，或直接从地表汇流回归入海，或通过地表层的蓄滞但最后仍回归入海，这样就形成水在海洋和陆地间的循环运动。通常把这种海陆之间的水循环称为大循环。此外，由海洋蒸发的水汽在空中凝结后，直接又以降水的形式回落到海洋，这种水循环称为海洋小循环；还有在陆面上的部分降水在陆地表面形成水体及被植物截留，通过土壤和植被的蒸腾，使陆面上的水分直接返回大气，凝结后以降水的形式返回陆面，这种水循环称为陆地小循环。地表层蓄滞的那部分水运动过程十分复杂，或直接流入海洋，或在流动过程中再成为地表水，然后返回海洋；也可能由一个地下水体转移到另一个地下水体中；或在流动过程中，多次由地下水体转出为地表水体以及由地表水体转入地下水体，最终返回海洋。

三、我国水循环概况

(一)我国气候特征

地球的最外层被大气所包围。大气中的水汽是地球水圈的一个组成部分，是自然界中水循环的最重要环节——蒸发、降水。所以，气象和气候因素对水资源的形成及分布具有重要影响。

我国绝大部分地区为季风气候，一年中雨季与旱季分明，降水的时空分布很有规律，这与我国特殊的地理格局有关。

我国位于世界最大陆地——欧亚大陆东缘，南北地跨亚热带、温带及亚寒带；西部是世界上最高的青藏高原，东临世界最大水体太平洋。

就全球而言，亚热带及接近两极地带是高气压带。由于海陆分布的影响，对我国气候起控制作用的是两个高气压中心：形成于海洋的夏威夷亚热带高压中心——带来暖湿气流；形成于大陆腹地的蒙古寒带高压中心——带来干寒气流。

由于水的比热远大于岩石的比热，所以在太阳辐射影响下，陆地增温及散热迅速，海洋缓慢。冬季，大陆因太阳辐射减少急剧降温，空气冷却，密度增大，蒙古高压增强；海洋降温慢,空气密度相对较小,夏威夷高压减弱,此时,我国大部分地区盛行西北季风,天气干冷晴朗。夏季,太阳辐射增强,陆地增温强烈,蒙古高压迅速衰退;海洋温度相对较低,夏威夷高压相对强盛,我国大部盛行东南风。

来自海洋的湿热气流与来自陆地腹地的冷气流相遇,在锋面上产生降水。随着季节变化,两种气流互为消长,锋面随之推移。一般年份,4 月锋面相遇于我国东南沿海一带,遂这一带雨季开始。6 月,随着海洋气团加强,锋面稳定于长江沿线,形成连绵不已的“黄梅雨”。7—8 月,随着锋面推进到我国华北、东北南部及西部内地,这一地区进入雨季,南方雨量减少。秋季,蒙古高压加强,夏威夷高压减弱,西北季风开始控制大陆,出现秋高气爽的天气。冬季,蒙古高压强盛,形成多次寒潮。

东部季风影响不能波及我国西部腹地。新疆西北部受大西洋气流控制,雨季出现于 5—6 月。青藏高原南部及云南高原受西南季风及印度洋季风影响,6—9 月为雨季。

(二)我国水循环特征

1. 时间上分配不均匀

由于季风气候的控制,旱季、雨季分明,降水集中使我国水资源在时间上分配相当不均匀。雨季降水丰沛,是水循环积极进行时期。即使是较干旱的地区,由于全年降水绝大部分集中于短期内降落,江、河、湖泊及其他地表水体的水量均得以补充,不少地区甚至江河漫溢,酿成洪涝灾害。地下水在此期间也获得大量雨水入渗补给。旱季降水比较稀少,地表水及地下水都以或快或慢的速度流向海洋,或以不同的蒸发强度转入大气圈,补给量小于排出量,总水量逐渐消耗减少。

水循环过程的不均匀性造成各地区水量随时间变化,给用水带来不利影响。降水集中的雨季过后,地表径流迅速流走而不能充分利用。地下径流速度比地表水缓慢得多,当地表间歇河流已经干涸,大小溪流流量急剧减少之际,地下水仍能保持一定的水量和水位高度,这样不但其本身仍保持供给相当水量的能力,还能源源不断地补充与其有联系的地表水,使其保持一定的旱季流量。地下水对水循环的滞缓,对水量在时间上的分配起着调节作用,使之趋于较为均匀,对水资源利用是很有利的。

2. 空间上降水量不均匀

我国水循环的另一个重要特征是空间分布上的不均匀性。例如:东南沿海地区年均降水量均在 1 500 mm 以上,最大可达 2 000 ~ 3 000 mm;长江流域年均降水量约为 1 200 mm,华北地区年均降水量一般为 600 ~ 800 mm;而新疆塔里木盆地年均降水量在 50 mm 以下,有的地方几乎终年无雨。这就导致水资源在空间上分布的不均匀性。据最近公布的水资源资料,我国年地表径流量约为 2. 78 万亿 m^3,长江流域及其以南地区占 75%以上,华北、西北地区仅占 10%。全国年地下径流量约为 7 000 亿 m^3,长江流域及其以南地区占 60%,华北及西北地区仅占 20%。在这样的水资源条件下,各地区水的需求满足程度不同。一般来说,长江流域及其以南地区降水较为充沛,水循环总量可满足生产及生活的需要;但由于水量季节分配不均匀,某些地区在干旱季节,尤其在干旱年份仍感到缺水。华北、东北地区,一般雨季水量不少,但干旱季节长,普遍感到缺水,总的来说水量不能满足要求。西北干旱或沙漠地区,降水稀少,水资源贫乏,形成大范围的荒漠,仅在盆地边缘由于获得山区冰川和积雪融化水补给,形成局部水源较为丰富的“绿洲”。如河西走廊的

"绿洲",即由祁连山冰雪融化水补给;天山南北沿塔里木盆地、准噶尔沙漠边缘的"绿洲"也同样以周围山地高山融雪水为水源。

无论地表水或地下水,都是自然界水循环中的一个环节,均以大气降水为其补给来源。因此,一个地区水资源的丰富程度主要取决于降水量的多少。降水量大的地区,水资源较为丰富;反之,水资源贫乏。由于降水在时间上分配不均匀,在总径流量中占主要地位的地表径流由于循环速度快,利用率受到限制;而地下径流比较滞缓,分布也较广泛,在时间上和空间上均可起到一定的调节作用,从而大大提高了地下水在水资源中的价值和地位。但是,我们必须充分认识到,只有降水才是地下水补给的最主要来源。在某些降水十分稀少的干旱地区,甚至沙漠地区,有时也能发现一定数量的地下水,它们或者是从周围高山冰雪融化水获得补充,实际上仍是固体降水的转化补给;或者是在长期地质历史或历史时期中积聚起来的,是多年水循环的积累。而可以长期供给利用的水量,只能是该地区经常参与水循环的那部分水量。当用水量超过参与水循环的总水量时,实际上是在提取多年积存的地下水,这部分水量是难以短期恢复补充的,从实际应用的角度而言,有时甚至是无法恢复的。因此,把地下水资源的形成作为自然界水循环过程中的一个环节加以研究,是水文地质学的一个基本出发点。

任务二　认识地下水

一、地下水的类型及其特征

码 4-1　微课:地下水的类型及特征

埋藏在地表以下岩土体空隙(包括孔隙、裂隙和空洞等)中的各种状态的水称为地下水,地下水的分布极其广泛。它和人类的生产、生活密切相关,例如:地下水常为农业灌溉、城乡人民生活及工矿企业用水提供良好的水源。因此,地下水是一种宝贵的资源。

地下水的运动和聚集,必须具有一定的岩性和构造条件。空隙多而大且能使水流通过(渗透系数大于 0.001 m/d)的岩层称为透水层;能透水又饱含水的岩层称为含水层;空隙少而且致密岩层是相对的不透水的岩层,称为隔水层。然而,在各种不同情况下,人们所指的含水层与隔水层含义有所不同,它们的定义具有相对性。岩性相同、渗透性完全一样的岩层,可能在有的地方被当作含水层,而在另一些地方被当作隔水层。即使在同一个地方,渗透性相同的某一岩层,在涉及某些问题时被看作透水层,在涉及另一个问题时则被看作隔水层,也就是说含水层、隔水层与透水层的定义取决于运用它们时的具体条件。

由于地下水本身非常复杂,而且其影响因素多种多样,地下水的分类方法很多,但归纳起来有两种分类法:一是按地下水的某一特征进行分类,如按硬度分类、按矿化度分类等;二是综合考虑地下水的若干个特征进行分类,表 4-1 所列按埋藏条件和含水层介质类型分类是目前比较普遍的分类法。首先按埋藏条件可将地下水分为包气带水、潜水、承压水,另外根据含水层介质类型不同又可分为孔隙水、裂隙水、岩溶水。

表 4-1　地下水分类

埋藏条件	含水层介质类型		
	孔隙水	裂隙水	岩溶水
包气带水	土壤水及季节性的局部隔水层以上的重力水	裂隙岩层中局部隔水层上部季节性存在的水	可溶岩层中季节性存在的悬挂水
潜水	各类松散堆积物浅部的水	裸露于地表的各类裂隙岩层中的水	裸露于地表的岩溶岩层中的水
承压水	山间盆地及平原松散堆积物深部的水，向斜构造的碎屑岩孔隙中的水	组成构造盆地、向斜构造或单斜断块的被掩覆的各类裂隙岩层中的水	组成构造盆地、向斜构造或单斜断岩溶岩层中的水

(一) 包气带水

位于潜水面以上未被水饱和的岩土中的水称为包气带水。此带称包气带，其下称饱水带。包气带中的水主要有土壤水和上层滞水(见图 4-2)。

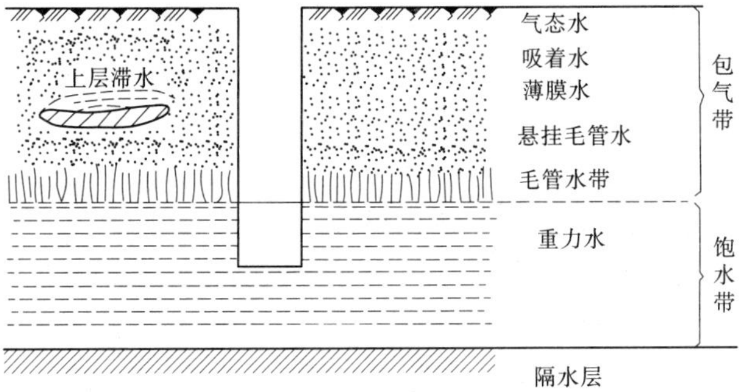

图 4-2　包气带及饱水带示意图

1. 土壤水

土壤水是位于地面以下土壤层中的水，主要以结合水和毛管水形式存在，主要靠大气降水的渗入、水汽的凝结及潜水由下而上的毛细作用补给。大气降水或灌溉水向下渗入必须通过土壤层，这时渗入水的一部分保持在土壤层中，成为所谓的田间持水量，多余部分呈重力水下渗补给潜水。土壤水主要消耗于蒸发和被植物根吸收，对植物生长起重要作用。土壤水的动态主要受气候条件控制，呈季节性变化。当土壤层透水性很差，气候又潮湿多雨或地下水位接近地表时，易形成沼泽，称为沼泽水。当地下水埋藏不深，毛管水带可达到地表时，由于土壤水分强烈蒸发，盐分不断积累于土壤表层，会造成土壤盐渍化，从而危害农作物生长，腐蚀建筑物基础。所以，研究控制土壤层中的水分的变化，对农业生产和建筑物基础埋置具有重要意义。

2. 上层滞水

当包气带存在局部隔水层时，在局部隔水层之上积聚具有自由水面的重力水，称为上层滞水。上层滞水的特点是：分布范围有限，补给区与分布区一致；直接接受当地的大气降水或地表水补给,以蒸发或逐渐向下渗透的形式排泄;水量不大且随季节变化显著,雨季出现,旱季消失,极不稳定;水质变化亦大,一般较易污染。上层滞水由于水量小且极不稳定,只能做临时性的水源。

在建筑工程中,上层滞水的存在是不利的因素。基坑开挖工程中经常遇到这种水,这种水可能突然涌入基坑,妨碍施工,应注意排除;但由于其水量不大,因此易于处理。

(二)潜水

1. 潜水的概念及特点

潜水是指埋藏在地表以下第一个稳定隔水层以上具有自由水面的重力水(见图 4-3)。潜水一般储存在第四系松散沉积物中,也可以形成于裂隙或可溶性基岩中,形成裂隙潜水和岩溶潜水。潜水的自由表面称为潜水面;潜水面上任一点的高程称为该点的潜水位(H)。潜水面到地表的铅直距离称为潜水埋藏深度(T)。潜水面到隔水底板的铅直距离称为潜水含水层厚度(H_0)。

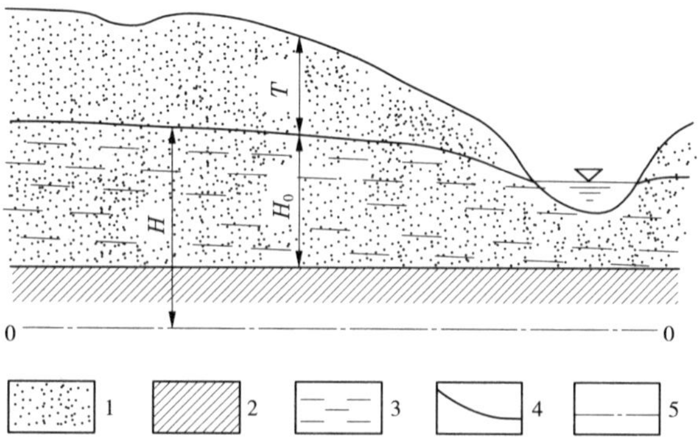

1—砂层;2—隔水层;3—含水层;4—潜水面;5—基准面;T—潜水埋藏深度;H_0—潜水含水层厚度;H—潜水位。

图 4-3　潜水埋藏示意图

根据潜水埋藏条件,潜水具有以下特征:

(1)潜水具有自由水面,为无压水。在重力作用下可以由水位高处向水位低处渗流,形成潜水径流,在潜水流的渗透途径上,任意两点的水位差与该两点之间的水平距离之比称为潜水流在该段的水力坡度。

(2)潜水的分布区和补给区基本上是一致的。在一般情况下,大气降水、地面水都可通过包气带入渗直接补给潜水。

(3)潜水的动态(如水位、水量、水温、水质等随时间的变化)随季节不同有明显变化。如雨季降水多,潜水补给充沛,使潜水面上升,含水层厚度增大,水量增加,埋藏深度变浅;而在枯水季节则相反。

(4)在潜水含水层之上因无连续隔水层覆盖,一般埋藏较浅,因此容易受到污染。

2. 潜水面的形状及其表示方法

1)潜水面的形状

在自然界中,潜水面的形状因时、因地而异,它受地形、地质、气象、水文等各种自然因素和人为因素的影响。一般情况下,潜水面不是水平的,而是向着邻近洼地(如冲沟、河流、湖泊等)倾斜的曲面。只有当盆地或洼地中潜水积聚而潜水面呈水平状态时,才形成潜水湖(见图 4-4)。

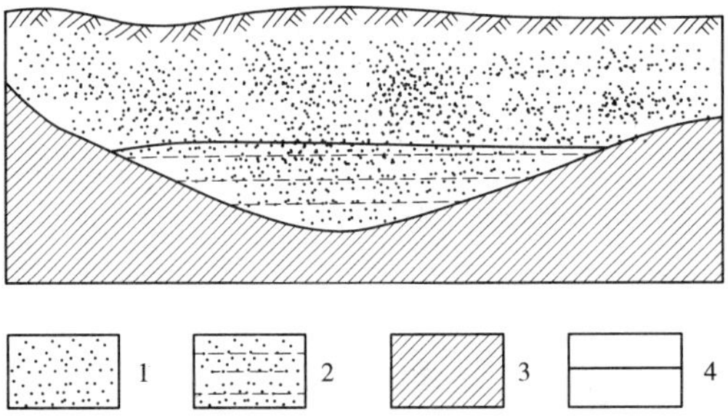

1—砂;2—含水砂;3—隔水层;4—潜水面。

图 4-4　潜水湖示意图

潜水面的形状与地形有一定程度的一致性,一般地面坡度越陡,潜水面坡度也越大。但潜水面坡度总是小于相应的地面坡度,其形状比地形要平缓得多(见图 4-3)。

当含水层的透水性和厚度沿渗流方向发生变化时,会引起潜水面形状的改变。在同一含水层中,当岩层透水性随渗流方向增强或含水层厚度增大时,则潜水面形状趋于平缓,反之变陡(见图 4-5)。

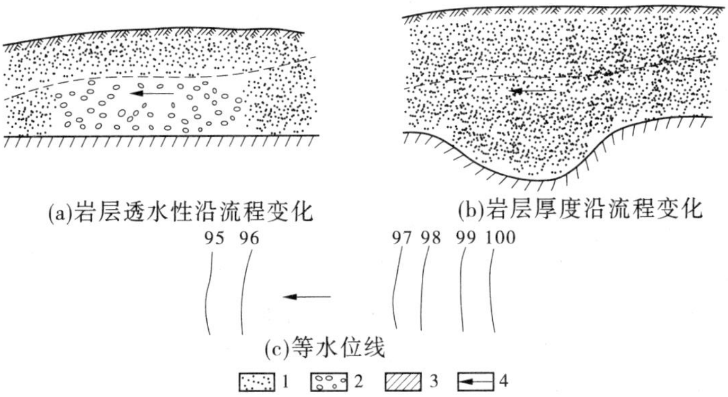

1—含水砂;2—含水砾石;3—隔水底板;4—流向。

图 4-5　潜水面形状与岩层透水性及含水层厚度的关系

气象、水文因素会直接影响潜水面的变化,如大气降水和蒸发,可使潜水面上升或下降。在某些情况下,地面水体的变化也会引起潜水面形状的改变(见图 4-6)。

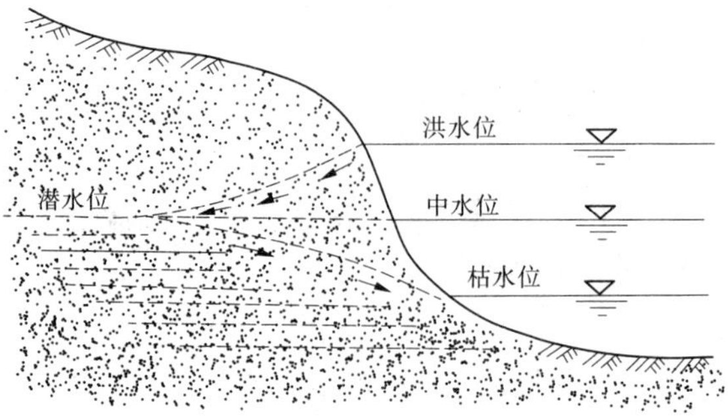

图 4-6　河水位变化与潜水面形状的关系

人为修建水库或渠道以及抽取或排除地下水，都会引起地下水位的升高或降低，改变潜水面的形状。

2）潜水面的表示方法

为清晰地表示潜水面的形状，常用两种图示方法，并且两种图常配合使用。

（1）剖面图。

按一定比例尺，在具有代表性的剖面方向上，先根据地形绘制地形剖面，再根据钻孔、试坑和井、泉的地层柱状图资料，绘制地质剖面图。然后画出剖面图上各井、孔等的潜水位，连出潜水面，即绘成潜水剖面图，它也称为水文地质剖面图（见图 4-7）。这种图可以反映出潜水面与地形、含水层岩性及厚度、隔水层底板等的变化关系。

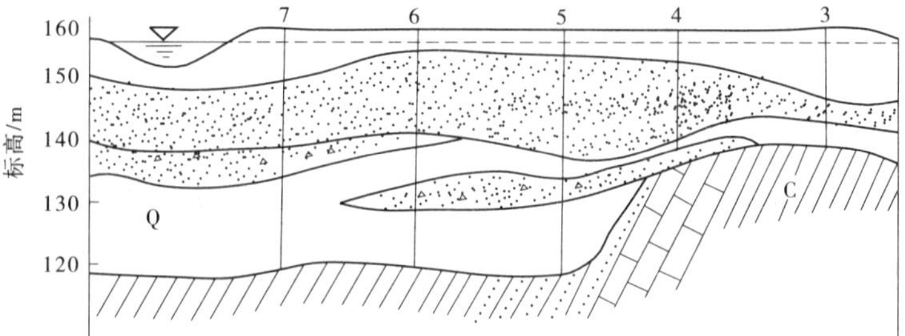

孔深/m	34.54	34.48	34.51	17.70	17.59
抽水降深/m	3.18	7.33	6.23	5.00	8.50
出水/(L/s)	22.90	2.32	0.35	2.26	0.006

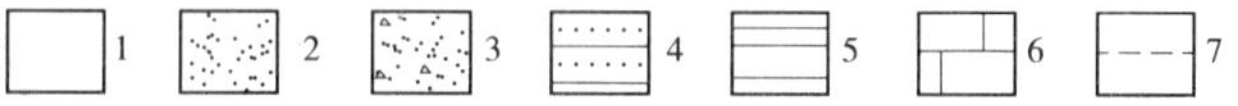

1—黏性土；2—砂；3—砂砾石；4—砂岩；5—页岩；6—石灰岩；7—地下水位。

图 4-7　水文地质剖面图

（2）等水位线图。

在平面上潜水面的形状可以用潜水面等高线图表示，此图称为潜水等水位线图（见图 4-8），其绘制方法与绘制地形等高线图基本相同，即根据在大致相同的时间内测得的潜水面各点（如井、泉、钻孔、试坑等）的水位资料，将水位标高相同的各点相连绘制而成。

潜水等水位线图一般在地形图上绘制。因为潜水面随季节时刻都在变化，所以等水位线图要注明测定水位的日期。通过不同时期内等水位线图的对比，有助于了解潜水的动态。

根据等水位线可以确定以下问题：

①确定潜水的流向。潜水由高水位流向低水位，所以垂直于等水位线的直线方向，就是潜水的流向，通常用箭头表示。

②确定潜水的水力坡度。在潜水的流向上，相邻两等水位线的高差与水平距离的比值，即为该距离段内潜水的水力坡度。

③确定与地表水的补给关系。潜水与河水的补给关系一般有 3 种情况（见图 4-9）。潜水补给河水如图 4-9(a)所示，河水补给潜水如图 4-9(b)所示，河水—潜水相互补给如图 4-9(c)所示。

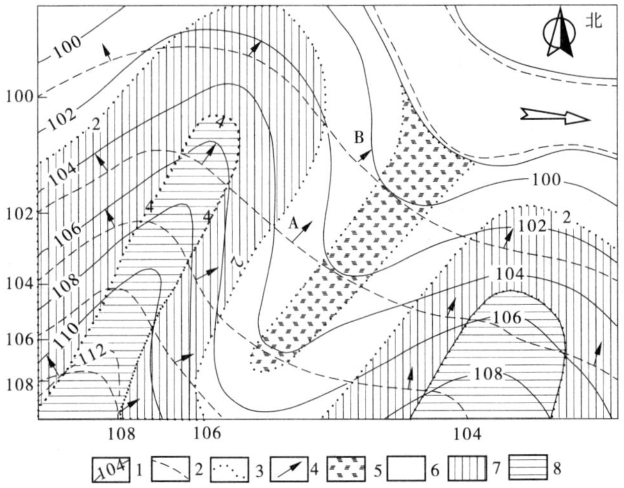

1—地形等高线;2—等水位线;3—等埋深线;4—潜水流向;5—潜水埋藏深度为零区(沼泽区);
6—埋深 0~2 m 区;7—埋深 2~4 m 区;8—埋深大于 4 m 区。

图 4-8　潜水等水位线图及埋藏深度

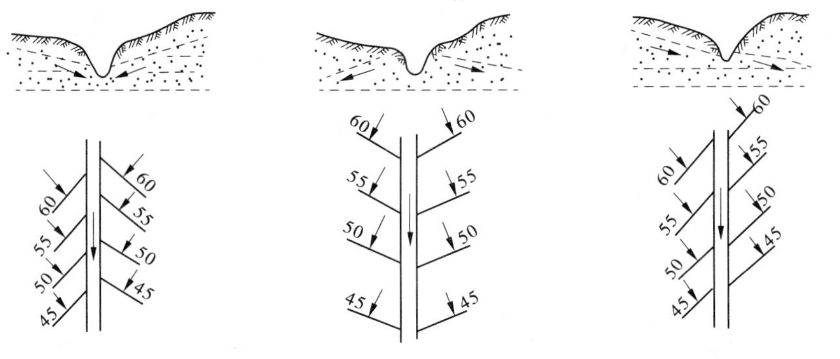

(a)潜水补给河水　　(b)河水补给潜水　　(c)河水—潜水相互补给

图 4-9　潜水与河水之间不同补给关系的等水位线图

④确定潜水埋藏深度。任一点的潜水埋藏深度是该点地形等高线的标高与该点等水位线标高之差。根据各点的埋藏深度,可进一步做出潜水埋藏深度图,如图 4-8 所示。

⑤确定含水层的厚度。若在等水位线图上有隔水底板等高线,则可确定任一点的含水层厚度,其值等于潜水位标高减去隔水底板标高。

⑥推断含水层透水性及厚度的变化。潜水流自透水性较弱的岩层转入透水性强的岩层时,潜水面坡度由陡变缓,等水位线由密变疏;相反,潜水面坡度便由缓变陡,等水位线由疏变密。潜水含水层岩性均匀,当流量一定时,含水层薄的地方水面坡度变陡,含水层厚的地方水面坡度变缓,相应的等水位线便密集或稀疏。

⑦选择给(排)水建筑物位置。一般应在平行等水位线(垂直于流向)和地下水汇流处开挖截水渠或打井。

(三)承压水

1. 承压水的概念及其特征

充满于两个稳定隔水层(或弱透水层)之间具有水头压力的地下重力水称为承压水。承压水含水层上部的隔水层称为隔水顶板,下部的隔水层称为隔水底板,两板之间的垂直距离称为承压含水层厚度。由于隔水顶板的存在,承压含水层能明显地划分出补给区、承压区和排泄区三部分(见图 4-10)。

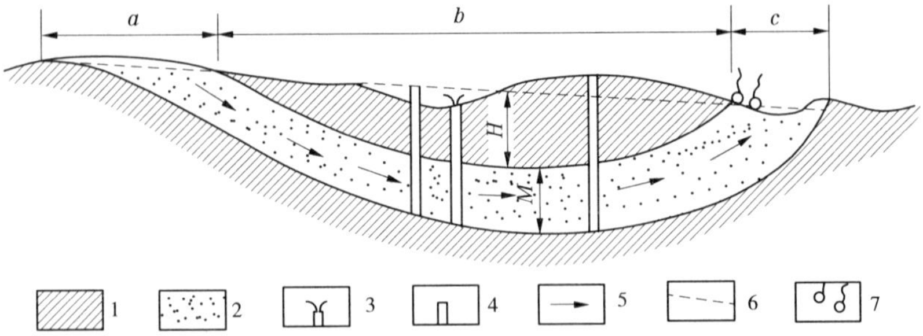

1—隔水层;2—含水层;3—喷水钻孔;4—不自喷钻孔;5—地下水流向;6—承压水位;7—泉;*H*—承压水头;*M*—含水层厚度;*a*—补给区;*b*—承压区;*c*—排泄区。

图 4-10　承压盆地剖面示意图

承压区中地下水承受静水压力,当钻孔打穿隔水顶板时所见的水位称为初见水位。随后,地下水上升到含水层顶板以上某一高度稳定不变,这时的水位(稳定水面的高程)称为稳定水位,也是该点处含水层的承压水位。承压水位如高出地面,则地下水可以溢出或喷出地表,所以通常又称承压水为自流水。承压水位与隔水层顶板的距离称为水头,水头高出地面者称为正水头,水头低于地面者称为负水头。

当两个隔水层之间的含水层未被水充满时,称为层间无压水。

承压水的埋藏条件决定了它与潜水相比具有以下不同的特征:

(1)承压水具有静水压力,其顶面为非自由水面。

(2)承压水的补给区和承压区不一致。

(3)承压水的水位、水量、水质及水温等受气象水文因素的影响较小。

(4)承压水的含水层厚度稳定不变,不受季节变化的影响。

(5)承压水的水质不易受污染。

2. 承压水的埋藏类型

承压水的形成主要取决于地质构造。在适宜的地质构造条件下,无论是孔隙水、裂隙水还是岩溶水,均能构成承压水。适宜形成承压水的蓄水构造大体可分为两类:一类是盆地或向斜蓄水构造,称承压(或自流)盆地;另一类是单斜蓄水构造,称承压(或自流)斜地。

1)承压盆地

承压盆地按水文地质特征可分为 3 个组成部分(见图 4-10)。

(1)补给区一般位于盆地边缘、地势较高处,含水层出露地表,可直接接受大气降水和地面水的入渗补给。该区地下水和潜水一样具有自由水面。

(2)承压区一般位于盆地中部,分布范围广,地下水承受静水压力,但能否自溢于地表,取决于承压水位与地面高程之间的高差关系。

(3)排泄区一般位于盆地边缘的低洼地区,地下水常以上升泉的形式排泄于地表。

当承压盆地有几层承压含水层时,各个含水层都有不同的承压水位。若蓄水构造与地形一致,称为正地形[见图 4-11(a)],此时下层承压水位高于上层承压水位;若蓄水构造与地形不一致,称为负地形[见图 4-11(b)],其下层承压水位低于上层承压水位。水位高低不同,可造成含水层之间通过弱透水层或断层发生水力联系,形成含水层之间的补给排泄关系。

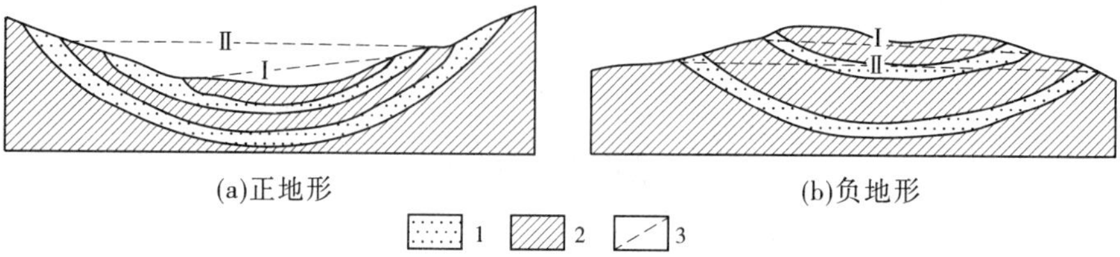

1—含水层;2—隔水层;3—承压水位;Ⅰ—上层承压水位;Ⅱ—下层承压水位。

图 4-11　承压蓄水构造与地形关系

承压盆地的规模差异很大,四川盆地是典型的承压盆地,小型的一般只有几平方千米。

2)承压斜地

承压斜地的形成有以下 3 种情况:

(1)含水层被断层所截形成承压斜地。单斜含水层的上部出露地表成为补给区,下部被断层切割,若断层不导水,则向深部循环的地下水受阻,在补给区能形成泉排泄。此时补给区与排泄区在相邻地段[见图 4-12(a)]。若断层是导水的,断层出露的位置又较低,承压水可通过断层排泄于地表,此时补给区与排泄区位于承压区的两侧[见图 4-12(b)],与承压盆地相似。

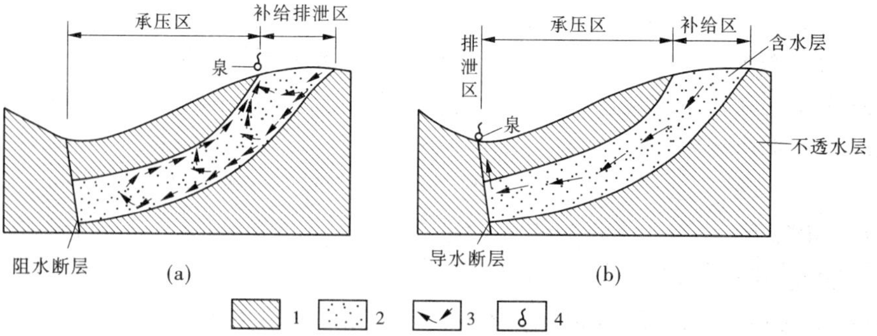

1—隔水层;2—含水层;3—地下水流向;4—泉。

图 4-12　断层形成的承压斜地

(2)含水层岩性发生相变和尖灭、裂隙随深度增加而闭合,使其透水性在某一深度变弱(成为不透水层)形成承压斜地(见图 4-13),此种情况与阻水断层形成的承压斜地相似。

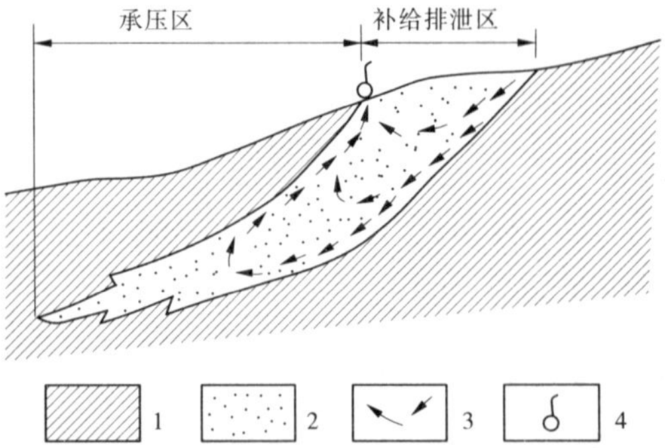

1—隔水层;2—含水层;3—地下水流向;4—泉。

图 4-13　岩性变化形成的承压斜地

(3)侵入岩体阻截形成的承压斜地。各种侵入岩体(如花岗岩、闪长岩等),当它们侵入到透水性很强的岩层中,并处于含水层下游时,便起到阻水作用,可形成承压斜地。如山东济南的承压斜地,济南市向南为寒武奥陶系构成的山区,地形与岩层产状均向济南方向倾伏,由于市区北侧为闪长岩侵入体所阻截,来自南面千佛山一带石灰岩补给区的地下水流,便在侵入体接触带汇集起来,使水位抬高,形成了承压斜地。地下水通过近 20 m 厚的第四系覆盖层出露地表而成为泉(见图 4-14),如趵突泉、珍珠泉等泉群,在 2.6 km^2 的范围内出露有 106 个泉,故济南有“泉城”之称。

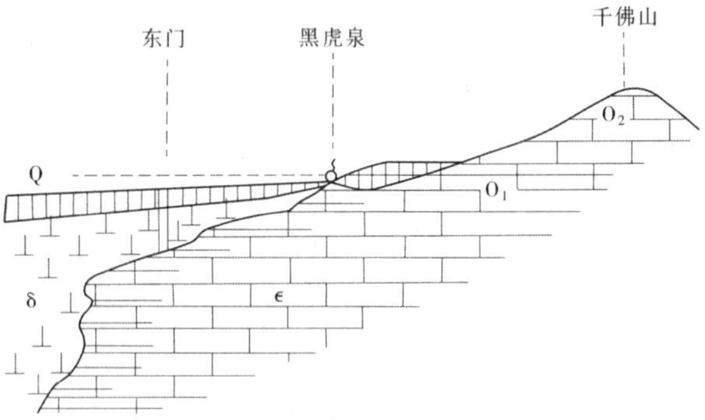

Q—第四系;O_2—奥陶中统石灰岩;O_1—奥陶下统白云岩;∈—寒武系石灰岩;δ—闪长岩。

图 4-14　济南市水文地质剖面图

承压盆地和承压斜地在我国分布非常广泛,根据其地质年代和岩性的不同,可分为两类:一类是第四系松散沉积物构成的承压盆地和承压斜地,广泛地存在于山间盆地和山前平原中;另一类是第四系以前坚硬岩层构成的承压盆地和承压斜地。

3. 承压水等水压线图

承压水位标高相同点的连线叫承压水等水压线。平面上的等水压线图可以反映承压水(位)面的起伏情况。承压水(位)面和潜水面不同,潜水面是一个实际存在的地下水面,即含水层的顶面;而承压水(位)面是一个势面,这个面可以与地形极不吻合,甚至高出地面。只有当钻孔打穿上覆隔水层至含水层顶面时才能见到。因此,承压水等水压线图通常要附以含水层顶板等高线。

承压水等水压线图的绘制方法与潜水等水位线图相似。在某一承压含水层内,将一定数量的钻孔、井、泉(上升泉)等的初见水位(或含水层顶板的高程)和稳定水位(承压水位)等资料,绘在一定比例尺的地形图上,用内插法将承压水位等高的点相连,即得等水压线图(见图4-15)。

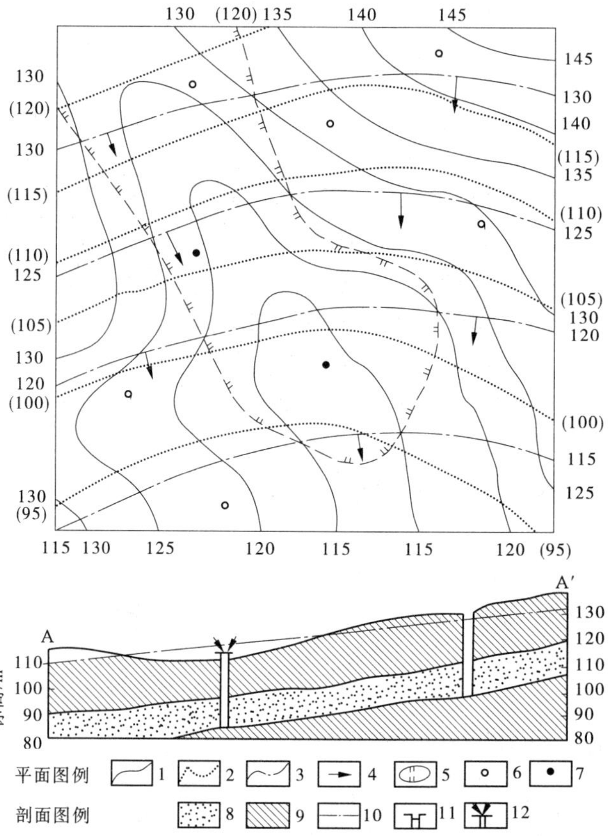

1—地形等高线;2—含水层顶板等高线;3—等水压线(m);4—地下水流向;5—承压水自溢区;6—钻孔(平面图);7—自喷钻孔(平面图);8—含水层;9—隔水层;10—承压水位线;11—钻孔(剖面图);12—自喷钻孔(剖面图)。

图4-15　承压水等水压线图

根据承压水等水压线图,可以分析确定以下几个问题:

(1)确定承压水的流向。承压水的流向应垂直于等水压线,常用箭头表示,箭头指向较低的等水压线。

(2)计算承压水某地段的水力坡度,即承压水(位)面坡度。在流向方向上,取任意两点的承压水位差,除以两点间的距离,即得该地段的平均水力坡度。

(3)确定承压水位距地表的深度。可由地面高程减去承压水位得到。此数值越小,开采利用就越方便,该值是负值时,表示水会自溢出地表,据此可选定开采承压水的地点。

(4)确定承压含水层的埋藏深度。用地面高程减去含水层顶板高程即得。

(5)确定承压水头值的大小。承压水位与含水层顶板高程之差,即为承压水头值高度,据此可以预测开挖基坑和洞室时的水压力。

二、地下水的补给、径流和排泄

码 4-2　微课：认识地下水

(一)地下水的补给

地下含水层自外界获得水量的过程称为地下水的补给。

地下水的补给来源主要为大气降水和地表水的渗入，以及大气中水汽和土壤中水汽的凝结，在一定条件下还有人工补给。

1. 大气降水的补给

大气降水包括雨、雪、冰雹等。在很多情况下，大气降水是地下水的主要补给方式。当大气降水降落到地表后，一部分变为地表径流，一部分蒸发重新回到大气层，一部分渗入地下成为地下水。

大气降水补给地下水的数量受到很多因素的影响，与降水的强度、形式、植被、包气带岩性、地下水的埋深等密切相关。一般当降水量大、降水过程长、地形平坦、植被茂盛、上部岩层透水性好、地下水埋藏深度不大时，大气降水才能大量地补给地下水。这些影响因素中起主导作用的常常是包气带的岩性，如北京昌平地区年降水量平均为 600 mm，由于地表附近的岩性不同，渗入量有很大差别，在岩石破碎、裂隙发育的山区有 80%渗入补给了地下水；在砂砾石、砂卵石分布的山前地区有 50%～60%补给了地下水；在粉砂、粉土、粉质黏土分布的平原地区，大约有 35%补给了地下水。

2. 地表水的补给

地表水包括江、河、湖、海、水库、池塘、水田等。在这些地表水体附近，地下水有可能获得地表水的补给。

河流补给地下水常见于某些大河流的下游和河流中上游的洪水期，在这样的条件下河水往往高于岸边的地下水位。在干旱地区，降水量少，河水的渗漏往往是地下水的主要补给源。

地表水对地下水的补给强度主要受岩层透水性的影响，同时取决于地表水位与地下水位的高差、洪水的延续时间、河流流量、河流的含泥沙量、地表水体与地下水联系范围的大小等因素。

3. 含水层之间的补给

当两个含水层之间存在水头差且有联系通道时，水头较高的含水层就会补给水头较低的含水层(见图 4-16)。

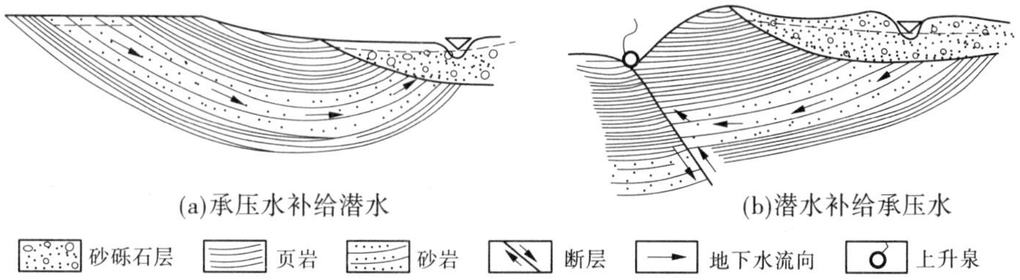

图 4-16　含水层之间的补给

松散沉积物含水层之间的黏性土层并不是完全隔水的，而是具有微透水性的。具有一定水头差的相邻含水层，通过弱透水层发生的渗透称为越流。显然，隔水层越薄，隔水性越差，相邻含水层之间的水头差越大，则越流补给量越大。尽管单位面积上越流量通常很小，由于越流是在弱透水层分布的整个范围内发生的，总的补给量也是相当可观的。

4. 凝结水的补给

在干旱地区，降水都很少。例如：我国内蒙古、新疆的一些地区年降水量还不足 100 mm，大气降水和地表水体的渗入补给量都很少。在这类地区凝结水往往是地下水的主要补给水源。在一定温度下，空气中只能含有一定量的水蒸气，空气在 10 ℃时最大含水量为 9.3 g/m^3，而在 5 ℃时最大含水量为 6.8 g/m^3，多于以上数量的水分就会凝结成为液态从空气中分离出去。由于这类地区昼夜温差很大，白天空气中含水量可能还不足，但夜晚温度很低时，空气中的水蒸气却出现过饱和现象，多余的水蒸气就从空气中离析出来，在地表凝结成水，渗入地下补给地下水。

5. 人工补给

地下水的人工补给，就是借助某些工程设施，人为地将地表水自流或用压力引入含水层，以增加地下水的补给量。人工补给地下水具有占地少、造价低、易管理、蒸发少等优点，不仅可以增加地下水资源量，还可以改善地下水的水质，调节地下水的温度，防止海水倒灌，减少地面下沉。目前，一些国家人工补给地下水量占地下水总利用量的 30%左右，我国近些年来也开始了这方面的工作。从发展的观点来看，人工补给地下水势必越来越成为地下水的重要补给源之一，尤其在一些集中开采地下水的地区。

(二)地下水的径流

地下水在岩层空隙中的流动过程称为地下水的径流。

1. 地下水径流的产生及影响因素

自然界中的水在不断地循环，地下水在岩层中的径流是整个地球水循环的一部分。大气降水或地表水通过包气带向下渗漏，补给含水层成为地下水，地下水又在重力作用下由水位高处向水位低处流动，最后在地形低洼处排出地表或直接排入地表水体，如此反复的循环就是地下水径流产生的根本原因。因此，天然状态下(除个别盆地外)和开采状态下的地下水都是流动的。同时，地下水的补给、径流和排泄是紧密联系在一起的，是形成地下水运动的一个完整的、不可分割的过程。

地下水径流的方向、速度、类型、径流量主要受下列因素影响：

(1)含水层的空隙性。空隙发育且空隙大的含水层透水能力强，地下水流动速度快。如细砂层中的地下水在天然条件下一般流动得很缓慢，但溶洞中的地下水流速每日高达数千米，这种流动与地表河水流动相差不多，形成地下河系。

(2)地下水的埋藏条件。地下水因埋藏条件不同可表现为无压流动和承压流动。无压流动(潜水流动)只能在重力作用下由高水位向低水位流动；深层地下水多为承压水，它们不单有下降运动，因承受压力，也会产生上升运动。

(3)补给量。补给量的多少直接影响到地下径流量的大小。

(4)地形。地下水的径流量和流速与地形关系很密切。山区地形陡峻，地下水的水力坡度大，径流速度快，补给条件好，径流量也大；平原区多堆积细颗粒物质，地形平缓，水力坡度小，径流速度和径流量都小。

(5)地下水的化学成分。地下水的化学成分和含盐量不同，其密度和黏滞性也随之改变，黏滞性愈大，流速愈慢。

(6)人为因素。人类的各种生产活动对地下水的流动也有影响，如修建水库、灌溉农田、人工抽水、矿坑排水等都可促使地下水的径流条件发生变化。

2.地下水径流量的表示方法

地下水径流量常用地下径流率 M 来表示，其意义为 1 km^2 含水层面积上的地下水流量[$m^3/(s \cdot km^2)$]，也称为地下径流模数。

年平均地下径流率的计算公式为

$$M = \frac{Q}{365 \times 86\,400A} \tag{4-1}$$

式中　A——地下水径流面积，km^2；

Q——一年内在面积 A 上的地下水径流量，m^3。

地下径流率是反映地下径流量的一种特征值，受到补给、径流条件的控制，其数值大小是随地区和季节不同而变化的。因此，只要确定某径流面积在不同季节的径流量，就可计算出该地区在不同时期的地下径流率。

(三)地下水的排泄

含水层失去水量的过程称为地下水的排泄。在排泄过程中，地下水的水量、水质及水位都会随之发生变化。地下水的排泄方式有泉、河流、蒸发、人工排泄等。

1.泉水排泄

泉是地下水的天然露头。地下水只要在地形、地质、水文地质条件适当的地方，都可以泉的方式涌出地表。因此，泉水常常是地下水的重要排泄方式之一。

1)泉的形成

泉的形成首先主要是由于地形受到侵蚀，使含水层暴露于地表；其次是由于地下水运动过程中岩石透水性变弱或受到局部隔水层阻挡，使地下水位抬高溢出地表，如果承压含水层被断层切割，且断层又导水，则地下水也能沿断层上升到地表形成泉。

泉一般在山区及山前地区出露较多，尤其是在山区的沟谷底部和山坡脚下。由于这些地方受侵蚀强烈，岩石多次受褶皱、断裂、侵入作用，形成了有利于地下水向地表排泄的通道，因而山区常有泉水。平原区一般都堆积了较厚的第四纪松散岩层，地形切割微弱，地下水很少有条件直接排向地表，所以泉很少见。

2)泉的分类

(1)按补给来源分类。

①上层滞水泉。此类泉水靠上层滞水排泄补给。泉水流量变化大，枯水季节水量很小，甚至干枯。水质往往不好，一般不能作为供水水源。

②潜水泉。此类泉由潜水排泄补给，也叫下降泉[见图4-17(a)、(b)]。潜水泉的水量较上层滞水泉稳定，水质一般较好，但季节性变化明显。

③承压水泉。此类泉水由承压水排泄形成。其出露特点是泉水向上涌出，因此也叫上升泉或自流泉[见图4-17(e)]。这种泉较为稳定，水质也好，若有足够大的水量，则是

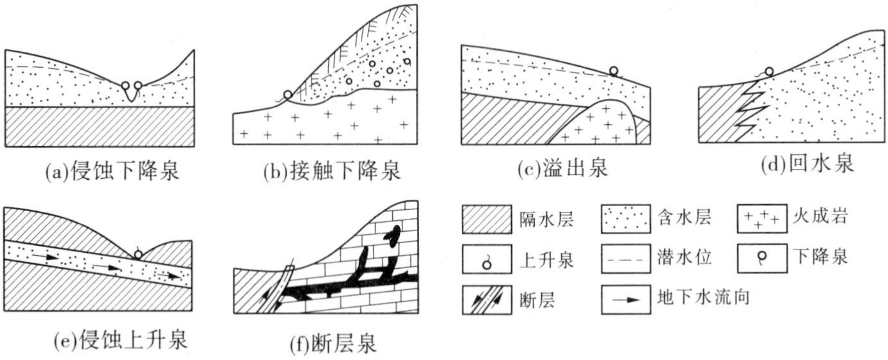

图 4-17　泉的形成条件

理想的供水水源。

(2)按出露原因分类。

①侵蚀泉。当河流、冲沟切割到潜水含水层时,潜水就排出地表形成泉水,这种泉与侵蚀作用有关,因此称为侵蚀下降泉[见图 4-17(a)]。若承压含水层顶板被割穿,承压水便喷涌成泉,称为侵蚀上升泉[见图 4-17(e)]。

②接触泉。地形被切割到含水层下面的隔水层,地下水被迫自两者接触处涌出地表,此类泉称为接触下降泉[见图 4-17(b)]。在岩脉或侵入体与围岩接触处,因冷凝收缩而产生裂隙,地下水便沿裂隙涌出地表形成泉,可称接触上升泉。

③溢出泉。岩石透水性变弱、隔水层隆起及阻水断层所隔等因素使潜水流动受阻而涌出地表形成泉,此类泉称溢出泉或回水泉[见图 4-17(c)、(d)]。在此类泉的出露口附近,地下水表现为上升运动,如不仔细分析地质条件,很容易将它误认为是上升泉。

④断层泉。承压含水层被导水的断层切割时,地下水便沿断层上升,流出地表成为泉,此类泉称为断层泉[见图 4-17(f)]。断层泉常沿断层线成串分布。

2. 向地表水的排泄

当地下水位高于地表水位时,地下水可直接向地表水体排泄。特别是切割含水层的山区河流,往往成为排泄中心。地表水接受地下水排泄的方式有两种:一种是散流形式,这种散流排泄是逐渐进行的,其排泄量通过测定上、下游断面的河流流量可计算出来;另一种方式是比较集中地排入河中,岩溶区的暗河出口就代表了这种排泄。

此外,人工抽水、矿山排水等方式也起到把地下水排泄到地表的作用。

3. 蒸发排泄

蒸发是水由液态变为气态的过程。地下水特别是潜水可通过土壤蒸发、植物蒸腾而消耗,成为地下水的一种重要排泄方式,这种排泄也称为垂直排泄。

影响地下水蒸发排泄的因素很多,但主要取决于温度、湿度、风速等自然条件,同时受地下水的埋深和包气带岩性等因素的控制。在干旱内陆地区,地下水蒸发排泄非常强烈,常常是地下水排泄的主要形式。如在新疆超干旱的气候条件下,不仅埋藏在 3~5 m 内的潜水有强烈的蒸发,而且埋藏在 7~8 m 甚至更大深度内的潜水都受到强烈蒸发作用的影响。

蒸发排泄的强度不同,使各地潜水性质有很大差别。如我国南方地区,蒸发量较小,则潜水矿化度普遍不高;而北方大多是干旱或半干旱地区,埋藏较浅的潜水中溶解于其中的固体一般较多,由于潜水不断蒸发,水中盐分在土壤中不断积聚起来,这是造成江苏北部、华北东部、河西走廊、新疆等地大面积土壤盐碱化的主要原因。

4. 不同类型含水层之间的排泄作用

潜水和承压水虽然是两种不同类型的地下水,但它们之间常有着极为密切的联系,往往相互转化和互相补给。如果潜水分布在承压水排泄区,而承压水面又比潜水面高,承压水则成为潜水的补给源[见图 4-16(a)]。当承压含水层的补给区位于潜水含水层之下,则潜水可直接向承压水排泄[见图 4-16(b)]。

如果潜水含水层与下部的承压含水层之间存在导水的断层,则切断隔水层的断层将成为两个含水层的过水通道,潜水位高于承压水位时,潜水将向承压水排泄,而承压水相应获得潜水补给;反之,承压水将向潜水排泄(见图 4-18)。

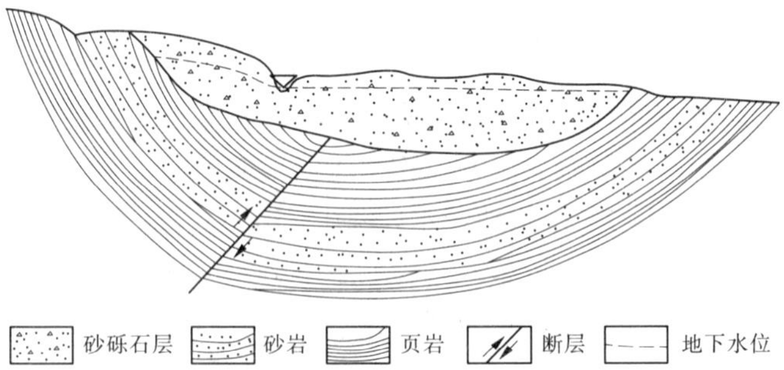

图 4-18　潜水和承压水通过断层相互补给和排泄示意图

从以上的论述中可以看出,两个相邻的含水层之间之所以能产生排泄作用,是由于两含水层之间有水流通道和存在水位(头)差。在生产实践中可以人为地使某一含水层向另一含水层排泄。例如:在一些地区的地下建筑施工中,为了防潮和不使建筑物浸泡在水中,可采用人工排水的方法来降低潜水位,即将高水位的潜水用钻孔(管井)作为通道排入下部的承压含水层中。

(四)地下水补给、径流、排泄条件的转化

当一个地区自然条件发生变化,或人工改变地下水位时,地下水的径流方向会随之改变,补给区和排泄区也相应迁移,甚至排泄区可变为补给源地。研究地下水的循环,还应研究条件改变之后,地下水运动状态的转化特点、新的补给源和新的排泄途径。

地下水补给、径流、排泄条件的转化,可归并为两大类:自然条件改变引起的转化和人类活动引起的转化。

1. 自然条件改变引起的转化

1)河水位的变化

如前所述,河水与地下水的补给关系并不固定,常因河水位的涨落而相互转化。当河水位高于两岸的地下水位时,河水向两岸渗透补给,抬高两岸的地下水位;当河水位低于地下水位时,地下水就反过来补给河水。

2)地下水分水岭的改变

地壳的升降运动、自然条件的变化及岩溶地区地下水的袭夺等,均可造成地下水分水岭迁移。

岩溶地区因地下河水改道而常使分水岭发生迁移。如图 4-19 所示,由于河流的袭夺,甲河的补给面积逐渐扩大,分水岭逐渐向乙河方向移动,最终将移到乙河位置,这时乙河已不能接受地下水的补给,而由地下水的排泄区变成了甲河的补给区。

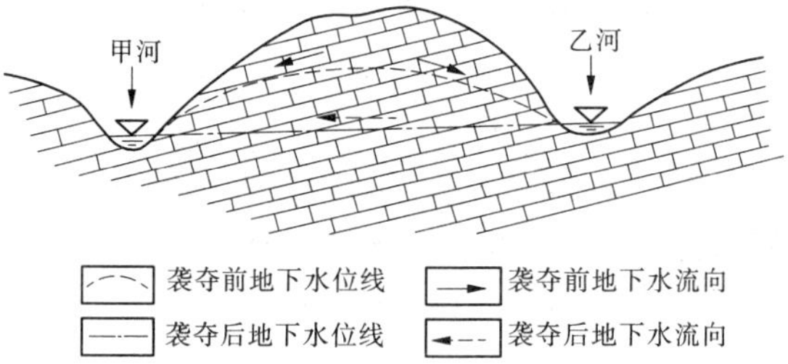

图 4-19　河流袭夺引起分水岭迁移

同一地区因不同季节补给量的变化,也会使地下水分水岭迁移,并引起地下水的补给、径流、排泄发生颠倒。如果地下水分水岭位于两地表水体之间,在降雨季节地下水获得充分的补给,两地表水体均可排泄地下水[见图 4-20(a)];干旱季节地下水因排泄而消耗,地下水位不断下降,最后两地表水体间的地下水分水岭消失,由于两地表水体之间有高程差,高处的地表水体通过含水层流向低处的地表水体,而使高处水体由排泄区变为补给区[见图 4-20(b)]。

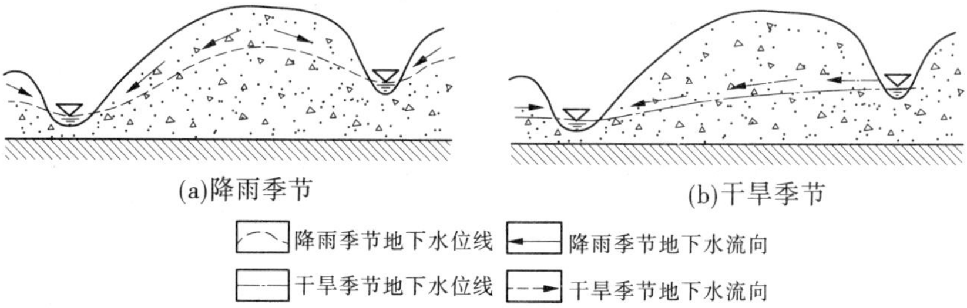

图 4-20　两地表水体间地下径流的变化

2. 人类活动引起的转化

1)修建水库

大型水库的修建改变了地表水体的分布格局,促使地下水径流条件发生转化。如湖南龙山县在石灰岩中修一座水库,拦截地下暗河水进行灌溉,石灰岩裂隙十分发育,当水位升到一定高度后,地下水就发生回流,由山脚下流出 4 000 m^3/d 的水量,这时山脚成为排泄区,而本来接受地下水排泄的水库却变为地下径流的补给区。

2)人工开采和矿区排水

为各种目的而进行的开采利用地下水和为开发矿产资源而进行的矿山排水,都要大量集中抽取地下水,使地下水位不断下降,从而形成以开采区或矿区为中心的下降漏斗区,这样,必将引起开采区或矿区附近的地下水补给、径流与排泄条件发生较大变化。如广东沙洋矿区，当13个井同时排水时，位于矿区以南2 km处排泄口的地下水倒灌矿坑，沼泽干涸，泉水断流，泉群总流量按1 m^3/d的速度减少，同时引起排泄区的地表溪流沿排泄口倒灌补给地下水。

3）农田灌溉与人工回灌

季节性地集中引用地表水进行大面积农田灌溉，以及为增大地下水补给量而进行的人工回灌（人工补给），都是直接或间接地向地下注入一定水量，均可使地下水位逐渐抬高。例如：在插秧季节，稻田引水会使周围水井的水位普遍上升，则地下水的补给、排泄和径流关系也可能有所变化。

三、地下水的物理性质和化学性质

码4-3　微课：地下水的物理、化学性质

地下水参与自然界的水循环，并储存和运动于岩石的空隙中，不断与其周围介质发生复杂的物理和化学作用，从而形成了自己的物理性质和化学成分。同时，地下水不断循环运动，又使自己的物理性质和化学成分随时发生变化。因此，地下水的物理性质和化学成分反映了地下水的形成环境和形成过程。故而，研究地下水的物理性质和化学成分，对于查明地下水的形成规律，了解地下水的形成条件与动态变化，进行供水的水质评价，分析对建筑物的侵蚀性，以及查明地下水的污染源等方面都有重要意义。

（一）地下水的物理性质

地下水的物理性质包括温度、颜色、透明度、气味、味道、密度、导电性及放射性等。

1. 温度

地下水的温度主要受气温、地热控制，随自然地理、地质条件和水循环深度而变化。如寒带和多年积雪地带，浅层的地下水温度可低于−5 ℃，而埋藏于火山活动地区及地壳深处的地下水温度可达几十摄氏度甚至超过100 ℃。如陕西临潼华清池的水温为43 ℃；拉萨市西北的羊八井，只打了42 m深的钻孔，水温竟达130 ℃。地下水的温度随着水循环深度的不同而异，地下水埋藏越深，水温越高，而且具有不同的温度变化：埋深3~5 m，即日常温带以内的地下水，具昼夜变化规律；埋深5~50 m，即年常温带以内的地下水，具年变化规律；年常温带以下，地下水温度随深度增大而增高，其变化规律取决于地热增温率。地热增温率是指年常温带以下，温度每升高1 ℃所需增加的深度，单位是m/℃。整个地壳地热增温率的平均值为30~33 m/℃。

通常，根据温度将地下水划分为：过冷水（低于0 ℃）、冷水（0~20 ℃）、温水（21~42 ℃）、热水（43~100 ℃）、过热水（高于100 ℃）。地下水温度对水中盐类含量影响很大，水温增高，化学反应速度和盐的溶解度也增高。根据试验，当水温度增高10 ℃时，水分子的扩散速度约增加20%，而化学反应速度增加2~3倍，钠盐和钾盐的溶解度随温度的升高而增加，钙盐（硫酸盐）的溶解度则随着温度升高而降低。因此，冷水常是钙质的，热水、温水常是钠质的。气体是温度越高，溶解度越小。

2. 颜色

地下水一般是无色、透明的，但有时由于某种离子含量较多，或者富集悬浮物和胶体物质，则可显出各种各样的颜色（见表4-2）。

表 4-2　地下水颜色与其中存在物质的关系

水中物质	地下水颜色	水中物质	地下水颜色
含硫化氢	翠绿色	含锰的化合物	暗红色
含低铁	浅绿灰色	含黏土	无荧光的淡黄色
含高铁	黄褐色或锈色	含有机腐殖质	黄色
含硫细菌	红色	含悬浮物质	取决于悬浮物颜色

3. 透明度

地下水的透明度取决于其中的固体与悬浮物的含量。按透明度将地下水分为 4 级(见表 4-3)。

表 4-3　地下水透明度分级

透明度分级	描述
透明的	无悬浮物及胶体,60 cm 水深,可见 3 mm 粗线
微浊的	有少量悬浮物,大于 30 cm 水深,可见 3 mm 粗线
混浊的	有较多的悬浮物,半透明状,小于 30 cm 水深,可见 3 mm 粗线
极浊的	有大量悬浮物或胶体,似乳状,水很浅也不能清楚地看见 3 mm 粗线

4. 气味

地下水一般是无臭、无味的,但当地下水中含有某些离子或某种气体时,可以散发出特殊的臭味。当水中含有硫化氢气体时,水便有臭鸡蛋味;当含亚铁盐很多时,水中有铁腥气味或墨汁气味;当含腐殖质时,水有腐草味。气味的强弱与温度有关,一般在低温时不易辨别,加热到 40 ℃以上时气味最显著。

5. 味道

味道取决于地下水的化学成分,纯水是无味的,但地下水中多少溶解了一些盐类或气体,因此具有一定的味感。如含较多的二氧化碳时清凉爽口;含有重碳酸钙的水很可口,一般称甜水;含大量的有机物质时,水有较明显的甜味,但这种水对人体有害,不宜饮用;含有硫酸镁和硫酸钠时,水有苦涩味;含氯化钠时,水有咸味。地下水味道的强弱取决于水中某种离子成分的浓度和水温。浓度愈大时味感愈强,当水中溶有的盐类多于 10 g/L 时,则有很咸的味。另外,味道的明显程度还与温度有关,低温时不明显,温度在 20~30 ℃时味感显著。所以,地下水味道的强弱取决于其中某种成分的浓度、地下水的温度和人的味感神经的敏感度。

6. 密度

一般情况下,纯水的密度为 0.981 t/m^3。地下水的密度取决于水中所溶盐分的含量。

地下淡水的密度一般认为与4 ℃化学纯水密度相同。水中溶解的盐分愈多,密度愈大,有的达1.2~1.3 t/m^3。

7.导电性

地下水的导电性取决于其中所含电解质的数量和质量,即各种离子的含量与其离子价。离子含量愈多,离子价愈高,水的导电性愈强。此外,水温对导电性也有影响。

8.放射性

地下水的放射性取决于其中所含放射性元素的数量,地下水或强或弱都具有放射性,但一般极为微弱。储存和运动于放射性矿床及酸性火成岩分布区的地下水,其放射性相应增强。另外,堆放废弃的核燃料,也会引起周围岩土体及其中的水体带有放射性。

(二)地下水的化学成分性质

1.地下水的化学成分

地下水中含有各种气体、离子、胶体物质及有机物质。自然界中存在的元素,绝大多数已在地下水中被发现,但是只有少数是含量较多的常见元素。这些常见元素,或者是地壳中含量较高,且在水中具有一定溶解度的,如O_2、Ca、Mg、Na、K等;或者是地壳中含量并不很大,但是溶解度相当大的,如Cl;某些元素,如Si、Fe等,虽然在地壳中含量很大,但由于其溶于水的能力很弱,所以在地下水中的含量一般并不高。

1)地下水中的主要气体成分

地下水中常见气体成分有O_2、N_2、CO_2及H_2S等。一般情况下,地下水中气体含量不高,每升水中只有几毫克到几十毫克。但是,气体成分能够很好地反映地球化学环境。同时,某些气体的含量会影响盐类在水中的溶解度及其他化学反应。

(1)氧(O_2)、氮(N_2)。地下水中的O_2和N_2主要来源于大气。它们随同大气降水及地表水补给地下水,以入渗补给为主,与大气圈关系密切的地下水中含O_2及N_2较多。

溶解氧含量愈多,说明地下水所处的地球化学环境愈有利于氧化作用进行。O_2的化学性质远较N_2活泼,所以在较封闭的环境中,O_2将耗尽而只留下N_2。因此,N_2的单独存在通常可说明地下水起源于大气并处于还原环境。

(2)硫化氢(H_2S)。地下水中出现H_2S,其意义恰与O_2相反,说明处于缺氧的还原环境。在与大气较为隔绝的环境中,当存在有机物质时,由于微生物作用,SO_4^{2-}将还原生成H_2S。因此,H_2S一般出现于封闭地质构造的地下水中,如油田水。

(3)二氧化碳(CO_2)。地下水中的CO_2主要有两个来源:一种由有机氧化(植物的呼吸作用及有机物质残骸的发酵作用)形成,这种作用发生于大气、土壤及地表水中,生成CO_2,随同水一起入渗补给地下水,浅部地下水中主要含有这种成因的CO_2;另一种是深部变质作用形成的,即碳酸盐类的岩石,在深部高温影响下,分解生成CO_2,地下水中含CO_2愈多,则其溶解碳酸盐类的能力,以及对结晶岩类进行风化作用的能力便愈强。

由于近代工业的发展,大气中人为产生的CO_2显著增加,特别在工业集中区,补给地下水的降水中的CO_2含量往往格外高。

2)地下水中的主要离子成分

地下水中分布最广、含量较多的离子共有七种,即氯离子(Cl^-)、硫酸根离子(SO_4^{2-})、碳酸氢根离子(HCO_3^-)、钠离子(Na^+)、钾离子(K^+)、钙离子(Ca^{2+})及镁离子(Mg^{2+})。

一般情况下,随着总矿化度(含盐量)的变化,地下水中占主要地位的离子成分也随之发生变化。低矿化度水中常以 HCO_3^- 及 Ca^{2+}、Mg^{2+} 为主;高矿化度水中以 Cl^- 及 Na^+ 为主;中等矿化度的地下水中,阴离子常以 SO_4^{2-} 为主,主要阳离子可以是 Na^+,也可以是 Ca^{2+}。

地下水的矿化度与离子成分间之所以具有这种对应关系,主要是因为水中盐类的溶解度不同。总的来说,氯盐的溶解度最大,硫酸盐次之,碳酸盐的溶解度较小,钙的硫酸盐特别是钙、镁的碳酸盐溶解度最小。随着矿化度增大,钙、镁的碳酸盐首先达到饱和并沉淀析出。继续增加时,钙的硫酸盐也饱和析出。因此,高矿化水便以易溶的氯和钠占优势。

3)地下水中的胶体成分

地下水中胶体成分包括有机胶体和无机胶体两种。有机胶体在地球表面分布很广,尤其在热带、沼泽地带的地下水中含量很高。地下水中呈分子状态的无机化合物(胶体)有 Fe_2O_3、Al_2O_3、H_2SiO_4 等。无机胶体有的不稳定,易生成次生矿物而沉淀。如氢氧化铝胶体易形成水矾土、叶蜡石沉淀。有的溶解度很小,如二氧化硅(SiO_2),在水中含量较低。

4)地下水中的有机成分和细菌成分

地下水中的有机成分主要是生物遗体的分解物,多富集于沼泽水中,有特殊臭味。

地下水中的细菌成分可分为病原菌和非病原菌两种。一般采用细菌总数(菌数/L)、菌度(含有一条大肠杆菌的水的毫升数)和检定量(1 L 水中大肠杆菌的含量)来衡量水中的卫生程度。1 L 水中细菌总数越少,菌度越大,或检定量越小,则水越卫生。根据地下水中菌度的多少,将水的卫生状况进行分类(见表 4-4)。

表 4-4　地下水按菌度分类

名称	菌度/mL	名称	菌度/mL
卫生的水	大于 300	不卫生的水	1.0~10
相当卫生的水	100~300	极不卫生的水	0.1~1.0
不可靠的水	10~100		

2. 地下水的主要化学性质

地下水的主要化学性质包括酸碱度、硬度、总矿化度和侵蚀性等。

1)酸碱度

地下水的酸碱度主要取决于水中氢离子浓度。氢离子浓度用 pH 表示,即 $pH = lg[H^+]$。根据 pH 可将水分为强酸性水、弱酸性水、中性水、弱碱性水、强碱性水 5 类(见表 4-5)。地下水的氢离子浓度主要取决于水中 HCO_3^-、CO_3^{2-} 等的量。自然界中大多数地下水的 pH 为 6.5~8.5。

表 4-5　地下水按 pH 分类

水的类型	强酸性水	弱酸性水	中性水	弱碱性水	强碱性水
pH	<5	5~7	7	7~9	>9

2) 硬度

地下水的硬度取决于水中 Ca^{2+}、Mg^{2+}的含量。硬度分为总硬度、暂时硬度、永久硬度。水中所含 Ca^{2+}、Mg^{2+}离子的总量称总硬度。将水煮沸后，水中一部分 Ca^{2+}、Mg^{2+}的重碳酸盐因失去 CO_2 而生成碳酸盐沉淀，致使水中 Ca^{2+}、Mg^{2+}含量减少，由煮沸而减少的这部分 Ca^{2+}、Mg^{2+}含量称为暂时硬度。总硬度与暂时硬度之差，即水煮沸时未发生碳酸盐沉淀的那部分 Ca^{2+}、Mg^{2+}的含量称为永久硬度。

$$总硬度=暂时硬度+永久硬度$$

我国采用的硬度有两种：一是德国度，即每一度相当于 1 L 水中含有 10 mg 的氧化钙(CaO)或 7.2 mg 的 MgO；二是每升水中 Ca^{2+}、Mg^{2+}的毫摩尔数。1 mmol 硬度 = 2.8 德国度。根据硬度可将地下水分为极软水、软水、微硬水、硬水和极硬水 5 类(见表 4-6)。

表 4-6 地下水按硬度分类

水的类型		极软水	软水	微硬水	硬水	极硬水
硬度	Ca^{2+}、Mg^{2+}的毫摩尔数	<1.5	1.5~3.0	3.0~6.0	6.0~9.0	>9.0
	德国度	<4.2	4.2~8.4	8.4~16.8	16.8~25.2	>25.2

硬度对评价工业用水与生活用水均有很大意义，硬水易在锅炉和水管中产生水垢，容易使锅炉爆炸，因此用作锅炉用水时应做处理。饮用硬度过高的水，会影响肠胃消化功能。因此，若使用硬水，必须根据要求做降低硬度的处理。

3) 总矿化度

地下水中离子、分子和各种化合物的总量称为总矿化度，简称矿化度，单位为 g/L。通常根据 105~110 ℃温度下将水蒸干后所得干残余物总量来确定，也可将分析所得阴、阳离子含量相加，求得理论干残余物值。地下水根据矿化度可分为 5 类(见表 4-7)。

表 4-7 地下水按矿化度的分类

水的类别	淡水	微咸水(低矿化度水)	咸水(中等矿化度水)	盐水(高矿化度水)	卤水
矿化度/(g/L)	<1	1~3	3~10	10~50	>50

水的矿化度与水的化学成分说明了量变到质变的关系，淡水和微咸水常以 HCO_3^- 为主要成分，称为重碳酸盐型水；咸水常以 SO_4^{2-} 为主要成分，称为硫酸盐型水；盐水和卤水往往以 Cl^-为主要成分，称为氯化物型水。高矿化水能降低混凝土强度，腐蚀钢筋，并促使混凝土表面风化。搅拌混凝土用水一般不允许用高矿化度水。

4) 地下水的侵蚀性

侵蚀性是指地下水对混凝土及钢筋构件的侵蚀破坏能力，主要有以下两种类型：

(1)硫酸型侵蚀(结晶型侵蚀)。若水中 SO_4^{2-} 含量大，与混凝土中水泥作用，生成含水硫酸盐结晶(如生成 $CaSO_4 \cdot 2H_2O$)，这时体积膨胀，使混凝土遭到破坏。

(2)碳酸盐型侵蚀。主要指水中 H^+ 浓度(pH)、碳酸氢根离子 HCO_3^- 及游离 CO_2 等对混凝土的分解作用。

四、不同含水介质中的地下水

赋存地下水的岩土称含水介质。含水介质的空隙如前述,按其性质可分为孔隙、裂隙和空洞,将赋存于其中的地下水相应分为孔隙水、裂隙水和岩溶水(喀斯特水)3 类。由于含水介质的岩层所受的地质历程和地质作用不同,因此赋存其间的地下水的富集程度和分布规律各异。

(一)孔隙水

孔隙水是指埋藏和运动于松散沉积物颗粒间孔隙中的重力水。孔隙水广泛分布于第四纪松散沉积物中和坚硬基岩的风化壳。由于颗粒间孔隙分布均匀密集,相互连通,因此孔隙水的基本特征是分布均匀连续,多呈层状,具有统一水力联系的含水层。一般情况下,颗粒大而均匀,则含水层孔隙也大、透水性好,地下水水量大、运动快、水质好;反之,则含水层孔隙小、透水性差,地下水运动慢、水质差、水量小。

不同成因类型的松散沉积物,其岩性结构和分布地区地貌形态不同,则孔隙水的分布、补给、径流和排泄条件也都显示出一定的差异。孔隙水按其埋藏条件可以形成上层滞水、潜水、承压水。下面介绍几种常见的孔隙水。

1. 洪积物(层)中的地下水

洪积层广泛分布于山间盆地和山前的平原地带,常呈扇状地形,因此又称洪积扇。根据地下水埋深、径流条件及化学特征等,自扇顶向边缘可分为 3 个水文地质带,如图 4-21 所示,即埋藏带、溢出带和垂直交替带。

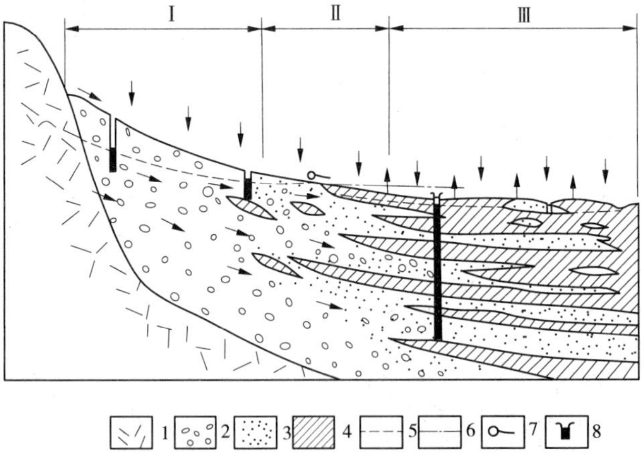

Ⅰ—埋藏带;Ⅱ—溢出带;Ⅲ—垂直交替带;

1—基岩;2—砾石;3—砂;4—黏性土;5—潜水位;6—深层承压水位;7—泉水;8—水井。

图 4-21　洪积扇中地下水分带示意图

1)埋藏带

埋藏带又称径流带,位于沟口,在洪积扇顶部,靠近山区,地形坡度较陡。岩性一般为粗大砂砾石堆积,具有良好的渗透性能和径流条件。因此,不但可以接受山区下渗的地下径流,而且能够大量吸收大气降水和地表水的入渗补给,水量丰富。潜水埋藏较深,因此又称深埋带。通常,地下水埋深可达十几米到几十米以上,因而蒸发作用微弱,加之径流条件好,溶滤作用强,水的矿化度低(小于 1 g/L),为重碳酸盐型水,所以此带又称为地下水盐分溶滤带。

2)溢出带

溢出带一般位于洪积扇中部,地形坡度较缓,岩性过渡为中细砂或亚黏土等,透水性变弱、径流受阻,水位升高、埋深变浅,常以泉或沼泽等形式出露于地表。由于蒸发作用加强,水的矿化度增高,水的化学成分由重碳酸盐型变为重碳酸-硫酸盐型,因此又称为盐分过路带。

3)垂直交替带

垂直交替带位于洪积扇边缘,主要由黏土和粉砂的夹层组成。此带地形平坦,透水性弱,径流缓慢,蒸发作用强烈,水以垂直交替为主。因地下水埋藏仍很浅,在干旱、半干旱条件下,蒸发作用强烈,水的矿化度急剧增高(一般大于 3 g/L,甚至可达到 50 g/L),常为硫酸-氯化物型水,地表往往形成盐渍化,因此此带又称为盐分堆积带。

2. 冲积物(层)中的地下水

冲积物是经常性流水形成的沉积物,它分选性好,层理清晰。在河流上、中、下河漫滩及阶地的岩性结构、厚度各不相同,就决定了其中孔隙水的特征和差异。

一般近河的冲积层中往往含丰富的潜水。在丘陵山区河流的中上游,由卵砾石或砂砾石组成的河漫滩和阶地中储存的潜水,一般受大气降水和基岩地下水的补给,并与河水关系密切,通常洪水期河水补给潜水,平水期河流排泄潜水。在河谷开阔地段、主流与支流交汇地段、河流急转弯处及河流凸岸地带,潜水含水层厚度往往较大,则一般潜水很丰富,是良好的供水水源。

河流阶地多具二元结构,上部为细粒的弱透水层,下部为粗粒的强透水层,使潜水具有局部承压性能(见图 4-22)。由于河流改道,常有暴露于地表或掩埋于地下的古河道。古河道地势较低,可形成颗粒粗大的带状厚层含水层(带),其透水性强,水量丰富,并与现代河流相连通。

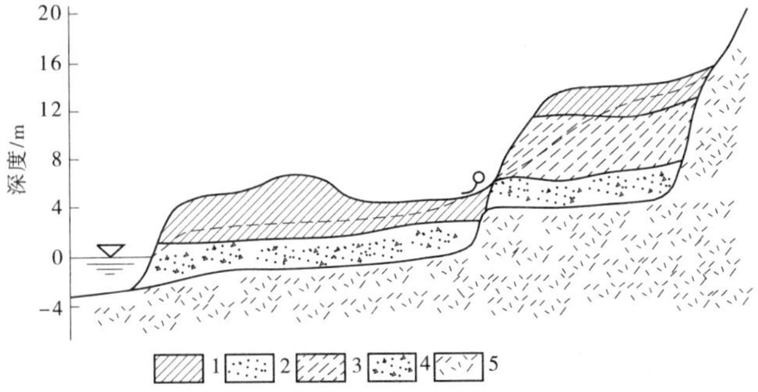

1—黏性土;2—砂;3—亚黏土;4—砂及细砾石;5—基岩。

图 4-22 河流阶地中的潜水

在河流下游,冲积物常形成广阔的冲积平原或三角洲平原。各地冲积物厚度变化很大,北方地区厚而南方地区薄。河床沉积为砂层,由河床向外依次为亚砂土、亚黏土及黏土,粗、细物质常呈带状分布,各种岩性犬牙交错、相互穿插过渡。若河流改道,冲积物分布也相应改变(见图 4-23)。

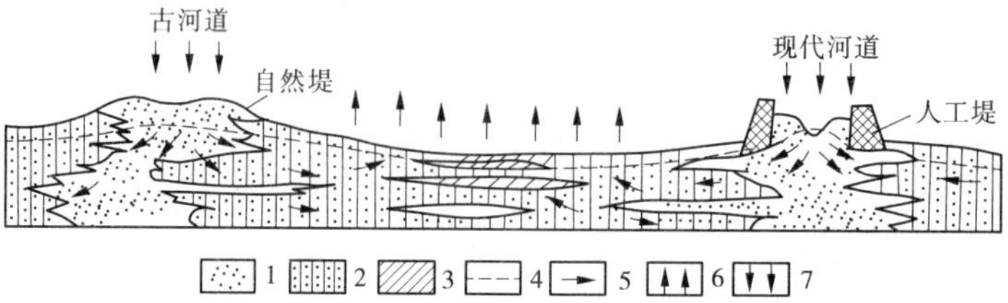

1—砂土为主;2—亚砂土及亚黏土为主;3—黏土为主;
4—潜水位;5—地下水流向;6—蒸发排泄;7—降水补给。

图 4-23　黄河冲积平原水文地质剖面示意图

河床沉积的砂层(包括古河道)透水性较强,不仅接受较多的降水入渗,又能经常获得河水的大量补给,潜水埋藏较深,水质较好,水量也较丰富,是冲积平原中较为理想的供水含水层。由河床向外,岩性变细,径流变弱,潜水埋藏变浅,蒸发作用强烈,矿化度增高,在干旱、半干旱气候条件下,土壤易发生盐渍化,如河南豫东地区就是如此。

我国南方长江、珠江、钱塘江的下游冲积物厚度一般只有 20~60 m,最厚可达 300 m。冲积物中形成较粗颗粒砂砾石含水层,其透水性强,补给条件好,地下水较丰富。除洪水期外,多为潜水补给河水,地下水径流通畅,水循环条件好,水的矿化度也低。

3. 黄土中的地下水

黄土在我国西北及华北地区均有广泛分布。它是一种以黄色、棕黄色(粉粒粒径为 0.05~0.005 mm)为主的土,其中富含钙质结核,具有大孔隙和垂直节理特征。由于垂直节理发育,因此垂直方向较水平方向有较大的渗透性。因此,黄土含水层是一个非均质、裂隙孔隙水含水层。

黄土地区一般比较缺水,这是气候、岩性和地貌条件综合影响的结果。黄土厚度大,结构疏松,新构造运动使地壳上升,侵蚀作用强烈,沟谷纵横,将黄土高原切成无数块段。范围较大的高平地称为黄土塬,长条形的垄岗称为黄土梁,浑圆形的土称为黄土峁。黄土中一般缺乏隔水层,沟谷深切,使潜水埋深变大,往往可达几十米。黄土高原降水量较少,且多以暴雨形式出现,降水入渗的水量相当大的一部分消耗于厚度很大的包气带,补给潜水的部分大为减少。以上条件使地下水的补给、储存比较困难。

黄土塬表面较为宽阔平坦,有利于降水的入渗和储存。含水层中的水可向塬的四周分散渗流,以泉的形式排泄于沟谷中。塬的中心地下水埋藏较浅,通常为 20~30 m,塬的边缘可深达 60~70 m。黄土塬地下水的补给与储存条件比较好,井的出水量较大。

黄土梁、黄土峁表面地形起伏,影响降水入渗,且切割强烈,不利于地下水储存,常为缺水地区。但是,梁、峁之间的宽浅沟谷(俗称掌心地或杖地)汇集了部分地下水,埋深只有 10 余 m,成为当地人民生活和家畜用水的水源。

4. 滨海沉积物中的地下水

1) 滨海沙丘中的地下水

在滨海沙丘(堤)和沙岛里,由于降水入渗,将咸水排挤于周围,密度小的淡水便居于咸水面之上,于是咸水面上部便形成了淡水透镜体(见图 4-24)。

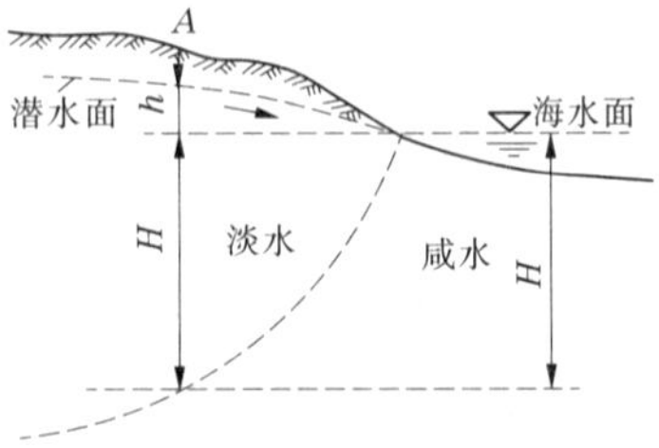

图 4-24　滨海沙丘(堤)淡水体示意图

淡水体的水位高于海水面,距海越远,淡水层越厚,在其交界面上,水以扩散形式进行混合,但混合速度很缓慢,又经常有大气降水入渗补给,因此淡水体得以长期存在。如图 4-24 所示,欲求点 A 处淡水体的厚度($H+h$),只要测出潜水面与海水面的高差 h 即可。设自海水面以下淡水层的厚度为 H,取淡水密度为 1 g/cm^3,海水密度为 1.024 g/cm^3,则淡水与海水的静力平衡式如下:

$$\begin{gathered} 1 \times (H + h) = 1.024H \\ h = 0.024H \quad \text{即} \quad H \approx 42h \end{gathered} \tag{4-2}$$

根据以上推算,只要测定了潜水面与海水面的高差 h 值,即可计算淡水层的厚度。若测得若干点潜水位之后,即可确定淡水体的分布范围。我国黄海沿岸某些地段由粗砂组成的海岸堆积阶地及渤海中的一些岛屿岸边的沙堤,其中都有淡水透镜体埋藏。当开采这种淡水时,如开采量过大,会造成其下部海水迅速上渗,淡水资源日益减少,矿化度随之增高,水质会逐渐恶化。因此,在开采利用时,应测定潜水动态,计算淡水资源的变化,从而调节控制开采水量。

2) 滨海三角洲沉积物中的地下水

由于海洋是一个巨大而宁静的水体,在河流流入海洋处河水受阻,流速变缓,形成散流,其所挟带的沉积物也依次沉积下来。随着流速降低,沉积物也逐渐变细,形成与洪积扇相似的三角洲沉积。

滨海三角洲属海相与陆相的交错沉积,其中含水层岩性主要为细砂和粉细砂,富水性差,且受海水影响,含盐量高,一般不能用于供水,如我国河北平原的滨海区就是这种情况。但有时滨海区深层可含有水量丰富、水质良好的承压水,埋藏深度一般为 80~200 m,在开发这类含水层时,要预防水位下降导致海水入侵,以及因淤泥质含量高而容易发生地面沉降等问题。

(二)裂隙水

裂隙水是指埋藏于基岩裂隙中的地下水,也称基岩地下水。在裂隙发育的基岩山区,修建工矿企业、水库大坝、开发利用地下水、开采矿产资源等,均需要搞清楚基岩裂隙水分布规律,以解决各项建设所需的供水、排水和防渗问题。

1. 裂隙水的一般特征

岩层中的裂隙发育和分布错综复杂,在空间分布具有不均匀性和方向性,因此裂隙水的主要分布特征也是空间分布不均匀性和方向性。同一岩层由于裂隙发育的差异,不同地点的导水性和储水性相差很大,甚至同一地段同一层位中打两口相距很近的井,其水位、水量都可能相差很大,甚至一孔有水,而另一孔无水。这种不均匀性是基岩裂隙水同松散沉积物孔隙水的主要区别。

裂隙水运动状况复杂,在流动过程中水力联系呈明显的各向异性,往往顺着某个方向,裂隙发育程度好,沿此方向的导水性就强,而沿另一个方向的裂隙基本不发育,导水性就弱。同时,裂隙的产状对裂隙水运动也具有明显的控制作用:一方面,局部地段裂隙水的流向并不总和水流的总体方向相一致,甚至有时会出现方向相逆的情况;另一方面,受裂隙产状的控制,即使裂隙潜水也往往呈局部承压现象,当钻孔揭露含水裂隙后,地下水位往往会上升到一定的高度。

2. 裂隙水的类型

裂隙水的埋藏状况比较复杂,裂隙含水层的性状是多种多样的,主要受地质构造、岩性、地貌等条件的控制。裂隙含水层不都是层状的,而很多是似层状、脉状和带状的。根据裂隙水的产状特征,可分为面状裂隙水、层状裂隙水和脉状裂隙水 3 种(见图 4-25)。

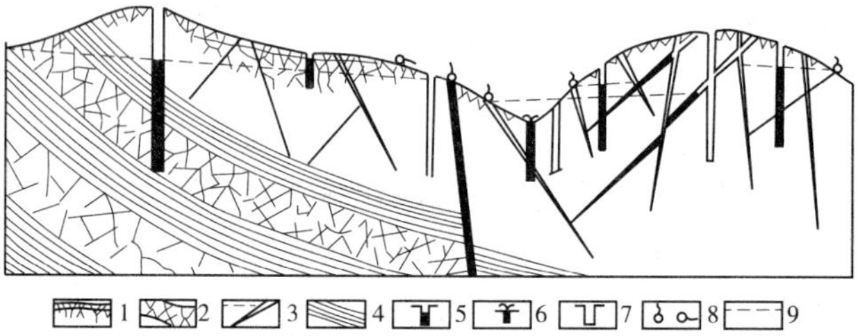

1—面状裂隙水;2—层状裂隙水;3—脉状裂隙水;4—柔性的隔水层;5—水井;6—自流井;7—无水井;8—上升泉或下降泉;9—潜水位或承压水位。

图 4-25　裂隙水按产状分类示意图

1) 面状裂隙水

(1) 面状裂隙水的特点。

面状裂隙水埋藏于各种基岩的风化裂隙中,风化裂隙一般发育均匀密集,有一定程度的张开性,储存在其中的水通常是相互连通、构成统一的地下水面,含水层似层状,呈面状分布。由于风化裂隙发育一般随深度增加而减弱,微风化带或未风化的基岩构成了隔水底板,所以常储存潜水(见图 4-26),只有某些古风化壳上部覆盖有大面积不透水层(如黏土等)时,才能形成承压水。

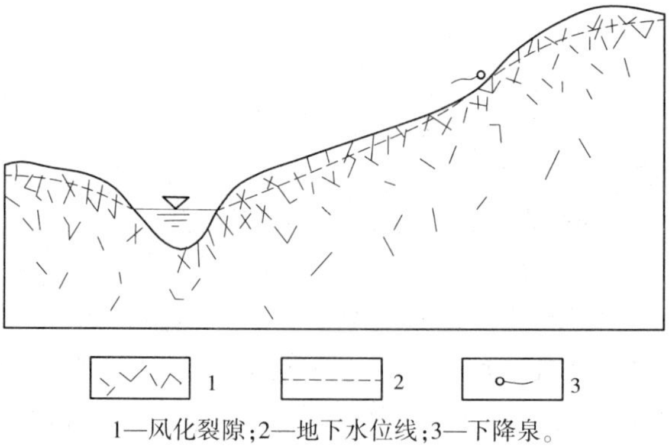

1—风化裂隙;2—地下水位线;3—下降泉。

图 4-26　风化裂隙水示意图

(2)影响面状裂隙水分布的因素。

面状裂隙水的水量大小取决于岩石裂隙的发育程度、风化壳的厚度、气候条件及地貌等特征。

岩石裂隙发育程度随着岩性的不同而差异较大,易风化的粒状和结晶岩石(如砂岩、花岗岩等)风化裂隙较发育,且张开性好,有利于裂隙水的储存;而泥质岩石(如页岩等)虽易风化,但裂隙张开性差,且有泥质充填,裂隙水则很少。

风化裂隙的数量和张开程度一般随深度增加而减小。但在我国南方,由于气候湿热、化学及生物风化作用强烈,表层风化岩的富水性因裂隙被黏土充填,往往不如下部强风化带富水性强。如福建潭州花岗岩中有一钻孔,0~25 m 全风化带裂隙被充填,涌水量仅为 0.125 L/s,25~45 m 强风化带涌水量增至 0.45 L/s,45 m 以下弱风化带涌水量又降为 0.16 L/s。

地貌条件对面状裂隙水的分布影响显著。在山区,特别是流水切割强烈的分水岭地区,风化壳厚度变薄且分布不连续,又由于地面坡度陡,降水绝大部分沿地面流走,因此面状裂隙水水量较小;在谷坡地段,水量逐渐增加,在低洼的谷地和洼地中,风化壳保存完整、厚度大,地面汇流条件好,风化裂隙水则较丰富。

(3)面状裂隙水的水质特点。

面状裂隙水多分布在山区,主要以降水入渗补给,就地蒸发或以泉的形式排泄,其径流路径短,水质多为低矿化度的淡水。其动态随季节而发生明显变化。

2)层状裂隙水

(1)层状裂隙水的特点。

层状裂隙水多埋藏于层状岩石的区域构造裂隙和成岩裂隙中。裂隙以网状组合为主,裂隙之间往往有较好的水力联系,含水层分布边界主要受不同性质的岩层界面控制,形成典型的层状含水层。

(2)影响层状裂隙水分布的因素。

层状裂隙水的埋藏与分布主要受地层岩性控制,其富水性取决于含水层厚度和裂隙发育程度及地形条件等。在沉积岩和变质岩地区,一般脆硬性岩石(如砂岩、石英岩等)的构造裂隙远较柔塑性岩石(如页岩、板岩等)发育,当其互层时,脆硬性岩石往往形成含水层,而柔塑性岩石构成相对隔水层,地下水则常成为承压水,亦可形成潜水。层状裂隙水虽然与一定层位裂隙发育的岩层相一致,但含水层的富水性在不同构造部位和不同深度上的差异也很大。如褶曲轴部的富水性较褶曲翼部强,埋藏较浅的含水层较相同岩性埋藏较深的含水层富水性强。

在岩浆岩地区,层状裂隙水常见于喷出岩体的成岩裂隙中,如玄武岩等柱状节理及层面节理发育,裂隙分布较均匀密集,张开性和连通性好,常形成储水丰富、透水性强、具有统一地下水面的潜水含水层,其下伏隔水层为另一裂隙不发育的岩层,含水层呈层状,属层状裂隙水。它一般分布范围较广,补给条件较好,水量丰富。如我国内蒙古一带,分布有大面积第三系玄武岩,厚几十米至百余米,柱状节理发育,含有裂隙潜水,其下伏隔水底板为红色泥岩,在泥岩与玄武岩接触带上常有泉水出露,涌水量为 0.5~0.7 L/s,水质良好,为重碳酸盐型水,是干旱草原重要的供水水源。

当成岩裂隙岩体被后期不透水层覆盖时,也可形成承压含水层。如我国云南阿直盆地二叠系玄武岩,在向斜构造中形成承压水含水层,承压水位高出地面 17 m。

(3)层状裂隙水的水质特点。

层状裂隙水的水质主要由埋藏深度决定。浅部含水层的地下水处于良好的水交替带中,水质为重碳酸盐型水,向下水交替逐渐减弱,过渡为硫酸盐型水,深部为氯化物型水。总矿化度也随深度增加而增高。

综上所述,裂隙水的分布特征是非常不均匀的。比较常见的富水地带有褶曲轴部或转折端、含水带穿越脆性岩层地段、断裂交叉带、正断层的构造岩带、逆断层两盘(尤其是上盘)影响带、侵入体与围岩的接触带等。当然,影响裂隙水分布的因素很多,如地形地貌控制着地下水补给和汇流条件,往往在盆地、洼地和沟谷低地常是裂隙发育之处,有利于地下水的汇集。山区找水实践证明,在这些部位打井,往往能获得成功。

(三)岩溶水

储存和运动于可溶性岩石洞隙中的地下水称岩溶水。由于岩溶发育和分布规律极其复杂,因而岩溶水在埋藏、分布和水动力条件等方面,都与其他类型的地下水具有不同的特征。

1. 岩溶水的埋藏与分布特征

岩溶水可以是潜水,也可以是承压水。当岩溶含水层裸露于地表时,常形成潜水或局部具有承压性能;当岩溶含水层被不透水层覆盖,就可形成承压水或自流水。岩溶水的埋藏深度,在岩溶含水层下距地表不深处有隔水层时,则埋藏较浅;当隔水层埋藏很深时,岩溶水的埋藏深度受区域排水基准面和地质构造的控制,往往埋藏较深,地面常呈现严重缺水现象。

岩溶发育的不均匀性,使岩溶水在垂直方向和水平方向上变化都很大。在可溶性岩层内可能同时具有含水层与非含水层、强含水层与弱含水层、均质含水层与集中渗流的特点。如我国南方,岩溶水主要以地下河或地下河系的管流、洞流形式存在,河系多呈树枝状,水量丰富。在打井时,往往在溶洞孔道中水多,而未遇到溶洞或溶洞被黏土充填时,涌水量就小或无水。找水的实践证明,岩溶水常富集在岩溶发育的下述地带:质纯厚层的可溶岩分布地带;断层带或裂隙密集带;褶曲轴部和岩层急转弯处;可溶岩与非可溶岩的接触部位等。另外,一般浅层岩溶比深层岩溶富水性强。

2. 岩溶水的补给、径流与排泄

1)岩溶水的补给

岩溶水主要补给来源首先是吸收大气降水和地面水,其次是非岩溶含水层地下水的渗流。在我国南方裸露岩溶区,降水入渗量达降水量的 80%以上;在北方岩溶区,大气降水量的 40%~50%可以渗入地下,个别也可达 80%。如晋南龙子祠泉附近长达 3 km 的沟谷,在强度为 50 mm/h 的暴雨后仍不见水流出沟,降水通过落水洞、溶斗等直接转入地下,迅速达到地下水面,而地面水十分缺乏。甚至在个别地段,河水全部流入岩溶管道,形成伏流。在岩溶裂隙分布区,入渗量仅占降水量的 10%~30%,有的甚至只有 5%。

2）岩溶水的径流

岩溶水可以在裂隙中渗流，也可以在岩溶管道、孔洞中流动。由于溶蚀管道断面变化很大，岩溶水运动特征和径流条件极为复杂。

（1）岩溶水的运动特征。

岩溶水的运动特征有以下几个方面：

①孤立水流与具有统一地下水面的水流并存。由于岩溶发育的不均匀性，孤立水流往往出现在岩溶发育而连通性差的分水岭地区，而在岩溶发育且连通性好的河谷地带和岩溶平原，经常出现具有统一地下水面的水流。

②无压流与有压流并存。由于溶蚀管道断面的变异，地下水在大的洞穴中呈无压水流，有时形成地下湖；而在断面较小的管路和裂隙中形成有压水流。

③层流与紊流并存。在裂隙中渗流的水，由于阻力大，流速小，而处于层流状态；相反，在大的岩溶通道流动的水，可出现紊流状态。

④明流与伏流交替出现。地面河流遇到落水洞、溶洞，河水会部分或全部转入地下，变为地下河流（伏流）；相反，地下河也可突然涌出地表，成为地面径流（明流），这种现象在岩溶发育地区的峰林谷地是屡见不鲜的。有时一条河流可反复多次交替变化。

（2）岩溶水的径流特征。

岩溶水的径流条件一般是良好的，但随着深度的增加而减弱。在裸露型厚层缓倾斜的可溶岩地区，岩溶水按水交替和水流状态不同，在垂直方向显示出明显的分带性（见岩溶发育垂直分带的有关内容）。

3）岩溶水的排泄

岩溶水排泄的最大特点是排泄集中和排泄量大，并多以暗河形式排入河流，或以泉的形式排出地表。如广西地苏地下河系，地下水汇集于红水河边的青水岩出露，最枯流量为 4 m^3/s，丰水期的排泄量达 389 m^3/s。在河谷和盆地边缘以泉的形式排泄最为常见，如山西的晋祠泉、山东济南的趵突泉等。

3. 岩溶水的动态特征

岩溶水动态的主要特征是对降水反应明显，水位和水量变化幅度大。在降水后，地下水位抬高显著，几乎是紧接着降水过程便出现高水位。雨停后，岩溶水沿管道迅速排泄，水位很快降落。水位变化幅度一般为几十米，甚至可达百余米。流量变化幅度可达几十倍，甚至几百倍。南北方岩溶有明显区别，南方的岩溶泉对降水的响应十分灵敏，流量季节变化很大。在典型的岩溶化地区，灌入式的补给、畅通的径流与集中的排泄决定着岩溶水水位动态变化特征。而北方正好相反，对降水入渗补给响应慢，水位变化不灵敏，所以导致地下水流量动态相当稳定。

岩溶水的补给、径流和排泄条件决定了其水文交替条件良好，水的矿化度低，一般在 0.5 g/L 以下，常为重碳酸盐型水。岩溶承压水的补给区，地下水矿化度低，而在地下深处，地下水矿化度有所提高，水质由重碳酸盐型变为重碳酸盐-硫酸盐型水或硫酸盐-重碳酸盐型水。

岩溶水在我国分布很广，水量充沛，是工农业和生活供水的重要水源，但是岩溶水极易污染，在开采利用时，应注意水源保护。

任务三　学会地下水资源评价

一、地下水资源特征

地下水资源是指对人类生产与生活具有使用价值的地下水,它属于地球上水资源的一部分。地下水资源与其他矿物资源不同,它具有流动、不断接受补给和排泄、消耗后能逐渐重新恢复及受气象水文等因素影响的特点。正确认识这些特点,对合理开发利用地下水资源是很重要的。地下水资源有以下5个基本特征:

(1)可恢复性。地下水资源与固体矿产资源相比,具有可恢复性。在漫长的地质年代中形成的固体矿产资源,开采一点就少一点,没有恢复补偿性质。但地下水却不同,当人工开采地下水时,在多数情况下,只要开采量不超过一定限度,虽然井附近的地下水位要降低,使地下水的储存量暂时减少,但只要停止开采,水位又可逐渐恢复原位,即地下水的储存量又得到了补给,这就是地下水的可恢复性。地下水虽然可以不断得到补给和更新,开采后可以补充恢复,但也不是取之不尽、用之不竭的。如果大量超采,也会造成地下水资源过度消耗甚至枯竭。保持地下水资源开采与补给的相对平衡是合理开发利用地下水资源应遵循的基本原则。

(2)调蓄性。地下水资源与地表水资源相比,它具有一定的调蓄性。如果在流域内没有湖泊、水库,则地表水很难进行调蓄,汛期可能洪水漫溢,旱季也许河道断流。而地下水可利用含水层进行调蓄,在补给季节(或丰水年)把多余的水储存在含水层中,在非补给季节(或枯水年)动用储存量以满足生产与生活的需要。这种性质也是其他矿产资源所不具备的。利用地下水资源的调蓄性,在枯水季节(或年份)可适当加大开采量,以满足用水需要,到丰水季节(或年份)则用多余的水量予以回补。"以丰补枯"是充分开发利用地下水的合理性原则。

(3)转化性。地下水与地表水在一定条件下可以相互转化。由地表水转化为地下水是对地下水的补给;反之,由地下水转化为地表水则是地下水的排泄。例如:当河水位高于沿岸的地下水位时,河水补给地下水;相反,当沿岸地下水位高于河水位时,则地下水补给河水。因此,在开发利用水资源时,必须对地表水和地下水统筹规划。转化性是开发利用地下水资源和地表水资源的适度性原则。

(4)系统性。地下水补给、径流、排泄组成一个完整的地下水系统。含水岩体按空隙类型的不同,分为孔隙、裂隙和空洞3种,虽然它们形成的地质因素各不相同,空隙的形式各异,空隙连通的方式和程度差异更大,但从资源评价的角度考虑,它们有共同的特点,即构成一定的系统(也可称为单元)。无论空隙的形式是哪一种,必然在一定程度上和一定范围内相互连通。岩体相互连通,就构成一个系统。水是流体,在相互连通的通道可以从势能大的地方向势能小的地方运动。换言之,它们在一个系统中成为一个整体,当这个系统的某些部位接受外界水的补给时,这是整个系统水量的补充;当系统中任何一点向外排水或人为取水时,实际上是整个系统水量的减少。所以,资源评价按系统进行,才能得到较为接近实际的结果。基于同样的理由,对一个含水系统必须统一管理,上、下游的开发应有整体规划。缺乏统一管理,往往造成各个供水水源地相互干扰,或开发过量引起开采条件恶化及其他不良后果。对地下水系统性认识不足,是造成地下水资源评价和开发管理中混乱的重要原因之一。

(5)宝贵性。地下水是自然界提供给人类的最好的饮用水。首先,地下水是地表水和大气降水向地下渗入补给,而渗入过程中能够滤去杂质和细菌,达到自然净化,不像地表水容易受污染;其次,地下水水质比地表水水质好,地下水在含水层运移过程中与岩土接触,溶滤其中的一些组分,矿化度可达到 1 g/L 左右,一般来说,地下水中的化学组分是人体所需要的;最后,地下水的宝贵性表现在分布上,地下水除在水系附近存在外,还在远离水系的山区和平原广泛分布,使用时不像地表水距离水文网稍远就没水而受到限制。

二、地下水资源的计算

地下水资源的计算主要是指地下水的补给量、储存量、排泄量和允许开采量计算,其中允许开采量计算是地下水资源水量计算与评价的目的所在。

(一)补给量的计算

1. 垂直方向补给量

1)降水入渗补给量

大气降水除蒸发消耗、地面径流和包气带吸收外,其余部分渗入地下补给潜水,其入渗补给量按式(4-3)计算:

$$Q_{渗} = aPA \tag{4-3}$$

式中　$Q_{渗}$——年平均降水入渗补给量,m^3/a;

a——年平均降水入渗系数(年平均降水入渗补给量与年平均降水量的比值);

P——年平均降水量,m/a;

A——接受降水入渗补给面积,m^2。

2)越流补给量

在开采潜水或承压水时,由于开采层水位下降同相邻含水层形成水头差,在水头差作用下,相邻含水层的地下水可通过弱透水层产生垂直渗透,形成补给开采层的越流补给量。这种越流补给量随着开采降深的增大而增加。其计算公式如下:

$$Q_{越} = KA\frac{H - h_c}{m} \tag{4-4}$$

式中　$Q_{越}$——越流补给量,m^3/d;

K——越流层的垂直渗透系数,m/d;

A——越流层的面积,m^2;

H——与开采层相邻含水层的水位,m;

h_c——开采层降落漏斗的平均水位,m;

m——越流层的厚度,m。

3)灌溉水入渗补给量

灌溉水对地下水的补给包括两部分。

(1)灌溉渠系渗漏补给量。其按式(4-5)计算:

$$Q_{渠} = Q(1 - \eta) \tag{4-5}$$

式中　$Q_{渠}$——灌溉渠系渗漏补给量,m^3/d;

Q——灌溉渠系引进流量,m^3/d;

η——渠系有效利用系数,可通过现场观测确定或利用经验值,根据目前实际资料,田间配套齐全、衬砌良好的渠系有效利用系数可达0.8~0.9,有衬砌的渠道为0.6~0.7,无衬砌的渠道仅为0.5左右。

(2)田间灌水渗漏补给量。与降水入渗补给量的计算方法相似,即用入渗系数乘以灌溉水量,再乘以灌溉面积。在选择入渗系数时,除考虑土壤条件外,还应考虑灌水定额(每亩[1]地的灌水量)和灌水前地下水的埋藏深度等条件的影响(见表4-8)。

表4-8　不同灌水定额对地下水的补给量　　单位:mm

地下水埋深/m	灌水定额/(m^3/亩)						
	20	30	40	50	60	70	80
1.0	4	10	17	25	34	49	72
1.5	—	1.5	4	9	16	25	38
2.0	—	—	—	2	5	10	20

注:引自北京水利水电科学研究院河南人民胜利渠灌溉试验资料。

2. 侧向补给量

侧向补给量可按断面径流法计算:

$$Q_{侧} = KiA \tag{4-6}$$

式中　$Q_{侧}$——侧向补给量,m^3/d;

K——含水层的平均渗透系数,m/d;

i——地下水水力坡度;

A——过水断面面积,m^2。

3. 河渠渗漏补给量

河道及斗渠以上大型渠道渗漏补给的地下水量($Q_{河}$),可用水文测流法测出上游断面流量 Q_1 与下游断面流量 Q_2 之差求得,即

$$Q_{河} = Q_1 - Q_2 \tag{4-7}$$

(二)储存量的计算

储存量是指储存在含水层内的重力水水量,该量可分为容积储存量和弹性储存量。

1. 容积储存量

容积储存量指潜水含水层中所容纳的重力水水量,可用式(4-8)计算:

$$Q_{容} = \mu AH \tag{4-8}$$

式中　$Q_{容}$——容积储存量,m^3;

μ——含水层的给水度;

A——含水层的分布面积,m^2;

[1] 1亩=1/15 hm^2,下同。

H——含水层的厚度，m。

2. 弹性储存量

弹性储存量指将承压含水层的水头降至含水层顶板以上某一位置时，由于含水层的弹性压缩和水体积弹性膨胀所释放的水量，可按式(4-9)计算：

$$Q_{弹}=\mu_s Ah \tag{4-9}$$

式中　$Q_{弹}$——弹性储存量，m^3；

μ_s——弹性释水系数；

A——承压含水层面积，m^2；

h——从隔水顶板算起承压水压力水头高度，m。

(三)排泄量的计算

排泄量是指单位时间内从某一单元含水层或含水岩体中排泄出去的重力水水量。排泄量可分为天然排泄量和人工开采量两类。

天然排泄量有潜水蒸发、补给地表水体(河、沟、湖、库等)、侧向径流进入邻区等。人工开采量也就是实际开采量，是取水建筑物从含水层中取出来的地下水量，反映了取水建筑物的取水能力，它是一个实际开采值，但不一定是合理值，开采量应小于允许开采量。允许开采量计算在水资源评价中介绍，此处介绍排泄量的计算。

1. 潜水蒸发量

蒸发是浅层潜水消耗的主要方式之一。蒸发量的大小与潜水的埋藏深度、气象条件、包气带土壤岩性及地面植被等有密切关系。潜水埋深为零时，蒸发量主要取决于气象条件，此时蒸发量最大。随着潜水埋深的增大，蒸发量逐渐减少，当埋深达到一定深度后，潜水蒸发量趋近于零，这一深度通常称为潜水蒸发的极限深度。

潜水蒸发量(或蒸发强度)采用下面的经验公式计算，即

$$E=E_0\left(1-\frac{\Delta}{\Delta_0}\right)^n \tag{4-10}$$

式中　E——潜水蒸发量(或蒸发强度)，m；

E_0——水面蒸发量(或蒸发强度)，m；

Δ——潜水位埋深，m；

Δ_0——潜水蒸发的极限深度，m，随土壤岩性和气候条件而变化，根据北京市水文地质公司资料，各类土的潜水蒸发极限深度见表4-9；

n——与土质有关的指数，$n=1\sim3$。

表4-9　潜水蒸发极限深度

岩性	潜水蒸发极限深度/m
亚黏土	5.16
黄土质亚砂土	5.10
亚砂土	4.95
粉细砂	4.10
砂砾石	2.38

式(4-10)称何夫达公式,较适用于亚砂土、亚黏土等土壤质地较轻的情况,对黏性土层则误差较大。一般潜水蒸发量的观测资料较少,而水面蒸发量的观测资料较多,则可利用水面蒸发量资料,采用式(4-11)计算潜水蒸发量,即

$$E = CE_0 \tag{4-11}$$

式中 C——潜水蒸发系数,即潜水蒸发量与水面蒸发量的比值,通常以百分数表示。将式(4-11)代入式(4-10)得

$$C = \left(1 - \frac{\Delta}{\Delta_0}\right)^n \tag{4-12}$$

北京市水文地质公司根据观测资料提出的多年平均潜水蒸发系数可供参考(见表4-10)。

表4-10 潜水蒸发系数 %

岩性	潜水埋深/m				
	0.5	1.0	1.5	2.0	3.0
亚黏土	52.9	29.8	14.7	8.2	4.6
黄土质亚砂土	80.1	43.1	19.4	8.7	2.8
亚砂土	74.3	25.5	3.2	1.7	—
粉细砂	82.6	47.2	16.8	4.4	—
砂砾石	48.6	41.0	1.4	0.4	—

2. 地下水侧向流出量

可按断面径流法计算。

3. 泉水溢出量

按长期观测资料确定。

4. 越流排泄量

可参照式(4-4)计算。

5. 地下水实际开采量

地下水实际开采量是根据开采设施能力与供需要求开采的水量,可按各取水点记录统计确定。

三、地下水资源允许开采量评价

(一)地下水资源允许开采量评价原则

(1)综合考虑、全面规划。对于一个自然区域或大面积开采区,应以区域地下水天然补给量为依据,充分考虑工业、农业、城乡供水和排水等进行综合评价,论证水源分配和调节及解决供排结合等问题。

(2)通过技术经济合理的取水建筑物,计算在开采区内(一年或多年)从含水层中取出的水量,并论证地下水位的允许下降深度。

(3)考虑以丰补歉的原则。在开采量大、开采时间集中的地区,应考虑进行人工调节,即根据雨季补给旱季、丰水年补给枯水年的特点进行评价,并论证其保证程度,以便合

理开发利用地下水。

(4)地下水与地面水统一评价的原则。在天然条件下,地下水与地面水互相转化很明显的地区(如岩溶地区、山前平原地区等),必须把地下水与地面水作为统一循环体进行评价。

(二)允许开采量评价方法

目前,地下水资源允许开采量评价方法很多,每一种方法常常适用于一定的水文地质条件。归纳起来有水量均衡法、开采试验法、相关分析法、开采系数法、水文分析法、水文地质比拟法、数学模型法(有限单元法、有限差分法等)等。在评价时,最好采用几种方法进行计算对比,以便合理确定可开采量。

1. 水量均衡法

水量均衡法是地下水资源评价的基本方法之一。它是研究评价区(均衡区)在一定时段内(均衡期)地下水的补给量、储存量与排泄量之间的平衡关系,确定影响地下水动态各要素及规律,从而评价水源地可开发利用地下水资源的一种方法。

对于一个均衡区(或水文地质单元)的含水层组来说,地下水在补给和排泄过程中任一时段内补给量与排泄量之差,等于含水层中储存量的变化量,这就是水量均衡的基本原理。根据这一原理,可建立水量均衡方程式。

1)水量均衡方程式

根据水量均衡原理,可建立如下水量均衡方程:

$$Q_{补} - Q_{排} = \pm \Delta Q_{储} \tag{4-13}$$

式中　$Q_{补}$——地下水的总补给量,m^3;

$Q_{排}$——地下水的总排泄量,m^3;

$\pm\Delta Q_{储}$——地下水储存量的变化量,m^3。

在天然条件下,从多年平均来看,地下水储存量的变化量等于零,即地下水水量趋于平衡,这时 $Q_{补}=Q_{排}$。

因此,天然条件下既可以用多年平均各项补给量之和计算补给量,也可以用多年平均各项排泄量之和计算补给量。

若把地下水的开采量作为排泄量考虑,便可建立开采条件下的水量均衡方程:

$$\left.\begin{aligned}(Q_{入} - Q_{出}) + (W - Q_{开}) = \mu A \Delta H / \Delta t \\ W = Q_{雨} + Q_{河} + Q_{越} + \cdots - Q_{蒸}\end{aligned}\right\} \tag{4-14}$$

式中　$Q_{入}-Q_{出}$——侧向补给量与排泄量之差,m^3/d;

$W-Q_{开}$——垂向补给量与排泄量之差,m^3/d;

$\mu A\Delta H/\Delta t$——单位时间内含水层中储存量的变化量,m^3/d;

μ——含水层的平均给水度,以小数计;

A——均衡区的面积,m^2;

ΔH——在时段内含水层水位的平均变幅,m;

Δt——计算时段(或均衡期),d;

$Q_{雨}$——大气降水入渗补给量,m^3/d;

$Q_{河}$——地表水体或地面其他水体渗漏补给量,m^3/d;

$Q_{越}$——越流补给量,m^3/d;

$Q_{蒸}$——潜水蒸发总量,m^3/d。

考虑到开采过程,式(4-14)可改写为下列预测区域开采量的基本公式:

$$Q_{开} = (Q_{入} - Q_{出}) + W - \mu A\Delta H/\Delta t \tag{4-15}$$

式(4-15)表明含水层的区域开采量由 3 部分组成:一是侧向补给量与排泄量之差($Q_{入}-Q_{出}$),二是垂向补给量 W,三是开采过程中含水层的储存量 $\mu A\Delta H/\Delta t$ 。上述关系从理论上阐明了开采量的可能组成规律。

2)适用条件

该法适用于地下水埋藏较浅、地下水的补给和排泄条件易于查清楚的地区。对于干旱或半干旱山前洪积平原和喀斯特地区、某些河谷地区及封闭的自流盆地,使用效果一般较好。

对深层承压含水层或山区基岩裂隙含水层,其补给、径流和排泄条件不易查清或条件复杂时,不宜使用该法。

3)水量均衡法的计算步骤

(1)划分均衡区、确定均衡期。

由于水量均衡法是以某一特定的区域作为一个整体进行分析的,如果进行地下水资源评价的区域面积较大,或区域内水文地质条件和开采条件并无显著差异,则可以将整个区域作为一个均衡区进行计算;否则,为了提高计算精度,就需要首先将计算区域划分为若干个均衡区,在均衡区内若水文地质条件还有较大的差异,可以再分为若干个均衡段。

均衡区一般是根据地下水类型和含水介质的成因类型的组合进行划分的,如基岩山区裂隙地下水系统、平原区松散层孔隙水系统。平原区又可分为洪积扇地下水子系统、冲积平原地下水子系统等。

均衡段主要是根据含水层的导水系数、给水度、降水入渗系数、地下水埋深等定量指标进行划分的。其目的是处理水文地质参数上的差异,提高地下水资源量的计算精度。

均衡期一般为一个水文年。为了使地下水资源评价结果更加具有代表性,力争选用包括丰水年、平水年和枯水年在内的一个多年均衡期。

(2)确定均衡要素、建立均衡方程。

均衡要素指均衡方程中各种补给项和排泄项。一般来说,不同均衡区水文地质条件不同,其均衡要素也不同,应在查明区域地下水补给、径流和排泄条件的基础上确定并计算均衡要素,建立均衡方程。

(3)地下水资源评价。

在给出均衡期地下水允许变幅值的条件下,将计算的均衡要素代入式(4-15)中,计算均衡时段的地下水开采量,用此量可分析评价地下水资源对用水的保证程度。

2. 开采试验法

开采试验法是模拟水源地开采条件(包括开采方案及提水设备)进行抽水试验来评价地下水资源的一种方法。这种方法适用于完全没有水文地质资料(或水文地质条件复杂)、水文地质条件(主要是补给条件)难以查清的地区,当急需确定地下水允许开采量时，可打井（或利用已有井）按需要的开采流量进行抽水试验，根据试验结果计算地下水允许开采量。这种通过实际抽水试验确定地下水允许开采量的方法称为开采试验法。

这种评价方法对潜水或承压水、新水源地或旧水源地均适用。由于群井抽水试验耗资巨大，所以开采试验法只适用于中小型水源地。

在枯水季节按开采条件进行试验性开采抽水，一般抽水延续一至数月。地下水动态从抽水开始到水位恢复进行全面观测。结果可能出现以下两种情况。

1）稳定状态

按设计开采量长时间抽水时，若水位降深达到设计降深后，一直能保持稳定，停抽后水位又能较快地恢复到天然状态下的静水位，这说明抽水量小于开采条件下的补给量，按此抽水量开采是有补给保证的，这时的抽水量就是要求的允许开采量。

2）非稳定状态

按设计开采量长时间抽水时，若水位降深达到设计降深后并不稳定，还继续下降，停抽后，虽然水位有所恢复，但始终达不到天然状态下的静水位，这说明抽水量大于开采条件下的补给量，按此抽水量开采是没有保证的。这时可按下述方法求允许开采量。

（1）用水位下降时的资料求允许开采量。

在水位持续下降的过程中，当大部分漏斗出现等幅下降后，任一时段的水量平衡关系为

$$\mu A\Delta S = (Q_{抽} - Q_{补})\Delta t \tag{4-16}$$

式中　μA——水位下降 1 m 时储存量的减少量，m^2，μ 为给水度（以小数计），A 为降落漏斗面积，m^2，将 μA 当作一个值；

ΔS——Δt 时段的水位降低量，m；

$Q_{抽}$——Δt 时段的平均抽水流量，m^3/d；

$Q_{补}$——开采条件下的补给量，m^3/d；

Δt——水位持续下降的时间，d。

由式（4-16）可得出：

$$Q_{抽} = Q_{补} + \mu A\Delta S/\Delta t \tag{4-17}$$

式（4-17）说明，抽水量等于开采条件下的补给量与含水层消耗的储存量之和。

为了求 $Q_{抽}$，认为 $Q_{补}$ 和 μA 变化不大，作为常量对待，将抽水量比较稳定、水位下降比较均匀的若干时段的资料分别代入式（4-17），可列出下列联立方程式：

$$\left.\begin{aligned} Q_{抽1} &= Q_{补} + \mu A\Delta S_1/\Delta t_1 \\ Q_{抽2} &= Q_{补} + \mu A\Delta S_2/\Delta t_2 \\ &\vdots \\ Q_{抽n} &= Q_{补} + \mu A\Delta S_n/\Delta t_n \end{aligned}\right\} \tag{4-18}$$

用解联立方程的方法求 $Q_{补}$ 和 μA。

（2）用水位恢复资料检验、校核 $Q_{补}$ 的可靠性。

①若在抽水过程中，减少抽水量，使 $Q_{抽}<Q_{补}$，则地下水位会等幅回升，$Q_{补}$ 的计算公式为（ΔS 为负值）

$$Q_{补} = Q_{抽} - \mu A \Delta S/\Delta t \tag{4-19}$$

式中　μA——前已求出的单位储存量的减少量的平均值,m^2;

$\Delta S/\Delta t$——水位等幅回升速度,m/d。

②当停止抽水时,$Q_{抽}=0$,水位恢复,则

$$Q_{补} = \mu A \Delta S/\Delta t \tag{4-20}$$

需要注意的是,利用水位恢复资料进行检验时,$\Delta S/\Delta t$ 为等幅回升速度。

【例4-1】　某水源地位于基岩裂隙水的富水地段,在0.2 km^2 面积内打了12个钻孔,最大孔距不超过300 m。在其中3个孔中进行了4个多月的抽水试验,观测数据列入表4-11中。

表4-11　抽水试验观测数据

时间(月-日)	05-01~05-25	05-26~06-02	06-03~06-10	06-11~06-19	06-20~06-30
平均抽水量/(m^3/d)	3 169	2 773	3 262	3 071	2 804
水位平均下降速度/(m/d)	0.47	0.09	0.94	0.54	0.19

试验表明,在水位迅速下降阶段结束后,开始等幅持续下降,停抽或抽水量减少时,水位都有等幅回升现象。这表明正常抽水已经大于实际补给量。选用5月1日至6月30日各时段的资料分别代入式(4-18),可以列出5个方程式

$$3\,169 = Q_{补} + 0.47\mu A \tag{1}$$

$$2\,773 = Q_{补} + 0.09\mu A \tag{2}$$

$$3\,262 = Q_{补} + 0.94\mu A \tag{3}$$

$$3\,071 = Q_{补} + 0.54\mu A \tag{4}$$

$$2\,804 = Q_{补} + 0.19\mu A \tag{5}$$

为了充分利用资料,将上述5个方程联立求解可求出 $Q_{补}$ 和 μA 的值,结果列于表4-12。

表4-12　$Q_{补}$和μA的值

联立方程号	(1)和(2)	(3)和(4)	(3)和(5)	(4)和(5)	平均值
$Q_{补}$/(m^3/d)	2 679	2 813	2 688	2 659	2 710
μA/m^2	1 042	478	611	763	724

计算结果表明,不同时段组合所求出的 $Q_{补}$ 相差不大,比较稳定。μA 变化较大。可能是裂隙发育不均、降落漏斗扩展不均匀所致。

再用水位恢复资料进行验证,水位恢复数据和验证结果列入表4-13中。

表 4-13　水位恢复计算

时间(月-日)	水位恢复值/m	$\Delta S/\Delta t$/(m/d)	平均抽水量/(m^3/d)	μA平均值/m^2	计算公式	补给量/(m^3/d)
07-02~07-06	19.36	3.87	0	724	式(4-20)	2 802
07-21~07-26	19.98	3.33	107	724	式(4-18)	2 518
平均值						2 660

根据计算和检验结果,允许开采量评价如下:

本区的补给量是有限的,如果开采量超过补给量,则水位就会持续下降,为了合理利用地下水资源,允许开采量是 2 600~2 700 m^3/d。

3. 开采系数法

所谓开采系数,是指一个地区多年平均地下水开采模数与多年平均地下水补给模数之比,或开采系数等于地下水多年平均实际开采量与多年平均补给量的比值。

该方法适用于有一定的开发利用程度的浅层地下水,水文地质研究程度较高并积累了较长系列开采量统计与水位动态观测资料的地区。

用开采系数法确定多年平均可开采量。可开采量的一般计算式为

$$Q_{可采}=\rho Q_{总} \tag{4-21}$$

式中　$Q_{可采}$——地下水年可开采量,万 m^3/a;

ρ——可开采系数,以小数计;

$Q_{总}$——开采条件下的年总补给量,万 m^3/a。

开采系数的确定,可考虑如下原则:

(1)开采系数一般不大于 1。

(2)开采条件良好[单井单位降深出水量大于 20 m^3/(h·m)],地下水埋深大,水位连续下降的超采区,可选 0.85~0.95。

(3)开采条件一般[单井单位降深出水量为 5~20 m^3/(h·m)],地下水埋深较大,实际开采程度较高的地区,或地下水埋深较小,实际开采程度较低的地区,可选 0.75~0.85。

(4)开采条件较差[单井单位降深出水量小于 5 m^3/(h·m)],地下水埋深小(一般在 2 m 左右),或开采程度低,开采困难的地区,可选 0.6~0.7。

4. 实际开采量调查法

实际开采量调查法适用于浅层地下水开发利用程度较高、开采量统计资料比较准确,水位动态处于相对稳定的地区。如平水年的年初、年末地下水位基本相等,则该年的地下水实际开采量即可近似地代表多年平均地下水可开采量。

实际开采量调查法的理论基础是水量均衡原理,通过全面研究某一均衡区的浅层地下水的补给量、排泄量及储存量的变化量之间的均衡关系,来评价可开采量。上述 3 者的关系式为

$$Q_{补}-Q_{排}=\mu A\Delta h/\Delta t \tag{4-22}$$

式中　$Q_{补}$——均衡区均衡期内的浅层地下水总补给量,m^3/a;

$Q_{排}$——均衡区均衡期内的浅层地下水总排泄量,m^3/a;

μ——给水度(无因次);

A——均衡区的面积,m^2;

Δh——均衡期 Δt 内浅层地下水位变化值,m;

Δt——均衡期(一般以年计)。

如果年末地下水位变化值为负值,表明年内排泄量大于补给量;若年末地下水位变化值为正值,表明补给量大于排泄量。如水位稳定,则补排相当,实际开采量是合理的,即可作为可开采量。

应该指出,在浅层地下水被大量开发利用的情况下,补排相当是不多见的。但是,上述以水量均衡方程式为理论基础的实际开采量调查法是评价可开采量的常用方法。

【例4-2】 表4-14是某河流域内一供水水源地2010—2012年地下水均衡计算成果,其中2010年是枯水年,2011年是平水年,2012年是丰水年。

表4-14　某河流域内一供水水源地2010—2012年地下水均衡计算成果　单位:万 m^3/a

均衡项目	均衡要素	数量		
		枯水年	平水年	丰水年
补给量	降雨入渗补给量	472	836	1 010
	河道渗漏量	1 990	6 406	8 450
	地下径流流入量	804	840	960
	总计	3 266	8 082	10 420
排泄量	地下径流流出量	701	825	985
	潜水蒸发量	263	320	305
	实际开采量	6 100	6 100	6 100
	总计	7 064	7 245	7 390
均衡差		-3 798	837	3 030

由表4-14可知,枯水年是负均衡,缺额是3 798万 m^3;平水年和丰水年是正均衡,合计多余3 867万 m^3 的水量。对此可以做出如下评价:

(1)该地区平水年实际开采量6 100万 m^3/a 是合理的。

(2)在枯水年份出现负均衡,但平水年和丰水年的余额足以补偿枯水年的缺额,所以开采量6 100万 m^3/a 是有补给保证的。

四、地下水水质评价

国家或地方有关部门规定各项用水标准,皆是根据各种实际需要制定的,它是水质评价的依据。

(一)工业用水水质评价

1. 锅炉用水水质评价

锅炉用水是工业用水的基本组成部分,在进行工业用水水质评价时一般先对锅炉用水水质进行评价，其标准见《工业锅炉水质》（GB/T 1576—2018）。

蒸汽锅炉和汽水两用锅炉的给水一般应采用锅外化学水处理的自然循环，水质应符合如下标准（见表4-15）。

表4-15　采用锅外水处理的自然循环蒸汽锅炉和汽水两用锅炉水质

<table>
<tr><td rowspan="2">水样</td><td colspan="2">额定蒸汽压力/MPa</td><td colspan="2">$P=1.0$</td><td colspan="2">$1.0<P\leqslant1.6$</td><td colspan="2">$1.6<P\leqslant2.5$</td><td colspan="2">$2.5<P\leqslant3.8$</td></tr>
<tr><td colspan="2">补给水类型</td><td>软化水</td><td>除盐水</td><td>软化水</td><td>除盐水</td><td>软化水</td><td>除盐水</td><td>软化水</td><td>除盐水</td></tr>
<tr><td rowspan="7">给水</td><td colspan="2">浊度/FTU</td><td colspan="8">≤5.0</td></tr>
<tr><td colspan="2">硬度/（mmol/L）</td><td colspan="7">≤0.03</td><td>$\leqslant5\times10^{-3}$</td></tr>
<tr><td colspan="2">pH（25 ℃）</td><td>7.0～10.5</td><td>8.5～10.5</td><td>7.0～10.5</td><td>8.5～10.5</td><td>7.0～10.5</td><td>8.5～10.5</td><td>7.5～10.5</td><td>8.5～10.5</td></tr>
<tr><td colspan="2">电导率（25 ℃）/（μS/cm）</td><td colspan="2">—</td><td>$\leqslant5.5\times10^{2}$</td><td>$\leqslant1.1\times10^{2}$</td><td>$\leqslant5.0\times10^{2}$</td><td>$\leqslant1.0\times10^{2}$</td><td>$\leqslant3.5\times10^{2}$</td><td>≤80.0</td></tr>
<tr><td colspan="2">溶解氧[a]/（mg/L）</td><td colspan="3">≤0.10</td><td colspan="5">≤0.050</td></tr>
<tr><td colspan="2">油/（mg/L）</td><td colspan="8">≤2.0</td></tr>
<tr><td colspan="2">铁/（mg/L）</td><td colspan="5">≤0.30</td><td colspan="3">≤0.10</td></tr>
<tr><td rowspan="13">锅水</td><td rowspan="2">全碱度[b]/（mmol/L）</td><td>无过热器</td><td>4.0～26.0</td><td>≤26.0</td><td>4.0～24.0</td><td>≤24.0</td><td>4.0～16.0</td><td>≤16.0</td><td colspan="2">≤12.0</td></tr>
<tr><td>有过热器</td><td colspan="2">—</td><td colspan="2">≤14.0</td><td colspan="4">12.0</td></tr>
<tr><td rowspan="2">酚酞碱度/（mmol/L）</td><td>无过热器</td><td>2.0～18.0</td><td>≤18.0</td><td>2.0～16.0</td><td>≤16.0</td><td>2.0～12.0</td><td>≤12.0</td><td colspan="2">≤10.0</td></tr>
<tr><td>有过热器</td><td colspan="2">—</td><td colspan="6">≤10.0</td></tr>
<tr><td colspan="2">pH（25 ℃）</td><td colspan="6">10.0～12.0</td><td>9.0～12.0</td><td>9.0～11.0</td></tr>
<tr><td rowspan="2">电导率（25 ℃）/（μS/cm）</td><td>无过热器</td><td colspan="2">$\leqslant6.4\times10^{3}$</td><td colspan="2">$\leqslant5.6\times10^{3}$</td><td colspan="2">$\leqslant4.8\times10^{3}$</td><td colspan="2">$\leqslant4.0\times10^{3}$</td></tr>
<tr><td>有过热器</td><td>—</td><td>—</td><td colspan="2">$\leqslant4.8\times10^{3}$</td><td colspan="2">$\leqslant4.0\times10^{3}$</td><td colspan="2">$\leqslant3.2\times10^{3}$</td></tr>
<tr><td rowspan="2">溶解固形物/（mg/L）</td><td>无过热器</td><td colspan="2">$\leqslant4.0\times10^{3}$</td><td colspan="2">$\leqslant3.5\times10^{3}$</td><td colspan="2">$\leqslant3.0\times10^{3}$</td><td colspan="2">$\leqslant2.5\times10^{3}$</td></tr>
<tr><td>有过热器</td><td colspan="2">—</td><td colspan="2">$\leqslant3.0\times10^{3}$</td><td colspan="2">$\leqslant2.5\times10^{3}$</td><td colspan="2">$\leqslant2.0\times10^{3}$</td></tr>
<tr><td colspan="2">磷酸根/（mg/L）</td><td>—</td><td colspan="5">10～30</td><td colspan="2">5～20</td></tr>
<tr><td colspan="2">亚硫酸根/（mg/L）</td><td colspan="2">—</td><td colspan="4">10～30</td><td colspan="2">5～10</td></tr>
<tr><td colspan="2">相对碱度</td><td colspan="8"><0.2</td></tr>
</table>

注：1. 对于额定蒸发量小于或等于4 t/h，且额定蒸汽压力小于或等于1.0 MPa的锅炉，电导率和溶解固形物指标可执行相关标准。

2. 额定蒸汽压力小于或等于2.5 MPa的蒸汽锅炉，补给水采用除盐处理，且给水电导率小于10 μS/cm的，可控制锅水pH值（25 ℃）下限不低于9.0、磷酸根下限不低于5 mg/L。

3. a 对于供汽轮机用汽的锅炉给水溶解氧应小于或等于0.050 mg/L。

4. b 对蒸汽质量要求不高，并且无过热器的锅炉，锅水全碱度上限值可适当放宽，但放宽后锅水的pH（25 ℃）不应超过上限。

2. 地下水建筑侵蚀性评价

1)地下水对混凝土的腐蚀作用

(1)腐蚀类型。

地下水对混凝土的破坏是通过结晶类腐蚀、分解类腐蚀和结晶分解复合类腐蚀作用进行的。地下水的这种侵蚀性主要取决于水的化学成分,同时与水泥类型有关。

①结晶类腐蚀。如果地下水中的 SO_4^{2-} 含量超过规定值,那么 SO_4^{2-} 将与混凝土中的 $Ca(OH)_2$ 起反应,生成二水石膏结晶体 $CaSO_4 \cdot 2H_2O$,这种石膏再与水化铝酸钙 $CaAl_2O_3 \cdot 6H_2O$ 发生化学反应,生成水化硫铝酸钙,这是一种铝和钙的复合硫酸盐,习惯上称为水泥杆菌。由于水泥杆菌结合了许多的结晶水,因而其体积比化合前增大很多,约为原体积的 221.86%,于是在混凝土中产生很大的内应力,使混凝土的结构遭受破坏。

②分解类腐蚀。地下水中含有 CO_2 和 HCO_3^-,CO_2 与混凝土中的 $Ca(OH)_2$ 作用,生成碳酸钙沉淀。

$$Ca(OH)_2+CO_2=CaCO_3+H_2O$$

由于 $CaCO_3$ 不溶于水,它可填充混凝土的空隙,在混凝土周围形成一层保护膜,能防止 $Ca(OH)_2$ 的分解。但是,当地下水中的 CO_2 含量超过一定数值,而 HCO_3^- 的含量过低,则超量的 CO_2 再与 $CaCO_3$ 反应,生成重碳酸钙 $Ca(HCO_3)_2$ 并溶于水,即

$$CaCO_3+H_2O+CO_2=Ca(HCO_3)_2$$

上述这种反应是可逆的:当 CO_2 含量增加时,平衡被破坏,反应向右进行,$CaCO_3$ 固体继续分解;当 CO_2 含量变少时,反应向左进行,固体 $CaCO_3$ 沉淀析出。当 CO_2 和 HCO_3^- 的溶解度平衡时,反应就停止。所以,当地下水中的 CO_2 含量超过平衡所需的数量时,混凝土中的 $CaCO_3$ 就被溶解而受腐蚀,这就是分解类腐蚀。将超过平衡浓度的 CO_2 称为侵蚀性 CO_2,地下水中侵蚀性 CO_2 愈多,对混凝土的腐蚀愈强。地下水流量、流速都很大时,CO_2 易补充,平衡难建立,因而腐蚀加快。另外,HCO_3^- 离子含量愈高,对混凝土腐蚀性愈强。

如果地下水的酸度过大,即小于某一数值,那么混凝土中的 $Ca(OH)_2$ 也要分解,特别是当反应生成物为易溶于水的氯化物时,对混凝土的分解腐蚀很强烈。

③结晶分解复合类腐蚀。当地下水中 Mg^{2+}、NH_4^+、Cl^- 和 NO_3^- 的含量超过一定数量时,与混凝土中的 $Ca(OH)_2$ 发生反应,例如:

$$MgSO_4+Ca(OH)_2=Mg(OH)_2+CaSO_4$$

$$MgCl_2+Ca(OH)_2=Mg(OH)_2+CaCl_2$$

$Ca(OH)_2$ 与镁盐作用的生成物中,除 $Mg(OH)_2$ 不易溶解外,$CaCl_2$ 则易溶于水,并随之消失;一方面硬石膏 $CaSO_4$ 与混凝土中的水化铝酸钙反应生成水泥杆菌;另一方面,硬石膏遇水生成二水石膏。二水石膏在结晶时,体积膨胀,破坏混凝土的结构。

综上所述,地下水对混凝土建筑物的腐蚀是一项复杂的物理化学过程,在一定的工程地质与水文地质条件下,对建筑材料的耐久性影响很大。

(2)腐蚀性评价标准。

根据以上各种化学腐蚀所引起的破坏作用,将 SO_4^{2-} 的含量归纳为结晶类腐蚀性评价指标;将侵蚀性 CO_2、HCO_3^- 和 pH 归纳为分解类腐蚀性的评价指标;将 Mg^{2+}、NH_4^+、Cl^-、

SO_4^{2-}、NO_3^- 的含量作为结晶分解类腐蚀性的评价指标。同时,在评价地下水对建筑结构材料的腐蚀性时,必须结合建筑场地所属的环境类别。建筑场地根据气候区、土层特性、干湿交替和冰冻区(段)情况分为 3 类环境(见表 4-16)。

表 4-16　混凝土腐蚀的场地环境类别

<table>
<tr><th>环境类别</th><th>气候区</th><th>土层特性</th><th colspan="2">干湿交替</th><th>冰冻区(段)</th></tr>
<tr><td>Ⅰ</td><td>高寒区
干旱区
半干旱区</td><td>直接临水,强透水土层中的地下水,或湿润的强透水土层</td><td>有</td><td rowspan="3">混凝土不论在地面或地下,无干湿交替作用,其腐蚀强度比有干湿交替作用时相对降低</td><td rowspan="3">混凝土不论在地面或地下,当受潮或浸水时,处于严重冰冻区(段)、冰冻区(段)、或微冰冻区(段)</td></tr>
<tr><td rowspan="2">Ⅱ</td><td>高寒区
干旱区
半干旱区</td><td>弱透水层中的地下水,或湿润的强透水土层</td><td>有</td></tr>
<tr><td>湿润区
半湿润区</td><td>直接临水,强透水土层中的地下水,或湿润的强透水土层</td><td>有</td></tr>
<tr><td>Ⅲ</td><td>各气候区</td><td>弱透水层</td><td colspan="2">无</td><td>不冻区(段)</td></tr>
</table>

注:当竖井、隧洞、水坝等工程的混凝土结构一面与水(地下水或地表水)接触,另一面又暴露在大气中时,其场地环境分类划分为Ⅰ类。

地下水对建筑材料腐蚀性评价标准见表 4-17～表 4-19。

表 4-17　分解类腐蚀评价标准

腐蚀等级	pH		侵蚀性 CO_2/(mg/L)		HCO_3^-/(mmol/L)
	A	B	A	B	A
无腐蚀性	>6.5	>5.0	<15	<30	>1.0
弱腐蚀性	6.5～5.0	5.0～4.0	15～30	30～60	1.0～0.5
中腐蚀性	5.0～4.0	4.0～3.5	30～60	60～100	<0.5
强腐蚀性	<4.0	<3.5	>60	>100	—

注:A 为直接临水或强透水土层中的地下水或湿润的强透水土层,B 为弱透水土层的地下水或湿润的弱透水土层。

表 4-18　结晶类腐蚀评价标准

腐蚀等级	SO_4^{2-} 在水中的含量/(mg/L)		
	Ⅰ类环境	Ⅱ类环境	Ⅲ类环境
无腐蚀性	<250	<500	<1 500
弱腐蚀性	250～500	500～1 500	1 500～3 000
中腐蚀性	500～1 500	1 500～3 000	3 000～6 000
强腐蚀性	>1 500	>3 000	>6 000

表 4-19　结晶分解复合类腐蚀评价标准　　单位:mg/L

腐蚀等级	Ⅰ类环境		Ⅱ类环境		Ⅲ类环境	
	$Mg^{2+}+NH_4^+$	$Cl^-+SO_4^{2-}+NO_3^-$	$Mg^{2+}+NH_4^+$	$Cl^-+SO_4^{2-}+NO_3^-$	$Mg^{2+}+NH_4^+$	$Cl^-+SO_4^{2-}+NO_3^-$
无腐蚀性	<1 000	<3 000	<2 000	<5 000	<3 000	<10 000
弱腐蚀性	1 000~2 000	3 000~5 000	2 000~3 000	5 000~8 000	3 000~4 000	10 000~20 000
中腐蚀性	2 000~3 000	5 000~8 000	3 000~4 000	8 000~10 000	4 000~5 000	20 000~30 000
强腐蚀性	>3 000	>8 000	>4 000	>10 000	>5 000	>30 000

2)中国混凝土拌制和养护用水的水质标准

凡适于饮用的水,均可用来拌制和养护混凝土,不必进行试验。工业污水和沼泽水如未经处理,不能用来拌制和养护混凝土。天然的矿化水,如化学成分符合表 4-20 的规定,可用来拌制和养护混凝土。

表 4-20　拌制和养护混凝土天然矿化水的水质标准

水的化学成分	单位	经常位于水下的混凝土,少钢筋混凝土和钢筋混凝土结构;混凝土结构的水上混凝土和水位变化区的混凝土	少钢筋混凝土和钢筋混凝土结构的水上混凝土和水位变化区的混凝土
总含盐量不超过	g/L	35.0	5.0
SO_4^{2-} 含量不超过	g/L	2.7	2.7
pH 不小于		4.0	4.0

表 4-20 适用于硅酸盐水泥、火山灰质硅酸盐水泥和矿渣硅酸盐水泥所拌制的混凝土。

采用其他水泥时,矿化水是否适用,应根据矿化水与饮用水分别制作的砂浆(或混凝土)强度试验确定,即用矿化水制作的砂浆(或混凝土)强度应不低于饮用水制作的砂浆(或混凝土)强度,这种水即可使用。采用抗硫酸盐水泥时,水中 SO_4^{2-} 的含量允许增大到 10 g/L。

3)地下水对钢结构的腐蚀性评价

地下水对钢结构的腐蚀性评价见表 4-21。

表 4-21　地下水对钢结构的腐蚀性评价

腐蚀等级	pH	$(Cl^-+SO_4^{2-})$ 含量/(mg/L)
弱	3~11	<500
中	3~11	≥500
强	<3	任何浓度

注:表中是指氧能自由溶入的水和地下水。

(二)农业用水水质评价

农业用水主要是灌溉用水和农村人、畜饮用水,这里将介绍灌溉用水水质评价。

1. 灌溉用水水质评价方法

当前,对灌溉用水的水质评价缺乏统一的方法,常用矿化度指标法、灌溉系数法、残余碳酸钠(RSc 法)法、综合危害系数法,以及盐度、碱度、矿化度法评价。各地需要根据当地的具体情况、资料来源及其完整程度选择使用,下面介绍盐度、碱度、矿化度法评价灌溉用水水质。

利用盐度、碱度和矿化度评价灌溉用水水质的方法是河南省水文地质队豫东组提出的。他们把灌溉水对作物和土壤的危害分为 4 种类型,即盐害、碱害、盐碱害和综合危害。

1)盐害

盐害主要指氯化钠和硫酸钠这两种盐分对作物和土壤的危害,水质的盐害指标用盐度表示,盐度就是在液态条件下氯化钠和硫酸钠的允许含量,单位为 mmol/L,计算公式如下:

当 $Na^+ > Cl^- + 2SO_4^{2-}$ 时,盐度 $= Cl^- + 2SO_4^{2-}$;当 $Na^+ < Cl^- + 2SO_4^{2-}$ 时,盐度 $= Na^+$。

2)碱害

碱害主要指碳酸钠和碳酸氢钠对作物和土壤的危害,水质的碱害指标用碱度表示,碱度就是在液态条件下碳酸钠和碳酸氢钠的允许含量,单位为 mmol/L。计算公式如下:

$$碱度 = (HCO_3^- + 2CO_3^{2-}) - 2(Ca^{2+} + Mg^{2+})$$

当计算结果为负值时,则盐害起主导作用。

3)盐碱害

盐碱害就是盐害和碱害共存,当盐度大于 10 mmol/L,并有碱度存在时,即为盐碱害。这种危害一方面使土壤迅速盐化和碱化,另一方面对作物有极强的腐蚀作用,可使作物致死。

4)综合危害

水中的氯化钙、氯化镁等有害成分与盐害、碱害一起,对作物和土壤的危害称为综合危害。综合危害的程度取决于水中所含各种可溶盐的总量,所以用总矿化度(g/L)来表示。

属于盐害、碱害、综合危害类型的灌溉水按表 4-22 所列指标进行评价。利用表 4-22 既可按单一指标(盐害、碱害、综合危害)评价水质,亦可按双项指标(盐害、综合危害,碱害、综合危害)评价水质。应当指出:一方面,表 4-22 指标适用于非盐碱化土壤,对于已盐碱化的土壤可视盐碱化程度调整使用;另一方面,表 4-22 是根据豫东地区主要作物(小麦、高粱、玉米、棉花、黄豆等)被灌溉后的反应程度确定的,所以对于蔬菜、果树等,应视具体情况做适当调整。

表 4-22　灌溉用水水质评价指标

危害类型及表示方法		水质类型			
		淡水	中等水	盐碱水	重盐碱水
盐害	碱度为零时盐度/(mmol/L)	<15	15~25	25~40	>40
碱害	盐度小于 10 时碱度/(mmol/L)	<4	4~8	8~12	>12
综合危害	总矿化度/(g/L)	<2	2~3	3~4	>4
灌溉用水水质评价		长期浇灌对主要作物生长无不良影响	灌溉不当时,对土壤和主要作物有影响;但合理灌溉,能避免土壤发生盐碱化	要注意灌溉方法。灌溉方法不当时,土壤盐碱化,主要作物生长不好;灌溉方法得当,作物生长良好	灌溉后,土壤迅速盐碱化,对作物生长影响很大。即使在特别干旱时,也尽量避免过量使用

由以上盐度、碱度和矿化度等指标来评价灌溉用水水质,可将其分为淡水、中等水、盐碱水和重盐碱水等 4 类。

属于盐碱类型的灌溉用水,按表 4-23 双项指标进行评价,即当盐度大于 10 mmol/L 时,按盐害、碱害这一对指标来评价水质。

表 4-23　灌溉用水水质评价指标

盐度/(mmol/L)	碱度/(mmol/L)	水质类型	灌溉用水水质评价
10~20	4~8	盐碱水	1. 对盐碱水,要特别注意灌溉方法; 2. 对重盐碱水,即使在特别干旱时,也应避免过量使用
	>8	重盐碱水	
20~30	<4	盐碱水	
	>4	重盐碱水	
>30	微量	重盐碱水	

2. 农田灌溉水质标准

灌溉用水的水质,应满足作物正常生长、改善土壤性状、不污染地下水和保证农产品质量的要求。我国制定《农田灌溉水质标准》(GB 5084—2021)的主要出发点是保护环境,除考虑河川中的地表水外,着重考虑废污水排放对灌溉水资源的污染和污水灌溉带来的一些负效应,如死苗、减产、土壤肥力性状恶化、作物污染以及某些有机化合物、病菌、病毒和寄生虫卵等的残留污染,使农产品质量下降并影响人体健康等问题。因而该标准适用于以地表水、地下水和工业废水、生活污水作为水源的农田灌溉用水。我国现行的农田灌溉水质基本控制项目限值见表4-24。

表4-24　农田灌溉水质基本控制项目限值

序号	项目类别	作物种类		
		水田作物	旱地作物	蔬菜
1	pH	5.5～8.5		
2	水温/℃	≤35		
3	悬浮物/(mg/L)	≤80	≤100	≤60[a],15[b]
4	五日生化需氧量(BOD_5)/(mg/L)	≤60	≤100	≤40[a],15[b]
5	化学需氧量(COD_{Cr})/(mg/L)	≤150	≤200	≤100[a],60[b]
6	阴离子表面活性剂/(mg/L)	≤5	≤8	≤5
7	氯化物(以Cl^-计)/(mg/L)	≤350		
8	硫化物(以S^{2-}计)/(mg/L)	≤1		
9	全盐量/(mg/L)	≤1 000(非盐碱土地区),2 000(盐碱土地区)		
10	总铅/(mg/L)	≤0.2		
11	总镉/(mg/L)	≤0.01		
12	铬(六价)/(mg/L)	≤0.1		
13	总汞/(mg/L)	≤0.001		
14	总砷/(mg/L)	≤0.05	≤0.1	≤0.05
15	粪大肠菌群数/(MPN/L)	≤40 000	≤40 000	≤20 000[a],10 000[b]
16	蛔虫卵数/(个/10 L)	≤20		≤20[a],10[b]

注:a 加工、烹调及去皮蔬菜。b 生食类蔬菜、瓜类和草本水果。

(三)生活饮用水水质评价

生活饮用水包括城镇居民和农村人畜饮用水,其水质应符合下列基本要求,保证用户饮用水安全:

(1)生活饮用水中不得含有病原微生物。

(2)生活饮用水中化学物质不得危害人体健康。

(3)生活饮用水中放射性物质不得危害人体健康。

(4)生活饮用水的感官性状良好。

(5)生活饮用水应经消毒处理。

我国现行生活饮用水的水质指标分4大类,共计39项(见表4-25)。各指标的具体要求见《生活饮用水卫生标准》(GB 5749—2022)。

表 4-25　生活饮用水卫生标准

序号	指标	限值
一、微生物指标		
1	总大肠菌群(MPN/100 mL 或 CFU/100 mL)	不应检出
2	大肠埃希氏菌(MPN/100 mL 或 CFU/100 mL)	不应检出
3	菌落总数(MPN/mL 或 CFU/mL)	100
二、毒理指标		
4	砷/(mg/L)	0.01
5	镉/(mg/L)	0.005
6	铬(六价)/(mg/L)	0.05
7	铅/(mg/L)	0.01
8	汞/(mg/L)	0.001
9	氰化物/(mg/L)	0.05
10	氟化物/(mg/L)	1.0
11	硝酸盐(以 N 计)/(mg/L)	10
12	三氯甲烷/(mg/L)	0.06
13	一氯二溴甲烷/(mg/L)	0.1
14	二氯一溴甲烷/(mg/L)	0.06
15	三溴甲烷/(mg/L)	0.1
16	三卤甲烷(三氯甲烷、一氯二溴甲烷、二氯一溴甲烷、三溴甲烷的总和)	该类化合物中各种化合物的实测浓度与其各自限值的比值之和不超过 1
17	二氯乙酸/(mg/L)	0.05
18	三氯乙酸/(mg/L)	0.1
19	溴酸盐/(mg/L)	0.01
20	亚氯酸盐/(mg/L)	0.7
21	氯酸盐/(mg/L)	0.7
三、感官性状和一般化学指标		
22	色度(铂钴色度单位)/度	15
23	浑浊度(散射浑浊度单位)/NTU	1
24	臭和味	无异臭、异味

续表 4-25

序号	指标	限值
25	肉眼可见物	无
26	pH	不小于 6.5 且不大于 8.5
27	铝/(mg/L)	0.2
28	铁/(mg/L)	0.3
29	锰/(mg/L)	0.1
30	铜/(mg/L)	1.0
31	锌/(mg/L)	1.0
32	氯化物/(mg/L)	250
33	硫酸盐/(mg/L)	250
34	溶解性总固体/(mg/L)	1 000
35	总硬度(以 $CaCO_3$ 计)/(mg/L)	450
36	高锰酸盐指数(以 O_2 计)/(mg/L)	3
37	氨(以 N 计)/(mg/L)	0.5
四、放射性指标		
38	总 α 放射性/(Bq/L)	0.5(指导值)
39	总 β 放射性/(Bq/L)	1(指导值)

注:1. MPN 表示最可能数;CFU 表示菌落形成单位。当水样检出总大肠菌群时,应进一步检验大肠埃希氏菌或耐热大肠菌群;当水样未检出总大肠菌群时,不必检验大肠埃希氏菌或耐热大肠菌群。
2. 放射性指标超过指导值,应进行核素分析和评价,判定能否饮用。

【思政案例】　中国水文地质学奠基人——王大纯

王大纯,教授,直隶(今河北)丰润人。1943 年毕业于西南联合大学地质系。1949 年加入中国共产党。中华人民共和国成立后,历任北京地质学院、武汉地质学院教授,水文地质及工程地质系主任,地质部水文地质与工程地质研究所副所长。他专于水文地质学,提出地下水按孔隙、裂隙及溶洞分类的方法;在地下水资源评价、孔隙承压水的补给来源、半隔水层的释水机制与地面沉降关系等方面有较深的研究。王大纯著有《普通水文地质学》《水文地质学基础》。

王先生的教育理念,体现在他所主编的教科书之中。1960 年,王大纯主编的《普通水文地质学》问世,1964 年修订再版,1980 年更名为《水文地质学基础》重新出版,1986 年、1995 年修订再版。这本书在 35 年内出了 5 个版本,内容不断更新和扩充,字数却始终保持在 23 万~24 万,在高校专业基础课教材中,恐怕是最薄的一本。王先生认为,教科书的作用,是引导学生"深入理解与掌握基本概念及基本原理,并将其灵活运用于分析解决各种实际问题"。深入浅出,以少胜多,寓深邃于平实,是《水文地质学基础》的一贯特色。读过这本教材的学生都有一种感觉,这本书很容易读,却又常读常新。这种评价,用在王先生自己身上,倒也颇为贴切。

务实求真,是王先生一贯的学术风格。研究和讨论问题,他讨厌故弄玄虚,从不拿架子,绝不将简单的东西复杂化。他总是瞄准关键性实际问题,厘清概念,深究机制,"庖丁解牛",直奔主题;往往在众说纷纭之际,一语破的。1973年,王先生对河北深层地下水资源的结论是"基本上一潭死水"。1980年前后,天津市请王先生咨询地面沉降问题,他的回答很干脆:"小采小降,大采大降,不采不降"。当时的河北省委主张大力开发深层水,"基本上一潭死水"的说法,与省委"对着干",是"阶级斗争新动向"。当时的天津市人民政府迫切希望能够找到既开发深层水而又不引起地面沉降的办法,"小采小降,大采大降,不采不降"的说法显然是十分扫兴的。但是,王先生就是这样"不合时宜",实话直说。

【阅读与应用】

2023年8月24日,日本正式启动了福岛核污水排海计划,从公布的画面中可以看到海上出现了一条长长的"污水道",海的颜色逐渐变得浑浊,排核污水引起多方的关注和网友热烈的讨论。据媒体报道称,福岛第一核电站储存的核污染水约有134万t,2023年将把约3.12万t处理水分4次排放。东京电力公司表示:"启动排海是一个重大的里程碑,整个过程将持续约30年。"

请大家根据自然界的水循环和水文知识,分析日本核污水排海后对自然环境的影响。

复习题

1. 什么叫自然界的水循环?自然界水是如何循环的?
2. 地球水的储量分布如何?世界各大洲水资源的分布情况是怎样的?
3. 何谓透水层、含水层、隔水层?
4. 简述潜水、承压水的特征。
5. 怎样表示潜水面的形状?等水位线图如何绘制?它有哪些用途?
6. 什么样的地质构造条件适宜储存承压水?试绘图并加以证明。
7. 承压水等水压线图有哪些用途?
8. 地下水主要补给来源是哪些?影响地下水径流的因素有哪些?地下水有哪些排泄方式?
9. 简述潜水和承压水的补给、径流、排泄特点。
10. 地下水中包含哪些化学成分?
11. 简述裂隙水的分布特征。
12. 岩溶水有哪些重要特征?在岩溶分布区怎样寻找地下水?
13. 地下水资源有哪些特点?如何分类?
14. 地下水的补给量、储存量和排泄量怎么计算?
15. 计算允许开采量的方法有几种?如何用水量均衡法评价地下水允许开采量?
16. 地下水对混凝土的腐蚀性有哪几种类型?腐蚀性评价标准是什么?
17. 影响灌溉用水水质的因素有哪些?
18. 如何用盐度、碱度、矿化度评价灌溉用水水质?

项目五　岩体稳定的工程地质分析

【项目概述】

通常将工程影响范围内具有一定岩石成分、结构特征及赋存于某种地质环境的自然地质体称为岩体;岩体中存在的各种不同成因、不同特征的地质界面,包括物质分异面和各种破裂面及软弱夹层等称为结构面。一个岩体的规模大小,可根据所研究的工程地质问题涉及的范围和岩体的特征而定。岩体稳定性是指在一定的时间内,一定的自然条件和人为因素的影响下,岩体不产生破坏性的剪切滑动、塑性变形或张裂破坏的性质,岩体的稳定性主要取决于岩体内各种结构面的性质及其组合关系的控制。此外,地基处理作为工程中非常重要的一环,它也直接影响岩土层的稳定性。本项目主要介绍岩体结构特征和类型、地基变形和软弱地基常用的处理方法、岩质边坡稳定性评价方法、不稳定边坡防治措施。

【学习目标】

(1)知识目标:①掌握岩体、结构面、结构体、岩体结构的概念;②熟悉结构面的主要类型及主要特征;③了解岩体结构的主要类型及其特征;④掌握用赤平极射投影图的作图方法分析边坡岩体稳定性的方法;⑤熟悉常用软土地基处理的方法及适用条件;⑥了解边坡稳定性的评价方法;⑦掌握边坡变形与破坏的防治方法。

(2)思政目标:①了解我国青藏铁路等超级工程,提升学生民族自豪感,厚植家国情怀,强化道路自信;②了解工程相关地质灾害案例,引导学生树立科学严谨的工作态度,培养学生良好的职业道德和安全意识。

任务一　了解岩体结构特征

一、结构面的成因类型

结构面是在岩体形成过程中或生成以后漫长的地质历史时期中产生的。由于岩体的成因、时代及形成后所处的自然环境不同,结构面的类型和特征也不同。结构面按成因可分为原生结构面、构造结构面和次生结构面 3 类(见表 5-1)。

二、软弱夹层及泥化夹层的特征

(一)软弱夹层

一般认为,软弱夹层是指在坚硬的层状岩层中夹有厚度相对较薄、力学强度较低、泥质或炭质含量高、遇水易软化、延伸较长的软弱层或软弱带。它是一种特殊的结构面,与周围的岩体相比,软弱夹层具有明显的低强度和高压缩性。

表 5-1　结构面的基本类型

成因类型	原生结构面			构造结构面	次生结构面	
	沉积结构面	火成结构面	变质结构面	内动力形成的结构面	外动力形成的结构面	综合形成的结构面
地质类型	层理、层面、沉积间断面、沉积软弱夹层	侵入体与围岩的接触面、火成熔岩层面、冷凝节理	变余层理、片理	构造节理、断层劈裂、层间错动面	风化裂隙、卸载裂隙、爆破裂隙、次生充填、软弱夹层	泥化夹层

大量实际工程资料的统计分析表明,软弱夹层自身的强度与夹持它的上、下坚硬岩层相比,其强度和变形模量均低于上、下坚硬岩层,是坚硬岩层的 1/50~1/5。一般软弱夹层的强度和变形参数如下:摩擦系数 $f<0.5$,饱和抗压强度 $R_b \leqslant 10$ MPa,变形模量 $E_0 \leqslant 1\ 000$ MPa。

软弱夹层特别是泥化夹层,由于它们的抗剪强度低,是影响边坡、堤坝、地下洞室稳定及造成许多地质灾害的重要因素。因此在工程中,对软弱夹层的成因、性质及其分布规律的研究极为重要。

1. 软弱夹层的成因与分类

软弱夹层按成因分为沉积型、火成型、变质型、构造型、风化型及充填型 6 类,其特征及典型工程见表 5-2。在工程实际中遇到的软弱夹层,有不少是属于综合成因的。

表 5-2　软弱夹层的成因与分类

类型	亚类		地质特征	典型工程
沉积型	1	河湖相沉积的软弱层	黏土岩、黏土质粉砂岩、粉砂质黏土岩、炭质细砂岩等,薄至中厚层或呈透镜体状。软弱、强度低	葛洲坝、盐锅峡等
	2	潮汐相碎屑岩沉积的软弱层	泥质粉砂岩。相变大、层次多、厚度薄、连续性差	大藤峡
	3	浅海相碎屑岩沉积的软弱层	泥质粉砂岩、粉砂质黏土岩及页岩等。层状连续分布	小浪底、朱庄、潘家口老坝址、宝珠寺、双牌
	4	浅海相碳酸盐岩中沉积的软弱层	泥质、砂质、炭质页岩、泥灰岩、瘤状灰岩、泥质白云岩等。强度较高	彭水、隔河岩
火成型		火山喷发沉积的软弱层	陆相火山碎屑岩中的软弱夹层,有凝灰岩、脱玻珍珠岩。连续分布,厚度变化大,成岩程度较好。玄武岩喷发间歇期沉积的火山碎屑砂泥质软弱层,成岩程度差	铜街子、桓仁、亭下

续表 5-2

类型	亚类		地质特征	典型工程
变质型	1	区域浅变质碎屑岩中的软弱层	砂质页岩、粉砂岩、泥质板岩等	五强溪、凤滩、上犹江、万安
	2	区域深变质岩中的软弱层	副变质岩中的云母片岩、绿泥石片岩、滑石片岩、石墨片岩等。片理发育，强度低	佛子岭
	3	岩脉侵入接触变质的软弱层	岩脉侵入围岩蚀变接触带、蚀变黏土及碎屑，厚度变化大	青山、岩滩
构造型	1	层间错动的软弱层	一般可分为泥化带、劈理带、节理带等几个带，性能差，强度低	葛洲坝、大藤峡、桓仁、五强溪、上犹江、小浪底、宝珠寺、彭水、隔河岩、万安、铜街子、朱庄
	2	断裂错动的软弱带	缓倾角断裂带，一般以压扭性为主，次为张扭性	龙羊峡、红岩、大化、三峡、丹江口、李家峡、安康、潘家口
风化型	1	风化溶滤软弱层	含易风化矿物的母岩，经风化、溶滤作用而成	万安、桓仁
	2	脉状风化软弱带	如方解石脉、方解石—绿泥石脉的带状风化	岩滩、青山
充填型	1	断裂、卸荷裂隙充填的软弱带	在河谷卸荷范围内，平缓的裂隙，断层经地下水挟带沉积形成的充填夹泥	龙羊峡（白泥）峡口、雅溪
	2	溶隙充填夹泥	在碳酸盐类岩石分布地区，沿溶蚀缝隙充填的夹泥	彭水、隔河岩

2. 软弱夹层的特性

软弱夹层通常具有以下特性：

（1）厚度薄，单层厚度一般为数厘米至十余厘米，有的仅数毫米。

（2）多呈相互平行、延伸长度和宽度不一的多层状。

（3）结构松散。

（4）岩性、厚度、性状及延伸范围常有很大的变化（相变）。

（5）力学强度低，软弱夹层的结构、矿物成分和颗粒组成不同，其抗剪强度有很大差别。以岩石碎块、碎屑为主的破碎夹层的摩擦系数较高，结构松散，黏粒含量大于30%；以蒙脱石矿物为主的泥化夹层，摩擦系数的屈服值仅为0.20左右，甚至更低。软弱夹层的物理力学性质与夹层的物质组成、颗粒大小、含水量及起伏程度等多种因素有关。

(二)泥化夹层

泥化夹层是岩体中含泥质的软弱夹层经一系列地质作用演化而成的。它多处在上、下相对坚硬而中间相对软弱的岩层组合条件下。泥化夹层是软弱夹层中性质最差的一类,对岩体的抗滑稳定往往起控制作用,是工程勘察中重点研究的对象,因此对其特点和形成条件必须深入研究。

1. 泥化夹层的特性

泥化夹层具有以下特点:由原岩的固结或超固结胶结式结构,变成了泥质散状结构或泥质定向结构;黏粒含量很高;天然含水率高,通常接近或超过塑限;常具一定的膨胀性;力学性质比原岩差,强度低,压缩性大;由于结构松散,抗冲刷能力弱,在渗透水流作用下,易产生渗透变形。

2. 泥化夹层的形成条件

泥化夹层通常是综合因素形成的,一般认为泥化夹层的形成必须具备下述3个条件:

(1)物质基础。构成泥化夹层物质基础的母岩通常是黏土矿物含量较高的原生软弱夹层,如坚硬岩层中的黏土岩、黏土质粉砂岩、泥质板岩、泥灰岩、千枚岩等夹层。研究表明:黏粒和黏土矿物含量越高,越有利于泥化。

(2)构造作用。构造作用可以破坏原来黏土岩夹层的完整性,为地下水的渗入提供通道。同时,原岩的矿物颗粒联结也会受到严重破坏,为泥化提供了重要的条件。

发育完善的层间剪切带,一般可分为泥化错动带、劈理带和节理带3个带。泥化错动带与层间错动的主滑动面相一致,主滑动面上、下岩层错动时的研磨作用使黏土矿物和水分沿错动面富集,因而形成泥膜或泥化带,并可见镜面及擦痕等剪切滑动的痕迹。劈理带由于片状黏土颗粒沿劈理面定向排列,水极易沿劈理浸入,因此劈理带也常易形成泥化带。节理带岩石的结构基本遭到破坏,因此一般不能形成泥化带。

(3)地下水的作用。黏土岩夹层经层间错动使原岩结构遭受强烈破坏后,改变了夹层内颗粒间的联结和排列状况。水在黏粒周围形成结合水膜,使颗粒进一步分散,颗粒间联结力减弱,含水量增加,使岩石处于塑态甚至接近流态,即产生了泥化。水在泥化夹层形成过程中,还有溶解盐类、水化和水解某些矿物等复杂的物理化学作用。

对泥化夹层的研究,应着重研究其成因类型、存在形态、分布和所夹物质的成分、物理力学性质以及这些性质在条件改变时的变化趋势等。

三、结构体的特征

岩体中被结构面切割而产生的岩石块体称为结构体。在岩体结构稳定分析中,结构面常起到控制性的作用,但是结构体的作用也不能忽视。工程实践表明,单个结构面有时不一定对岩体稳定性构成威胁,只有几组结构面组合起来形成一定形状的结构体时,才能形成危险滑动面。受结构面组数、密度、产状、长度等影响,结构体可以形成各种形状,常见的有块状、柱状、板状、锥状、楔形体、棱柱体等(见图5-1)。一般情况下,板状、柱状结构体的稳定性比块状结构体差。锥状、楔形结构体当具有临空条件时稳定性很差。此外,结构体与受力方向之间的关系、埋藏与临空条件等均对岩体稳定有重要的影响。

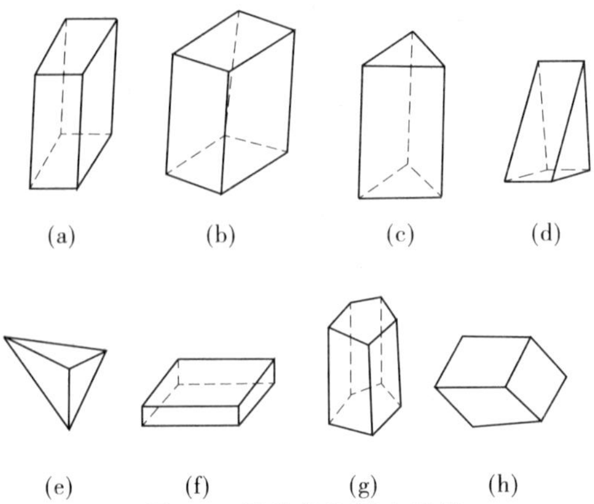

图 5-1　结构体的基本形状

四、岩体结构类型

岩体中结构面和结构体的组合关系叫岩体结构,其组合形式叫岩体结构类型。岩体结构类型分类见表 5-3 和图 5-2,不同结构类型的岩体,其力学性质有明显差别。

表 5-3　岩体结构类型分类

岩体结构类型	岩体地质类型	主要结构体形状	结构面发育情况	岩土工程特征	可能发生的岩土工程问题
整体状结构	均质、巨块状岩浆岩、变质岩、巨厚层沉积岩、正变质岩	巨块状	以原生构造节理为主,多呈闭合型,裂隙结构面间距大于 1.5 m,一般不超过 1~2 组,无危险结构面组成的落石掉块	整体强度高,岩体稳定,可视为均质弹性的各向同性体	不稳定结构体的局部滑动或坍塌,深埋洞室的岩爆
块状结构	厚层状沉积岩、正变质岩、块状岩浆岩、变质岩	块状、柱状	只具有少量贯穿性较好的节理裂隙,裂隙结构面间距为 0.7~1.5 m,一般为 2~3 组,有少量分离体	整体强度较高,结构面互相牵制。岩体基本稳定,接近弹性各向同性体	—
层状结构	多韵律的薄层及中厚层状沉积岩、副变质岩	层状、板状透镜体	有层理、片理、节理,常有层间错动面	接近均一的各向异性体,其变形及强度特征受层面及岩层组合控制。可视为弹塑性体,稳定性较差	不稳定结构体可能产生滑塌,特别是岩层的弯张破坏及较弱岩层的塑性变形

续表 5-3

岩体结构类型	岩体地质类型	主要结构体形状	结构面发育情况	岩土工程特征	可能发生的岩土工程问题
碎裂状结构	构造影响严重的破碎岩层	碎块状	断层、断层破碎带、片理、层理及层间结构面较发育、裂隙结构面间距为 0.25～0.5 m,一般在3组以上,由许多分离体形成	完整性破坏较大,整体强度很低,并受断裂等软弱结构面控制,多呈弹塑性介质,稳定性很差	易引起规模较大的岩体失稳,地下水加剧岩体失稳
散体状结构	结构影响剧烈的断层破碎带、强风化带、全风化带	碎屑状、颗粒状	断层破碎带交叉,构造及风化裂隙密集,结构面及组合错综复杂,并多充填黏性土,形成大小不一的分离岩块	完整性遭到极大的破坏,稳定性极差,岩体属性接近松散体介质	易引起规模较大的岩体失稳,地下水加剧岩体失稳

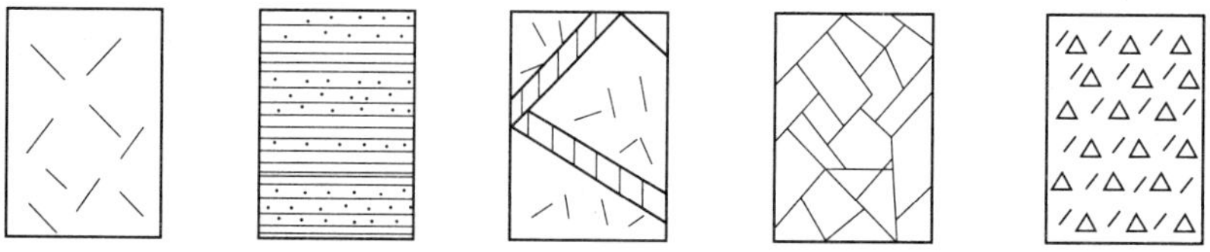

(a)整体状结构　(b)层状结构　(c)块状结构　(d)碎裂状结构　(e)散体状结构

图 5-2　岩体结构类型示意图

任务二　理解地基沉降与加固

一、地基变形与地基承载力

地基沉降变形是建筑荷载的作用使地基土体的孔隙体积减小的缘故。当地基变形过量时,影响建筑物的使用和安全,甚至会导致地基破坏,使地基土体丧失稳定。地基沉降量大小除与上部荷载有关外,还与地基类型密切相关。

(一)地基类型

1. 天然地基

未经人工处理就可以满足建筑设计要求的地基称为天然地基,天然地基施工简单,经济性好,在条件允许的情况下一般尽可能使用天然地基。天然地基按地基岩土体性质可分为以下几种类型。

1)土质地基

在漫长的地质年代中,岩石经历风化、剥蚀、搬运、沉积生成土。土按颗粒级配或塑性指数可划分为碎石土、砂土、粉土和黏性土。

地基是承受荷载的那部分土体，在基础底面传给土层的外荷载作用下，土体内部将产生正应力、剪应力和相应的变形。确定地基土层的范围后，建(构)筑物通过基础传给土层的外荷载已知，地基土层的沉降变形即可求得。根据建(构)筑物的具体要求可计算施工阶段的固结沉降、使用阶段的最终沉降，其量值均应在允许范围内。土质地基在承受外荷载时，土体内部剪应力数值不得超过土体的抗剪强度，并由此确定地基土体的承载力。

土质地基处于地壳的表层，施工方便，基础工程造价较经济，是房屋建筑、中小型桥梁、涵洞、水库、水坝等建(构)筑物基础经常选用的持力层。

2)岩石地基

当岩层距地表很近，或高层建筑、大型桥梁、水库、水坝荷载通过基础底面传给土质地基，地基土体承载力、变形验算不能满足相关规范要求时，则必须选择岩石地基。

岩石根据其成因不同分为岩浆岩、沉积岩、变质岩。岩石一般具有足够的抗压强度，颗粒间有较强的连接，除全风化、强风化岩石外均属于连续介质。岩石较土粒堆积而成的多孔介质的力学性能优越许多，硬质岩石的饱和单轴极限抗压强度可高达 60 MPa。当岩层埋深较浅、施工方便时，应是首选的天然地基持力层。

3)特殊土地基

由于气候条件、地形条件、季风作用等形成的具有独特物理力学性质的区域土统称为特殊土。我国特殊土地基通常有湿陷性黄土地基、膨胀土地基、冻土地基、红黏土地基等。

2. 人工地基

当建筑物荷载在基础底部产生的基底压力大于软黏土层的承载力或基础的沉降变形超过建筑物正常使用的允许值时，必须通过置换、夯实、挤密、排水、胶结、加筋和化学处理等方法对软土地基进行处理与加固，使其性能得以改善，满足承载力或沉降的要求，此时的地基称为人工地基。

一般在基础工程施工以前，根据地基土的类别、加固深度、上部结构要求、周围环境条件、材料来源，以及施工工期、施工技术与设备条件进行地基处理方案选择、设计，力求达到方法先进、经济合理的目的。

(二)地基变形特征

按地基承载力选定了适当的基础底面尺寸，一般可保证建筑物在防止地基剪切破坏方面具有足够的安全度，但是在荷载作用下，地基沉降总会发生。对于各类建筑结构，如何控制对其不利的沉降形式，即地基的特征变形，使之不会导致建筑物开裂损坏、使用功能及外观受损，这是地基基础设计必须予以充分考虑的基本问题之一。

不同类型的建筑物，对地基变形的适应性是不同的。在验算地基变形时，对不同建筑选用不同的地基变形特征来进行比较与控制。地基变形可分为以下 4 类(见表 5-4)：

(1)沉降量，指单独基础中心的沉降值。若沉降量过大，会影响建筑物正常使用。对于单层排架结构柱基和高耸结构基础设计需计算沉降量，并使其小于允许沉降值。

(2)沉降差，指两相邻单独基础沉降量之差。若相邻建筑物中两个基础的沉降差过大，会使相应的上部结构产生额外应力，超过限度时，建筑物将产生裂缝、倾斜甚至破坏。建筑物地基不均匀，有相邻荷载影响和荷载差异较大的框架结构、单层排架结构，需验算基础沉降差,并把它控制在容许值以内。

(3)倾斜,指单独基础在倾斜方向上两端点的沉降差与其距离之比。地基不均匀或有相邻荷载影响的多层和高层建筑基础及高耸结构基础,需验算基础的倾斜。

(4)局部倾斜,指砌体承重结构沿纵向 6~10 m 内基础两点的沉降差与其距离的比值,以‰表示。根据调查分析,砌体结构墙身开裂大多数情况下都是墙身局部倾斜超过容许值所致。所以,当地基不均匀、荷载差异较大、建筑体形复杂时,就需要验算墙身的倾斜。

表 5-4　基础沉降的分类

地基变形指标	图例	计算方法
沉降量	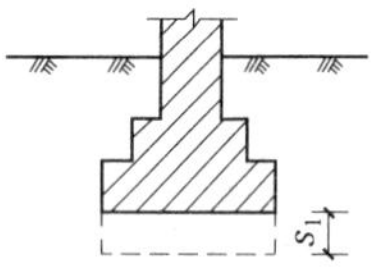	基础中点沉降值 s_1
沉降差	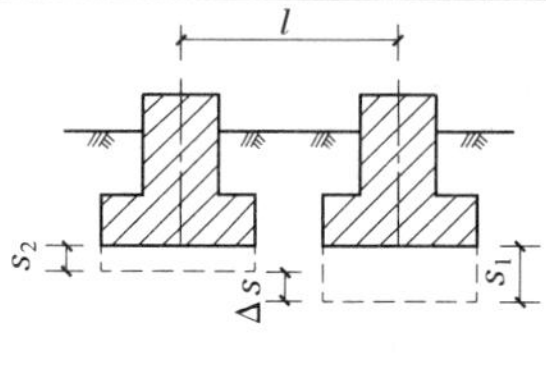	两相邻独立基础沉降值之差 $\Delta s=s_1-s_2$
倾斜	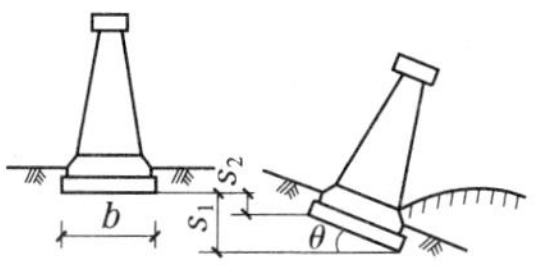	$\tan\theta=\dfrac{s_1-s_2}{b}$
局部倾斜	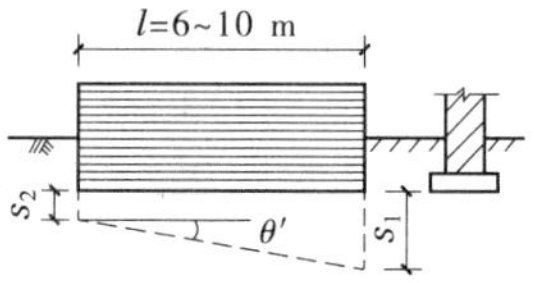	$\tan\theta'=\dfrac{s_1-s_2}{l}$

(三)地基承载力

1. 地基承载力的概念

地基承载力是指地基在同时满足变形和强度两个条件下,单位面积上承受的最大荷载。地基承载力并非土的工程特性指标,它不仅与土质、土层埋藏顺序有关,还与基础底面的形状、大小、埋深,上部结构对变形的适应程度、地下水位的升降等有关。

2. 地基承载力特征值的确定

地基承载力特征值表示正常使用极限状态计算时的地基承载力,其含义是在发挥正常使用功能时所允许采用的抗力设计值。

确定地基承载力特征值的方法主要有以下 4 种:

(1)根据土的抗剪强度指标用理论公式计算。

(2)由地基载荷试验确定。

(3)按动力、静力触探等方法确定。

(4)按经验法确定,可用于次要的小型建筑物或作为参考性数据。

在具体工程中,应根据地基基础的设计等级、地基岩土条件并结合当地工程经验选择确定地基承载力的适当方法,必要时可以按多种方法综合确定。

二、软弱地基处理

工程建设中,有时不可避免地遇到地质条件不好的地基或软地基,当地基不能满足设计建筑物对地基强度、稳定性和变形等要求时,常采用各种地基加固、补强等技术措施,改良地基的工程特性,以满足工程要求,这种人工处理地基的方法称为地基处理,处理后的地基称为人工地基。

地基处理的目的在于提高地基土的抗剪强度、降低软弱土的压缩性、减少基础的沉降和不均匀沉降、改善土的透水性、改变土的动力特征、防止土冻胀和液化等。

(一)常用地基处理方法

地基处理方法的分类多种多样。如按时间分类,可分为临时处理和永久处理;按处理深度分类,可分为浅层处理和深层处理;按处理对象分类,可分为砂性土处理和黏性土处理、饱和土处理和非饱和土处理。目前,常用的地基处理方法,根据其主要加固原理,可以分为以下几类。

1. 对地基土本身进行改良

通过改善地基土的工程性质,如减小土的孔隙比、降低含水率、提高土体强度、降低压缩性,对地基土本身进行改良。这些方法有强夯法、预压法(包括堆载预压和真空预压)及砂土中不添加填料的振冲法和砂土中的砂石桩法。其主要特征是并不在土中添加异于原位地基土的其他材料或构件,完全靠改良后的地基土承担荷载。

2. 对地基土进行改性

这一类方法主要是通过在土中注入浆液,改变原位地基土的物理力学性质,提高土体强度,降低土的压缩性。其主要特征是在土中注入浆液,填充土颗粒间的孔隙(对砂土也可能有挤密作用),形成强度高于原状土体、物理力学性质均异于原位地基土的改性材料,完全靠改性后的地基土承担荷载。各类注浆及化学加固法属于这个范畴。如果进一步延伸该定义,冻结法和热处理法均属于这个范畴。如冻结法中,当土中水结成冰时,冰的强度与刚度均远高于原位地基土。

3. 在土中设置增强体

与以上两种方法的原理明显不同,这一类方法是通过在土中设置强度和刚度大于原位地基土的材料和构件,在土中形成竖向、倾斜或水平的加固土,如桩、墙、土钉、土工合成材料等,与构件之间的地基土共同承担荷载,如刚性桩复合地基、土工合成材料加筋垫层等。

4. 复合加固技术

将各种地基处理技术进行交叉、综合应用,形成了有特色的复合加固技术。这一类方法兼具以上两种或两种以上的加固原理。如灰土挤密桩、夯实水泥土桩等,在土中形成强度明显高于桩侧土的增强体,同时对桩间土又有显著的挤密作用。

根据《建筑地基处理技术规范》(JGJ 79—2012),常用的地基处理方法按加固原理主要分为6大类(见表5-5)。实际上,严格地按照地基处理的作用机制进行分类也是困难的,很多地基处理的方法具有多种处理原理与效果。对每种地基处理方法,在使用时必须注意其加固机制、适用范围、优点和局限性。

表 5-5　地基处理方法分类

分类	处理方法	原理与作用	适用范围
换填垫层	砂石垫层、石垫层、素土垫层、粉煤灰垫层、灰土垫层、工业废渣垫层、土工合成材料垫层等	用砂石、碎石、素土、粉煤灰、灰土、工业废渣等强度较高的材料,换填地基表层软土,提高持力层的承载力,减小沉降量,消除或部分消除土的湿陷性和胀缩性	适用于处理淤泥、淤泥质土、湿陷性黄土、素填土、杂填土地基及暗沟、暗塘等的浅层处理
预压地基	天然地基预压、竖井预压、真空预压、降水预压等	在地基中增设竖向排水体,加速地基的固结和强度增长,提高地基的稳定性,加速沉降发展,使基础沉降提前完成	适用于处理淤泥、淤泥质土、冲填土等饱和黏性土地基
压实地基和夯实地基	静力碾压、冲击碾压、振动碾压、强夯、强夯置换	压实是利用静力、冲击或振动等方法压实土体,提高其承载力,降低压缩性;强夯是利用强大的夯击能,迫使土体液化和动力固结,使土体密实,用以提高地基承载力和减小沉降,消除土的湿陷性、胀缩性和液化性;强夯置换是将重锤提到高处使其自由落下形成夯坑,并不断夯击坑内回填的粗颗粒材料,在地基中形成强夯置换墩,并与墩间土形成强夯置换墩复合地基,提高地基承载力和减小沉降	压实地基适用于处理大面积填土地基;强夯适用于处理碎石土、砂土、低饱和度粉土和黏性土、湿陷性黄土、素填土和杂填土地基;强夯置换适用于处理高饱和度的粉土和软塑—流塑的黏性土地基上对变形要求不严格的工程
复合地基	散体材料复合地基(碎石桩复合地基等)、柔性桩复合地基(水泥土桩复合地基、旋喷桩复合地基、灰土挤密桩复合地基、土挤密桩复合地基、夯实水泥土桩复合地基、柱锤冲扩桩复合地基等)、刚性桩复合地基(水泥粉煤灰碎石桩复合地基等)	在地基处理过程中,部分土体得到增强或被置换,或在天然地基中设置加筋体,由天然地基土体和增强体两部分组成共同承担荷载的人工地基	适用于处理淤泥、淤泥质土、黏性土、粉土、砂土及人工填土等地基
注浆加固	水泥浆液、硅化浆液、碱液	利用气压、液压或电化学原理,把某些能固化的浆液注入天然的和人为的裂隙或孔隙,以改善各种介质的物理力学性质,提高承载力	主要用于建筑地基的局部加固处理,适用于砂土、粉土、黏性土和人工填土等地基加固

续表 5-5

分类	处理方法	原理与作用	适用范围
微型桩加固	树根桩、预制桩、注浆钢管桩	形成独立承担荷载的桩基础，或与桩间土形成复合地基，共同承担荷载	主要用于场地狭小、大型设备无法施工的地基加固处理，适用于淤泥、淤泥质土、黏性土、粉土、砂土及人工填土等地基

同时，在选择地基处理方法时，应考虑上部结构、基础和地基的共同作用，并经过技术经济比较，尽量选用加强上部结构和地基处理相结合的方案。这样既可降低地基的处理费用，又可收到满意的效果。

（二）软弱地基及其特点

判断天然地基是否属于软弱地基或不良地基没有明确的界限，工程师常常将不能满足建（构）筑物对地基要求的天然地基称为软弱地基或不良地基。因此，天然地基是否属于软弱地基或不良地基是相对的，并无严格的标准。

软弱地基是指主要由软土、冲填土、杂填土或其他高压缩性土层构成的地基。

1. 软土

软土是指天然含水量高、天然孔隙比大、抗剪强度低、压缩性高的细粒土，包括淤泥、淤泥质土、泥炭质土等。在我国，软土广泛分布于东南沿海地区和内陆江河湖泊周围。软土具有高含水量、高压缩性、低密度、低强度和低透水性等特点，在荷载作用下产生较大的沉降和不均匀沉降，以及较大侧变且沉降与变形持续的时间长，甚至出现蠕变。

2. 冲填土（吹填土）

冲填土（吹填土）由水力冲填泥沙沉积形成，常见于沿海地带及江河两岸。它的工程性质随土的颗粒组成、均匀性和排水固结条件的不同而异，当含砂量较大时，其性质基本上与粉细砂相同或类似，就不属于软弱土；当黏土颗粒含量较多时，含水率较大且排水困难的冲填土往往欠固结，其强度和压缩性指标都比天然沉积土差，应进行地基处理。

3. 杂填土

杂填土是指因人类活动堆积形成的无规则堆积物，如建筑垃圾、工业废料及生活垃圾等。常见于一些较古老城市和工矿区。它的成因没有规律，成分复杂，分布极不均匀，厚度变化大，结构松散，有机质含量较多。它的主要特性是土质结构比较疏散，均匀性差，变形大，承载力低，压缩性高，有浸水湿陷性，就是在同一建筑场地的不同位置，地基承载力和压缩性也有较大差异，一般需要经过处理才能作建筑物地基。对有机质含量较多的生活垃圾和对基础有侵蚀性的工业废料等杂填土地基，未经处理，不宜作持力层。

4. 其他高压缩性土

饱和的松散粉细砂（含部分粉质黏土）也属于软弱地基的范畴。当受到机械振动或地震重复作用时，将产生液化现象；基坑开挖时会产生流砂或管涌，并且建筑物的荷重及地下水的下降也会促使沙土下沉。

（三）软土地基常用处理方法及使用条件

1. 垫层法

垫层法是指在天然地面或稍经开挖后的基坑表面铺设砂、碎石、石渣、煤灰、矿渣或木材、金属材料、合成树脂等作为人工填筑持力层的处理方法。由于砂、碎石、石渣等具有强度高、压缩性低、透水性好、易压实,且不少地区容易取得,价格便宜,施工工艺较为简单的优点,所以该法在软土深度不太深的场地经常采用。

2. 预压法

预压法也称排水固结法,是指在排水系统和加压系统的相互配合作用下,使拟建场地的地基土中的孔隙水排出,从而提高地基土体的抗剪强度、减少建筑物的沉降变形的地基处理方法。常用的排水系统有水平排水垫层、排水砂沟或其他水平排水体和竖直方向的排水砂井或塑料排水板,加压系统采用堆载预压、真空预压、降低地下水位或电渗法。排水固结法适用于淤泥、淤泥质土和冲填土等饱和软黏土的地基加固,但对流变特性很强的软黏土、泥炭土等,不宜设置竖向排水体。

3. 复合地基法

复合地基法包括土桩、灰土桩、二灰桩、石灰桩、砂桩、碎石桩、高压喷射注浆、深层搅拌等方法,用这些方法处理后,地基的承载力和变形验算均按复合地基原理计算。对黏性土、砂性土、杂填土、湿陷性黄土地基的加固都可以考虑采用复合地基法。深层搅拌法常用于软黏土地基的加固。碎石桩法用于抗剪强度太小的软黏土地基时要慎重。

4. 夯实法

夯实法就是用一定的夯击能使某一深度范围内的土体压实加固的方法,表面压实法、重锤夯实法、强夯法等都属于夯实法。该法适用于砂性土、杂填土、非饱和黏性土及湿陷性黄土地基。

5. 灌浆法

灌浆法是运用气压、液压或电渗原理,把某些能固化的浆液注入土体的裂隙或孔隙中,以改善地基的物理力学性质的一种加固方法。该法常用于砂砾石地基、破碎岩基的防渗加固,以及软黏土地基和湿陷性黄土地基的加固。常用的灌浆材料有水泥、黏土和化学胶结材料。

6. 加筋法

土工聚合物可以用于软黏土地基的加固,同时可以作为反滤、隔离和排水材料,还可以用于人工填筑砂性土的加筋。它是近30年发展起来的一种新的地基处理方法。锚固法和树根桩法也属于加筋法。

7. 桩基础法和其他深基础法

除桩基础法外,还有地下连续墙法、沉井(箱)法、板桩法、托换技术、锚杆静压桩法等,这些都属于深基础法,它常用于建筑物对地基沉降要求较严或一般方法不能解决地基处理问题的场合。

任务三　掌握岩质边坡稳定的工程地质分析

一、岩质边坡稳定性的评价方法

边坡稳定性分析与评价的目的:一是对与工程有关的天然边坡的稳定性做出定性和定量评价;二是要为合理地设计人工边坡和边坡变形破坏的防治措施提供依据。岩体边坡稳定性评价,有定性分析、模型试验及定量计算等方法。目前,常用的定性评价方法有地质分析法、工程地质类比法;定量评价方法有刚体极限平衡法、应力应变分析法、赤平极射投影图法等。用这些方法互相结合、互相补充、互相验证,做出综合评价。工程地质评价的步骤是:首先全面考虑影响边坡稳定性的因素及其边界条件,进行定性评价,在此基础上再进行定量计算,最后综合评价其稳定性。

此处主要介绍赤平极射投影图法。这种方法是要先对岩体结构面的类型、产状及其特征进行调查、统计、研究,然后对各种结构面及其空间组合关系以及结构体的立体形式用赤平极射投影图进行图解分析、判断。下面用赤平极射投影图法分析一组结构面、两组结构面和多组结构面边坡稳定性情况。

(一)一组结构面边坡

一组结构面边坡多见于层状岩层,如果没有地形切割,则边坡稳定性好;若发生变形,必须切断部分岩体。根据结构面与边坡的产状关系,边坡稳定情况见表 5-6。

表 5-6　一组结构面的边坡稳定情况

结构面与边坡的关系		平面图	剖面图	赤平极射投影图	边坡稳定情况
内倾		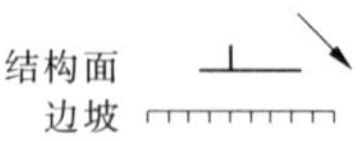	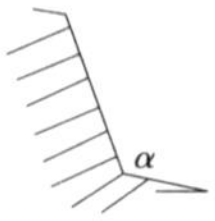		稳定,滑动可能性小
外倾	$\beta<\alpha$		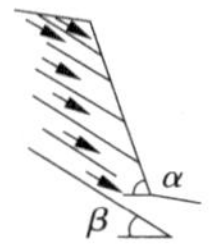	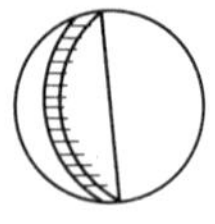	不稳定,易滑动
	$\beta>\alpha$		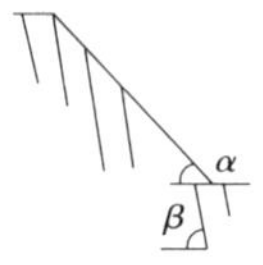	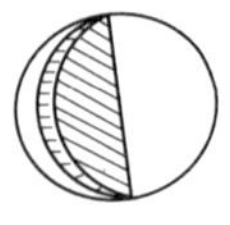	滑动可能性小,但可能沿软弱结构面产生深层滑动
斜交	$\theta>40°$	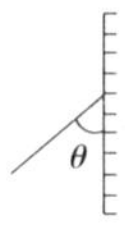	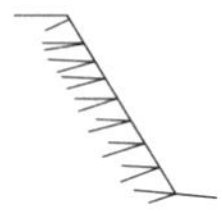	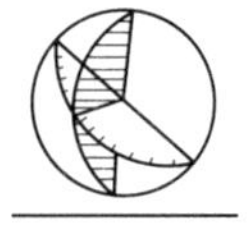	一般较稳定,坚硬岩层滑动可能性小
	$\theta<40°$		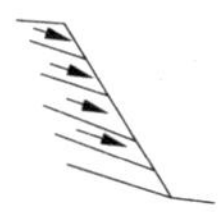	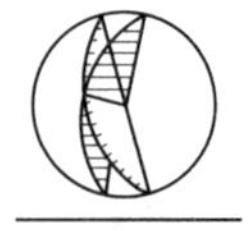	不是很稳定,可能产生局部滑动

(二)两组结构面边坡

两组结构面边坡是指由两组相互斜交的结构面构成的边坡,如 X 形断裂的组合,或岩层层面与一组断裂的组合等。两组结构面的边坡稳定情况见表 5-7。

表 5-7　两组结构面的边坡稳定情况

结构面与边坡的关系		平面图	剖面图	赤平极射投影图	边坡稳定情况
两组内倾			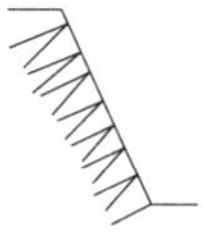	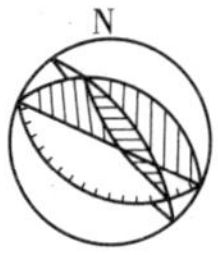	较稳定,坚硬岩层滑动可能性小
两组外倾	$\beta<\alpha$		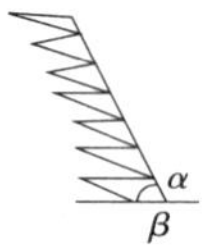	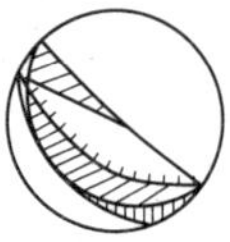	不稳定,较破碎,易滑动
	$\beta>\alpha$	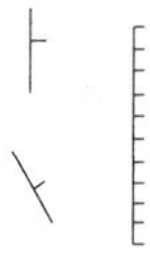		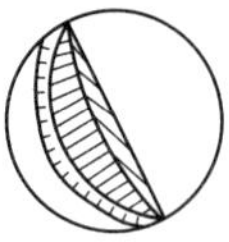	较稳定,可能产生深层滑动
一组内倾	$\beta<\alpha$	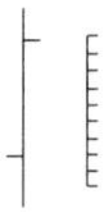	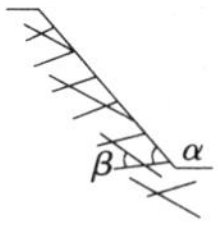	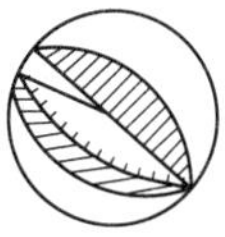	不稳定,较易滑动
	$\beta>\alpha$	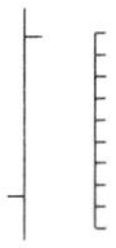	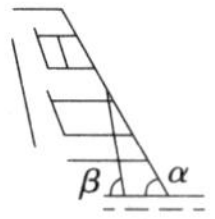	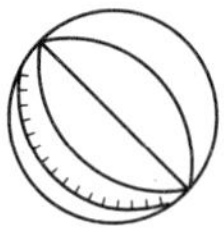	可能产生深层滑动,内斜结构面倾角越小越易滑动

(三)多组结构面边坡

在强风化带、构造破碎带、片理发育的结晶片岩和层理、节理十分发育的页岩地带,常见到边坡多组结构面切割,结构面纵横交错,结构体形式复杂多样,岩体支离破碎,边坡稳定性很差,往往易于发生崩塌和形成较大范围的滑坡。

对于极软弱、风化破碎的岩质边坡,可采用土质边坡的分析评价方法;而对于一般常见的硬质岩边坡,则首先要分析边坡的稳定条件,用赤平极射投影图解法找出最不稳定的滑动体或软弱结构面，分析边坡的稳定性。然后用实体比例投影法确定不稳定体滑动的边界条件，在工程地质分析的基础上采用力学计算方法求其稳定安全系数。当地质条件比较简单，或工程要求较低时，也可用工程地质类比法确定边坡的稳定性或设计稳定的边坡值。在进行类比时要求评定的边坡和已有边坡的工程地质条件相似。在山体整体稳定情况下，边坡的容许坡度值应根据当地经验参照同类岩体的稳定坡度值确定。

综上所述，利用赤平极射投影图解法可以初步判断边坡的稳定性：

(1)当结构面或结构面交线的倾向与坡面倾向相反时，边坡为稳定结构。

(2)当结构面或结构面交线的倾向与坡面倾向基本一致但其倾角大于坡角时，边坡为基本稳定结构。

(3)当结构面或结构面交线的倾向与坡面倾向之间夹角小于45°且倾角小于坡角时，边坡为不稳定结构。

二、边坡变形与破坏的防治

(一)边坡岩体变形破坏的基本形式

边坡岩体变形破坏的基本形式有剥落、松弛张裂、蠕动、崩塌和滑动等几种类型。大规模的边坡破坏，通常是上述几种形式的组合。

1. 剥落

剥落是指边坡表层的松散土石岩屑，在雨水冲刷和其他应力作用下，沿坡面产生位移的现象。

剥落多发生在抗风化能力弱的黏土岩、黏土质粉砂岩、页岩等泥质岩层组成的边坡。继表层岩石风化剥落后，深部岩石裸露继续遭受风化，这样就逐渐地、大范围地形成层层剥落现象。

2. 松弛张裂

在高陡边坡的坡顶眉锋线附近的张力带，常产生与坡面近于平行的岸边张裂隙。如果岩体内原有高角度节理，则张裂隙更易沿之发展。

岸边卸荷张裂隙通常呈上宽下窄状，其发育深度一般不低于谷底标高。当有多条卸荷裂隙发育时，则在边坡形成松弛张裂带。该带向山里的发育宽度，与边坡的岩性、岩体结构、原始应力状态及边坡形态等有关。边坡愈高陡，松弛张裂带愈宽，有时可达百米以上。此外，对于一些上硬下软的高陡边坡，软弱岩层底座的沉陷或蠕动亦会引起上覆硬层边坡的拉裂。

3. 蠕动

边坡岩体在重力的长期作用下，向临空方向发生的一种缓慢持续的变形称为蠕动。

边坡长期缓慢的变形常是急剧变形破坏的渐变阶段，当变形达到并超过一定值后，边坡就会发生急剧破坏。例如：瓦依昂水库滑坡前3年的观测资料(见表5-8及图5-3)表明，在1963年春季以前，边坡岩体大致保持等速蠕动变形，在同年的9月18日大雨之后变形迅速增大，至10月9日导致整个山体急速下滑。

边坡蠕动变形的机制比较复杂，它可以使边坡岩体产生倾倒拉裂、弯曲、折断及塑性流动等多种变形破坏。

表 5-8 瓦依昂水库滑坡失事前位移速率观测值

日期	位移速率/(cm/d)
1963 年春—夏	0.14
1963 年 9 月 18—24 日	1
1963 年 9 月 25 日至 10 月 1 日	10~20
10 月 8 日	40
10 月 9 日	80

4. 崩塌

在陡峭的边坡上部,被裂隙切割的岩块受重力作用突然高速脱离母岩翻滚坠落的现象称为崩塌。其规模可以是小块岩石,也可以是巨大岩体的崩落,后者又称为山崩。如图 5-4 所示为长江三峡月亮地厚层灰岩陡坡的崩塌。

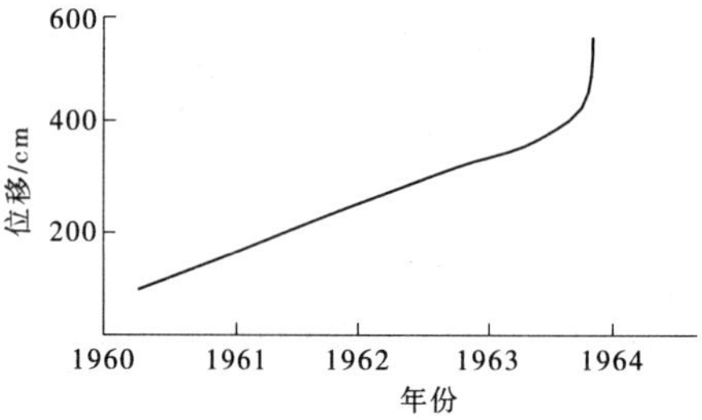

图 5-3 瓦依昂水库滑坡观测曲线

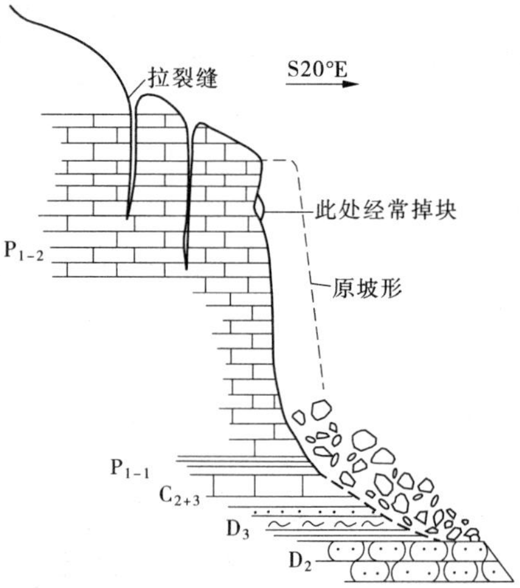

图 5-4 长江三峡月亮地厚层灰岩陡坡的崩塌

5. 滑动

滑动是指一部分岩土体沿一定结构面产生滑动破坏的现象。它是边坡破坏中最常见的一种类型。滑动的规模大小不一,当大量岩土体沿一定的面整体下滑时,称为滑坡。

关于崩塌的原因和滑动破坏的详细分析与评价,在项目三自然地质作用里已阐述。

(二)边坡变形和破坏的防治措施

边坡的治理应根据工程措施的技术可能性和必要性、工程措施的经济合理性、工程措施的社会环境特征与效应,并考虑工程的重要性及社会效应来制订具体的整治方案。防治边坡变形和破坏的目的在于消除其危害,防治应遵循以防为主、尽量避开、对症下药、综合治理的原则。不稳定边坡常用的防治措施可归纳如下。

1. 排水工程

排水包括排地表水和地下水。

1) 防止地表水流入滑坡体

地表防渗和排水的目的是把滑坡区以外的来水截排，不使其流入滑坡区，滑坡区以内的降水及地下水露头（泉水、湿地及其他水体）通过人工沟渠排出滑坡区，减少其对滑坡稳定性的影响。

地表排水系统包括滑坡区以外的山坡截水沟、滑坡区内的树枝状排水沟及自然沟的疏通和铺砌等，形成一个统一的排水网络（见图 5-5）。

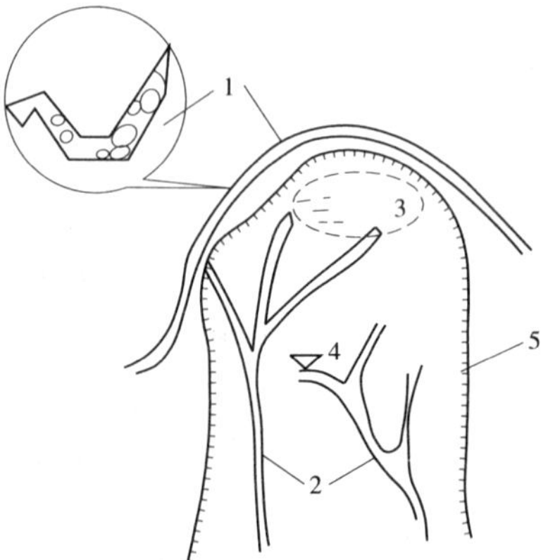

1—截水沟；2—树枝状排水沟；3—积水洼地；4—泉；5—滑坡体。

图 5-5　排水沟示意图

滑坡区以外的山坡截水沟，应布设在滑坡可能发展扩大的范围以外至少 5 m 处，以免滑坡滑动，滑坡体范围扩大，破坏水沟，致使水沟内水集中灌入滑坡后缘裂缝，加速滑坡的发展。

在滑坡区内，首先采取填塞裂缝和消除地表积水洼地，然后在滑坡体上设置不透水的树枝状排水沟。主沟方向应尽量与滑坡体的主滑方向一致，或充分利用滑坡体内外的自然沟，把滑坡区内的地表水排出区外，防止地表水下渗。另外，可采取种植蒸腾量大的树木等措施。

2) 阻排地下水

为了消除或减轻地下水静水压力、动水压力对坡体的影响，防止地下水对软弱结构面的泥化、软化作用，应设置地下排水系统降低地下水位。有时采取前阻后排措施，即在上游布置防渗帷幕，在下游进行排水。

2. 抗滑工程

抗滑工程是提高边坡抗滑力最常用的措施，主要有挡墙、抗滑桩、锚杆和支撑工程。

1) 挡墙

挡墙也称挡土墙，是防治滑坡常用的有效措施之一，并可与排水等措施联合使用。挡墙借助于自身的重量以支挡滑体的下滑力。按建筑材料和结构形式的不同，挡墙可分为浆砌石抗滑挡墙、混凝土或钢筋混凝土抗滑挡墙、抗滑片石垛及抗滑片石竹笼等。单独使用挡墙只适用于中小型滑坡加固。常用的抗滑挡墙断面形式如图 5-6 所示。挡墙的优点是结构比较简单，可以就地取材，而且能够较快地起到稳定滑坡的作用。

挡墙的基础一定要砌置于最低的滑动面之下，以避免其本身滑动而失去抗滑作用。

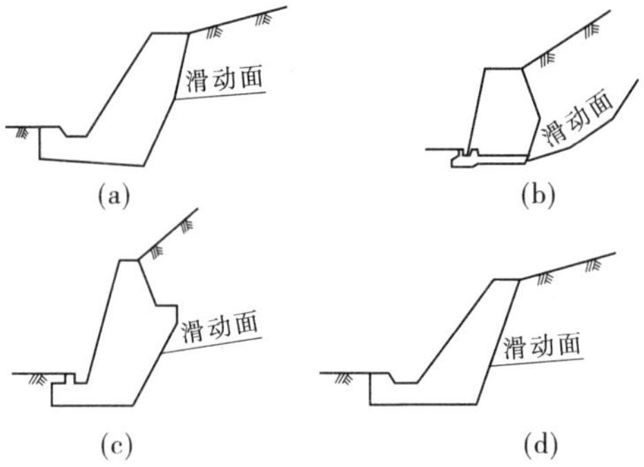

图 5-6　抗滑挡墙断面形式

通常情况下,其基础在完整基岩中应不小于0.5 m,在稳定土层中不小于2 m。因此,必须查清最低滑动面的形状和位置,据此设计挡墙基础的砌置深度。抗滑挡墙的墙体下部应设置泄水孔,并在墙后做好渗滤层,这样一方面可削弱作用于挡墙上的静水压力,另一方面可防止水浸泡基础而造成挡墙滑移。

2)抗滑桩

抗滑桩是深入稳定土层或岩层的柱形构件,用以支挡滑体的下滑力。抗滑桩一般集中设置在滑坡的前缘附近(见图5-7)。桩柱的材料有混凝土、钢筋混凝土和钢等。这种支挡工程对正在活动的浅层和中层滑坡效果较好。为使抗滑桩更有效地发挥支挡作用,应将桩身全长的1/4~1/3埋置于滑坡面以下的完整基岩或稳定土层中,并灌浆使桩和周围岩土体构成整体,而且应将桩设置于滑体前缘部位。抗滑桩能承受相当大的土压力,所以成排的抗滑桩可用来支挡巨型的滑坡体。

3)锚杆

锚杆是加固岩质边坡的有效措施,可以用于防治滑坡和崩塌。利用锚杆所施加的预应力,提高滑动面上的正应力,进而提高滑动面的抗滑力,改善剪应力的分布状况。锚杆的方向和设置深度应视边坡的结构特征而定,如图5-8所示。

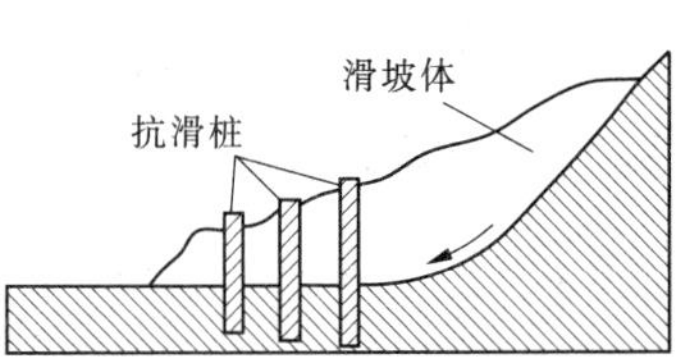

图 5-7　抗滑桩的布置

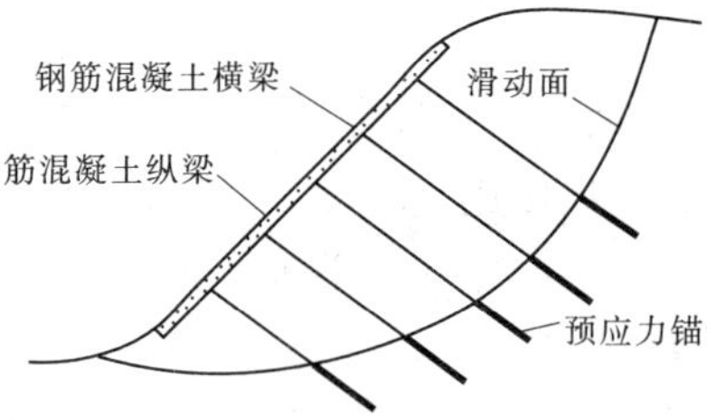

图 5-8　锚杆示意图

4)支撑工程

对悬于上方以拉断—坠落的悬臂状或拱桥状危岩,可采用墩柱墙或它们的组合形式支撑加固危岩,制止其崩落,如图5-9所示。

3. 减载反压

对于可能失稳的高陡边坡或滑动变形边坡,可采取削缓坡度、减轻上部重量及坡脚压重等措施,增加边坡的稳定性。

4. 其他措施

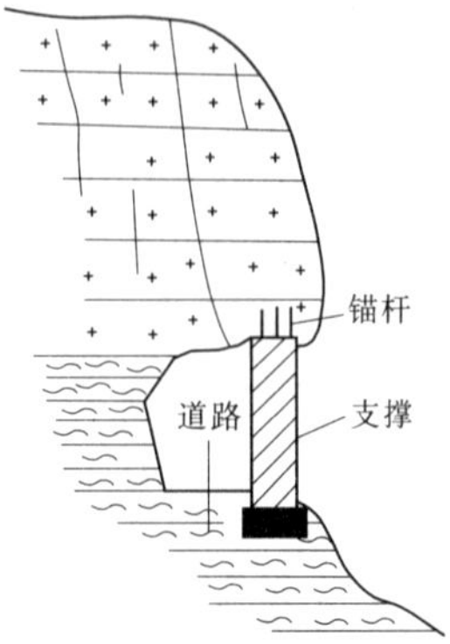

图 5-9　支撑工程示意图

除上述防治措施外，对易风化的岩质边坡，护面通常采用喷素混凝土，或先打砂浆锚杆，再挂网，然后喷混凝土即喷锚支护，其目的是保护坡面、防止掉块及地表水入渗等。

此外，对土质边坡，还有用滑带爆破、滑带土焙烧法、灌浆法（固结灌浆或化学灌浆）等措施改变滑带土的性质，使其抗剪强度指标增高，以增加其抗滑稳定性。这些方法目前由于施工不便、效果检验困难、造价较高等，还处于试验阶段，有待进一步的研究。

上述边坡变形破坏的防治措施，应根据边坡变形破坏的类型、程度及其主要影响因素等，有针对性地选择使用。实践证明，多种方法联合使用，处理效果更好。例如，常见的锚固与支挡联合使用、喷混凝土护面与锚固联合使用等。

【工程案例 5-1】　用碎石垫层处理岩溶区某商住楼软弱地基

1. 工程概况

某商住小区内拟建建筑面积约 11 万 m^2，建筑物大多为 7~8 层砖混结构的商住楼（底层为框架结构，上部为砖混结构），设计采用条形基础和独立柱基，建筑安全等级为二级，地基基础设计等级为二级。岩土工程勘察报告反映，拟建场地位于贵阳构造溶蚀盆地中段西侧，地势较平坦，地形无大的起伏。局部区域地质资料：该场地位于贵阳向斜构造的东翼近轴部位置，轴部有断层通过，使西翼受到破坏，岩层向北倾斜，次级断层发育，下伏基岩主要呈单斜产状，但起伏较大；由钻孔揭露，从上至下由杂填土、淤泥质黏土、可塑至软塑状粉质黏土、泥质白云岩等组成，地下水位较高，大约为 -2.5 m，下伏基岩起伏较大，岩溶发育，大小不等的溶沟、溶洞遍布整个建筑场区，溶洞内淤泥质黏土、砂土、碎石填充，顶板厚度为 1.2~4.0 m。基础下主要持力层（粉质黏土）承载力较低，且厚薄不均，受水影响易进一步风化、软化。各土层主要物理力学性质指标见表 5-9。

表 5-9　各土层主要物理力学性质指标

土层名称	厚度/m	压缩模量 E_s/MPa	黏聚力 c/kPa	内摩擦角 φ/(°)	承载力特征值 f/kPa
杂填土	0.5~1.5	—	—	—	—
淤泥质黏土	1.8~3.5	2.5~4.0	11	3.5	70~95
泥质黏土	1.2~15	5.0~110	25	9.8	120~160
泥质白云岩	—	110~150	—	—	1 200

2. 处理方法

采用碎石垫层处理浅层地基。将条形基础或独立柱基置于浅层地基上，减轻上部结构荷载对溶洞顶部的应力，同时增大从基础地面至溶洞顶面的岩土厚度，有利于基底应力的扩散。另外，由于建筑场区下基岩面起伏大，从地下几米至 20 余 m，基岩上部的第四系土层厚薄不均,压缩模量相差较大。对地质资料、地基中各土层承载力、变形特性等进行综合分析,将表层杂填土和部分淤泥质黏土挖除,置换碎石垫层,对于基岩上覆土层厚薄不均的情况,则采用不同的垫层厚度来调整基础的不均匀沉降,以保证地基变形控制在规范允许的范围内。

【工程案例 5-2】　澳门国际机场人工岛地基处理——堆载预压法等

1. 工程概况

澳门国际机场的跑道设在氹仔与路环两岛之间海域填筑的人工岛上,该岛长 3 600 m,宽约 400 m,全岛划分为跑道区、滑行道区和东、西安全区。四周由东西南北护岸围护起来,在其西侧有南北联络桥与航站区相连接。

人工岛海域原海底面高程为-2~4 m。地质条件南端较北端复杂,地质构成大致分为 3 层:表层为淤泥和淤泥质黏性土,厚约 18 m;中层为杂色或灰色黏土、粉质黏土和砂土,厚约 40 m;下层为花岗岩风化残积层。对工程有影响的主要是前两层。

2. 处理方案

本工程经设计部门多个方案比较后,采用换填地基法与堆载排水固结法相结合的方案。对于护岸工程采用基槽挖除淤泥再回填砂、石的换填地基法处理;跑道区与滑行道区除采用换填地基法外,再结合下卧黏土层打设塑料排水板实施堆载预压加固方案;安全区则不挖除淤泥,直接打设塑料排水板在自重下压密处理。

本方案的特点是跑道区、滑行道区地基全部清淤,在下卧黏土层中打设塑料排水板进行堆载预压。其主要顺序如下:

(1) 在跑道、滑行道范围内将淤泥全部清除。

(2) 回填砂至一定高程。

(3) 吹填砂。

(4) 用振冲法密实砂层。

(5) 堆砂预压。

(6) 卸载。

此方案不仅技术上可行,而且彻底清除了淤泥。采用换填地基法虽然造价高一些,但工期大大缩短。经国内外专家评议,最后采纳了此方案。在论证中又吸收了各方的建议,如在下卧黏土层中打设塑料排水板以消除残余沉降,改变水上插板为陆上插板,改善施工条件,加快施工进度等,使之成为一个比较完整的方案。

【阅读与应用】

1. 2023 年 7 月 8 日 16 时,湖北省五峰土家族自治县长乐坪镇的月山村一处山顶发生了山体滑坡,预估现场滑坡体 50 万 m^3,滑坡体直击宜来高速一标段二工区工地,导致 5 人受伤,9 人失联。一座山体从山顶开裂向下滑去,将半山腰的高速工地拦腰截断,水泥护坡被摧毁,留下一堆横七竖八的巨型石块和几根已经浇筑好的高速路桩,山体留下明显的裂缝。山上的公路或被滑坡体冲毁,或被掩埋。数台挖掘机被滑坡体冲击后,或仰面躺着,或被掩埋。远处山脚下,有民房离滑坡体不过数十米。

2. 2023 年 8 月 14 日 20 时 30 分左右,湖北省兴山县榛子乡平瓦公路(乡村公路)山体突发岩石崩塌(见图 5-10),砸中一辆正途经此地的小型七座面包车。经现场紧急救援，车辆严重损毁，车上 7 人均遇难。

图 5-10　山体岩石崩塌

试查阅相关资料分析边坡不稳定的原因，并提出防治措施。

【思政案例】　青藏铁路的建设

青藏铁路被列为“十五”计划四大标志性工程之一，名列西部大开发 12 项重点工程之首。媒体评价青藏铁路“是有史以来最困难的铁路工程项目”，“它将成为世界上最壮观的铁路之一”。

1. 青藏铁路建设中的地质难题

青藏线大部分线路处于高海拔地区和“生命禁区”，青藏铁路建设面临着三大世界铁路建设难题：千里多年冻土的地质构造、高寒缺氧的环境和脆弱的生态。以地质构造为例，青藏铁路要穿越连续多年冻土区 550 km、不连续多年冻土区 82 km。在这一地区施工，带来的问题主要有两方面：一是全球变暖带来的气温升高，会使冻土消融；二是人类工程活动会改变冻土相对稳定的水热环境，使地下水位下降，土壤水分减少，导致植被死亡等，将涉及更大面积的冻土消融。

此外，有研究表明，青藏铁路沿线分布了大量的活动断裂（或断层），通常按其构造性质和运动属性可分为左旋走滑断层、右旋走滑断层、正断层和逆断层。通过研究青藏铁路格尔木至唐古拉北段的 154 条断层与青藏铁路的关系发现，病害大多以断裂带为中心呈放射状分布，线路与断层交角大于或等于 50°的占 80%以上。活动断裂带形成了大量宽度达上百米、长度上千千米的构造裂缝带横穿或斜切铁路、公路和沿线的输油管道、光缆等。这些活动断裂带能够深切路基导致路基的保温性能与冻胀的失衡，造成路面和路基破裂，从而影响线路的工程质量和行车速度，缩短工程使用寿命。青藏铁路格尔木—拉萨地段活动断裂带略图见图 5-11。

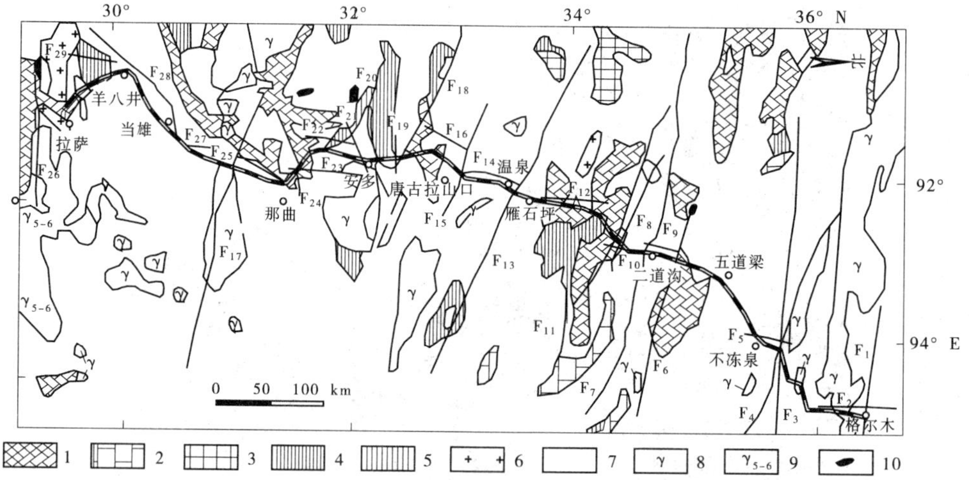

1—第四纪槽地;2—新近纪槽地及谷地;3—新近纪中基性火山岩;4—古近纪槽地、谷地和盆地;5—古近纪及新近纪槽地及盆地;6—喜马拉雅期花岗岩;7—古近纪及新近纪前地层;8—燕山期前花岗岩;9—燕山喜马拉雅期花岗岩;10—燕山喜马拉雅期基性岩、超基性岩;F_1—格尔木隐伏断裂;F_2—惊仙谷断裂;F_3——西大滩断裂带;F_4—昆仑山垭口断裂;F_5—巴拉大才断裂;F_6—风火山北麓断裂;F_7—二道沟断裂带;F_8—冬布里山南麓断裂;F_9—二道沟盆缘断裂;F_{10}—乌丽西侧断裂;F_{11}—乌丽断裂带;F_{12}—布曲河断裂;F_{13}—雁石坪断裂带;F_{14}—温泉弧形断陷带;F_{15}—唐古拉山北坡断裂;F_{16}—江斯托洛山北西麓断裂;F_{17}—嘉黎崩错断裂带;F_{18}—多卓央地玛东日山断裂;F_{19}—纳仁曲断裂;F_{20}—安多北山弧形断裂带;F_{21}—申公里克山北麓断裂;F_{22}—错那东岸断裂带;F_{23}—那曲断裂带;F_{24}—荣昌马嘎青断裂带;F_{25}—谷露桑雄断裂带;F_{26}—雅鲁藏布江断裂带;F_{27}—桑利断裂;F_{28}—当雄羊八井断裂带;F_{29}—吉达果安岗断裂带。

图5-11　青藏铁路格尔木—拉萨地段活动断裂带略图

2. 青藏铁路建设中的重点工程

风火山隧道位于海拔5 010 m的风火山上,全长1 338 m,轨面海拔标高4 905 m,全部位于永久性高原冻土层内,是世界上海拔最高、横跨冻土区最长的高原永久冻土隧道,有“世界第一高隧”之称。风火山地区气候环境极为恶劣,年平均气温-7 ℃,最低气温达-40 ℃左右,严寒、缺氧。隧道地质结构主要为含土冰层,饱冰冻土、原始冰川、裂隙冰、砂岩、泥岩及泥沙互层。风火山隧道被列为青藏铁路全线重点工程之首,誉为“天字第一号工程”。

昆仑山隧道全长1 686 m,海拔4 648 m,是世界最长的高原冻土隧道。洞口6月飞雪,一年四季高寒缺氧,氧气含量只有内地平原地区的一半,最低气温低于-30 ℃。在昆仑山隧道施工中采取了比平原地区多一倍的工序。在平原地区隧道施工只需在锚喷支护后,外加一层混凝土即可,但在冻土地区隧道施工,还需要设两道防水层和一道保温板,起到防水保温作用,最后再衬砌一道混凝土。这就相当于给隧道穿上了防水保暖衣,有效地解决了冻土隧道施工难题。

3. 青藏铁路建设的价值意义

青藏铁路是一条承载着中华民族百年梦想的铁路，是当今世界海拔最高、高原线路里程最长的高原冻土铁路，它结束了西藏不通铁路的历史，使西藏彻底摆脱了和内地的时空阻隔。青藏铁路对改变青藏高原贫困落后面貌，增进各民族团结进步和共同繁荣，促进青海与西藏经济社会又快又好发展产生广泛而深远的影响。而“挑战极限、勇创一流”的青藏铁路精神更是时代宝贵的精神财富。

“挑战极限、勇创一流”的青藏铁路精神，饱含着自主创新的科学精神。在国内外没有成熟经验可直接应用的情况下，广大科技工作者和建设者自力更生，自主创新，在青藏铁路冻土工程技术和施工工艺、高原生态环境保护、建设运营管理及旅客卫生保障等方面交出了一份满意的答卷。事实证明，中华民族是富有创造精神的民族，只要坚持不懈地提高自主创新能力，我们就能不断攀登世界科技高峰。

“挑战极限、勇创一流”的青藏铁路精神，饱含着顽强拼搏的英雄气概。青藏铁路施工所面临的困难和挑战，是世界铁路史上前所未有的。施工难度之大，设备可靠性和安全性要求之高史无前例。历经千难成此境，人间万事出艰辛。青藏铁路大军不畏艰险永远向前，决不向恶劣的环境屈服让步。这种顽强奋斗、自强不息的英雄气概，必将鼓舞着我们战胜一个又一个困难，越过一个又一个障碍，取得一个又一个胜利。

来源：新华社新媒体

复习题

1. 什么叫结构面？结构面的主要特征有哪些？

2. 按成因，结构面可划分为哪几种类型？研究结构面有何工程意义？

3. 什么叫结构体？常见的结构体的形状有哪几种？

4. 何谓岩体结构？岩体结构有哪些结构类型？它们的特征如何？研究岩体结构有何工程意义？

5. 如何根据赤平极射投影图对具有一组结构面和两组结构面的边坡岩体进行稳定性分析？

6. 何谓地基承载力？地基承载力特征值怎样确定？

7. 常用的地基处理方法有哪些？分别适用于哪些地基类型？

8. 何谓软土地基？常用的软土地基处理方法有哪些？适用条件如何？

9. 何谓特殊土地基？特殊土地基的处理方法有哪些？

10. 边坡稳定性的工程地质评价方法有哪些？

11. 不稳定边坡的防治措施有哪些？

项目六　不同工程类型的地质问题

【项目概述】

我国是地质灾害多发的国家,地质灾害种类多、分布广、活动频繁、危害重,是世界上地质灾害严重的国家之一。本项目从城市规划与建设、道路工程、桥梁工程、隧道和地下建筑工程、水利工程等建筑工程的各个阶段经常出现和遇到的地质问题出发,分析地质灾害出现的原因和现象,提出相应的解决方案和预防措施,使学生在今后的学习和工作中对地质灾害的预防与治理具备基本的理论基础。

【学习目标】

(1)知识目标:①熟悉城址选择和城市规划中存在的工程地质问题;②熟悉城市建设中经常遇到的地质灾害;③熟悉道路工程中的主要工程地质问题;④熟悉桥梁工程建设中经常遇到的地质问题;⑤熟悉隧道及地下建筑中的主要工程地质问题;⑥熟悉水利工程中的主要工程地质问题。

(2)技能目标:①从工程地质角度合理选择城址及进行城市规划;②能从工程地质角度分析各类地质灾害的产生原因并提出合理解决方案。

(3)思政目标:①了解我国南水北调等超级工程,提升学生家国情怀,强化民族自豪感;②了解地质灾害及解决方案,引导学生树立科学严谨、实事求是的工作态度。

任务一　熟悉城市规划和建设中的工程地质问题

每个城市的发展,都离不开良好的城市规划。在宏观层面,城市规划要考虑到城市的布局与发展性质,要从城市的交通、功能分区、整体风貌、城市定位、取水、防洪防震等多个层面综合考虑,为公民提供一个安全、舒适的生存环境。城市规划阶段主要工程地质工作任务是通过地质勘探为城市规划部门提供切实可靠的地质资料。

一、城址选择的地质依据

从地质方面考虑城址选择依据有以下几点:选择在地理环境优越的地区;应尽量靠近自然资源产地,有利于城市的后期发展;应选在地貌单元简单的地区,便于城市的开发建设;应首先选择在地震少而基本烈度低的地区。

二、城市规划中的工程地质问题

(一)区域稳定性问题

区域稳定性是工程建设中首先必须注意的问题,特别是对于一些高层结构、大型地下结构等重要建筑物,它直接影响着工程建设的安全和使用。建筑场地及其邻近地区的地形地貌、地层岩性、地质构造、水文地质、自然地质作用及一些不良地质现象,如滑坡、地震等都是影响区域稳定性的重要因素，特别是在新地区选择建筑地址时更应注意，因为一旦建筑场地误选在不稳定的区域，只能按照该场地的地质条件和环境进行工程设计，没有充分的选择余地，给建筑物的设计、建造和运营带来危害。

（二）地基稳定性问题

地基稳定性主要是研究地基的强度和变形问题。对于工业与民用建筑来说，建筑物的破坏往往是地基发生不均匀沉降或地基强度不足等因素所引起的。例如：地基的强度不足时，会引起地基隆起，甚至使建筑物倾覆；地基土的变形量过大，特别是不均匀沉降过大，会引起建筑物的沉陷、倾斜、开裂，以致倒塌破坏，或影响正常使用。

为了使建筑物的勘察、设计、施工做到安全、经济、合理，确保建筑物的安全和正常使用，必须在城市规划期间就研究地基的稳定性，查明组成建筑物地基的土层、岩土性质（物理性质、力学性质）、地下水状况等地质条件，提出合理的地基承载力，以及防止地基产生过量变形的措施。

（三）城市供水水源问题

工业生产过程和城镇居民生活及其他方面的全部淡水的引取来源，称为城市用水水源，简称为城市水源。为保证城市各行业正常的工作、生产，以及城镇居民的日常生活需要，在城市规划中应考虑合理进行城市水源规划。城市水源规划就是对寻找和选择城市水源，合理开发利用、科学管理和有效保护城市水资源，做出妥善全面的安排，并保证城市用水能满足城市可持续发展的需要。城市水源规划应在地区（流域）水资源规划的指导下进行。遵照水资源可持续利用的原则，综合考虑天然淡水、雨水、海水和城市污水再生水水源开发。

城市供水水源规划是城市给水排水工程规划的一项重要内容，它影响到给水排水工程系统的布置、城市的总体布局、城市重大工程项目选址、城市的可持续发展等战略问题。因此，在规划时要充分考虑科技进步、污水和节水工艺的普遍采用、供水系统管理水平的不断提高、居民节水意识不断增强的必然趋势，不仅要与城市总体规划相适应，还要与流域或区域水资源保护规划、水污染控制规划、城市节水规划等相配合。

（四）地质环境的合理利用和保护问题

城市规划主要涉及城市用地选择，它关系到城市功能组织和城市规划布局。城市用地条件包括自然条件、建设条件和其他条件。其中，自然条件涉及地质、水文、气候、地形和生物等，因此地质环境条件是城市用地评价的主要自然条件。建筑于一定地质介质上的各类城市建筑物，其巨大的负荷必将产生巨大的静压力，从而打破原有的力学平衡，使周围地质环境产生潜移默化的变化，变化的结果反过来又影响建筑物的安全稳定，形成建筑物与环境之间极为复杂的相互作用过程。城市建设与地质环境之间的关系主要体现在城市建筑物地基条件、地下空间利用、地质灾害整治、废物处理、供水工程及天然材料等诸多方面。

城市建设必然触及城市地质环境，城市建设与地质环境保护成为一对对立的矛盾。城市地质环境的研究目的是合理利用和保护城市地质环境，使地质环境的动态变化不至于向恶性方向发展，达到城市建设与地质环境的统一，因此必须开展城市地质环境的评价与保护。我国目前正处于城市高速发展时期，加强城市地质环境的评价研究，合理利用与保护城市地质环境,将具有巨大的社会效益和经济效益。

三、各阶段主要工作任务

对于新建城市或经济技术开发区等,按建设进程,需分阶段开展地质工作。

(一)规划阶段

规划阶段主要任务包括:以半径 300 km 的区域为研究范围评价规划区的总体稳定性,主要研究各种自然地质作用,特别是地震、地震液化、区域性地面沉降等;从工程地质角度进行功能分区和建筑分带,评价不同区段兴建功能不同、形式不同的建筑是否适宜;确定天然建筑材料的空间分布及储量。

(二)设计阶段

设计阶段主要任务包括:依据工程地质条件选定建筑场地;以工程地质条件为基础进行建筑物合理布局;选定基础类型与基础埋深;确定地基承载力,预测总沉降量及不均匀沉降;选定地基改良方案;评价施工条件。

四、城市建设中的主要工程地质问题

(一)城市环境主要地质灾害

(1)地震。自然与人工诱发的地震,需要解决地震危险等级分区。对重大工程需要进行地震反分析,解决抗震设计问题。

(2)地裂缝。各种原因如大面积地下抽水、构造活动、气候条件突变等引起的地裂缝,对城市工程建设产生较大危害,常使地面塌陷、房屋开裂、地下管网断裂等,需要查明成因及提出防治对策。西安是我国地裂缝灾害最严重的城市,目前主城区出现 14 条地裂缝,最长超过 10 km,影响范围超过 150 km^2,对城市建设和人民生活造成了严重的危害。

(3)断层。在城市规划区及重要的工程场地范围内,对断层应查明分布、位置、规模、活动性及其性质。重点查明活断层特性、类型、规模、错动速率及其分级、危害。

(4)自然地质灾害。例如:各种类型、规模的滑坡;岩溶、地下采空区的分布;砂土液化的可能性及其等级确定。

(5)地下水引起的地质灾害。例如:沿海城市海平面上升与海水入侵;地下水上升造成地下构筑物上浮、地下室漏水、地基承载力降低(特别是黄土地区)、地基失稳、沉降剧增等问题;城市建设中明挖基坑时需大面积抽水,可能引发大面积地面下沉、土体位移与水文地质条件改变、环境地质影响等问题。

(6)城市污染问题。对于城市污染问题,需要在规划阶段充分考虑,防止水、空气污染;另外,要考虑到施工所带来的噪声、扬尘等环境污染问题。

(二)地基施工条件

修建民用与工业建筑物基础时,一般需要进行基坑开挖工作。地基的施工条件不仅会影响施工的期限和建筑物的造价,而且对基础类型的选择起着决定性作用。当在地下水毛细带影响范围以上开挖基坑时,首先遇到的是坑壁应采用多大的角度才能稳定,是否需要支撑,坑底以下有无承压水存在,是否造成基坑底板隆起或被冲溃的问题。若在地下水位以下开挖基坑,则需注意是否可能产生边坡变形,或出现流砂、流土等现象。尤其是基坑底面位于地下水位以下较深处时,需预测基坑涌水量的大小,以便在基坑开挖时人工降低地下水位、选择排水方法和排水设备;必要时需做抽水试验,测定地基土体的渗透系数等。影响地基施工条件的主要因素是地基中土体的结构特征、土的种类及其稠度状态、水文地质条件、基坑开挖深度、挖土方法、施工速度及坑边荷载等。

(三)边坡稳定性

在斜坡上修建建筑物,边坡稳定是最重要的岩土工程问题。建筑物的建造给边坡增加了外荷载,破坏了其原有的平衡,会导致边坡失稳而滑动,使建筑物遭到破坏。因此,对斜坡地区必须做出岩土工程评价,对不稳定地段提出防治措施。

任务二　熟悉道路工程与桥梁工程中的地质问题

一、道路工程中的主要地质问题

(一)道路工程地质特点

道路是延伸很长的线性建筑物,一般由三类建筑物组成:第一类为路基、路面工程,是道路的主体建筑物(包括路堤和路堑);第二类为桥隧工程(如桥梁、隧道、涵洞等),是为了使道路能跨越河流、深谷、不良地质现象和水文地质地段,穿越高山或使道路从河、湖、海底通过的建筑物;第三类是道路的防护结构物,如护坡、挡土墙等。在不同的道路中,各建筑物的比例也不同,这主要取决于道路所经过地区工程地质条件的复杂程度。

道路往往要穿越许多地质条件复杂的地区和不同的地貌单元,如道路沿线往往会遇到山高谷深、地质复杂、不良地质现象发育或道路需要穿越大的溶洞和暗河等问题。因此,道路工程在选线时一定要查明各备选路线方案沿线的工程地质条件,在满足设计要求的前提下,经过技术经济比较,选出最优方案。

(二)道路工程的主要地质问题

道路工程的主要地质问题包括路基基底稳定性问题、路基边坡稳定性问题、道路冻害问题及天然建筑材料问题。

1. 路基基底稳定性问题

路基基底稳定性多发生于填方路堤地段,其主要表现形式为塌陷、滑移和挤出。路基基底土的变形性质和变形量的大小主要取决于基底土的力学性质、基底面的倾斜程度、软弱结构面或软弱夹层的性质与产状等。此外,水文地质条件也是促使基底不稳定的因素,它往往使基底产生巨大的塑性变形而造成路基的损坏。例如:路基底下有软弱的泥质夹层,当其倾向与坡向一致时,若在其下方开挖取土或在上方填土加重,都会引起路堤整个滑移;当高填路堤通过河漫滩或阶地时,若基底下分布有饱水厚层淤泥,则高填路堤的压力,往往会使基底产生挤出变形。路基基地若有软土、湿陷性黄土、多年冻土、岩溶孔洞和地下矿山采空区等分布区域,常会出现路基沉陷变形;而在盐渍土和膨胀土分布地区的路基则会出现不均匀膨胀变形。

2. 路基边坡稳定性问题

道路都有一定的限制坡度,而通过的地形又比较复杂,在整个道路沿线上往往会形成各种类型的边坡,包括天然边坡、傍山路线的半填半挖的路基边坡及深路堑的人工边坡等。因此,路基边坡的稳定性就成为道路工程的主要工程地质问题。

具有一定坡度和高度的边坡在重力作用下,其内部应力状态也在不断变化。当剪应力大于岩土体的强度时,边坡即发生不同形式的变化和破坏。其破坏形式主要表现为滑坡、崩塌和错落。土质边坡的变形主要取决于土的矿物成分,特别是亲水性强的黏土矿物及其含量。岩质边坡的变形主要取决于岩体中各种软弱结构面的性状及其组合关系,它们对边坡的变形起着控制作用。

开挖路堑形成的人工边坡一方面加大了边坡的陡度与高度,破坏了边坡原有的平衡,增强了向边坡外下方的剪应力及张应力,易使边坡失稳;另一方面,开挖(往往是爆破)不仅破坏了边坡岩体的原生结构,更重要的是切断了边坡内各类软弱结构面(层面、节理面、断裂面及古滑动面等),为边坡岩体的失稳创造了条件;同时,开挖也使本来处于地表下的岩体暴露于地表,因而在各种地质营力作用下加速风化,也会导致边坡岩体强度降低。

3. 道路冻害问题

道路冻害包括冬季路基土体因冻结作用而引起路面冻胀和春季因融化作用而使路基翻浆。道路冻害的结果是路基产生变形破坏,甚至形成显著的不均匀冻胀和路基土强度发生极大的改变,危害道路的安全和正常使用。例如,青藏公路格尔木—拉萨段位于青藏高原腹地,穿越 500 多 km 的多年冻土分布区,自 20 世纪 70 年代以来,出现了大范围较严重的路基、路面沉降,病害主要集中出现在不稳定和较不稳定冻土带。另外,路基下的冰丘、冰锥和季节活动层的冻融作用使路基鼓胀,引起路基、路面的开裂与变形;当冰丘、冰锥融化后,路基又发生不均匀沉降。东北大、小兴安岭多年冻土地区的道路受冰丘、冰锥的影响,鼓胀和沉陷变形较为明显;青藏公路的路基、路面开裂较为严重。

针对多年冻土的特性和道路病害,多年冻土地区的路基设计采用保护、一般保护和不保护 3 种原则。其中,保护原则也称为被动原则,是采用工程措施严格控制多年冻土不发生变化;一般保护是采取工程措施,控制冻土的变形速率和变形总量;不保护也称主动原则,是采取措施加速冻土融化或清除冻土以及不采取任何工程保护措施的原则。保护原则适用于重要和对变形敏感的工程结构物,且冻土为稳定或较稳定型;一般保护原则适用于变形影响不敏感的工程,适用的冻土类型为较稳定型;不保护原则一般适用于不稳定冻土。

4. 天然建筑材料问题

路基工程需要的天然建筑材料的种类较多,包括道砟、土料、片石、砂和碎石等。它不仅在数量上需要较多,而且要求各种建材产地沿路线两侧零散分布。这些建材品质的好坏和运输距离的远近将直接影响工程的质量和造价,有时还会影响路线的布局。

二、桥梁工程中的主要地质问题

桥梁工程由正桥、引桥和导流建筑物等工程组成。正桥是桥梁的主体,位于河岸桥台之间,桥墩位于河中;引桥是连接正桥与路线的建筑物,常位于河漫滩或阶地上;导流建筑物包括护岸、护坡、导流堤等,是保护桥梁等各种建筑物不受河流冲刷破坏的附属工程。

不同类型的桥梁对地基有不同的要求,所以工程地质条件是选择桥梁结构的主要依据。桥梁工程包括以下两方面的主要工程地质问题。

(一)桥墩台地基的稳定问题

桥墩台地基的稳定性主要取决于墩台地基中岩土体承载力的大小。它对选择桥梁的基础和确定桥梁的结构形式起到决定作用。当桥梁为静定结构时,由于各孔是独立的,相互之间没有联系,因此对工程地质的适用范围较广;但对于超静定结构的桥梁,由于其对各桥墩台之间的不均匀沉降特别敏感,因此取用其地基容许承载力时应予慎重考虑。岩质地基容许承载力的确定取决于岩体的力学性质及水文地质条件等,应通过室内试验和原位测试等综合判定。

桥台的偏心受压问题,桥台承受垂直压力、岸坡的侧向主动土压力、滑坡的水平推力作用,使桥台产生偏心荷载,这是由于车辆在桥梁上行驶突然中断而产生的,这种作用对桥台的稳定性影响很大。

(二)桥墩台的冲刷问题

桥墩台的修建,使原来河槽的过水断面减小,局部增大了河水流速,改变了河水流态,而对桥基产生强烈冲刷,威胁桥墩台的安全。因此,桥墩台基础的埋深除取决于持力层部位外,还应满足下列要求:

(1)桥位应尽可能选在河道顺直、水流集中、河床稳定的地段,以保护桥梁在使用期间不因河流改道而失去作用或受到河流的强烈冲刷而破坏。

(2)桥位要避开顺河向及平行桥梁轴线方向上的大的断层破碎带和活动断裂带。

(3)桥位要选在岸坡稳定、基底岩石坚硬完整、无严重不良地质现象的地段。

(4)在有冲刷处,应将桥墩台基础埋置在墩台附近最大冲刷线以下。当基础建于抗冲刷能力较差的岩石上时,应适当加大埋深。

任务三　熟悉隧道与地下建筑的工程地质问题

隧道与地下工程泛指修建于地下岩土体内具有一定空间规模的各种形式和用途的建筑。随着我国建筑业的飞速发展,隧道与地下建筑的数量越来越多,规模也越来越大,目前已广泛用于交通、采矿、水利水电、国防等部门,如地铁、地下变电站、过江隧道、地下人防工程等。隧道与地下建筑在修建过程中都需要在地下开挖洞室,由于地应力的存在,地下洞室的开挖势必会破坏原来地下岩土体的平衡状态,引起地下洞室周围一定范围内的岩土体发生应力重分布,使地下岩土体产生变形、位移甚至破坏。在工程中将开挖后地下洞室周围发生应力重分布的岩土体称为围岩。因此,隧道与地下工程在修建时的突出工程地质问题是围岩稳定性问题。此外,在开挖地下洞室的过程中所遇到的地下水、地温及有害气体等特殊问题也是隧道与地下建筑修建过程中的工程地质问题。

一、山岩压力及洞室围岩的稳定问题

岩体在自重和构造应力作用下,处于一定的应力状态。在没有开挖之前岩体原应力状态是稳定的、不随时间而变化的。隧道开挖后,原来处于挤压状态的围岩,由于解除束

缚而向洞室空间松胀变形,这种变形超过了围岩本身所能承受的能力,便发生破坏,从母岩中分离、脱落,形成坍塌、滑移、底鼓和岩爆等。山岩压力通常指围岩发生变形或破坏而作用在洞室衬砌上的力。山岩压力和洞室围岩变形破坏是围岩应力重分布和应力集中引起的。因此,山岩压力是评定隧道围岩稳定性的主要内容,也是隧道衬砌设计的主要依据。影响隧道围岩稳定性的主要因素有以下两项。

(一)地质因素

地质因素包括地质构造、岩层产状、地下水、构造作用(在构造作用强烈且覆盖层很厚的山体中打洞,可能有较大的残余构造应力,对洞体的稳定性不利)及地震烈度。地震烈度高时,可使地层断裂、滑动,造成隧道损坏。

(二)工程因素

工程因素包括隧道的埋深、几何形状、跨度和长度、施工方法、围岩暴露时间及衬砌类型等,这些因素影响围岩应力的大小和性质。

二、洞口稳定问题

洞口是隧道工程的咽喉部位,洞口地段的主要工程地质问题是边、仰坡的变形问题,其变形常引起洞门开裂、下沉或坍塌等灾害。洞口选择的工程地质条件,主要是考虑洞口处的地形及岩性、洞口底部的标高、洞口的方向等问题。洞口数量和位置的确定必须根据工程的具体要求结合所处山体的地形、工程地质和水文地质条件等慎重考虑。

(一)洞口的地形和地质条件

洞口要选择在松散、覆盖层薄、山体坡度较陡(大于 30°)的一面,且有完整岩层作顶板的地段。最好设置在岩层裸露的地段,以免切口刷坡时刷方太大,破坏原来的地形地貌而暴露目标。洞口一般不宜设在悬崖绝壁之下,特别是在岩层破碎地带,容易发生山崩和土石塌方,堵塞洞口和交通要道。要避开冲沟或溪流源头,避开滑坡、崩塌、泥石流等不良地质作用发育或洪水淹没的地段。洞外还应有相应规模的弃渣场地。

(二)洞口底标高的选择

洞底的标高一般应高于谷底最高洪水位以上 0.5~1.0 m(千年一遇或百年一遇的洪水位),以免在山洪暴发时,洪水泛滥倒灌流入地下洞室;若距谷底较近,易聚集有害气体,各个洞口的高程不宜相差太大,要注意洞室内部工艺和施工时所要求的坡度,便于各洞口之间的道路联系。

(三)洞口方向

洞口最好选择在隐蔽且易于伪装地带,洞口位置应选在面对高山和沟谷不宽的山体的北坡背阴处。一般来说,山体北坡较陡,岩石风化程度较轻,岩石较坚固。洞口设置分散,最好不要在同一方向上设置。如受到地形限制,一定要在同一方向上设立若干个洞口,各个洞口之间要保持一定距离。特别要注意洞口不要面对常年主导风向,以免有害气体侵入洞室。

(四)洞门边坡的不良地质作用

洞门边坡的不良地质作用同一般自然山坡和人工边坡的问题。但在选择洞口时,必须将进、出口地段的物理地质作用调查清楚。洞口应尽量避开易产生崩塌、剥落和滑坡等地段,或易产生泥石流和雪崩的地区,以免对工程造成不必要的损失。

三、地下水问题

当隧道穿过含水层时,将会有地下水涌进洞室,给施工带来困难,地下水也是造成塌方和围岩失稳的重要原因。地下水对不同围岩的影响程度不同,其主要表现在以下两个方面。

(一)隧道涌水

隧道穿过含水层时,地下水涌进隧道,将会大大增加排水、掘进和衬砌工作的困难。在隧道穿过储水构造、充水洞穴、断层破碎带时,会遇到突发性的大量涌水,危害最大。在土及未胶结的断裂破碎带中,涌水的动水压力和冲刷作用可能导致隧道围岩失去稳定性。

隧道涌水量取决于含水层的厚度、透水性、富水性、补给来源,以及隧道的长度和断面大小。当预计地下水对隧道的影响较大时,应通过勘探、试验工作查明上述水文地质要素,并计算涌水量,作为排水设计的依据。

(二)隧道浸水

地下水的活动会改变岩石的物理力学性质,降低岩体强度,并能加速岩石风化破坏。地下水在软弱结构面中的活动,可起软化、润滑作用,常常造成岩块坍塌。某些地层,如黏土、无水石膏等,在水的作用下体积膨胀,地层压力大大增加,使围岩破坏。

例如:成昆铁路百家岭隧道由三叠系石灰岩、白云岩组成的围岩中含硬石膏层($CaSO_4$),开挖后,水渗入围岩使石膏层水化,膨胀力使原整体道床全部风化开裂,而且地下水中 SO_4^{2-} 含量高达 1 000 mg/L,致使混凝土腐蚀得像豆腐渣一样。

四、其他特殊地质问题

(一)地温

一般情况下,人在 40 ℃以下才能正常工作,而在潮湿的坑道中,当温度达到 40 ℃时就不能正常工作,必须采取降温措施。因此,在开挖深埋山岭隧道时,地温是一个重要问题,必须对深埋隧道内的温度进行预测。常温层的温度大致与当地多年平均气温相当,在常温层以下地温随深度增加而增加。地温梯度受地形起伏、岩层导热率和含水率、地下水温度及火山活动等因素的影响,各地不完全相同。

(二)有害气体

在开挖隧道时,常会遇到各种对人体有害、易燃、易爆的气体。在工程地质勘探时应查明隧道所通过的地层中含有的各种有害气体,并提出相应的防护措施。

常见的有害气体有甲烷、二氧化碳、氮、硫化氢。甲烷是易燃、易爆炸的气体;二氧化碳、氮是无毒窒息性的气体;硫化氢是易燃的有毒气体,溶于水生成淡硫酸液体,对隧道衬砌的石灰浆、混凝土及金属有腐蚀作用。

当隧道通过煤系、含油、含碳和沥青地层时,常有碳氢化合物的气体溢出,特别是甲烷。在含碳地层中开挖隧道时,常会遇到二氧化碳气体。在硫化矿床或其他含硫地层中,会遇到硫化氢气体。

（三）岩爆

地下洞室在开挖过程中，围岩突然猛烈释放弹性变形能，造成岩石脆性破坏或将大小不等的岩块弹射或掉落，并常伴有响声的现象叫作岩爆。轻微的岩爆仅使岩片剥落，无弹射现象，无伤亡危险。严重的岩爆可将几吨重的岩块弹射到几十米以外，释放的能量可相当于200多吨TNT炸药。岩爆可造成地下工程严重破坏和人员伤亡。严重的岩爆像小地震一样，可在100多km外测到，现测到岩爆的最大的震级为里氏4.6级。

施工过程中主要采用超前钻孔、超前支撑及紧跟衬砌、喷雾洒水等方法防治岩爆，新奥法施工也可获得较好效果。

任务四　熟悉水利工程中的地质问题

水利工程是对天然水资源进行控制、调节、治理和开发利用，以达到减轻或消除水旱灾害，治理水土流失和水污染，充分利用水资源，保护水环境的目的而修建的工程。对大多数水利工程来说，挡水坝、引水渠和泄水道是三项较重要的工程，而挡水坝又是所有水工建筑物中最主要的建筑。水坝建成后，其上游一定范围内便积蓄地表水成为水库区。水工建筑物与其他建筑物对地质条件的要求不同，主要表现在两个方面：一是各种建筑物及水对岩土体产生荷载作用，这就要求岩土体有足够的强度和刚度，以满足水工建筑物的稳定性要求；二是水工建筑物周围水体易向地质体渗入或漏失，从而引起地质环境的变化，导致岸坡失稳、库周浸没等问题，同时会因水文地质条件改变导致库区淤积和坝体下游冲刷等问题。

一、坝基岩体稳定问题

在大坝自重及水压等外力作用下，一般坝基产生失稳破坏的形式主要是压缩变形和滑动破坏，坝基岩体可能产生沉降稳定问题和抗滑稳定问题。

（一）坝基沉降稳定问题

对于坚硬完整的坝基岩体，其压缩变形往往较小，当变形均匀一致时，对坝体的稳定没有明显的影响，但当发生不均匀沉降或一侧岩体变形较大时，可在坝体中产生拉应力，使坝体产生裂缝，甚至使整个坝体遭到破坏。影响坝基产生不均匀沉降的主要地质因素如下：

（1）坝基岩性不同，变形模量有较大差别。一般情况下，黏土页岩、泥岩、强烈风化的岩石及松散沉积物，尤其是淤泥、含水率较大的黏土层等，都是容易产生较大沉降的岩土层。

（2）坝基或两岸岩体有较大的断层破碎带、裂隙密集带、卸荷裂隙带等软弱结构面，尤其是当张开性裂隙发育且裂隙面垂直于压力方向时，容易产生较大的沉降变形。此外，软弱结构面的产状和分布位置对坝基岩体的变形也有显著影响，如软弱岩层分布在表层时就容易产生较大的沉降变形；分布在坝址附近时，容易导致坝身向下游倾覆；分布在坝踵附近时，容易导致坝基岩体的拉裂。

（3）岩体内存在溶蚀洞穴或被潜蚀淘空的现象，产生塌陷而导致不均匀沉降。

(二)坝基抗滑稳定问题

对于一般的重力坝,坝体主要是依靠自重与坝基岩体间的摩擦力来维持稳定性。一旦坝基存在地质缺陷,产生的摩擦力不能维持平衡时,坝体有可能沿软弱面产生整体剪切滑移,导致坝体失稳破坏。因此,坝基岩体的滑动破坏常是混凝土坝、砌石坝等重力坝型设计时考虑的重要因素。根据滑动面位置,坝基滑动破坏分为表层滑动、浅层滑动和深层滑动3种类型。

(1)表层滑动指发生在坝底与基岩接触面上的平面剪切破坏。当坝基岩体坚硬完整不存在有控制性的软弱结构,且岩体强度远大于坝体材料接触面强度时,就可能产生该类型的破坏。

(2)当坝基浅部岩体强度相对于接触面及深部岩体强度偏低时,便有可能成为产生沿浅部岩体剪切滑动的薄弱部位,造成坝基的浅层滑动。尤其是坝基浅部岩体软弱破碎或坝基风化层较厚时容易发生。

(3)深层滑动发生在坝基岩体的较深部位,主要沿软弱结构面发生剪切破坏,滑动面常由两三组或更多的软弱面组合而成。

对于拱坝,它主要依靠拱的结构把大部分的荷载传给两岸的山体,对坝肩岩体产生轴向推力、径向剪力和力矩。因此,拱坝的稳定性除要适当考虑坝基的稳定性外,还必须研究坝肩的稳定性。坝肩的滑移面一般为倾向下游河床方向的平缓或倾斜的软弱结构面,有时倾向上游的缓倾角结构面也构成滑移面。

二、坝基岩体稳定问题

(一)坝区渗漏问题

水库蓄水后,坝上、下游形成一定的水位差,在该水位差的作用下,库水将沿坝区岩土体内的空隙向坝下游渗出,称为坝区渗漏。坝区渗漏是水利工程中常遇到的问题,一旦渗漏量过大,就会影响水库的效益或危及坝体安全,因此坝区渗漏是必须防治的工程地质问题。岩层的透水性是产生渗漏的基本条件,根据岩层透水情况的不同,渗漏的形式可分为均匀渗漏和集中渗漏两种。均匀渗漏是通过砂砾石层、基岩均布风化裂隙等透水层进行的,集中渗漏是通过裂隙破碎带、岩溶孔洞等集中透水地段进行的。

1. 松散岩层坝区的渗漏

松散岩层坝区的渗漏主要产生于强透水性的砂、砾石层。从土体成因来看,冲积物分选性好,细粒含量较少,透水性较大;洪积物、坡积物一般大小混杂,分选性差,透水性较低。同一成因的沉积物随着沉积时代由新到老,其透水性一般会变小。因此,松散岩层坝区的渗漏条件分析应从第四纪地貌和成因类型分析开始,查明岩土体粗细颗粒分布和结构组合情况。此外,在河谷地区建坝,中下游河段的阶地,掩埋在古河床或现代河床冲积物中的砂卵石层、冲积层往往是形成渗漏的主要通道,应予以注意。

2. 裂隙岩体坝区的渗漏

裂隙岩体坝区的渗漏主要取决于岩体裂隙数量、断层的发育程度、充填物性质及其透水性。坝基岩体中断裂构造的存在,往往是造成坝区渗漏的主要条件。在坝区发育的顺河断裂带、裂隙密集带、岸坡卸荷裂隙带、纵谷陡倾和横谷向上游缓倾的各种原生结构面,是造成坝区强烈渗漏的通道。山区河流由于受岩性、构造、水文等因素影响,河谷深切基岩,侵蚀沟谷发育,因而河谷的地貌及覆盖条件对坝区渗漏起到了一定程度的控制作用。在倾斜岩层地区,对于纵向河谷,因沿层面渗透路径最短,因此应注意沿层面走向方向的渗漏;而横向河谷,岩层倾向下游时,应注意沿倾向的渗漏。

3. 岩溶坝区的渗漏

岩溶坝区的渗漏主要受地下岩溶通道的影响,如溶洞、暗河、落水洞等,它们之间往往相互连通,形成大规模的集中渗漏通道,对坝区水库蓄水极为不利。

(二)水库渗漏问题

库区渗漏指库水通过渗漏通道向外邻谷或洼地的渗漏,大多数水库均存在漏水问题,只是严重程度不一。如北京的天开水库,设计库容为1 300万 m^3,库区为震旦系硅质灰岩,溶蚀裂隙发育,岩层呈单斜构造,且倾向下游。每年雨季水库蓄水后,多则50 d,少则10多d,库水全部漏失,同时下游地区在水库蓄水期间到处冒泉,给人们的生产生活造成很大影响。库区渗漏一般受地形地貌、岩石性质、地质构造、水文地质条件等因素影响,在库区勘察时应综合分析,并进行准确评价。

三、水库诱发地震问题

修建大水库会诱发地震,世界上约有100座水库蓄水后诱发地震。水库诱发地震与库容、地质构造与岩性、库水渗透条件、区域构造活动等因素有关。水库对地震的影响表现在:一是水体对库床及库岸岩体的压力容易使处于不稳定状态的岩体失衡;二是库水的渗透和通过裂隙所形成的水压力及水的化学作用对岩体固有结构的破坏与改变。

四、水库环境地质问题

(一)水库淤积

水库建成后,河水流速减小,由上游挟带的泥沙便在库区沉积下来,堆积于库底,这种现象称为淤积问题。到目前为止,我国已建成9.8万多座水库,总库容近8 983亿 m^3,我国水库库容年均淤损率为0.5%~1%,北方河流尤为突出,年均淤损率约为2%,特别是中小型水库由于缺乏冲沙条件,经过多年运行后,淤积问题严重。黄河三门峡水库就因泥沙淤积问题严重,长期不能发挥设计效益。

(二)水库浸没

水库水位抬高后,库区周围地区的地下水位也随之上升,这时,地下水位可能接近或高出地面,导致库岸农田土壤盐碱化、沼泽化,建筑物地基恶化,矿坑充水坍塌等,这种现象称为水库浸没问题。

(三)库岸滑坡

水库水位上升或者暴雨会促发库岸滑坡,一些古滑坡也可能复活。在水库勘察时应查明其位置和可能的体积。特别是靠近坝前的滑坡对大坝威胁最大,如柘溪水电站的坝前大滑坡使坝前水位突然升高,造成溢流而损失;黄河三门峡水库的修建促使库周的黄土台地大量崩塌,影响了居民点和周围城市的安全,原因是库水位的上升使黄土强度大大降低。

【工程案例】　川藏铁路隧道建设中的技术难题及解决措施

川藏铁路沿途地质复杂，不良地质极度发育；地下水和地表水丰富，有孔隙水、基岩裂隙水、岩溶水、断层带水等，包括高温热水及低温融雪；有蚀变岩、泥质岩、黏土岩、软土、岩溶、盐岩和石膏，以及其他远古火山岩石等不良地质；存在放射性或其他有害性气体。在极端地质作用和风化作用下，川藏铁路沿线的山地灾害频繁，山崩、滑坡、泥石流、塌方、落石及突泥等地质灾害频发；其中，岩爆、涌水和突泥是铁路施工期间的三大棘手难题，而巴玉隧道和桑珠岭隧道的建设，就很好地诠释了我国建设人员的智慧和技术。

川藏铁路巴玉隧道是拉林段重难点控制性工程之一，全长 13.037 km，超过 2 000 m 埋深和 7 500 m 独头掘进，为一级风险隧道；其中有 94%位于岩爆区，岩爆发生的强度、频率和形态多样，单次最长持续时间超过 20 h，在世界隧道施工史上均属罕见。为有效应对岩爆，建设者们对掌子面前方地应力、岩爆等级、岩爆预警及预防等进行深入分析研究；建立了涵盖微震监测、地应力检测和超前地质预报等岩爆预警、预测和观测平台，发明了跟踪岩爆的微震传感器阵列动态布置技术，并首次搭建青藏高原远距离无线通信传输的岩爆实时微震监测系统。

川藏铁路桑珠岭隧道是拉林段重难点工程之一，全长 16.499 km，存在岩爆、高地温、温泉水等不良地质，最大埋深 1 347m，为一级高风险隧道。隧道内岩爆区长 9.5 km，其中强岩爆区长 1.5 km。施工期间发生 1.6 万多次岩爆；施工队采用胀壳式锚杆锁住岩体、高压洒水，以降低岩面温度和释放应力。岩温最高达 89.9 ℃，洞内环境温度最高达 56 ℃，需通过设置接力风机加强通风、安装自动喷淋系统洒水、洞内放置冰块等措施降温。该隧道共有 1 200 多名建设者参与，工期长达 1 125 d。

【阅读与应用】

2016 年 6 月 19 日，成渝铁路重庆枢纽小南海站至伏牛溪站区间路基开裂下沉，经现场查勘，路基开裂变形超过 100 多 m，最大沉降量为 1 m，路肩下沉后向外平移了 50 cm（见图 6-1）。经初步分析，原因为受强降雨影响，路堤坡面表层土体吸水饱和，在自重的作用下发生溜坍，引起路肩发生下沉、开裂。

试查阅相关资料，从工程地质问题角度提出相应处理建议。

【思政案例】　南水北调中线工程

1. 一项宏伟的生态工程和民生工程

南水北调中线工程，是从长江最大支流汉江中上游横跨湖北和河南两省的丹江口水库调水（水源主要来自汉江），在丹江口水库东岸河南省淅川县境内工程渠首开挖干渠，经长江流域与淮河流域的分水岭方城垭口，沿华北平原中西部边缘开挖渠道，通过隧道穿过黄河，沿京广铁路西侧北上，自流到北京市颐和园团城湖的输水工程。输水干渠地跨河南、河北、北京、天津 4 个省（直辖市）。受水区域为沿线的南阳、平顶山、许昌、郑州、焦作、新乡、鹤壁、安阳、邯郸、邢台、石家庄、保定、北京、天津等 14 座大、中型城市。重点解决河南、河北、北京、天津 4 省（直辖市）的水资源短缺问题，为沿线十几座大中城市提供生产生活用水和工农业用水。供水范围内总面积为 15.5 万 km^2，输水干渠总长 1 277 km，天津输水支线长 155 km。丹江口大坝加高后，丹江口水库正常蓄水位达到 170 m，在此条件下可保证规划调水量。2014 年 12 月 12 日 14 时 32 分，南水北调中线工程正式通

图 6-1　成渝铁路下沉

水。截至 2023 年 7 月 20 日,南水北调中线工程向北京输水 90.67 亿 m^3,水质始终稳定在地表水环境质量标准Ⅱ类以上,北京市直接受益人口超过 1 500 万。

2. 南水北调中线总干渠主要工程地质问题

南水北调中线总干渠线路长,跨越地貌单元多,工程地质条件复杂,存在的工程地质问题如下:

(1)膨胀岩土问题。膨胀岩土主要是由强亲水矿物(蒙脱石、伊利石、硫化铁和蛭石等)组成的非饱和、高塑性黏土,具有吸水膨胀、失水收缩和反复胀缩变形、浸水承载力衰减、干缩裂隙发育及超固结等特性。它常使地基变形过大导致建(构)筑物开裂、倾斜或倒塌,地基强度降低使建筑物沉陷,反复胀缩渗水形成滑面而使坡(渠)体失稳,胀缩产生的膨胀力使支挡结构变形或失稳等。

(2)黄土湿陷性问题。黄土是一种特殊黏性土,粉粒含量高、多孔隙、孔隙比大、呈黄色,土中含有易溶盐类,遇水易冲蚀、崩解与湿陷。黄土状土主要指第四系全新统下段冲洪积壤土和上更新统冲洪积、坡洪积黄土状壤土、部分风积黄土、次生黄土,因其仅具有黄土的部分特征,所以称其为黄土状(类)土。黄土及黄土状土湿陷性对工程影响主要是对边坡及地基产生湿陷变形破坏。

(3)饱和砂土振动液化问题。饱和砂土振动液化是指在振动效应下孔隙水压增加及有效应力降低而引起粒状材料(砂土、粉土)由固态转变成液态的过程。它往往可造成喷水涌砂、地面隆起或沉降、坡体滑移、轻型建筑浮起、地基承载力严重下降等。

(4)渠道经过煤矿采空区变形及渠道压煤问题。煤矿采空区变形过大往往会造成地面开裂、塌陷,边坡滑坡,建筑物不均匀沉陷甚至倒塌,影响地基的稳定。

3. 南水北调中线工程建设的价值意义

南水北调工程跨越时间之长、工程技术难度之大、移民安置规模之大等都是世界罕见的,它的建成集中体现了中国共产党领导的政治优势和中国特色社会主义集中力量办大事的制度优势。

调水的伟大构想源于我国水资源的区域不平衡，出发点是为了解决北方人民缺水问题。工程规划设计充分考虑人民群众生产生活实际需要，尽量减少移民搬迁；南水北调工程移民数量超过了三峡、小浪底工程，也超过世界所有水利工程，是世界移民量最大的水利工程。库区和沿线移民舍小家、为大家，背井离乡，克服困难，服从安排，集中体现了以顾全大局为核心的伟大移民精神。工程设计利用自然落差自流引水，是人水和谐、人定胜天的工程典范。工程技术取得了大量的新产品、新材料、新工艺、新技术科技成果，多项科技成果获得了国家与省部级科技奖。移民、运行管理等制度创新为工程建设和效益发挥提供了强大支撑。

南水北调工程铸造出“顾全大局、无私奉献、忠诚担当、求实创新、众志成城、攻坚克难”的南水北调精神，既有“顾全大局、舍家为国、众志成城、团结一心”的移民精神，又有“无私奉献、团结协助、负责务实、求实创新”的建设精神。在新时代弘扬南水北调精神，焕发南水北调精神的时代价值，对全面建成社会主义现代化强国具有十分重要的意义。

复习题

1. 试分析城市规划和建设中存在的工程地质问题。
2. 试分析道路工程存在的工程地质问题。
3. 试分析桥梁工程存在的工程地质问题。
4. 隧道和地下建筑工程常遇到的工程地质灾害有哪些？
5. 试分析水利工程存在的工程地质问题。

项目七 工程地质与水文地质勘察

【项目概述】

工程地质勘察是根据建设工程的要求,查明、分析、评价场地的地质、环境特征和工程地质条件,编制勘察文件的活动。本项目主要通过阐述多种技术手段,如工程地质测绘和调查、勘探和取样、各种原位测试技术、室内土工试验和岩石试验等,以获得场地岩土的岩性或土层性质、空间分布和工程特征,以及场地及其周围地区存在的不良地质作用和地质灾害情况等信息,用来分析和评价场地的工程地质条件并提出解决工程地质问题的建议和结论,编制成工程地质勘察报告,为工程的规划、设计、施工、运用和管理提供可靠的地质资料。

水文地质勘察是为查明水文地质条件、开发利用地下水资源或其他专门目的而进行的水文地质工作。本项目主要通过阐述水文地质调查、水文地质遥感、水文地质物探、水文地质钻探、水文地质试验、地下水动态监测的基本工作方法、工作原理,以解决水文地质问题,并编制水文地质勘察报告且附有相应的图件。

【学习目标】

(1)知识目标:①了解工程地质与水文地质勘察的目的及任务;②熟悉工程地质与水文地质勘察各阶段的勘察要求;③了解工程地质勘察与水文地质勘察的基本方法和手段;④掌握工程地质勘察报告的编写内容和编制程序。

(2)技能目标:掌握工程地质勘察报告的编写方法。

(3)思政目标:①强调团队合作,培养吃苦耐劳、精益求精的工匠精神;②提升专业学习的积极性,培养科学思维方式和责任意识;③培养人与自然和谐共生的理念;④培养“认识自然、尊重自然基础上适当‘改造’自然”的理念。

任务一 了解工程地质勘察

一、工程地质勘察的基本要求

(一)工程重要性等级

根据工程的规模和特征,以及岩土工程问题造成工程破坏或影响正常使用的后果,按表7-1可分为3个工程重要性等级。

(二)场地等级

根据场地的复杂程度,可按表7-2划分为3个场地等级。

表 7-1　工程重要性等级

工程重要性等级	破坏后果	工程类别
一级	很严重	重要工程
二级	严重	一般工程
三级	不严重	次要工程

注:工程重要性等级可参考《岩土工程勘察规范(2009 年版)》(GB 50021—2001)具体划定。

表 7-2　场地等级

场地等级	对建筑抗震	不良地质作用	地质环境	地形地貌	地下水
一级	符合下列条件之一				
	危险地段	强烈发育	已经或可能受到强烈破坏	复杂	有影响工程的多层地下水、岩溶裂隙水或其他水文地质条件复杂,需专门研究的场地
二级	符合下列条件之一				
	不利地段	一般发育	已经或可能受到一般破坏	较复杂	基础位于地下水位以上
三级	符合下列条件				
	有利地段(或抗震设防烈度等于或小于 6 度)	不发育	基本未受到破坏	简单	地下水对工程无影响

注:1. 从一级开始,向二级、三级推定,以最先满足的为准。

2. 对建筑抗震有利、不利或危险地段的划分,应按《建筑抗震设计规范》(GB 50011—2010)的规定确定。

3. 不良地质作用是指泥石流、崩塌、滑坡、土洞、塌陷、沟谷、岸边冲刷、地下水潜蚀等。

4. 地质环境是指地下采空、地面沉降、地裂缝、化学污染、地下水位上升等。

(三)地基等级

根据地基复杂程度,可按表 7-3 划分为 3 个地基等级。

表 7-3　地基等级

地基等级	岩土条件	特殊性岩土
一级(复杂)	符合下列条件之一	
	岩土种类多,很不均匀,性质变化大,需作特殊处理	严重湿陷、膨胀、盐渍、污染的特殊性岩土,以及其他情况复杂,需作专门处理的岩土
二级(中等复杂)	符合下列条件之一	
	岩土种类较多,不均匀,性质变化较大	除上述规定以外的特殊性岩土
三级(简单)	符合下列条件	
	岩土种类单一,均匀,性质变化不大	无特殊性岩土

注:1. 从一级开始,向二级、三级推定,以最先满足的为准。

2. 多年冻土情况特殊,勘察经验不多,应列为一级地基。

(四)岩土工程勘察等级

根据工程重要性等级、场地复杂程度等级和地基复杂程度等级,可按表 7-4 划分为 3 个岩土工程勘察等级。

表 7-4　岩土工程勘察等级

<table>
<tr><th rowspan="2">勘察等级</th><th colspan="3">确定勘察等级的因素</th></tr>
<tr><th>工程重要性等级</th><th>场地复杂程度等级</th><th>地基复杂程度等级</th></tr>
<tr><td rowspan="3">甲级</td><td>一级</td><td>任意</td><td>任意</td></tr>
<tr><td rowspan="2">二级</td><td>一级</td><td>任意</td></tr>
<tr><td>任意</td><td>一级</td></tr>
<tr><td rowspan="5">乙级</td><td rowspan="2">二级</td><td>二级</td><td>二级或三级</td></tr>
<tr><td>三级</td><td>二级或三级</td></tr>
<tr><td rowspan="3">三级</td><td>一级</td><td>任意</td></tr>
<tr><td>任意</td><td>一级</td></tr>
<tr><td>二级</td><td>二级</td></tr>
<tr><td rowspan="3">丙级</td><td>二级</td><td>三级</td><td>三级</td></tr>
<tr><td rowspan="2">三级</td><td>二级</td><td>三级</td></tr>
<tr><td>三级</td><td>二级或三级</td></tr>
</table>

附:引用自《岩土工程勘察规范(2009 年版)》(GB 50021—2001)。

二、工程地质勘察阶段的划分

建筑物(构筑物)的岩土工程勘察原则上应分阶段进行,一般分为可行性研究勘察、初步勘察、详细勘察。可行性研究勘察应符合选择场址方案的要求,初步勘察应符合初步设计的要求,详细勘察应符合施工图设计的要求。场地条件复杂或有特殊要求的工程,宜进行施工勘察。场地较小且无特殊要求的工程可合并勘察阶段。当建筑物(构筑物)平面布置已经确定,且场地或其附近已有岩土工程资料时,可根据实际情况,直接进行详细勘察。

(一)可行性研究勘察

可行性研究勘察应对拟建场地的稳定性和适宜性作出评价,并应符合下列要求:

(1)收集区域地质、地形地貌、地震、当地的工程地质、岩土工程和建筑经验等资料。

(2)在充分收集和分析已有资料的基础上,通过踏勘了解场地的地层、构造、岩性、不良地质作用和地下水等工程地质条件。

(3)当拟建场地工程地质条件复杂,已有资料不能满足要求时,应根据具体情况进行工程地质测绘和必要的勘探工作。

(4)当有两个或两个以上拟选场地时,应进行比选分析。

(二)初步勘察

初步勘察应对场地内拟建建筑物(构筑物)地段的稳定性作出评价,并进行下列主要工作:

(1)收集拟建工程的有关文件、工程地质和岩土工程资料以及工程场地范围的地形图。

(2)查明地质构造、地层结构、岩土工程特性、地下水埋藏条件。

(3)查明场地不良地质作用的成因、分布、规模、发展趋势,并对场地的稳定性作出评价。

(4)对抗震设防烈度等于或大于6度的场地,应对场地和地基的地震效应作出初步评价。

(5)季节性冻土地区,应调查场地土的标准冻结深度。

(6)初步判定水和土对建筑材料的腐蚀性。

(7)高层建筑初步勘察时,应对可能采取的地基基础类型、基坑开挖与支护、工程降水方案进行初步分析评价。

(三)详细勘察

详细勘察应按单体建筑物(构筑物)提供详细的岩土工程资料和设计、施工所需的岩土参数;对建筑地基作出岩土工程评价,并对地基类型、基础形式、地基处理、基坑支护、工程降水和不良地质作用的防治等提出建议。主要应进行下列工作:

(1)收集附近有坐标和地形的建筑总平面图,场区的地面整平标高,建筑物(构筑物)的性质、规模、荷载、结构特点,基础形式、埋置深度,地基允许变形等资料。

(2)查明不良地质作用的类型、成因、分布范围、发展趋势和危害程度,提出整治方案的建议。

(3)查明建筑范围内岩土层的类型、深度、分布、工程特性,分析和评价地基的稳定性、均匀性和承载力。

(4)提供地基变形计算参数,预测建筑物(构筑物)的变形特征。

(5)查明埋藏的河道、沟浜、墓穴、防空洞、孤石等对工程不利的埋藏物。

(6)查明地下水的埋藏条件,提供地下水位及其变化幅度。

(7)在季节性冻土区域,提供场地土的标准冻结深度。

(8)判断水和土对建筑材料的腐蚀性。

(四)施工勘察

施工勘察一般不作为一个固定阶段,视工程的实际需要而定,对于工程地质条件复杂或者有特殊施工要求的重要工程,需进行施工勘察。施工勘察包括施工阶段的勘察和施工后一些必要的勘察工作。它可以起到核对已取得的地质资料和所作评价结论准确性的作用,由此可修改、补充原来的勘察成果。

由于勘察的对象不同,设计对勘察工作的要求也不尽相同,因此勘察阶段的划分和所采用的规范也不尽相同。勘察阶段的划分及采用的规范见表7-5。

三、工程地质调绘

工程地质测绘是岩土工程勘察中一项最重要最基本的勘察方法,它是运用地质、工程地质理论对与工程建设有关的各种地质现象进行详细观察和描述,并按照精度要求将它们如实地反映在一定比例尺的地形图上;对岩石出露或地貌、地质条件较复杂或有特殊要求的工程项目场地,应进行工程地质测绘;对地质条件简单的场地,可用调查代替工程地质测绘。

表 7-5　勘察阶段的划分及采用的规范

<table>
<tr><th>勘察对象</th><th colspan="7">勘察阶段</th><th>采用的勘察规范</th></tr>
<tr><td>房屋建筑和构筑物</td><td colspan="4">可行性研究勘察</td><td>初步勘察</td><td>详细勘察</td><td>施工勘察(不是固定阶段)</td><td>《岩土工程勘察规范(2009 年版)》(GB 50021—2001)</td></tr>
<tr><td rowspan="2">公路</td><td colspan="4">可行性研究勘察</td><td rowspan="2">初步工程地质勘察</td><td rowspan="2">详细工程地质勘察</td><td rowspan="2"></td><td rowspan="2">《公路工程地质勘察规范》(JTG C20—2011)</td></tr>
<tr><td colspan="2">预可勘察</td><td colspan="2">工可勘察</td></tr>
<tr><td>水利水电</td><td>规划勘察</td><td colspan="2">预可行性研究勘察</td><td>可行性研究勘察</td><td>招标设计阶段工程地质勘察</td><td colspan="2">施工详图设计阶段工程地质勘察</td><td>《水力发电工程地质勘察规范》(GB 50287—2016)</td></tr>
</table>

工程地质测绘和调查宜在可行性研究或初步勘察阶段进行。在可行性研究阶段收集资料时,宜包括航空像片、卫星像片的解译结果。在详细勘察阶段可对某些专门地质问题作补充调查。测绘和调查的目的是研究拟建场地的地层、岩性、构造、地貌、水文地质条件及不良地质作用的空间分布和各要素之间的内在联系,为场址选择和勘察方案的布置提供依据。

(一)工程重要性等级

1. 测绘范围的确定

工程地质测绘和调查的范围,应包括建设场地及其附近地段,以解决实际问题为前提。具体可考虑如下要求:

(1)工程建设引起的工程地质现象可能影响的范围。

(2)影响工程建设的不良地质作用的发育阶段及其分布范围。

(3)对查明测区地层岩性、地质构造、地貌单元等问题有重要意义的邻近地段。

(4)地质条件特别复杂时可适当扩大范围。

2. 测绘的比例尺和精度要求

(1)比例尺 1:5 000~1:50 000,一般在可行性研究勘察(选址勘察)时采用。

(2)比例尺 1:2 000~1:5 000,一般在初步勘察时采用。

(3)比例尺 1:500~1:2 000,适用于详细勘察阶段,当地质条件复杂或建筑物重要时,比例尺可适当放大。

(4)对工程有重要影响的地质单元体(滑坡、断层、软弱夹层、洞穴等),可采用扩大比例尺表示。

(5)地质界线和地质观测点的测绘精度,在图上不应低于 3 mm。

(二)地质观测点布置的要求

(1)在地质构造线、地层接触线、岩性分界线标准层位和每个地质单元体应有地质观测点。

（2）地质观测点的密度应根据场地的地貌、地质条件、成图比例尺和工程要求等确定，并应具代表性。

《岩土工程勘察规范（2009 年版）》（GB 50021—2001）规定地质观测点的密度应根据场地的地貌、地质条件、成图比例尺和工程要求等确定，并应具代表性。

《水利水电工程地质测绘规程》（SL/T 299—2020）规定地质点的间距应控制在相应比例尺图上距离 2~3 cm。

《公路工程地质勘察规范》（JTG C20—2011）规定工程地质调绘点在图上的密度每 100 mm×100 mm 不得少于 4 个。

（3）地质观测点应充分利用天然和已有的人工露头，当露头少时，应根据具体情况布置一定数量的探坑或探槽。

（4）地质观测点的定位应根据精度要求选用适当方法；地质构造线、地层接触线、岩性分界线软弱夹层、地下水露头和不良地质作用等特殊地质观测点，宜用仪器定位。

（三）工程地质调绘的准备工作

1. 资料收集和研究

应收集的资料包括如下几个方面。

（1）区域地质资料：区域地质图、地貌图、构造地质图、矿产分布图、地质环境及地质灾害区划图、地质剖面图、柱状图等及其文字说明，应着重研究地貌、岩性、地质构造和新构造运动的活动迹象。

（2）遥感资料：地面摄影和航片、卫片及解译资料。

（3）气象资料：区域内主要气象要素，如气温、气压、湿度、风速、风向、降水量、蒸发量、降水量随季节变化的规律及冻结深度。

（4）水文资料：水系分布图、水位、流速、流量、流域面积、径流系数及动态、洪水淹没范围等资料。

（5）水文地质资料：地下水的主要类型、埋藏深度、补给来源、排泄条件、变化规律和岩土的透水性及水质分析资料。

（6）地震资料：测区及其附近地区地震发生的次数、时间、地震烈度、造成的灾害和破坏情况，并应研究地震与地质构造的关系。

（7）地球物理勘探和矿藏资料。

（8）工程地质勘察资料：各类工程的工程地质勘察资料，并研究各类岩土的工程性质和特征，了解不良地质作用的位置和发育程度。

（9）建筑经验：已有建筑物的结构、基础类型和埋深，采用的地基承载力，地基处理方法，建筑变形情况，沉降观测资料等。

2. 现场踏勘

现场踏勘是在收集资料的基础上进行的，目的在于了解测区地质情况和问题，以便合理地布置观测点和观察路线，正确布置实测地质剖面位置，拟定野外工作方法。踏勘的方法和内容如下：

（1）根据地形图，在测区内按固定路线进行踏勘，一般采用“之”字形、曲折迂回而不重复的路线，穿越地形、地貌、地层、构造、不良地质作用等有代表性的地段，初步掌握地质条件的复杂程度。

(2)为了解全区的岩层情况,在踏勘时应选择露头良好、岩层完整有代表性的地段做出野外地质剖面,以便熟悉地质情况和掌握地区岩层的分布特征。

(3)访问和收集洪水及其淹没范围等。

(4)寻找地形控制点的位置,并抄录坐标、高程资料。

(5)了解测区的交通、经济、气候、食宿等条件。

3. 编制测绘纲要

测绘纲要是进行测绘的依据,勘察任务书或勘察纲要是编制测绘纲要的重要依据。必须充分了解设计内容、意图、工程特点和技术要求,以便按要求进行工程地质测绘。测绘纲要一般包含在勘察纲要内,特殊情况也可单独编制。

测绘纲要内容包括以下几个方面。

(1)工程任务情况:测绘目的、要求、测绘范围和比例尺。

(2)测区自然地理条件:位置、交通、水文、气象、地形、地貌特征。

(3)测区地质概况:地层、岩性、构造、地下水、不良地质作用。

(4)工作量、工作方法和精度要求:工作量包括观察点、勘探点、室内和野外测试工作。

(5)人员组织和经济预算。

(6)设备、器材和材料计划。

(7)工作计划、工期及实施步骤。

(8)要求提交的资料、图件。

(四)工程地质调绘的内容

(1)查明地形、地貌特征及其与地层、构造、不良地质作用的关系,划分地貌单元。

(2)岩土的年代、成因、性质、厚度和分布;对岩层应鉴定其风化程度,对土层应区分新近沉积土、各种特殊性土。

(3)查明岩体结构类型,结构面的产状和性质,岩、土接触面和软弱夹层的特性等,新构造活动的形迹及其与地震活动的关系。

(4)查明地下水的类型、补给来源、排泄条件、井泉位置,含水层的岩性特征、埋藏深度、水位变化、污染情况及其与地表水体的关系。

(5)收集气象、水文、植被、土的标准冻结深度等资料,调查最高洪水位及其发生时间、淹没范围。

(6)查明岩溶、土洞、滑坡、崩塌、泥石流、冲沟、地面沉降、断裂、地震震害、地裂缝、岸边冲刷等不良地质作用的形成、分布、形态、规模、发育程度及其对工程建设的影响。

(7)调查人类活动对场地稳定性的影响,包括人工洞穴、地下采空、大挖大填、抽水排水和水库诱发地震等。

(8)建筑物的变形和工程经验。

(五)工程地质测绘的方法

1. 像片成图法

利用地面摄影或航空(卫星)摄影像片,先在室内进行解译,划分地层岩性、地质构造、地貌、水系和不良地质作用等，并在像片上选择若干点和路线，去实地进行校对修正，绘成底图，然后转绘成图。

《岩土工程勘察规范（2009年版）》（GB 50021—2001）规定，利用遥感影像资料解译进行工程地质测绘时，现场检验地质观测点数宜为工程地质测绘点数的30%～50%。野外工作应包括下列内容：

（1）检查解译标志。

（2）检查解译结果。

（3）检查外推结果。

（4）对室内解译难以获得的资料进行野外补充。

2. 实地测绘法

常用的方法有三种：路线法、布点法和追索法。

1）路线法

沿着一定的路线，穿越测绘场地，把走过的路线正确地填绘在地形图上，并沿途详细观察地质情况，把各种地质界线、地貌界线、构造线、岩层产状和各种不良地质作用等标绘在地形图上；路线形式有“S”形或“直线”形。路线法一般用于中、小比例尺。

在路线测绘中应注意以下问题：

（1）路线起点的位置，应选择有明显的地物，如村庄、桥梁或特殊地形，作为每条路线的起点。

（2）观察路线的方向，应大致与岩层走向、构造线方向和地貌单元相垂直，这样可以用较少的工作量获得较多的成果。

（3）观察路线应选择在露头及覆盖层较薄的地方。

2）布点法

布点法是工程地质测绘的基本方法，也就是根据不同的比例尺预先在地形图上布置一定数量的观察点和观察路线，观察路线长度必须满足要求，路线力求避免重复，使一定的观察路线达到最广泛观察地质现象的目的。

3）追索法

这是一种辅助方法，是沿地层走向或某一构造线方向布点追索，以便查明某些局部的复杂构造。

3. 测绘对象的标测方法

根据不同比例尺的要求，对观察点、地质构造及各种地质界线的标测采用目测法、半仪器法和仪器法。

1）目测法

目测法是根据地形、地物目标或步数测定距离。目测法适用于小比例尺工程地质测绘。

2）半仪器法

半仪器法是用简单的仪器（如罗盘仪、气压计等）测定方位和高程，用徒步仪或测绳量距离。半仪器法的具体标测方法有以下3种：

（1）三点交会法，当地形、地物明显时采用。

(2)根据气压计结合地形测定。

(3)导线法,从较标准的基点(如三角控制点、水准点或较准确的地物点),向被测目标作导线,用测绳及罗盘仪测定。

半仪器法适用于中比例尺的工程地质测绘,重要的观测点应采用仪器法测定。

3)仪器法

仪器法适用于大比例尺工程地质测绘,用全站仪等较精密的仪器测定观测点的位置和标高。

《岩土工程勘察规范(2009 年版)》(GB 50021—2001)规定,地质观测点的定位应根据精度要求选用适当方法;地质构造线、地层接触线、岩性分界线、软弱夹层、地下水露头和不良地质作用等特殊地质观测点,宜用仪器定位。

(六)资料整理与成果

1. 检查外业资料

(1)检查各种野外记录所描述的内容是否齐全。

(2)详细核对各种原始图件所划分的地层、岩性、构造、地形地貌、地质成因界线是否符合野外实际情况,在不同图件中相互间的界线是否吻合。

(3)检查野外所见的各种地质现象是否正确。

(4)核对收集的资料与本次测绘资料是否一致,如出现矛盾,应分析其原因。

(5)整理核对野外采集的各种标本。

2. 成果资料

工程地质调绘的成果资料应包括实际材料图、综合工程地质图、工程地质分区图、综合地质柱状图、工程地质剖面图以及各种素描图、照片和文字说明等。

四、遥感技术在工程地质勘察中的应用

(一)遥感的基本概念

遥感是不直接接触目标物或现象而收集信息,通过对信息的分析、研究,确定目标物的属性和目标物之间的相互关系。它是根据电磁辐射的理论,应用现代技术中的各种探测器,对远距离目标辐射来的电磁波信息进行接收的一种技术。

从地面到高空的各种对地球、天体观测的综合性技术系统称为遥感技术。它是通过传递到地面接收站加工处理成图像或数据(遥感资料)来探测、识别目标物的整个过程。遥感图像解译是根据人们对客观事物所掌握的解译标志和实践经验,通过各种手段和方法,对图像进行分析,达到识别目标物的属性和含义的过程。利用地质学、工程地质学等知识来识别与工程建设有关的地形地貌、地层岩性、地质构造、不良地质作用、水文地质条件等地质作用和地质现象的过程,称为遥感图像的工程地质解译。

(二)遥感的类型

1. 根据遥感的运载工具(遥感平台)划分

(1)航空遥感:用飞机等作运载工具的遥感,又称机载遥感。飞机灵活性大,航高小,获得的图像清晰度好,分辨力高,简便。

(2)航天(星载)遥感:指在地球高空或太阳系内各行星之间,用太空飞行器作运载工

具的遥感。

航天遥感能系统地收集地面及其周围环境的各种信息,并能对同一地区同时成像或周期性地重复成像。

2. 根据电磁辐射的来源划分

(1)被动式遥感:利用遥感仪器(传感器)直接接收、记录目标物反射太阳的或目标物本身反射的遥感。目标物反射的电磁波以可见光为主。

(2)主动式遥感:利用仪器主动地向目标物发射一定频率的电磁波,然后接收、记录被测物反射的回波的遥感。

3. 根据传感器的波段划分

(1)紫外遥感:探测波段在 0.05~0.38 μm。

(2)可见光遥感:探测波段在 0.38~0.76 μm。

(3)红外遥感:探测波段在 0.76~1 000 μm。

(4)微波遥感:探测波段在 1~1 000 mm。

(5)多波段遥感:指探测波段在可见光波段和红外波段范围内,再分成若干窄波段来探测目标物。

(三)工程地质图像解译的步骤

工程地质图像的解译一般分为以下 4 个步骤:

(1)现场工作区典型地段的认识,即对遥感技术取得的地区地质条件特征的图像反应的认识。

(2)初步图像解译,是根据已收集的资料及在野外对典型地段所取得的认识再加上工作人员的实践经验对图像进行工程地质观察,运用理论知识进行逻辑推理,把它们解译出来。

(3)外业验证核对,对于初步解译的图像,有时也不能正确解决的问题,就必须进行外业核对验证工作,通过外业校核对解译图像内容中未发现和未确定的问题予以补充,对原来解译错误的地方进行修正。

(4)最终解译及资料整理。外业验证调查结束后,应进行遥感图像的最终解译,全面检查遥感解译成果,并应做到各种地层、岩性(岩组)、地质构造、不良地质作用等的定名和接边准确。

(四)工程地质图像解译的内容

工程地质图像解译的内容主要如下:

(1)岩性的解译。首先要根据露头出现的界限及其他标志判别出不同类型的岩石。如沉积岩具有层状构造,在倾斜岩层中常有黑白相间的纹影。然后再根据不同性质的岩石具有的不同色彩特征确定其具体的性质种类。如大理岩构成的山脊多呈浑圆形,影像色调较浅。

(2)构造的解译。在地形切割比较强烈、中小型地貌发育、露头良好的情况下最有利于构造的解译。遭受切割的水平岩层,岩层轮廓线表现为深浅相间的呈连续或不连续的条纹,倾斜岩层在地貌上多呈带状陡坡或缓坡。地层单元所显示的色调、纹影方向性强。褶皱构造会显示对称分布的地貌、岩层、裂隙色调、植被、水文网等花纹图案。

(3)地貌和地质现象的解译。可从地形上直接判读,如侵蚀坡是由遭受强烈切割作用形成的。坡上冲沟发育,沟底呈“V”形,阴影明显,河漫滩一般呈浅色色调,河床有水部分呈暗色条带等,在图像上均有直接反映。

五、工程地质勘探与取样

当地表缺乏足够和良好的露头,不能对地下一定深度内的地质情况做出有充足依据的判断时,就必须进行适当的地质勘探工作。勘探是工程地质勘察的重要方法,是获取深部地质资料必不可少的手段。勘探工作必须在调查测绘的基础上进行。在进行勘探时,应充分利用地面调查测绘资料,合理布置勘探点,以减少不必要的工作量。同时,一方面利用地面调查测绘资料,分析勘探成果,以避免判断的错误;另一方面用勘探工作成果补充、检验和修改调查测绘工作的成果。取样是为给岩土特性进行鉴定和各种室内试验提供所需要的样品而进行的工作。

(一)钻探

钻探是指用一定的设备、工具(即钻机)来破碎地壳岩石或土层,从而在地壳中形成一个直径较小、深度较大的钻孔的过程。工程地质钻探是岩土工程勘察的基本手段,其主要目的是:①探查建筑场区的地层岩性、岩层厚度变化情况,查明软弱岩土层的性质、厚度、层数、产状和空间分布;②了解基岩风化带的深度、厚度和分布情况;③探明地层断裂带的位置、宽度和性质,查明裂隙发育程度及随深度变化的情况等。

(二)井探、槽探、洞探

当钻探方法难以准确查明地下岩土层情况时,可以采用探井、探槽进行勘探。由于钻探的钻孔孔径一般较小,人不能直接进入观察,因而难以对较大范围岩土层的性质或地质构造等地质现象作完整准确的了解,加上采样率的限制,对于细节问题掌握也存在困难。而探井、探槽等是采用人工或机械的方式挖掘形成坑、槽,揭开地层的范围比较大,人可以进入其中进行详细的观测描述,能直接观测岩土层的天然状态及各地层之间的接触关系,还可以取出接近实际的原状结构土样,所以可以更加全面深入地了解地下的情况,因此它具有其他勘察手段无法取代的作用。它的缺点是探查的深度较浅,对于地下水位以下深度的勘探也比较困难。工程勘探中常用的坑、槽、洞类型、特点及用途详见表7-6。

(三)取样

工程地质钻探的任务之一是采取岩土的试样,用来对其观察、鉴别或进行各种物理力学的试验。一般而言,不同的目的对于岩土样品的要求也是不一样的,如果仅仅是对岩性进行鉴别,则岩芯是否完整就不重要了。而如果仅仅是对土进行定名、分类,则土样即使受到扰动也没有什么影响。但是多数情况下岩土样可能是多用途的,因此在采取土样时,应尽量减少对其进行扰动,也就是要采取原状土样,原状土样是指能保持原有的天然结构未受破坏的土样。相应地,如果试样的天然结构已遭受破坏,则称为扰动土样。

按照取样方法和试验目的的不同,现行的岩土工程勘察规范将土样分成4个质量等级,具体见表7-7。

表 7-6　工程勘探中常用的坑、槽、洞类型、特点及用途

类型	特点	用途
试坑	深数十厘米的小坑，形状不定	局部铲除地表覆土，揭露基岩
浅井	从地表向下垂直，断面呈圆形或方形，深 5~15 m	确定覆盖层及风化层的岩性及厚度，取原状土样，进行载荷试验、渗水试验等
探槽	在地表垂直岩层走向或构造线方向挖掘成深度不大(小于 3 m)的长条形槽子	追索构造线、断层，探查残积坡积层及风化岩层的厚度和岩性
竖井	形状与浅井相同，但深度可超过 20 m。一般在平缓山地、漫滩、阶地等岩层较平缓的地方，有时需要进行支护	了解覆盖层厚度及性质、构造线、岩石破碎情况、岩溶、滑坡等，岩层倾角较缓时效果较好
平洞	在地面有出口的水平坑道，深度较大，适用于岩层产状较陡的基岩岩层探查	调查斜坡地质构造，对查明地层岩性、软弱岩层、破碎带、风化岩层效果较好，也可以进行取样或做原位试验

表 7-7　土试样质量等级划分

土样级别	扰动程度	试验内容
Ⅰ	不扰动	土类定名、含水率、密度、强度试验、固结试验
Ⅱ	轻微扰动	土类定名、含水率、密度
Ⅲ	显著扰动	土类定名、含水率
Ⅳ	完全扰动	土类定名

注：1. 不扰动是指原位应力状态虽已改变，但土的结构、密度和含水率变化很小，能满足室内试验各项要求。
2. 除地基基础设计等级为甲级的工程外，在工程技术要求允许的情况下可用Ⅱ级土试样进行强度和固结试验，但宜先对土试样受扰动程度做抽样鉴定，判定用于试验的适宜性，并结合地区经验使用试验成果。

土样从母体土层中被剥离后到最终进入室内试验尚需要经过现场封装、储存、运输等多个环节，其中的任何一个环节处置不当均会对土样造成扰动甚至破坏，从而影响试验结果的准确性，因此从取土器中取出土样及后续过程也应遵守相应的规定。

(1)取土器的技术规格应按相应规范执行。

(2)在钻孔中采取Ⅰ、Ⅱ级砂样时，可采用原状取砂器，并按相应的现行标准执行。

(3)在钻孔中采取Ⅰ、Ⅱ级土试样时，应满足下列要求：

①在软土、砂土中宜采用泥浆护壁；如使用套管，应保持管内水位等于或稍高于地下水位，取样位置应低于套管底 3 倍孔径的距离。

②采用冲洗、冲击、振动等方式钻进时，应在预计取样位置 1 m 以上改用回转钻进。

③下放取土器前应仔细清孔，清除扰动土，孔底残留浮土厚度不应大于取土器废土段

长度(活塞取土器除外)。

④采取土试样宜用快速静力连续压入法。

⑤具体操作方法应按现行标准《建筑工程地质勘探与取样技术规程》(JGJ/T 87—2012)执行。

(4) Ⅰ、Ⅱ、Ⅲ级土试样应妥善密封,防止湿度变化,严防暴晒或冰冻。在运输中应避免振动,保存时间不宜超过 3 周。对易于振动液化和水分离析的土试样宜就近进行试验。

(5)岩石试样可利用钻探岩芯制作或在探井、探槽、竖井和平洞中刻取。采取的毛样尺寸应满足试块加工的要求。在特殊情况下,试样形状、尺寸和方向由岩体力学试验设计确定。

六、地理信息系统(GIS)的应用

(一)地理信息系统的概念

地理信息系统,是在计算机硬件、软件系统支持下,对现实世界 (资源与环境)各类空间数据及描述这些空间数据特性的属性进行采集、储存、管理、运算、分析、显示、描述和综合分析应用的技术系统,它作为集计算机科学、地理学、测绘遥感学、环境科学、城市科学、空间科学、信息科学和管理科学为一体的新兴边缘学科而迅速地兴起和发展起来。地理信息系统中“地理”的概念并非指地理学,而是广义地指地理坐标参照系统中的坐标数据、属性数据以及以此为基础而演绎出来的知识。地理信息系统具有公共的地理定位基础、标准化及数字化、多重结构和丰富的信息量等特征。

(二)地理信息系统在工程地质勘察中的应用

在传统的工程地质领域,工程师往往需要通过传统手动的方式收集、整理和分析大量的地质数据,如地形、地貌、岩性、断层、地下水等信息,而这些数据的复杂性和多样性往往会给工程建设带来很大的挑战,而 GIS 技术作为一种集数据处理、空间分析、可视化呈现等多种功能于一体的综合性技术,正逐渐成为工程地质领域的重要工具,为工程建设提供了更加强有力的技术支持和保障。

1. 地形和地貌数据处理与应用

GIS 技术可以用于收集、整合和分析地形和地貌数据,以便更好地了解地区的地形和地貌特征,通过利用数字高程模型(DEM)、数字地形模型(DTM)和数字地貌模型(DMM)等技术,可以生成准确的地形和地貌数据,并用于各种工程地质应用中,如地质灾害评估、土地利用规划和土地资源管理等。同时地形和地貌数据的处理和分析还可以提供更多的空间信息,如坡度、高程等,为地质学家和地质工程师提供更准确的决策依据,以确保工程地质项目的成功实施。

2. 地质灾害风险评估

GIS 技术可以对地质灾害发生的可能性和危害程度进行评估,从而制定合理的防灾减灾措施。地质灾害风险评估的关键是建立合理的模型,通过收集地质、地形、气象等相关数据,采用统计分析、专家判断等方法,构建出地质灾害风险评估模型。这项技术可以通过空间分析和数据可视化手段,将各种数据整合在一起,实现对地质灾害风险的综合评估和预测。同时还可以对不同场景下的地质灾害进行模拟,提供灾害发生的可能性和影响范围,为决策提供科学依据。

3. 工程地质勘察的应用

在地质勘探、地质调查、工程设计等环节中,可以将 GIS 技术与 CAD、3D 建模软件等结合使用,实现地形分析、地质分析、三维地质结构建模等功能。如生成与钻孔相关的钻孔平面布置图、土层柱状图、岩石柱状图和工程地质剖面图,生成各种等值线,包括地层等值线(层顶、层底、层厚)、第四纪土等值线(层底、层厚)、基岩面等值线、地下水位等值线及其他等值线等,这些功能可以帮助工程师更好地了解地质条件,优化工程设计,提高工程建设的质量和安全性。

七、地球物理勘探在工程地质勘察中的应用

地球物理勘探简称物探,它是基于不同的地层岩性、不同的地质单元具有不同的物理学性质的特点,以地球物理的方法来探测地层的分界线、面、地质构造线面及异常点(区域)的探查方法。物探主要通过岩土介质的电性差异、磁场差异、重力场差异、放射性辐射差异及弹性波传播速度差异等,来解决地质学问题的方法。物探的具体方法有很多种,主要可分为以下几大类:电法勘探、电磁法勘探、地震勘探、综合测井等。由于方法众多,这里不可能对它们进行详细的介绍,只概略介绍其在工程地质方面的适用范围和适用条件。现将各主要物探方法的适用条件和适用范围列于表 7-8。

表 7-8 各主要物探方法的适用范围和适用条件

<table>
<tr><th colspan="2">方法名称</th><th>适用范围</th><th>适用条件</th></tr>
<tr><td rowspan="3">电法勘探</td><td>电阻率剖面法</td><td>探测地层岩性、地质构造在水平方向的电性变化,解决与平面位置有关的问题</td><td>被测地质体有一定的宽度和长度,电性差异显著,电性界面倾角大于 30°;覆盖层薄,地形平缓</td></tr>
<tr><td>电阻率测深法</td><td>探测地层在垂直方向的电性变化,解决与深度有关的地质问题</td><td>被测岩层有足够厚度,岩层倾角小于 20°;相邻层电性差异显著,水平方向电性稳定;地形平缓</td></tr>
<tr><td>高密度电阻率法</td><td>探测浅部不均匀地质体的空间分布</td><td>被测地质体与围岩的电性差异显著,其上方没有极高阻或极低阻的屏蔽层;地形平缓,覆盖层薄</td></tr>
<tr><td rowspan="3">电磁法勘探</td><td>频率测深法</td><td>探测地层在垂直方向的电性变化,解决与深度有关的地质问题</td><td>被测地质体与围岩电性差异显著;没有极低阻屏蔽层,没有外来电磁干扰</td></tr>
<tr><td>可控源音频大地电磁测深法</td><td>探测中、浅部地质构造</td><td>被测地质体有足够的厚度及显著的电性差异;电磁噪声比较平静;地形开阔、起伏平缓</td></tr>
<tr><td>探地雷达</td><td>探测地下洞穴、构造破碎带、滑坡体;划分地层结构;管线探测等</td><td>被测地质体上方没有极低阻的屏蔽层和地下水的干扰;没有较强的电磁场源干扰</td></tr>
</table>

续表 7-8

方法名称		适用范围	适用条件
地震勘探	反射波法	探测不同深度的地层界面、空间分布	被探测地层与相邻地层有一定的波阻抗差异
	折射波法	探测覆盖层厚度及基岩埋深	被测地层的波速应明显大于上覆地层的波速
	瑞雷波法	探测覆盖层厚度和分层;探测不良地质体	被测地层之间与相邻层之间,不良地质体与围岩之间,存在明显的波速和波阻抗差异
综合测井	电测井	划分地层,区分岩性,确定软弱夹层裂隙破碎带的位置和厚度;确定含水层的位置、厚度;划分咸、淡水分界面;测定地层电阻率	无套管、清水洗孔
	声波测井	区分岩性,确定裂隙破碎带的位置和厚度;测定地层的孔隙度;研究岩土体的力学性质	无套管、清水洗孔
	放射性测井	划分地层;区分岩性,鉴别软弱夹层裂隙破碎带;确定岩层密度、孔隙度	钻孔有无套管及井液均可进行

八、试验及长期观测

工程地质试验是工程地质勘察中的重要工作之一,通过对所取土、石和水样进行各种试验及化验,取得各种必需的数据,用以验证、补充测绘和勘探工作的结论,并使这些结论定量化,作为设计和施工的依据。因此,取什么试样,做哪些试验和化验,都必须紧密结合勘察和设计工作的需要。此外,应当积极推行现场原位测试,以便更紧密地结合现场实际情况,同时做好室内外试验的对比工作。

(一)工程地质室内试验

根据不同工程的要求,对原状土及扰动土样进行试验,求得土的各种物理力学性质指标,如相对密度、重度、含水率、液塑限和抗剪强度等。岩石物理力学试验的目的是求得岩石的相对密度、容量、吸水率、抗压强度、抗拉强度、弹性模量和抗剪强度等指标。

这些试验为全面评价土、石工程性质及土、岩体的稳定性,以及有关的工程设计打下基础。

(二)现场原位测试

现场原位测试包括静力载荷试验、静力触探试验、圆锥动力触探试验、标准贯入试验、十字板剪切试验、旁压试验等。原位测试结果比室内试验结果更接近现场实际情况。

1. 静力载荷试验

静力载荷试验就是在拟建建筑场地上,在挖至设计的基础埋置深度的平整坑底放置一定规格的方形或圆形承压板,在其上逐级施加荷载,测定相应荷载作用下地基土的稳定沉降量,分析研究地基土的强度与变形特性,求得地基土容许承载力与变形模量等力学数据。因此,该方法用于对建筑物地基承载力的确定,比其他测试方法更接近实际。

静力载荷试验的作用有 4 个:一是为了确定地基土的承载力,包括地基的临塑荷载和极限荷载;二是推算试验荷载影响深度范围内地基土的平均变形模量;三是估算地基土的不排水抗剪强度;四是确定地基土基床反力系数。

2. 静力触探试验

静力触探是用静力将探头以一定的速率压入土中,利用探头内的力传感器通过电子量测器将探头受到的贯入阻力记录下来。静力触探试验主要适合于黏性土、粉土和中等密实度以下的砂土等土质情况。由于目前尚无法提供足够大的稳固压入反力,对于含较多碎石、砾石的土和很密实的砂土一般不适合采用。此外,总的测试深度不能超过 80 m。

静力触探试验的作用主要有以下 5 个方面:

(1)根据贯入阻力曲线的形态特征或数值变化幅度划分土层。

(2)评价地基土的承载力。

(3)估算地基土层的物理力学参数。

(4)选择桩基持力层、估算单桩承载力,判定沉桩的可能性。

(5)判定场地土层的液化势。

静力触探试验的优点是连续、快速、准确,可以在现场直接得到各土层的贯入阻力指标,从而能够了解土层在原始状态下的有关物理力学参数。

3. 圆锥动力触探试验

圆锥动力触探是利用一定的落锤能量,将一定尺寸、一定形状的圆锥探头打入土中,根据打入的难易程度来评价土的物理力学性质的一种原位测试方法。圆锥动力触探以落锤冲击力提供贯入能量,不像静力触探那样需要专门的反力设备,因此设备比较简单,操作也很方便。此外,由于冲击力比较大,所以它的适用范围更加广泛,对于静力触探难以贯入的碎石土层及密实砂层甚至较软的岩石也可应用。

圆锥动力触探试验的作用主要有以下两个:

(1)定性划分不同性质的土层;查明土洞、滑动面和软硬土层分界面;检验评估地基土加固改良效果。

(2)定量估算地基土层的物理力学参数,如确定砂土孔隙比、相对密度等以及土的变形和强度的有关参数,评定天然地基土的承载力和单桩承载力。

4. 标准贯入试验

标准贯入试验在设备规格上与前述重型圆锥动力触探试验也具有很多相同之处,其仅仅是将原来的圆锥形探头换成了由两个半圆筒组成的对开式管状贯入器。此外规定将贯入器贯入土中 30 cm 所需要的锤击数(又称为标贯击数)作为分析判断的依据。标准贯入试验具有圆锥动力触探试验所具有的所有优点,另外它还可以通过贯入器采取扰动的土样,可以对土层的颗粒组成情况进行直接鉴别,因而对于土层的分层及定名更为准确可靠。标准贯入试验一般都结合钻探进行。

标准贯入试验的作用主要有如下几方面：

(1)采取扰动土样,鉴别和描述土类,按照颗分试验结果给土层定名。

(2)判别饱和砂土、粉土的液化可能性。

(3)定量估算地基土层的物理力学参数,如判定黏性土的稠度状态、砂土相对密度及土的变形和强度的有关参数,评定天然地基土的承载力和单桩承载力。

5. 十字板剪切试验

十字板剪切试验是用插入土中的标准十字板探头,以一定速率扭转,量测土破坏时的抵抗力矩,测定土的不排水剪的抗剪强度和残余抗剪强度。十字板剪切试验可用于测定饱和软黏性土的不排水抗剪强度和灵敏度。所测得的抗剪强度值,相当于试验深度处天然土层在原位压力下固结的不排水抗剪强度。十字板剪切试验不需要采取土样,避免了土样扰动及天然应力状态的改变,是一种有效的现场测定土的不排水强度试验方法。

6. 旁压试验

旁压试验又称为横压试验,它是通过圆柱状旁压器对钻孔壁施加均匀横向压力,使孔壁土体发生径向变形直至破坏,同时通过测量系统量测横向压力和径向变形之间的关系,进一步推求地基土力学参数的一种原位测试方法。

旁压试验的作用主要有如下两方面：

(1)测定土的旁压模量和应力应变关系。

(2)估算黏性土、粉土、砂土、软质岩石和风化岩石的承载力。

7. 扁铲侧胀试验

扁铲侧胀试验是岩土工程勘察一种新兴的原位测试方法,试验时将接在探杆上的扁铲测头压入至土中预定深度,然后施压,使位于扁铲测头一侧面的圆形钢膜向土内膨胀,量测钢膜膨胀三个特殊位置 (A、B、C)的压力,从而获得多种岩土参数,适用于软土、一般黏性土、粉土、黄土和松散-中密的砂土。在密实的砂土、杂填土和含盐土层及风化岩中,因膜片容易损坏,因此一般不宜采用。

扁铲侧胀试验的作用主要有如下几方面：

(1)用于划分土类。

(2)估算静止侧压力系数、不排水抗剪强度、土的变形参数。

(3)为侧向受荷桩的设计提供所需参数。

8. 波速测试

波速测试就是测定各类弹性波在地基中的传播速度。在地层介质中传播的弹性波可分为体波和面波。体波又可分为压缩波(P 波)和剪切波(S 波),剪切波的垂直分量为 SV 波,水平分量为 SH 波;在地层表面传播的面波可分为 R 波和 L 波。体波和面波在地层介质中传播的特征和速度各不相同,由此可以在时域波形中加以区别。

波速测试的作用就是通过测定地基土中的弹性波传播速度,从而间接测定岩土体在小应变条件下的动弹性模量、动剪切模量、动泊松比。

(三)长期观测

在工程地质勘察工作中,常会遇到一些特殊问题,对这些问题的调查测绘往往不能在短时间内迅速得到正确和全面的答案,必须在全面调查测绘的基础上,有目的、有计划地安排长期观测工作,以便积累原始实际资料,为设计和施工提供切合实际的依据。长期观测工作根据其目的不同,既可在建筑物设计之前进行,也可在施工过程中进行,或在施工之后的使用过程中进行。

常遇到的长期观测问题如下:

(1)已有建筑物变形观测。主要是观测建筑物基础下沉和建筑物裂缝的发展情况,常见的有房屋、桥梁和隧道等建筑物变形的观测。取得的数据可用于分析建筑物变形的原因及建筑物稳定性,并采取适当的措施等。

(2)不良地质现象发展过程观测。各种不良地质现象的发展过程多是长期的逐渐变化的过程,如滑坡的发展、泥石流的形成和活动及岩溶的发展等。观测数据对了解各种不良地质现象的形成条件和发展规律有着重要意义。

(3)地表水及地下水活动的长期观测。地表水及地下水活动的长期观测主要是观测水的动态变化及其对工程的影响。地表水活动观测常见的是对河岸冲刷、库坍岸的观测,为分析岸坡破坏形式和速度及修建防护工程的可能性提供可靠资料。地下水变化规律的长期观测资料则有多方面的广泛用途。

此外,黄土地区地表及土体沉陷的长期观测、为控制软土地区工程施工进行的长期观测也是需要进行的工作。

由于长期观测的对象和目的不同,使用的方法、设备和观测内容等也有很大差别。

任务二 了解水文地质勘察

一、水文地质勘察的目的与任务

水文地质勘察亦称水文地质勘测,指为查明一个地区的水文地质条件而进行的水文地质调查研究工作。水文地质勘察旨在掌握地下水和地表水的成因、分布及其运动规律,为合理开采利用水资源,正确进行基础、打桩工程的设计和施工提供依据。水文地质勘察包括地下水文勘察、地上水文勘察两个方面。地下水文勘察主要是调查研究地下水在全年不同时期的水位变化、流动方向、化学成分等情况,查明地下水的埋藏条件和侵蚀性,判定地下水在建筑物施工和使用阶段可能产生的变化及影响,并提出防治建议。

二、水文地质勘察阶段的划分

水文地质勘察一般都是分阶段进行的,其原因在于:①专门水文地质调查是为专门目的或工程建设项目服务的,而项目的设计工作一般都是分阶段进行的,不同设计阶段所需水文地质资料的内容和精度也有不同的要求,为满足设计需要,水文地质调查也应划分为相应的阶段;②把调查分为不同的阶段可以使整个调查工作有次序、有侧重,逐渐深入进行,可使工作人员对调查区水文地质条件的认识由浅入深,防止某些疏忽、遗漏或片面性认知,避免在调查中犯重大的错误。

水文地质勘察阶段通常按普查、详查、勘探和开采 4 个阶段进行,各水文地质勘察阶段的目的、任务、工作内容与要求见表 7-9。

表 7-9　各水文地质勘察阶段的目的、任务、工作内容与要求

勘察阶段	目的	任务	工作内容与要求
普查	为国民经济建设规划和区域地下水资源开发规划提供基础资料而进行的区域性综合水文地质调查工作	查明区域的水文地质条件,如各类含水层的赋存条件与分布规律,地下水的水质、水量以及地下水的补给、径流、排泄等条件	一般以 1:20 万、1:5万等国际图幅为单元进行,采用的比例尺一般为 1:20 万~1:5万。用 1:20 万比例尺进行水文地质测绘工作,在一些严重缺水或工农业集中发展的地区也可采用 1:10 万的比例尺。比例尺的选择应根据工程建设要求的深度和水文地质条件的复杂程度来确定
详查	在水文地质普查的基础上,在这个阶段工作中要求解决专门性的水文地质问题,为各种国民经济建设部门提供所需的水文地质依据	除查明基本的水文地质条件外,还要求对含水层的水文地质参数、地下水动态变化规律、各类供水水质标准以及开采井的数量与布局提出切实可靠的数据,并应预测出将来开采后可能出现的水文地质问题	通常在初勘圈定的地段上进行进一步的详细勘察和研究,详查的面积除农田供水外,一般都比较小,采取的比例尺精度通常是 1:5万~1:2.5 万。该阶段以勘探、试验为主,并要求有 1 年以上的长期观测资料,且要进行全面的室内试验、分析和研究
勘探	为各种专门目的而进行的比较详细的水文地质勘察工作	提出合理开采方案,预测开采地下水对环境的影响,为施工设计提供依据	采取的比例尺精度通常是 1:5万~1:2.5 万。该阶段以勘探、试验为主,并要求有 1 年以上的长期观测资料,且要进行全面的室内试验、分析和研究
开采	开采阶段的水文地质勘察工作,是根据开采过程中出现的水文地质问题确定具体任务	为合理开采和保护地下水资源及水源地的改、扩建设计提供依据。在条件具备时,建立地下水资源管理模型及数据库	主要工作是进行水源地开采动态的研究,必要时辅以补充勘探、专门试验等。开采阶段的水文地质勘察工作比例尺大于 1:2.5 万。它大都带有研究的性质,所以不一定开展更小比例尺精度的全面勘察工作,而是应该针对出现的问题做具体的分析,然后采取不同的勘察方法加以解决

三、水文地质调绘

水文地质调绘又称地下水资源调查、水文地质测绘,其目的是查明天然及人为条件下地下水的形成、赋存及运移特征以及地下水水量、水质的变化规律,为地下水资源评价、开发利用、管理、保护以及防治环境问题提供所需资料。

(一)水文地质调查范围和比例尺精度的要求

水文地质调查区的选择要根据国民经济建设的战略布局和需要,结合地区水文地质条件与研究程度,优先考虑国民经济与社会发展对水资源急需的地区,以及自然因素或人类作用下产生严重环境地质问题的地区。

调查范围一般按照如下原则确定:

(1)基础性的区域水文地质调查应按国际分幅布置。

(2)服务于地方经济建设的地下水调查和地下水资源计算评价,宜按市、县等行政区为单元布置。

(3)研究工作可按地下水自然单元或地下水系统布置。

水文地质调查是一项经济建设、人类生活不可缺少的工作。现阶段工作比例尺(精度)主要有1:250 000、1:100 000、1:50 000。其中,1:250 000、1:100 000比例尺为水文地质普查阶段,1:50 000比例尺为水文地质详查阶段,1:10 000或更大比例尺为水文地质勘探阶段,属供水水文地质勘察范畴。

一般意义上的水文地质调查比例尺(精度)为1:250 000~1:50 000,该范围比例尺最为普遍。高精度工作应在低精度工作的基础上进行。

(二)水文地质调查的工作步骤

(1)准备阶段收集整理有关资料,进行野外踏勘,了解区内地质、水文地质背景条件和存在的主要问题;明确主要调查内容和重点问题。

(2)设计编制阶段按照任务书的要求编写总体设计和年度工作方案,设计评审、审批。

(3)调查实施阶段按照批准的设计书开展工作。

(4)综合研究阶段根据获取的资料开展综合研究。

(5)成果编制、评审、审查阶段按照相关规定开展工作。

(6)成果复制、资料归档阶段按照相关规定开展工作。

(三)水文地质调查的目的和内容

1. 水文地质调查的目的

(1)在普查阶段,对于已进行过区域水文地质工程地质普查的地区,其资料可直接利用或只进行有针对性的补充调查,基本查明工作区的水文地质、工程地质和环境地质条件。

(2)在详查阶段,查明工作区的水文地质、工程地质和环境地质条件,从地下水资源、地质环境出发,论证工作区适宜的建设发展规模、布局及产业结构。

(3)在勘探阶段,详细查明工作区水文地质、工程地质条件,评价地质环境,为城市地区、国家重点项目和国土综合开发的重点地区可行性研究和设计提供依据。

2. 水文地质调查的内容

(1)查明或基本查明水文地质条件,包括含水层系统或蓄水构造的空间结构及边界条件,地下水补给、径流和排泄条件及其变化,地下水水位、水质、水量等。

(2)查明或基本查明水文地球化学特征及形成条件、地下水的年龄及更新能力。

(3)查明或基本查明地下水动态特征及其影响因素。

(4)查明或基本查明地下水开采历史与开采现状,计算地下水天然补给资源,评价地下水开采资源和地下水资源开采潜力。

(5)查明或基本查明存在或潜在的与地下水开发利用有关的环境地质问题的种类、分布、规模大小和危害程度,以及形成条件、产生原因,预测其发展趋势,初步评价地下水的环境功能和生态功能,提出防治对策建议。

(6)采集和汇集与水文地质有关的各类数据,建立水文地质空间数据库。

(7)建立或完善地下水动态监测网点,提出建立地下水动态监测网的优化方案。

(四)水文地质调查的方法

(1)调查工作应以地下水系统等现代地学理论为指导,充分运用遥感(RS)、全球定位系统(GPS)、地球物理勘探、水文地球化学、同位素水文地质学、数值模拟、地理信息系统(GIS)等技术方法,采用资料收集、遥感解译、水文地质测绘、物探、钻探、水文地质试验、地下水动态监测、取样测试、模拟分析、综合研究等手段。

(2)调查中要充分收集气象、水文、土地利用、地质、水文地质、水资源开发利用环境地质、社会经济现状和发展规划等有关资料,进行分析整理、综合研究,重视资料的再开发利用。工作中应加强综合研究,始终贯彻野外工作与室内综合研究相结合的原则对与区域地下水形成有关的地质构造、岩相古地理、古水文地质条件、同位素水文地质、水文地球化学等开展专题研究。

(3)调查工作应以地下水赋存和补给、径流、排泄条件为重点,以加强地下水的资源、生态与环境功能的评价,提出地下水资源可持续开发利用方案为目标。

(4)勘探深度应达到有开发前景的含水层(组)底板,除计算地下水资源总量外,还应结合地区国民经济发展需要,计算有开发前景地段的地下水资源量。为便于使用,可将区域水资源量按行政区分配到县(市)。应对地下热水、矿泉水资源进行分析统计。

(5)水文地质调查的工作方法和工作量应根据调查区地质、水文地质研究程度和水文地质条件复杂程度,结合调查区在国民经济发展中的地位、环境地质问题的严重性及地下水资源开发利用前景综合确定。

(五)水文地质测绘比例尺精度的要求

水文地质测绘宜在比例尺大于或等于测绘比例尺的地形地质图基础上进行。当只有地形图而无地质图或地质图的精度不能满足要求时,应进行地质、水文地质测绘。水文地质测绘的比例尺精度应符合下列要求:

(1)比例尺 1:100 000~1:50 000,一般在普查阶段采用。

(2)比例尺 1:50 000~1:25 000,一般在详细勘察阶段采用。

(3)比例尺 1:10 000 或更大的比例尺,适用于勘探勘察阶段。

(六)水文地质测绘观测路线和观测点的布置要求

(1)水文地质测绘观测路线,宜按下列要求布置:

①沿垂直岩层(或岩浆岩体)、构造线走向。

②沿地貌变化显著方向。

③沿河谷、沟谷和地下水露头多的地带。

④沿含水层(带)走向。

(2)水文地质测绘观测点,宜按下列要求布置:

①地层界线、断层线、褶皱轴线、岩浆岩与围岩接触带、标志层、典型露头和岩性、岩相变化带等。

②地貌分界线和自然地质现象发育处。

③井、泉、钻孔、矿井、坎儿井、地表坍陷、岩溶水点(如暗河出入口、落水洞、地下湖)和地表水体等。

(3)水文地质测绘每平方千米的观测点数和路线长度,可按相关规范确定。

(七)水文地质测绘的内容

(1)地貌调查宜包括下列内容:

①地貌的形态、成因类型及各地貌单元间的界线和相互关系。

②地形、地貌与含水层的分布及地下水的埋藏、补给、径流排泄的关系。

③新构造运动的特征、强度及其对地貌和区域水文地质条件的影响。

(2)地层调查宜包括下列内容:

①地层的成因类型、时代、层序及接触关系。

②地层的产状、厚度及分布范围。

③不同地层的透水性、富水性及其变化规律。

(3)地质构造调查宜包括下列内容:

①褶皱的类型,轴的位置、长度及延伸和倾伏方向;两翼和核部地层的产状、裂隙发育特征及富水地段的位置。

② 断层的位置、类型、规模、产状、断距、力学性质和活动性;断层上、下盘的节理发育程度;断层带充填物的性质和胶结情况;断层带的导水性、含水性和富水地段的位置。

③不同岩层层位和构造部位中节理的力学性质、发育特征及充填情况、延伸和交接关系及其富水性。

④测区所属的地质构造类型、规模、等级(包括对构造变动历史、新构造的发育特点及其与老构造的关系的了解)和测区所在的构造部位及其富水性。

(4)泉的调查宜包括下列内容:

①泉的出露条件、成因类型和补给来源。

②泉的流量、水质、水温、气体成分和沉淀物。

③泉的动态变化、利用情况;若有供水意义,应设观测站进行动态观测。

(5)水井调查宜包括下列内容:

①井的类型、深度、井壁结构、井周地层剖面、出水量、水位、水质及其动态变化。

②地下水的开采方式、开采量、用途和开采后出现的问题。

③选择有代表性的水井进行简易抽水试验。

(6)地表水调查宜包括下列内容:

①地表水的流量、水位、水质、水温、含砂量及动态变化;地表水(包括农田灌溉和污水排放等)与地下水(包括暗河和泉)的补排关系。

②利用现状及其作为人工补给地下水的可能性。

③河床或湖底的岩性和淤塞情况,以及岸边的稳定性。

（7）水质调查应包括下列内容：

①水质简易分析。取样水点数不应少于水文地质观测点总数的 40%。分析项目包括：颜色、透明度、臭和味、沉淀、Ca^{2+}、Mg^{2+}、（$Na^{+}+K^{+}$）、HCO_3^-、Cl^-、SO_4^{2-}、pH、可溶性固形物总量、总硬度等。

②水质专门分析。取样水点数不应少于简易分析点数的 20%。分析项目：生活饮用水应符合国家现行的《生活饮用水卫生标准》（GB 5749—2022）的要求；生产用水应按不同工业企业的具体要求确定；在有地方病或水质污染的地区，应根据病情和污染的类型确定。

③划分地下水的水化学类型，了解地下水化学成分的变化规律。

④了解地下水污染的来源、途径、范围、深度和危害程度。

四、遥感技术在水文地质勘察中的应用

遥感水文地质调查是从遥感影像（或数据）中取得调查区的地质、水文地质、环境地质信息，以解释水文地质条件，提高对水文地质规律的认识，减少外业工作量，缩短工程周期，获取常规地面调查难以取得的某些地质、水文地质信息，提高水文地质勘察成果的质量。

遥感水文地质调查宜利用现有遥感影像资料进行判释与填图。在遥感影像资料中应充分利用近期的黑白航空像片或彩色红外航空像片。有条件时，宜采用热红外航空扫描图像，并充分结合使用陆地卫星图像和其他遥感图像。

在水文地质调查中，应充分利用卫星或航空遥感数据、影像进行水文地质解译。在调查工作中，分别选择对地层岩性、地质构造、地貌、地下水要素反应灵敏的波段，采用计算机自动提取和人工判读相结合的方法，确定区域地层、地质构造和地貌发育特征，确定区域水文地质结构和含水层发育规律，获得相关水文地质参数和相应地下水资源量。依据解译成果，编制相关区域水文地质图件和可视化影像成果。

五、水文地质钻探

水文地质调查中采用的勘探工程，包括钻探、坑探、槽探和物探等，但最主要的是水文地质钻探（按国家标准，水文地质钻探称水文地质勘探）。其目的是了解地层岩性，地质构造，地下水的赋存条件和运动规律，以及水质、水量、水温的变化，从而为正确评价地下水资源，以及合理开发利用与保护地下水提供资料。

水文地质钻探是直接探明地下水的一种最重要、最可靠的勘探手段，是进行各种水文地质试验的必备工程，也是对水文地质调查、水文地质物探成果所做地质结论的检验方法。随着水文地质调查阶段的深入，水文地质钻探工作量在整个勘察工作中占有越来越重要的地位。水文地质钻孔可分为勘探孔、水文地质孔、观测孔和探采结合孔 4 种，具体要求见表 7-10。

六、地球物理勘探在水文地质勘察中的应用

物探在水文地质工作中可以提供如下信息：①地下含水体信息，包括含水体的埋深、

厚度以及地下水溶解性总固体、孔隙率等参数;②地质体的要素特征,包括地层结构、地层岩性、地质构造等;③地质体的地球物理场的变化特征,包括电场、电磁场、温度场、射气场、弹性波场等。通过地球物理场的变化特征分析,结合地质、水文地质条件,判断地下水的补给、径流、排泄关系。

表 7-10　水文地质钻孔类型

类型	作用与特点	基本要求	说明
地质勘探孔	一般用于水文地质研究程度较低的普查地区,其作用是通过钻探取芯和简易水文地质观测,取得地质、水文地质相关信息	满足岩芯采取率、校正孔深、测孔斜、简易水文地质观测、原始编录、封孔等 6 项钻探工作指标,并做电测井校对,采取水、土(岩)样	通常采用常规口径取芯钻进,即 91 mm、110 mm、130 mm、150 mm、172 mm 口径
水文地质孔	一般用于水文地质勘查、勘探阶段。其目的除与地质勘探孔相同外,尚需进行单孔及分层抽水试验,必要时要进行多(群)孔非稳定流抽水试验	除满足地质孔的基本要求外,还需了解地下水的水位、水量、水质、水温等	多采用常规口径取芯钻进,大口径扩孔,进行抽水试验
探采结合孔	在满足水文地质勘探试验的基础上,结合供水需要将勘探孔改建成供水井	满足管井供水的水量、水质、含砂量、井径等要求。在下泵深度内,每 100 m 孔斜不超过 1.5°,并留足够长度(一般 2~10 m)的沉淀管	
观测孔	有抽水试验观测孔和地下水监测长观孔(简称长观孔)两种	应满足水文地质孔的基本要求	抽水试验观测孔和长期观测孔过滤器骨架管的外径不宜小于 75 mm

在水文地质勘探中常用的地面物探方法有电测深法、电剖面法、自然电场法、浅层地震法、“一径迹法”等。常用的钻井地球物理方法有电测井法、放射性测井法等。物探方法由于比较快速、经济,常与水文地质钻探和试验配合进行,利用物探确定钻孔和抽水试验地点,可以提高效率。

由于方法众多,只概略介绍其在水文地质方面的适用范围和适用条件。现将各主要物探方法的适用范围和适用条件列于表 7-11。

七、水文地质试验

水文地质试验的目的是取得各种参数,为地下水资源评价或矿山涌水量计算等提供基础资料,包括抽水试验、钻孔压水试验、渗水试验、连通试验、钻孔注水试验和弥散试验等,最常用的是抽水试验。

(一)抽水试验

抽水试验是通过从钻孔或水井中抽水,定量评价含水层富水性,测定含水层水文地质参数和判断某些水文地质条件的一种野外试验工作。其方法是,在水井或钻孔中进行抽水,观测记录水量和水位随时间的变化;利用水位与流量之间的函数关系,计算含水层渗透系数和井、孔出水能力。同时,它还可以用于确定影响半径、降落漏斗形状、岩层给水度、含水层之间或含水层与地表水之间的水力联系等。试验要求对抽水时的水位和流量进行系统的观测和记录,并绘制水位与流量关系的曲线。

表 7-11　各主要物探方法的适用范围和适用条件

方法名称		适用范围	适用条件
电法勘探	自然电位法	1. 调查潜水的流向,确定河流、水库、地表水体的渗漏位置及与地下水的补排关系; 2. 确定单孔抽水时的影响半径; 3. 在有利条件下,可划分不同岩性的接触带、岩溶发育带及了解上升泉的分布和裂隙溶洞的连通性等	1. 天然条件下地下水运动或抽水时产生的自然电场应足够大; 2. 地下水埋深一般在 20 m 以内; 3. 干扰电场不严重
	充电法	1. 单孔中确定地下水(主要是潜水)的流向流速和抽水时的影响半径,在有利条件下,探测深度可达 100 m; 2. 探测岩溶地区暗河的分布等	1. 地下水有足够流速(大于 1 m/d 时,效果好),含水层深宜小于 50 m,周围介质的电阻率应大于水的电阻率的 3 倍; 2. 地形影响和地表不均匀性干扰较小、接地良好、工区内无明显工业电干扰
	激发极化法	1. 了解第四系松散结构含水层的富水性; 2. 了解灰岩区溶洞或断层破碎带充填物成分; 3. 确定基岩构造裂隙富水发育带	1. 勘察对象与其周围介质之间有一定的激发极化效应差异的地区; 2. 无低阻屏蔽层存在或无强大的工业游散电流存在的地区; 3. 测区内没有或较少有强电化学效应的金属矿物、煤层、石墨、炭化岩层等; 4. 激发源有较大的供电电流
电磁法勘探	瞬变电磁测深法	划分咸、淡水。了解断裂破碎带空间分布特征。确定不同岩性接触带。查明灰岩区岩溶管道的分布特征	探测目标物的规模、埋深及与围岩电性差异,应保证所得到的异常完整性及周围有一定范围的正常背景场
	核磁共振法	定量给出地下水埋深厚度。划分咸、淡水。判断充填物性质。估算含水层渗透率等地质参数	适用于电磁干扰较小、地磁场稳定(火成岩地区地磁场变化较大)、浅层(深度小于 150 m)各种类型地下水勘察。对于构造类地下水,可配合电阻率联合剖面法、音频大地电场法等,准确确定构造水平位置及宜井孔位

续表 7-11

方法名称		适用范围	适用条件
地震勘探	反射波法	1. 确定覆盖层、风化层厚度,了解基岩面起伏形态,精度比电法高; 2. 划分含水层,研究岩石性质,确定地下水(潜水)水位; 3. 追索古河道、断裂带、岩层接触带,了解构造破坏程度及岩溶发育程度等	1. 被探查的地质目标物(层)与围岩体有速度差异; 2. 被探查的地质目标物层在垂直方向上的尺度不小于地震波有效信号主波长的1/8,否则目标物不能被地震勘探发现——Widess 分辨准则; 3. 工作地区如果存在有人为噪声干扰(例如城市或工矿区),必须采用有效的抗干扰措施,否则就会降低方法的信噪比,影响方法的地质效果,甚至无法工作
	折射波法	同上	1. 被追踪地层的波速要大于上覆层的波速,且存在明显的波速差异,即存在速度界面; 2. 界面起伏不大,无穿透现象; 3. 地层视倾角与临界角之和应小于 90°
综合测井	电阻率测井	1. 划分地层,确定含水层和相对隔水层的位置与厚度; 2. 计算地层水电阻率,用于划分咸、淡水界面; 3. 估算地层含水饱和度; 4. 用井液电阻率法确定含水地段,估算钻孔涌水量,测定过滤器有效长度	1. 探测对象与周围介质应有一定的电阻率差异; 2. 井孔充有泥浆或地下水; 3. 井壁未下套管
	自然电位测井	1. 判别岩性和划分渗透层; 2. 计算地层水电阻率,划分咸、淡水界面; 3. 估计地层泥质含量	1. 被探测岩层产生的自然电场应足够大; 2. 井孔充有泥浆或地下水; 3. 井壁未下套管
	流量测井	确定出水层和隔水层的位置,定量计算各含水层的涌水量	1. 用于无套管(可以有漏管)的钻孔; 2. 钻孔必须用清水循环冲洗; 3. 井壁干净,尽量不使孔隙被泥浆、岩粉等堵塞
放射性法		寻找基岩地下水	不同类型岩石的放射性强度有差异

抽水试验的目的是:①确定抽水井(孔)的特性曲线和实际涌水量,评价含水层的富水性,推断和计算井(孔)最大涌水量与单位涌水量;②确定含水层水文地质参数,为评价地下水资源、预测矿坑涌水量、确定矿坑疏干排水方案等提供依据;③确定影响半径、合理井距、降落漏斗的形态及其扩展情况;④了解地下水、地表水(或岩溶地区地下水系)及不同含水层(组)之间的水力联系。

按照不同的划分依据,抽水试验类型有多种划分方法。目前,较为普遍的是按照抽水孔与观测孔数量进行类型划分,不同类型试验对应的勘察阶段、适用范围及目的见表7-12。

表7-12 各类抽水适用范围和目的

工作阶段	类型划分	适用范围	目的	说明
普查阶段	单孔抽水(无观测孔)	宜布在对面上水文地质条件起控制作用的地段,同时考虑不同地貌单元及不同含水层(组)	确定含水岩层的富水性、渗透性及流量与水位降深的关系,概略取得含水层渗透系数	方法简单,成本低,所获成果质量较差
详查阶段	多孔抽水(一个主孔抽水,一至数个观测孔观测水位)	宜布在有供水意义的主要含水层(组)的典型地段,尽量布在计算地下水资源的断面上	确定区域性水位下降与总开采量的关系,求取较为精确的水文地质参数,测定给水度;了解含水层不同方向的渗透性能及边界条件	可较准确地确定水文地质参数,需打观测孔,成本较高
详查及开采阶段	孔群互阻抽水试验(两个以上主孔同时抽)	宜布在较大的水文地质单元的典型地段及水文地质条件复杂、单孔抽水无法满足需要的地段。应结合开采井布置	确定区域性水位下降与总开采量的关系,评价地下水开采资源,尚可确定合理布井方案及取水定额等	可获得井群开采时区域水位下降与总水量的确切关系。试验复杂,成本较高
开采阶段	开采性抽水试验	水文地质条件复杂、难以查明或投资充分、业主提出专门要求时,在大型供水或集中开采地段。生产设备安装完毕,正式供水之前	验证生产井出水量的可靠性及抽水机械的效能,并取得相应的水文地质资料	试验时,抽水量应最大限度地满足供水量的设计要求

(二)钻孔压水试验

钻孔压水试验是在钻孔内进行的一种岩石原位渗透试验,是测定岩石渗透性最常用的一种试验方法。它是借用水柱自重压力或使用机械(泵)压力,将水压入到钻孔内岩壁四周的裂隙中,然后在一定条件下测定单位时间内压入量的多少来判断岩石的渗透性。

钻孔压水试验的目的是:①通过压水试验,定性地了解地下不同深度坚硬与半坚硬岩层的相对透水性和裂隙发育的相对程度,评价岩层的透水性;②为确定防渗与基础处理措施等提供所需要的基本资料;③为灌浆提供如孔距、排距、深度施工工艺等参数。

(三)钻孔注水试验

钻孔注水试验是野外测定岩土层渗透性的一种比较简单的方法。其原理同抽水试验,以注水代替抽水,通过钻孔向试段注水,保持固定水头高度量测岩土层的注入水量或量测水头高度与试验随时间的变化率,以确定岩土层的渗透系数。钻孔注水试验可分为钻孔常水头注水试验和钻孔降水头注水试验。

钻孔注水试验通常用于地下水埋藏很深,不便进行抽水试验时的情形。在干的透水岩土层中,也常使用注水试验求得岩土层渗透性的资料。钻孔注水试验的目的是通过注水试验,定性地了解岩土层的相对透水性和裂隙发育的相对程度,评价岩土层的透水性。

(四)渗水试验

试坑渗水试验是在地表挖试坑注水,在坑底保持一定水层厚度,使水在地下水面以上的干土层中稳定下渗,根据单位时间内试坑的稳定耗水量测算土层渗透系数的野外水文地质试验方法。渗水试验作为一种在野外现场测定包气带土层垂向渗透系数的简易方法,在研究大气降水、灌溉水、渠水、暂时性表流等对地下水的补给时经常用到。

(五)连通试验

连通试验实质上也是一种示踪试验,在上游某个地下水点(水井、坑道、岩溶竖井及地下暗河表流段等)投入某种指示剂,在下游诸多的地下水点(除前述各类水点外,尚包括泉水、岩溶暗河出口等)监测示踪剂是否出现,以及出现的时间和浓度。

连通试验的目的主要是查明地下水的运动途径、速度,地下河系的连通、延展与分布情况,地表水与地下水的转化关系,以及矿坑涌水的水源与通道等问题。以上问题的查明对地下水资源计算、水资源保护,确定矿床疏干、水库漏失途径,均有很大意义。

(六)弥散试验

弥散试验是指通过野外方法测定含水层的弥散度的试验。一般的方法是向钻孔中投入示踪剂,测定示踪剂在含水层中的运移状况,根据地下水的流速和示踪剂的浓度变化曲线,求得弥散度和弥散系数。在野外试验中理想的示踪剂是无毒、廉价、能随水移动、化学性质稳定及不被含水层介质吸附和滤出的物质,常用 I、NaCl 和荧光素等。

(七)环境同位素技术的应用

同位素水文地质学的基本原理是以大气输入同位素的特征作为输入函数,通过已知改变这种同位素特征的各种物理和化学作用,识别地下水系统的各种信息。

综合研究地下水中稳定同位素、放射性同位素及其水化学组分,可解决有关的水文地质问题(见表 7-13)。

表 7-13　环境同位素技术通常可以解决的水文地质问题

阶段	可以解决的水文地质问题
地下水资源调查及评价	1. 调查水文地质参数。了解含水层结构,估算渗透系数,重建古水文条件。 2. 评价含水层天然补给和排泄。追踪水循环和溶解物质迁移、确定补给源和补给区、估算补给强度和排泄强度、确定不同水体的年龄和流动路径、评价地表水和地下水的相互作用。 3. 调查古水的分布及其变化,估算资源的可利用性
地下水资源开发管理	1. 地下水污染调查。识别污染源和污染过程、评价含水层对污染的脆弱性。 2. 指示地下水过量开采。评价地下水盐化、开发的负效应,以及地下水的可持续性。 3. 评价地下水人工补给,评估方案的有效性,识别最适宜的场地。 4. 评价废水再利用对地下水的影响

八、地下水动态观测

地下水动态是指地下水的水位、水量、水质、水温等要素在自然因素和人为因素影响下随时间的变化规律。地下水系统监测是直接获得地下水水质、水量动态的重要方法,被广泛采用。

(一)地下水动态监测的目的和任务

地下水动态监测的目的是进一步查明和研究水文地质条件,特别是地下水的补给、径流、排泄条件,掌握地下水动态规律,为地下水资源评价、科学管理及环境地质问题的研究与防治提供科学依据。

地下水动态监测的任务如下:

(1)对于已经不同程度开采利用地下水或拟将开采地下水的广大区域和城市范围内,布设各级监测网点,以浅层地下水(潜水—微承压水)及作为主要开采段的深层地下水(承压水)为重点,进行地下水动态长期监测。

(2)对于已经发生或者可能发生区域性水位下降、水资源衰竭、水质污染与恶化、海(咸)水入侵、土壤盐渍化、土地沼泽化、地面变形等环境地质问题的地区,进行地下水动态监测。

(3)每年在必要的时间发布主要城市和区域地下水水情情报。

(4)编制并提交《地下水动态监测年度报告》和《地下水动态监测五年报告》。

(5)根据各省(自治区、直辖市)水文地质条件的复杂程度、地下水开采利用程度、环境地质严重程度及地下水动态的研究程度,合理布设监测网点,因地制宜地选定监测方法。

(6)依靠科技进步,逐步更新与改进地下水动态监测手段和方法,不断提高监测质量和水平。同时要提高监测信息的传输、储存和处理效率。

(二)地下水动态监测网、点的布设

1. 地下水动态监测网的分类及布设原则

根据研究的内容和所需解决问题,地下水动态监测网可以分为区域控制性监测网和

专门性监测网;根据地下水开发利用程度,可以分为区域地下水动态监测网、重点经济区(城市)地下水监测网。地下水动态监测网的布设原则如下:

(1)控制较为完整的水文地质单元,且具有供水意义和前景的地区,以国家主要农业区、经济开发区和主要城市为重点。

(2)具有现实供水意义或开发利用远景的主要含水层(组),以及与产生环境地质问题有关的含水层(组);对于部分次要开采层也应进行监测。

(3)依据地质环境背景和水文地质条件进行布设,主要布设在:主要平原区和盆地区;岩溶水具有供水意义的地区,以及已经产生或可能产生岩溶塌陷地区;大型红层裂隙水盆地及山区基岩裂隙水具有供水意义的地段。

2. 地下水动态监测点的分类及布设原则

按监测目的,地下水动态监测点可以分为区域控制性监测点和专门性监测点;按水文地质单元级别,可分为国家级(一级)监测点、省级(二级)监测点、地区级(三级)监测点;按监测内容,可分为水位监测点、水量监测点、水质监测点、水温监测点;按监测方式,可分为专业监测点和委托监测点。

监测点总的布设原则是对于面积较大的监测区域,应以顺沿地下水流向为主与垂直地下水流向为辅相结合的方法布设;对于面积较小的监测区域,可根据地下水的补给、径流、排泄条件布设控制性监测点。具体如下:

(1)应控制水文地质单元或水源地的补给、径流、排泄区,以及不同地下水动态类型区、水质有明显变化的区(段)、不同富水地段和不同开采强度的地区。

(2)当同一水文地质单元的主要监测线跨越省(自治区、直辖市)界时,应经过协调构成统一的监测网。

(3)应重点在以地下水作为主要供水水源的城市布设,以掌握供水水源地的补给区、径流区、水位下降漏斗区及遭受污染地段的地下水动态特征。

(4)监测区内的代表性泉、自流井、地热井应列为国家级或省级地下水动态监测点。

(5)在基岩地区的主要构造富水带、岩溶大泉、地下河出口处,应布设监测点加以控制。

(6)应满足取得监测区内某一特征时间(如枯、丰水期,地下水均衡计算的始末期)的地下水流场的需要。

(7)在水源地应平行和垂直于地下水流向布设两条监测线,以监测地下水位下降漏斗的形成和发展趋势。

(8)在易发生环境地质问题的地段应布设专门性监测网点。

(三)监测项目及要求

1. 地下水水位监测

1)一般监测频率

国家级、省级监测点每月监测3~6次,用来补充省级监测点的地区级监测点,其监测频率与省级点相同。专门性监测点应根据监测目的和精度要求而定。条件具备时可采用自动监测。

2)水位监测日期

每月监测 6 次,逢 5 日、10 日测(2 月为月末日),也可逢 1 日、6 日观测;每月监测 3 次,逢 10 日测(2 月为月末日);雨季可加密至每日 1 次监测。

3)水位监测精度

静水位测量,两次测量最大误差不大于 1 cm/10 m。

2. 地下水水量监测

1)单井涌水量监测

在水位多年持续下降的开采区内,选择部分代表性国家级监测点与省级监测点(或附近同一层位的开采井)作为涌水量监测点。利用水表或孔口流量计,在动力条件不变的情况下定期监测,可视水量变化大小,每月或每季监测 1 次,同时取得水位资料。有条件时可实施远程监测。

对代表性自流井定期监测涌水量。根据流量的稳定程度确定监测频率,一般情况下可每月 10 日监测 1 次。

2)泉流量的监测

根据泉水流量大小,选择容积法、堰箱法或流速仪法测流。

新建立的泉监测点,应每月观测一次流量,在已掌握其动态规律后,可视泉流量的稳定程度确定其监测频率。

3. 地下水水质监测

1)水质监测点的设置

依据区域地下水水质分布规律及其动态特征,布设水质监测点。应将国家级、省级水位监测点的 30%~50%作为长期水质监测点,特殊水质分布区的水位监测点也应作为长期水质监测点。

2)水质监测频率

每年应对水质监测点总量的 50%进行采样监测。一般情况下,浅层地下水和水质变化较大的含水层,每年丰、枯水期各采一次水样;深层地下水和水质变化不大的含水层,每年在开采高峰期采一次水样。其余 50%水质监测点,可以每 3~5 年在开采高峰期普遍采样一次。

3)监测项目

监测项目应参照《地下水质量标准》(GB/T 14848—2017)执行。一般情况下应包括:pH、氨氮、硝酸盐、亚硝酸盐、挥发性酚类、氰化物、砷、汞、铬(六价)、总硬度、铅、氟、镉、铁、锰、溶解性总固体、高锰酸盐指数、硫酸盐、氯化物、大肠菌样,以及反映本地区主要水质问题的其他项目。

4)采样、送检与分析

在监测孔中采样,应抽出井管水之后采取,如果监测孔不能采样,可选用附近同一层位的开采井代替。采样的容器、洗涤、采取、保存、送样和监控等,应按照《水质 采样技术指导》(HJ 494—2009)和《水质采样 样品的保存和管理技术规定》(HJ 493—2009)执行。样品的分析检验方法,应按国家标准执行。

4. 地下水水温监测

地下水水温监测可与区域水质监测同步进行。对于浅层地下水，以及水温变化较大时，应每月监测 1～2 次；对于深层地下水，以及水温变化较小时，可以每季度监测 1 次；对于已经开发的地热田，应在地热资源勘察的基础上，重点监测地热井的温度与压力变化，监测频率一般为每月 3～6 次。

水温计的允许误差不超过±0.1 ℃。在典型监测孔内，应尽可能安装水位水温自动记录仪。

（四）地下水水位统一测量

地下水水位统一测量点主要由地区级监测点组成。测量点的布设密度除满足地下水水位动态监测点布设密度外，还应结合地下水位流场图的精度要求进行补充，相邻测量点间距一般在图上的距离为 2 cm。

地下水水位统一测量一般每年 2 次，时间在每年低水位期、高水位期，或每年的 6 月和 12 月底。

任务三　编制工程地质勘察报告

一、工程地质勘察报告编写的基本要求

工程地质勘察报告是在原始资料的基础上，进行整理、分析、归纳、综合、评价，提出工程建议，形成为工程建设服务的勘察文件。勘察报告是岩土工程勘察的总结性文件，一般由文字报告、图表及必要的附件组成。

岩土工程勘察报告是在岩土工程勘察过程中所进行的各种原始资料编录的基础上进行的。因此，对岩土工程分析所依据的一切原始资料，均应进行整理、检验、分析，确认无误后方可使用。

为了保证勘察报告的质量，原始资料必须完整、真实准确、数据无误、图表清晰、结论有据、建议合理、便于使用和长期保存，并应因地制宜、重点突出，有明确的过程针对性。

二、工程地质勘察报告编制的程序

工程地质勘察报告编制的程序，主要有以下步骤：

（1）外业和试验资料的汇集、检查和统计。此项工作应于外业结束后立即进行。首先应检查各项资料是否齐全，特别是试验资料是否齐全，同时可编制测量成果表、勘察工作量统计表和勘探点（钻孔）平面位置图。

（2）对照原位测试和土工试验资料，校正现场地质编录。这是一项很重要的工作，但往往被忽视，从而出现野外定名与试验资料相矛盾，当野外鉴定与原位测试和试验资料相矛盾时，应找出原因，并修改校正，使野外对岩土的定名及状态鉴定与试验资料和原位溯试数据相吻合。

（3）编绘钻孔工程地质综合柱状图。

（4）划分岩土地质分层，编制分层统计表，进行数理统计。地基岩土的分层恰当与

否,直接关系到评价的正确性和准确性。因此,此项工作必须按地质年代、成因类型、岩性、状态、风化程度、物理力学特征来综合考虑,正确地划分每一个单元的岩土层。随后编制分层统计表,包括各岩土层的分布状态和埋藏条件统计表,以及原位测试和室内试验测试的物理力学统计表等。最后,进行分层试验资料的数理统计,测算分层地基承载力。

(5)编绘工程地质剖面图和其他专门图件。

(6)编写文字报告。按以上顺序进行工作可减少重复,提高效率;避免差错,保证质量。在较大的勘察场地或地质地貌条件比较复杂的场地,应分区进行勘察评价。

三、工程地质勘察报告编制的内容

岩土工程勘察报告应根据任务要求、勘察阶段、勘察要点、地质条件、工程特点等具体情况编写,由于岩土工程的规模大小各不相同,目的要求、工程特点、自然条件等差别很大,要根据不同工程的工程地质勘察规范编制相关的勘察报告,具体见表 7-14。

表 7-14　不同工程类型工程地质勘察报告编写参考规范

工程类型	参考的勘察规范
房屋建筑和构筑物	《岩土工程勘察规范(2009 年版)》(GB 50021—2001)、《高层建筑岩土工程勘察标准》(JGJ/T 72—2017)、《岩土工程勘察报告编制规程》(YS/T 5203—2018)等规范
公路	《公路工程地质勘察规范》(JTG C20—2011)、《公路工程地质勘察报告编制规程》(T/CECS G:H24—2018)等规范
水利水电	《水利水电工程地质勘察规范(2022 年版)》(GB 50487—2008)、《水利水电工程水文地质勘察规范》(SL 373—2007)等规范

【思政案例】　卢耀如院士:科学无垠 足迹深深“终身奉献海洋”纪念奖章获得者

卢耀如(见图 7-1),1931 年 5 月 1 日出生于福州市,男,汉族,福建省福州市人,工程地质、水文地质与环境地质学家,中共党员,1997 年当选为中国工程院院士。

图 7-1　卢耀如院士

由于在岩溶(喀斯特)研究上的突出贡献,卢耀如院士被国内外学者誉称“喀斯特卢”,曾获全国海洋科技创新大会奖(见图 7-2)、地质科技二等奖、全国科技图书二等奖及李四光地质科学研究荣誉奖、“终身奉献海洋”纪念奖章。

图 7-2　卢耀如院士获全国海洋科技创新大会奖

卢耀如于 1950 年 1 月考入清华大学地质系本科学习。1952 年,随着院校调整转入新组建的北京地质学院(现为中国地质大学)水文地质工程系学习,并于 1953 年提前毕业。

1955 年我国第一个大水库——官厅水库开始蓄水后,发生大坝的渗漏与塌陷情况,危及中华人民共和国首都——北京的安全,受到周恩来总理的高度重视,指示地质部负责调查地质上的原因,必须在汛前对水坝安全做出初步判断。当时地质部领导(包括李四光部长)等研究后,决定派卢耀如为官厅水库地质研究队的队长,负责此次工作。

1955 年,卢耀如(右二)率队在淮河一带进行勘探工作(见图 7-3)。

1956 年 3 月,卢耀如临危受命,成为地质、水利、电力 3 个部门联合组建的研究队队长。通过不断勘探、不断研究,终于在 1956 年汛期之前基本查明了发生渗漏和塌陷的原因,为保障大坝安全和免除对北京市的威胁,发挥了重要作用。

图 7-3　1955 年,卢耀如(右二)率队在淮河一带进行勘探工作

官厅水库渗漏塌陷问题得到解决后，卢耀如又到长江三峡开展石灰岩坝区的勘测研究工作，作为一个比较坝区，他按领导的指示和要求出色地完成了任务。

卢先生工程实践成绩卓著。先后主持了包括淮河、长江三峡、新安江、乌江等流域的水利水电工程的勘测和地质调查研究，官厅水库渗漏、桂林机场塌陷等重大工程事故处置，以及大瑶山隧道、圆梁山隧道、宜万铁路、东北矿山等一系列建设工程中的重大岩溶工程问题研究、咨询与决策，带动了我国岩溶工程地质实践技术的发展；卢先生最早提出“地质-生态环境”和岩溶地区“岩漠化(石漠化)”等新概念，主持完成了西南等岩溶地质-生态环境退化问题系列研究，为我国第一个生态文明建设示范省(福建)建设、岩溶地区的脱贫与可持续发展做出了重大贡献。成果得到国家发展和改革委员会专函的高度评价，并多次获得国家及省部级科技成果奖。

卢先生学术造诣深厚。他是中国工程院院士，国际著名的水文地质、工程地质与环境地质学家。他长期从事岩溶发育规律，尤其是碳酸盐岩-硫酸盐岩复合岩溶作用研究，建立有三相流等多种水动力条件的岩溶与混合溶蚀理论，以及岩溶发育与工程环境效应系统理论；主持了我国第一个岩溶实验室，倡议并参与筹建了岩溶地质研究所(现中国地质科学院岩溶地质研究所)，引领了我国岩溶学科的发展，被国内外同行尊称为“喀斯特卢”。

2022年6月，在汉中—秦岭一带野外调查这一带大型喀斯特天坑群的卢院士，连续多日从早到晚在野外考察，路狭且陡，脚要用力摩擦带尖石子的路。一天，他的右脚鞋底完全掉了。同行者用胶带帮他扎绑，但仍然不好走路。当年91岁高龄的卢院士依旧奔波于一线，也就是这样的精神，才支撑着新书《国家发展建设与地质环境》的发布，如此坚持身体力行的科研精神，也仅仅是卢院士风雨人生中的冰山一角，虽始于阴差阳错，但投身地质之中的卢老，是当之无愧的“喀斯特卢”！

卢先生92年的人生历程中没有吃苦怕累，只有勇往直前，他就像那石英，保持对地质的澄澈热爱，保持对祖国的澄澈热爱，将自己奉献给广袤的祖国大地，在其六十余载的地质科学研究工作中，几乎跑遍了全国各地的每个岩溶角落，不停地探索并取得了巨大的成功。卢先生的成功之路正是众多年轻科技工作者正在苦苦寻求的成才之路，值得大家崇仰与学习。

来源：科普中国、中国工程院院士馆

复习题

1. 工程地质与水文地质勘察的目的和任务是什么?
2. 工程地质与水文地质勘察可分为几个阶段?
3. 工程地质调绘的工作内容有哪些?
4. 工程地质勘探的方法有哪些? 各有什么优缺点?
5. 地球物理勘探的方法有哪些? 各有什么优缺点?
6. 工程地质勘察中现场原位测试的方法有哪些?
7. 水文地质试验的方法有哪些?

参考文献

[1] 中华人民共和国建设部. 岩土工程勘察规范(2009年版):GB 50021—2001[S]. 北京:中国建筑工业出版社,2009.
[2] 中华人民共和国住房和城乡建设部. 建筑地基基础设计规范:GB 50007—2011[S]. 北京:中国计划出版社,2012.
[3] 中华人民共和国住房和城乡建设部. 建筑地基处理技术规范:JGJ 79—2012[S]. 北京:中国建筑工业出版社,2013.
[4] 中华人民共和国国家市场监督管理总局,中华人民共和国国家标准化管理委员会. 生活饮用水卫生标准:GB 5749—2022[S]. 北京:中国标准出版社,2022.
[5] 中华人民共和国生态环境部,国家市场监督管理总局. 农田灌溉水质标准:GB 5084—2021[S]. 北京:中国标准出版社,2021.
[6] 中华人民共和国交通运输部. 公路工程地质勘察规范:JTG C20—2011[S]. 北京:人民交通出版社,2011.
[7] 湖北省质量技术监督局. 地质灾害防治工程施工技术规程:DB42/T 911—2013[S]. 北京:中国电力出版社,2013.
[8] 中华人民共和国住房和城乡建设部. 高层建筑岩土工程勘察标准:JGJ/T 72—2017[S]. 北京:中国建筑工业出版社,2018.
[9] 中国工程建设标准化协会. 公路工程地质勘察报告编制规程:T/CECS G:H24—2018[S]. 北京:人民交通出版社,2018.
[10] 中华人民共和国国家市场监督管理总局,国家标准化管理委员会. 矿区水文地质工程地质勘查规范:GB/T 12719—2021[S]. 北京:中国标准出版社,2021.
[11] 中华人民共和国工业和信息化部. 岩土工程勘察报告编制规程:YS/T 5203—2018[S]. 北京:中国计划出版社,2018.
[12] 中华人民共和国住房和城乡建设部. 水力发电工程地质勘察规范:GB 50287—2016[S]. 北京:中国计划出版社,2017.
[13] 中华人民共和国住房和城乡建设部. 冶金工业水文地质勘察规范:GB 50615—2010[S]. 北京:中国计划出版社,2011.
[14] 中国工程建设标准化协会. 工程建设水文地质勘察标准:CECS 241—2008[S]. 北京:中国计划出版社,2008.
[15] 中华人民共和国水利部. 水利水电工程水文地质勘察规范:SL 373—2007[S]. 北京:中国水利水电出版社,2007.
[16] 中华人民共和国住房和城乡建设部,中华人民共和国国家质量监督检验检疫总局. 水利水电工程地质勘察规范(2022年版):GB 50487—2008[S]. 北京:中国计划出版社,2009.
[17] 张忠学. 工程地质与水文地质[M]. 北京:中国水利水电出版社,2009.
[18]《工程地质手册》编委会. 工程地质手册[M]. 5版. 北京:中国建筑工业出版社,2018.
[19] 中国地质调查局. 水文地质手册[M]. 2版. 北京:地质出版社,2012.
[20] 朱志铎. 岩土工程勘察[M]. 南京:东南大学出版社,2022.

[21] 王奎华. 岩土工程勘察[M]. 2 版. 北京:中国建筑工业出版社,2015.
[22] 郭超英. 岩土工程勘察[M]. 北京:地质出版社,2007.
[23] 蒋辉. 水文地质勘察[M]. 北京:地质出版社,2019.
[24] 王健,郭抗美,张怀静. 土木工程地质[M]. 北京:人民交通出版社,2009.
[25] 李中秋,杨仲元. 工程地质与水文[M]. 北京:中国电力出版社,2009.
[26] 吴成扬. 地基与基础[M]. 北京:中国水利水电出版社,2013.
[27] 陈南翔. 工程地质及水文地质[M]. 5 版. 北京:中国水利水电出版社,2016.
[28] 张人权,梁杏,靳孟贵,等. 水文地质学基础[M]. 5 版. 北京:地质出版社,2011.
[29] 盛海洋. 工程地质[M]. 北京:北京邮电大学出版社,2012.
[30] 童亨茂,侯泉林,陈正乐,等. 走向构造地质学健康发展之路——我国构造地质学有关问题及未来发展方向探讨[J]. 地质论评,2023,69(1):15-23.
[31] 袁炳祥,谌文武,梁收运,等. 青藏铁路沿线活动断裂带对地质选线的影响[J]. 西北地震学报,2009,31(2):121-125.
[32] 高健,阳云华. 南水北调中线总干渠主要工程地质问题[J]. 人民长江,2007(9):5-7,13,162.